AF234290

ELEMENS

DE

GEOMETRIE,

AVEC

UN ABREGÉ

D'ARITHMETIQUE

ET D'ALGEBRE.

Par M. RIVARD.

A PARIS,

Chez HENRY, ruë S. Jacques, vis-à-vis S. Yves,
à S. Louis.

—————————————————

MDCCXXXII.

AVEC APPROBATION ET PRIVILEGE DU ROY.

A MONSEIGNEUR
LE RECTEUR,
ET
A L'UNIVERSITÉ
DE PARIS.

ONSEIGNEUR,

C'est dans l'Université dont vous êtes le Chef que j'ai puisé quelques connoissances des Mathématiques. A qui puis-je mieux offrir les Elémens que j'en ai recueillis qu'à cette Mere commune des Sciences de qui je tiens le peu que j'en ai. C'est un tribut que je lui dois, ou plutôt c'est le juste hommage d'un bien

EPITRE.

qui lui appartient tout entier: car je reconnois sans peine que mon Livre ne contient que les principes répandus dans les cayers de quelques Profeſſeurs de Philoſophie, auxquels j'ai tâché de donner l'ordre & l'etenduë que demande l'Impreſſion.

Témoin des peines & des dégoûts que cauſent aux jeunes gens qui étudient la Philoſophie, des cayers écrits peu correctement ſur des matieres embarraſſantes, j'ai cru que ce ſeroit leur rendre ſervice que de leur donner imprimé en un ſeul Volume, tout ce que le tems leur permet d'apprendre de Mathématiques pendant leur cours. Rien ne peut être plus efficace pour les porter à le lire & à en profiter que de le voir paroître ſous le nom & les auſpices d'une Compagnie célebre qui depuis plus de neuf-cens ans eſt en poſſeſſion de réünir dans ſon ſein toutes les Sciences, & qui paſſe à juſte titre pour la premiere Ecole de l'Univers.

Si ce fut autrefois un grand bonheur pour moi de recevoir de ſes leçons, c'eſt aujourd'hui un honneur dont je connois tout le prix, qu'elle veuille bien me permettre de lui en préſenter les fruits. Trouvez bon, MONSEIGNEUR, que je vous ſupplie d'être le dépoſitaire & le garant de la reconnoiſſance & du profond reſpect avec lequel je ſerai toute ma vie,

MONSEIGNEUR,

Son très-humble, très-fidele,
& très-dévoüé ſerviteur
RIVARD.

PREFACE.

L'Estime que l'on fait generalement des Mathématiques, a introduit depuis quelques années dans l'Université de Paris l'usage d'en expliquer les Elemens dans la plûpart des Classes de Philosophie. Les Professeurs les mieux instruits de cette Science & de ses avantages, ont reconnu sans peine que cette partie de la Philosophie ne meritoit pas moins leur attention que la Logique & la Physique : ils ont veu que les Mathématiques étoient une veritable Logique pratique, qui ne consiste pas à donner une connoissance seche des regles qui conduisent à la verité, mais qui les fait observer sans cesse, & qui à force d'exercer l'esprit à former des jugemens & des raisonnemens certains, clairs & methodiques, l'habituë à une grande justesse.

En effet rien n'est plus propre que l'étude de cette Science pour fixer l'attention des jeunes Etudians, pour leur donner de l'étenduë d'esprit, pour leur faire gouter la verité, pour mettre de l'ordre & de la netteté dans leurs pensées, ce qui est le but de la Logique. S'il y avoit encore quelqu'un qui n'en fut pas persuadé, il pourroit s'en convaincre par ces courtes réflexions. Les signes que les Mathématiques employent, les

lignes sur tout & les figures dont se sert la Geometrie, arrêtent la legereté de l'imagination en
frappant les yeux; elles tracent dans l'esprit les
idées des choses qu'il veut appercevoir; elles
surprennent & attachent ainsi son attention; souvent la preuve d'une proposition dépend de quantitez de principes: l'esprit n'est-il pas alors obligé
d'étendre, pour ainsi dire, sa vuë avec effort, afin
de les envisager tous en même temps?

La verité est difficile à découvrir dans ces
Sciences; mais aussi elle semble vouloir dédom-
mager ceux qui la cherchent, de leurs peines,
par l'éclat d'une vive lumiere dont elle charme
leur entendement, & par un plaisir pur & sans
mélange dont elle pénetre l'ame. A force de la
voir & de l'aimer on se familiarise avec elle, &
on s'accoutume à remarquer si bien les traits lu-
mineux qui l'annoncent & la caracterisent toujours, qu'on est bien-tôt capable de la reconnoître
sous quelque forme qu'elle paroisse, & de distinguer en toute matiere ce qui ne porte pas son em-
preinte.

Enfin personne n'ignore que la methode des
Mathematiciens tend plus que toute autre à rendre l'esprit net & précis, & à le diriger dans la
recherche de la verité sur quelque sujet que l'on
puisse travailler. Les Mathématiciens pour fondement de leurs connoissances ne posent que des
principes simples & faciles; mais certains, lumi-

nieux, féconds. Enfuite ils tirent de ces points fondamentaux les conclufions les plus aifées & les plus immediates, qui n'ayant rien perdu de l'évidence de leurs principes, la communiquent à d'autres conclufions, celles-ci à de plus eloignées, & ainfi de fuite. Par-là il fe forme une longue chaine de veritez, laquelle étant attachée par un bout à une bafe inébranlable, s'etend de l'autre côté dans les matieres les plus difficiles.

Peut-on difconvenir qu'une application de quelques mois donnée à la pratique d'une telle methode ne ferve infiniment plus que certaines queftions que l'on avoit coutume de traiter fans aucun fruit, à former le jugement & à l'accoutumer à faire ufage des regles de la Logique dans toutes les autres parties de la Philofophie, dont les routes fe trouvent même par-là fort applanies? Qui pourroit ne pas approuver les Maitres de Philofophie qui ont banni à perpetuité de leurs Leçons des matieres vaines & étrangeres, pour y en faire entrer d'autres fi utiles, & qui y ont un droit naturel & inalienable.

Une feconde confideration aufli très-importante engage encore plufieurs Profeffeurs à faire voir les Elemens des Mathématiques, fur-tout ceux de Geometrie; c'eft qu'ils font très-utiles, pour ne pas dire neceffaires à l'intelligence des matieres de Phyfique. Cette raifon fait même qu'on ne les explique pour l'ordinaire qu'immediatement avant la Phyfique.

PRÉFACE.

On tombe aifément d'accord que rien n'eft mieux dans les Claffes que de cultiver les Mathématiques, tant pour procurer à l'efprit l'habitude de juger folidement, que pour préparer à la Phyfique : mais quelques Maîtres font embaraffez dans l'execution : l'etenduë des autres parties de la Philofophie refferre dans l'efpace de trois ou quatre mois le temps que l'on peut donner aux Mathématiques : ces bornes étroites ne permettent pas d'approfondir les Elemens d'Arithmétique, d'Algebre & de Geometrie : celle-ci eft plus neceffaire à la Phyfique ; il faut donc fe borner à un certain nombre de principes fur ces deux premieres Sciences, & traiter plus au long la Geometrie. On n'avoit point jufqu'à prefent d'Ouvrage imprimé qui fut compofé fuivant ce projet. En voici un que je prefente, travaillé dans cette vuë.

J'avois oüi dire plufieurs fois à quelques Profeffeurs habiles qu'il feroit à fouhaiter que l'on eut dans un même volume un abregé d'Arithmétique & d'Algebre, avec des Elemens de Geometrie, le tout proportionné au befoin des Etudians de Philofophie ; que par-là on éviteroit deux grands inconveniens qui fe rencontrent à dicter des cayers de Mathématiques, la perte du temps, c'eft-à-dire, près de deux heures par jour employées à écrire des chofes qu'on n'entend point ; & les fautes qui fe gliffent fi aifément dans cette matiere, où un chiffre, une lettre, un trait de plume mis pour un autre, deroutent un Commençant dans les chofes les plus faciles, le défolent & l'arrêtent quelquefois pendant long-temps, fans pouvoir paffer outre.

Ces confiderations fur l'avantage que les jeunes gens pourroient retirer d'un Ouvrage fait dans ce gout, me determinerent à compofer quelques cayers fur cette matiere, & à les accommoder aux vuës qui m'avoient été indiquées.

Quand ils ont été achevez, je les ai fait voir à plufieurs perfonnes qui m'ont aidé de leurs confeils, & qui m'ont enfin engagé à les faire imprimer.

On trouvera à la fin de la Geometrie un Traité de Trigonometrie rectiligne, que j'ai ajouté pour faire voir l'utilité de la Geometrie dans la pratique, & pour montrer aux Etudians de Phyfique, la maniere dont on mefure la diftance des planetes. Je ne doute pas que malgré mes foins il ne fe trouve plufieurs défauts répandus dans tout cet Ouvrage. Mais fi le fond n'en eft pas défapprouvé, & qu'on le croye bon pour l'ufage auquel je le deftine, je m'eftimerai heureux d'avoir contribué en quelque chofe à l'inftruction des jeunes gens : ce qui fait le principal objet des foins de l'Univerfité.

APPROBATION.

J'AI lû par ordre de Monseigneur le Garde des Sceaux un Manuscrit intitulé : *Elémens de Géométrie, avec un abrégé d'Arithmétique & d'Algébre*; j'ai crû que l'ordre & la clarté qui régnent en cet Ouvrage en rendroient l'impression utile au Public. Fait à Paris le 3. de May 1732.

SAURIN.

CONCLUSION DU TRIBUNAL DE L'UNIVERSITE.

Extractum è Commentariis Universitatis Parisiensis.

ANno Domini millesimo septingentesimo trigesimo secundo, die secundo mensis Augusti, habita sunt apud Amplissimum Rectorem in Collegio Sorbonæ Plessæo Comitia ordinaria Deputatorum Universitatis... accessit Magister *Rivard*, è constantissimâ Natione vir Procuratorius, petiitque sibi liceret Universitati dedicare Librum à se scriptum, *de Matheseos Elementis*. Illo è Comitio de more egresso, dixit Amplissimus Rector eum secum jam de illo Libro prædictus Magister *Rivard* privatim egisse, se ante omnia postulasse ut opus illud suum viris aliquot Academicis in Mathesi versatis legendum traderet, ut ex eorum judicio haberet Universitas quod sequeretur : post paucos dies venisse ad se celeberrimos Philosophiæ Professores Magistros *Le Monnier, Guillaume & Grandin*, ac de prædicti Magistri *Rivard* opere luculenta dedisse testimonia. His ab Amplissimo Rectore dictis, audito Edmundo *Pourchot*, Syndico, Omnes censuerunt accipiendam esse, quam offerret Magister *Rivard* Libri sui Dedicationem. Atque ita ab Amplissimo Rectore conclusum fuit.

INGOUT, Vice-Scriba.

PRIVILEGE DU ROY.

LOUIS, par la grace de Dieu, Roi de France & de Navarre, à nos amez & feaux Conseillers, les Gens tenans nos Cours de Parlement, Maîtres des Requêtes ordinaires de notre Hôtel, Grand - Conseil, Prévost de Paris, Baillifs, Sénéchaux, leurs Lieutenans Civils & autres nos Justiciers qu'il appartiendra, SALUT. Notre bien amé le sieur FRANÇOIS RIVARD, nous ayant fait remontrer qu'il souhaiteroit faire imprimer & donner au public un Ouvrage de sa composition & qui a pour Titre : *Elémens de Géométrie, avec un abregé d'Arithmétique & d'Algébre, par ledit sieur* RIVARD, s'il Nous plaisoit lui accorder nos Lettres de Privilege sur ce nécessaires; offrant pour cet effet de le faire imprimer en bon papier & beaux caractéres, suivant la feüille imprimée & attachée pour modéle sous le contre-scel des Présentes. A CES CAUSES, voulant traiter favorablement ledit Exposant, Nous lui avons permis & permettons par ces Présentes de faire imprimer ledit Livre cy-dessus spécifié en un ou plusieurs volumes conjointement ou séparément & autant de fois que bon lui semblera, sur papier & caracteres conformes à ladite feuille

imprimée & attachée sous notredit contre-scel, & de les vendre, faire vendre
& débiter par tout notre Royaume pendant le tems de six années consécutives,
à compter du jour de la datte desdites Présentes; FAISONS deffenses à toutes
sortes de personnes, de quelque qualité & condition qu'elles soient, d'en introduire d'impression étrangère dans aucun lieu de notre obéïssance; comme
aussi à tous Imprimeurs, Libraires & autres, d'imprimer, faire imprimer,
vendre, faire vendre, débiter ni contrefaire ledit Livre cy-dessus exposé en
tout ni en partie, ni d'en faire aucuns extraits sous quelque prétexte que ce
soit d'augmentation, correction, changement de Titre ou autrement, sans la
permission expresse & par écrit dudit Exposant, ou de ceux qui auront droit
de lui, à peine de confiscation des exemplaires contrefaits, de quinze-cent
livres d'amende contre chacun des contrevenans, dont un tiers à nous, un
tiers à l'Hôtel-Dieu de Paris, l'autre tiers audit Exposant, & de tous dépens,
dommages & interests; A LA CHARGE que ces présentes seront enrégistrées
tout au long sur le Régistre de la Communauté des Imprimeurs & Libraires
de Paris dans trois mois de la datte d'icelles; que l'impression de ce Livre
sera faite dans notre Royaume & non ailleurs, & que l'Impétrant se con-
formera en tout aux Réglemens de la Librairie, & notamment à celui du
10. Avril 1725. & qu'avant que de l'exposer en vente le manuscrit ou imprimé qui aura servi de copie à l'impression dudit Livre, sera remis dans le
même état où l'approbation y aura été donnée és mains de notre très-cher &
féal Chevalier Garde des Sceaux de France le sieur Chauvelin, & qu'il en sera
ensuite remis deux exemplaires dans notre Bibliotheque publique, un dans celle
de notre Château du Louvre, & un dans celle de notredit très-cher & féal
Chevalier, Garde des Sceaux de France le sieur Chauvelin, le tout à peine de
nullité des Présentes; DU CONTENU desquelles vous mandons & enjoi-
gnons de faire jouir l'Exposant ou ses ayans-cause plainement & paisiblement;
sans souffrir qu'il leur soit fait aucun trouble ou empêchement: Voulons
que la copie desd. Présentes qui sera imprimée tout au long au commencement
ou à la fin dud. Livre soit tenue pour duëment signifiée, & qu'aux copies col-
lationnées par l'un de nos amez & féaux Conseillers & Secretaires, foi soit ajoutée comme à l'Original: COMMANDONS au premier notre Huissier ou Ser-
gent de faire pour l'éxécution d'icelles tous Actes requis & nécessaires, sans
demander autre permission, & nonobstant clameur de Haro, Chartre Nor-
mande & Lettres à ce contraires; car tel est notre plaisir. Donné à Paris, le
trentiéme jour du mois de Mai, l'an de grace mil sept-cent trente-deux, & de
notre Regne le dix-septiéme. Par le Roi en son Conseil,

SAINSON.

*Régistré sur le Registre VIII. de la Chambre Royale & Syndicale de la Li-
brairie & Imprimerie de Paris, N° 381. fol. 366. conformément au Réglement
de 1723. qui fait deffense art. IV. à toutes personnes de quelque qualité & condition qu'elles soient, autres que les Libraires & Imprimeurs de vendre, débiter & faire afficher aucuns livres pour les vendre en leurs noms, soit qu'ils s'en*

disent les Auteurs ou autrement; & à la charge de fournir les Exemplaires preſ-
crits par l'article CVIII. du même Réglement, à Paris, le 4. Juillet 1723.

G. MARTIN, Syndic.

Fautes à corriger dans l'Arithmétique & dans l'Algébre.

Page lxxv. lig. 5. — $4ax$ — $+ b$ $\overline{\overline{}}$ — $4ab$, liſ. — $4ax + b$ $\overline{\overline{}}$ — $4ab$.

Pag. lxxv. derniere lig. orſon, liſ. lors on.

Pag. clxx & clxxj dans le IV Problême, à la place de 1400 liſ. par tout 14000.

Fautes à corriger dans la Géométrie.

Pag. 66. Corollaire I. il faut mettre g au lieu de G; cette faute ſe trouve trois
fois dans ce Corollaire.

Pag. 80. Il faut citer la Figure 27. au bas de la marge.

Pag. 131. art. 3. parallelipipede, liſez, parallelepipede.

Pag. 198. lig. 18. La ligne HO qui paſſe par le centre de la terre repréſente
l'horiſon, liſez, la ligne HB qui touche la terre, repreſente l'horiſon ſenſible.

Il y a encore quelques autres fautes que l'on n'a pas marquées icy, parce
qu'elles ſont faciles à corriger.

ELEMENS
DE GEOMETRIE,
AVEC UN ABREGE'
D'ARITHMETIQUE
ET D'ALGEBRE.

DÉFINITIONS.

I.

O N appelle *Mathematiques* toutes les Sciences qui traitent des grandeurs pour en découvrir l'égalité ou l'inégalité.

I I.

On entend par *grandeur* tout ce qui peut être augmenté ou diminué : ainsi les lignes, les nombres, les mouvemens, les vitesses , &c. sont des grandeurs , parce qu'elles sont capables d'augmentation & de diminution. Toutes ces choses sont aussi appellées *quantitez* ; ensorte que ces deux termes, *grandeur & quantité*, ont la même signification dans les Mathematiques, & peuvent être pris l'un pour l'autre.

Les Mathematiques sont partagées en deux classes ; sçavoir, les *Mathematiques pures* & les *mixtes*.

I I I.

Les Mathematiques pures, font celles qui confiderent les grandeurs en general, indépendamment des qualitez fenfibles que ces grandeurs peuvent avoir, telles que font la dureté, la fluidité, la pefanteur, la lumiere, la couleur, &c.

I V.

Les Mathematiques mixtes, font celles qui confiderent les differentes efpeces de grandeurs avec les qualitez fenfibles qui les accompagnent : par exemple, la Mechanique, l'Af-tronomie, l'Optique, la Dioptrique, la Catoptrique font des Mathematiques mixtes.

Nous ne parlerons dans cet Ouvrage que des Mathemati-ques pures : elles fe divifent en *Algebre, Arithmetique* & *Geo-metrie.*

V.

L'Algebre traite des grandeurs en general exprimées par des lettres de l'alphabet.

V I.

L'Arithmetique traite des mêmes grandeurs exprimées par des chiffres.

V I I.

La Geometrie confidere auffi les mêmes grandeurs expri-mées par des lignes & par des figures.

Les principes que les Mathematiciens employent dans leurs raifonnemens, font ou des *définitions,* ou des *axiomes,* ou des *demandes.*

V I I I.

Les définitions font les explications des termes dont on fe fert & dont on fixe le fens pour éviter l'ambiguité & la con-fufion : telle eft la définition fuivante du terme d'*axiome.*

I X.

Les axiomes font des propofitions fi évidentes qu'elles n'ont pas befoin de preuve : telles font les propofitions fuivantes : le tout eft plus grand qu'une de fes parties : deux grandeurs qui font chacune égales à une troifiéme, font égales entr'elles.

X.

Les demandes font des fuppofitions qui font évidemment poffibles, ou des chofes fi faciles à faire, que perfonne ne les contefte ; comme fi on demande que *a* fignifie une grandeur, & *b* une autre ; qu'il foit permis d'ajouter un nombre à un autre , &c.

C'eft par le moyen de ces feuls principes que les Mathematiciens démontrent toutes leurs propofitions qui font de quatre fortes, *Theoremes*, *Problémes*, *Corollaires* & *Lemmes*.

X I.

Un Theoreme eft une propofition de laquelle il faut feulement démontrer la verité.

X I I.

Un Problême eft une propofition dans laquelle il s'agit de faire quelque chofe, & de démontrer que la maniere qu'on propofe pour l'execution eft infaillible.

X I I I.

Un Corollaire eft une verité qui fuit d'une propofition précedente.

X I V.

Un Lemme eft une propofition que l'on ne prouve que pour démontrer d'autres propofitions.

Outre ces quatre fortes de propofitions, on fait encore des remarques, foit pour les éclaircir, foit pour en faire connoître l'ufage, foit pour préparer à leur démonftration.

Nous allons expofer quelques-uns des axiomes fur lefquels font fondées les Mathematiques.

Le tout eft égal à toutes fes parties prifes enfemble : par exemple, fi on partage une toife en quatre parties, il eft évident que la toife eft égale à ces quatre parties.

Le tout eft plus grand qu'une de fes parties.

Deux grandeurs, qui font chacune égales à une troifiéme, font égales entr'elles : & réciproquement deux grandeurs égales entr'elles, font égales chacune à une troifiéme.

Si à des grandeurs égales on ajoute d'autres grandeurs égales, les tous qui en réfulteront feront égaux.

Si à des grandeurs inégales on ajoute des grandeurs égales, les tous seront inégaux : pareillement si à des grandeurs égales on ajoute des grandeurs inégales, les tous seront inégaux.

Si de grandeurs égales on retranche des grandeurs égales, les restes sont égaux.

Si de grandeurs inégales on retranche des grandeurs égales, les restes seront inégaux : pareillement si de grandeurs égales on retranche des grandeurs inégales, les restes seront inégaux.

Si de plusieurs quantitez la premiere est plus grande que la seconde, la seconde plus grande que la troisiéme, la troisié-me que la quatriéme, & ainsi de suite, la premiere sera plus grande que la derniere.

Nous diviserons cet Ouvrage en deux parties, dont la pre-miere contiendra un abregé d'Arithmetique & d'Algebre que nous joignons ensemble, parce que l'on fait les mêmes ope-rations dans l'une & l'autre Science : la seconde partie sera la Geometrie.

ABREGÉ D'ARITHMETIQUE
ET D'ALGEBRE.

Cette premiere partie renfermera trois Livres : dans le pre-mier on expliquera les six principales operations tant sur les nombres que sur les lettres : sçavoir, l'addition, la soustrac-tion, la multiplication, la division, la formation des puis-sances, & l'extraction des racines : dans le second Livre, on expliquera & on démontrera d'abord les raisons & les pro-portions, & ensuite les fractions : dans le troisiéme, on trai-tera des équations,

DE L'ARITHMETIQUE.

Art. I. L'Arithmetique est une science qui enseigne à faire differentes operations sur les nombres, & qui en démontre les principales proprietez.

2. On sçait que plusieurs unitez font un nombre : ainsi trois, cinquante-huit, sept cens quarante-six, &c. font des nombres.

3. Pour marquer les nombres on se sert de plusieurs caracteres qui nous viennent des Arabes; on les nomme ordinairement *chiffres* : il y en a dix; sçavoir, 1, 2, 3, 4, 5, 6, 7, 8, 9, 0, ce dernier ne signifie rien quand il est seul; mais lorsqu'il est avec d'autres chiffres, il sert à augmenter la valeur de ceux après lesquels il se trouve : par exemple, le 5 seul ne vaut que cinq; mais s'il est suivi de 0 en cette maniere 50, il vaut cinquante. On peut avec ces dix caracteres exprimer tous les nombres possibles : afin de concevoir comment cela se peut faire, il faut faire attention aux remarques suivantes.

REMARQUE I. ET FONDAMENTALE.

4. On est convenu que chaque chiffre auroit des valeurs differentes suivant le rang qu'il occupe dans un nombre; ensorte que les chiffres diminuent en proportion decuple en allant de gauche à droite ; c'est-à-dire, qu'une unité d'un chiffre vaut dix unitez de celui qui est immediatement plus à droite : par exemple, dans le nombre sept mille cinq cens soixante & deux qui se marque en cette maniere 7562, chaque unité du 7 vaut dix unitez du 5 : car les unitez du 7 font des mille, puisque ce 7 marque sept mille, & les unitez du 5 font des centaines : or un mille vaut dix centaines. Pareillement chaque unité du 5 vaut dix unitez du 6, parce que les unitez du 5 font des centaines, & les unitez du 6 font des dixaines. Enfin chaque unité du 6 vaut dix unitez du 2 , puisque les unitez du 6 font des dixaines, & les unitez du 2 font des unitez simples. Cette remarque est d'une si grande importance, qu'elle est le fondement des operations de l'Arithmetique.

I I.

5. On divise les chiffres qui composent un nombre en tranches qui contiennent chacune trois caracteres, excepté la premiere à gauche qui peut n'en contenir que deux ou même un seul : c'est en allant de droite à gauche que l'on partage le nombre en tranches, lesquelles marquent differentes parties des nombres ; voici l'ordre de ces tranches en commençant vers la droite : celle des unitez, celle de mille, celle des millions, celle des milliards, celle des billiards, celle des trilliards, celle des quatrilliards, &c. Dans chaque tranche on distingue trois rangs ; le premier, qui est le plus à gauche, est celui des centaines ; le second, celui des dixaines, & le troisiéme, celui des unitez : on peut voir tout cela dans le nombre suivant.

Trilliards,	Billiards,	Milliards,	Millions,	Mille,	Unitez.
70,	425,	670,	383,	952,	104,

I I I.

6. On peut bien juger après ce que nous avons dit dans les remarques précedentes, que quoique chaque tranche contienne des centaines, des dixaines & des unitez ; cependant une tranche signifie des parties de nombre fort differentes de celles d'une autre tranche : par exemple, la tranche des millions marque des centaines, des dixaines & des unitez de millions ; celle des mille signifie des centaines, des dixaines, & des unitez de mille ; ainsi des autres, comme nous l'avons marqué au dessus des tranches dans le nombre précedent.

Quand nous disons que chaque tranche contient trois rangs ; sçavoir, des centaines, des dixaines, & des unitez, il en faut excepter la premiere à gauche, qui peut ne contenir que des dixaines & des unitez, ou des unitez seulement s'il n'y a qu'un chiffre dans cette tranche.

I V.

7. Quand on nomme les rangs en particulier ; par exemple, ceux des milliards, on dit centaines de milliards, dixaines de milliards ; mais il seroit inutile de dire, unitez de milliards, on

dit feulement milliards : de même pour la tranche des millions,
on dit, centaines de millions, dixaines de millions, & millions
au lieu d'unitez de millions ; ainfi des autres. Pour ce qui eft
de la derniere tranche qui eft celle des unitez, on dit feulement, centaines, dixaines & unitez, parce qu'il eft inutile de
dire, centaines d'unitez, dixaines d'unitez & unitez d'unitez
ou unitez fimples. Tout cela pofé, il ne fera pas difficile de
concevoir comment on peut nommer un nombre marqué par
des chiffres, & comment on peut auffi marquer par des chiffres un nombre propofé : c'eft ce que nous allons voir.

8. Pour nommer ou énoncer un nombre marqué en chiffres.
il faut 1°. le partager en tranches, en commençant vers la
droite, enforte que chaque tranche contienne trois chiffres,
excepté la premiere, c'eft-à-dire, celle qui eft la plus à gauche, qui pourra n'en contenir que deux ou même un feul.
2°. Ne prononcer le terme propre à chaque tranche que
quand on eft venu au rang des unitez, lequel rang eft toujours le dernier à droite dans la tranche. 3°. Quand il fe trouve des zeros dans quelques rangs, il ne faut point nommer
les parties des nombres qui conviennent à ces rangs : par exemple, foit le nombre 45782539, 1°. je le partage en trois tranches par des virgules, en cette maniere 45, 782, 539 ; la
premiere tranche, qui eft celle des millions, ne contient que
deux chiffres, fçavoir 45, la feconde qui eft celle des mille,
contient ceux-ci 782, la troifiéme enfin contient les trois derniers 539. 2°. Je ne prononce le terme propre a chaque tranche
que quand j'en fuis venu aux unitez ; ainfi je ne dirai pas pour
la premiere tranche, quarante millions, enfuite, cinq millions,
mais je ne nommerai millions qu'après avoir exprimé 5 qui
eft au rang des unitez de millions ; je dirai donc, quarante-
cinq millions : de même pour la feconde tranche, je ne dirai
pas, fept cens mille, enfuite quatre-vingt mille, & enfin deux
mille ; mais je dirai, fept cens quatre-vingt-deux mille : pour la
derniere tranche, on dit fimplement cinq cens trente-neuf,
fans ajouter le terme d'*unité* qui feroit inutile ; toute la fomme
eft donc quarante-cinq millions fept cens quatre-vingt-deux
mille cinq cens trente-neuf.

Pareillement, afin de nommer ce nombre 50400060, je remarque, après l'avoir partagé en tranches de trois chiffres
chacune, que dans la premiere tranche il y a un zero au rang

des unitez de millions ; c'est pourquoi il ne faut point parler
des unitez de millions, mais seulement des dixaines, en disant,
cinquante millions: de même dans la seconde tranche qui est
celle des mille, y ayant un zero au rang des dixaines , & un
autre au rang des unitez de mille, il ne faut point parler ni
des dixaines ni des unitez de mille ; mais seulement des centaines, & dire, quatre cens mille : enfin dans la troisiéme tranche n'y ayant que des zeros aux rangs des centaines & des unitez , je dirai simplement, soixante, sans parler de centaines &
d'unitez : le nombre entier est donc cinquante millions quatre
cens mille soixante. Nous allons parler à present de la maniere
dont il faut s'y prendre , quand on veut exprimer en chiffres
un nombre proposé.

9. Pour marquer par chiffres une somme proposée , il faut
d'abord écrire le nombre des millions, (si la somme commence par des millions ou le nombre des mille, si elle commence
par des mille, ainsi du reste) il faut, dis-je, écrire le nombre des millions , sans s'embarasser de ce qui suit, ensuite le
nombre des mille , & enfin les centaines, les dixaines, & les
unitez simples, observant de mettre des zeros aux rangs des
parties du nombre, desquelles il n'est point fait mention dans
la somme proposée : par exemple, supposez que je veuille écrire en chiffres la somme suivante, cinquante-sept millions trois
cens soixante-huit mille deux cens six ; j'écris d'abord les millions en cette maniere, 57, sans faire attention à ce qui suit; après
quoi je marque les mille en cette sorte, 368, & les mettant à
côté des millions , il vient 57368 : enfin à la suite des mille
je marque deux cens six de cette maniere, 206, écrivant un
zero au rang des dixaines dont on ne parle point dans la somme : ce qui donne le nombre proposé 57368206.

Soit encore le nombre trois cens millions vingt-trois mille
soixante-quatre, qu'il faut écrire en chiffres. Je marque en
premier lieu les millions en cette sorte, 300, mettant des zeros aux rangs des dixaines & des unitez de millions , parce
qu'il n'en est point fait mention dans la somme: j'écris ensuite
les mille 023 à la droite des millions, mettant encore un zero
au rang des centaines de mille dont il n'est point parlé ; après
cela je marque le reste 064 à la suite des mille: dans cette derniere tranche j'ai écrit un zero au rang des centaines , dont
il n'est point parlé ; ces trois tranches écrites à côté les unes

des

des autres font 300023064 : c'eſt la ſomme propoſée exprimée en chiffres.

Voici un troiſiéme exemple : ſi on me donnoit la ſomme ſuivante à écrire en chiffres, ſoixante-neuf milliards cinquante
millions trois cens ſoixante, je la marquerois en cette ſorte,
69050000360 : dans cet exemple j'ai mis trois zero à la tranche des mille, parce qu'il n'en eſt point parlé dans la ſomme.
Il eſt facile de voir par ce qu'on a dit juſqu'ici, pourquoi j'ai
écrit chacun des autres chiffres, comme ils ſont marquez.

10. Entre les nombres, on en diſtingue d'*incomplexes* & de *complexes*, d'*entiers* & de *fractionnaires*.

11. Les nombres incomplexes ſont ceux qui ne contiennent
qu'une eſpece de quantitez, comme des livres : tel eſt le nombre 5236 livres.

12. Les nombres complexes ſont ceux qui contiennent pluſieurs eſpeces de quantitez, comme des livres, des ſols & des deniers : par exemple, 542 livres 15 ſols 8 deniers, que l'on marque de cette maniere 542 l. 15 ſ. 8 den.

13. Un nombre entier eſt celui qui contient l'unité pluſieurs fois exactement, comme 5, 9, 67, &c.

14. Un nombre fractionnaire ou une fraction, eſt celui qui
contient une ou pluſieurs parties égales d'un tout regardé
comme l'unité : par exemple, ſi on regarde un écu comme l'u-
nité, & qu'on conçoive l'écu diviſé en 12 parties égales, dont
on en prenne 5, ces cinq douziémes feront une fraction que
l'on écrit en cette ſorte $\frac{5}{12}$: il faut donc deux nombres pour
former une fraction, dont l'un exprime combien l'on prend de
parties égales, on l'appelle le *numérateur*, & l'autre marque en
combien de parties le tout eſt diviſé, on l'appelle *dénominateur*;
le premier s'écrit au-deſſus d'une ligne & l'autre au-deſſous,
comme on le voit dans l'exemple propoſé : de même la fraction
trois quatriémes s'écrit en cette ſorte $\frac{3}{4}$, ainſi des autres.

15. Quoique l'on ait dit, qu'il falloit deux nombres pour
exprimer une fraction, on ne prétend pas en exclure l'unité
qui peut être ou numérateur ou dénominateur, comme dans
les fractions $\frac{1}{7}$ & $\frac{7}{1}$; ainſi, quoique l'unité ne ſoit point, à proprement parler, un nombre, cependant il arrivera pluſieurs fois,
qu'en parlant des nombres en général, on y comprendra l'u-
nité.

Il y a deux opérations generales dans l'Arithmetique, auſquelles toutes les autres se rapportent : ce sont l'addition & la souustraction : mais il y en a encore d'autres qui ont leurs utilités particulieres, & dont on traite séparément. Nous allons parler des quatre premieres opérations : sçavoir, l'*addition*, la *souustraction*, la *multiplication* & la *division*. Ces quatre opérations sont le fondement de toutes les autres ; c'est pourquoi nous les expliquerons avec étenduë.

DE L'ADDITION.

16. L'Addition est une opération par laquelle ayant plusieurs nombres, on en cherche la somme : par exemple, si ayant les deux nombres 12 & 18, on en cherche la somme qui est 30, cela s'appelle ajouter ensemble 12 & 18. On voit par la définition de l'addition, qu'elle consiste à trouver un tout dont on connoît les parties. Dans l'exemple proposé, les deux parties connuës sont 12 & 18, & le tout qu'on cherche est 30.

17. Afin de faire cette opération, il faut disposer tous les nombres les uns sous les autres, ensorte que les unitez répondent aux unitez, les dixaines aux dixaines, les centaines aux centaines, les mille aux mille, ainsi du reste : ensuite on doit tirer une ligne au dessous des nombres ; après quoi on observe la régle suivante.

18. On commence par la colomne des unitez dont on prend la somme ; il peut arriver deux cas : ou bien cette somme peut s'exprimer par un seul chiffre comme 8 ; & alors il faut écrire 8 au-dessous des unitez ; ou la somme des unitez ne peut être exprimée que par deux chiffres ; dans ce cas il faut écrire sous la colomne des unitez, le dernier des deux chiffres, c'est-à-dire, celui qui est à la droite : par exemple, s'il y a 15 unitez, on met 5 sous la colomne des unitez, & l'on retient 2 pour l'ajouter aux dixaines qui sont dans la colomne voisine en allant vers la gauche. On opere de la même maniere sur la colomne des dixaines, sur celle des centaines, &c.

19. Remarquez que quand dans quelques-unes de colomnes, par exemple, celle des dixaines, il ne se trouve aucun chiffre positif, pour lors on met un zero au-dessous, si on n'a rien retenu de la colomne des unitez : mais si on avoit retenu quelque chose, par exemple 3, il faudroit écrire 3 sous la colomne des dixaines.

EXEMPLE I.

Soient proposez à ajoûter les nombres 356025 246 30023 6753200 , 600433.

Après les avoir disposez les uns sous les autres, lesunitez sous les unitez, les dixaines sous les dixaines, les centaines sous les centaines, &c. comme on le voit cy-deſſous, il faut opérer en premier lieu ſur les unitez que l'on peut ajoûter en commençant indifféremment par le haut ou par le bas de la colomne : mais il eſt bon de choiſir une des deux manieres pour la ſuivre toujours; je commencerai par le haut de chaque colomne.

Je dis donc : 2 & 3 font 5, 5 & 3 font 8; je pose 8 ſous la colomne des unitez : je paſſe enſuite à la colomne des dixaines, en diſant : 5 & 2 font 7, 7 & 3 font 10 : cette ſomme des dixaines ne pouvant s'exprimer que par deux chiffres, j'écris le dernier qui eſt o ſous la colomne des dixaines, & je retiens 1, qui eſt le premier chiffre de la ſomme 10, pour la colomne des centaines, à laquelle je paſſe en commençant par 1 que j'ai retenu ; je dis donc: 1 & 2 font 3, 3 & 2 font 5, 5 & 4 font 9, que j'écris ſous la colomne des centaines : enſuite je paſſe à celle de mille, dans laquelle il n'y a que 8 qui ſoit poſitif, je mets donc 8 ſous cette colomne; puis je viens à celle des dixaines de mille, & je dis : 6 & 3 font 9, 9 & 5 font 14 ; je poſe le dernier chiffre 4 ſous cette colomne, & je retiens 1 pour la colomne des centaines de mille, ſur laquelle j'opere de la même maniere, en diſant: 1 & 5 font 6, 6 & 6 font 12, 12 & 7 font 19, 19 & 6 font 25 ; j'écris 5 ſous cette colomne, & je retiens 2 pour celle des millions; je dis donc 2 & 3 font 5, 5 & 4 font 9, 9 & 6 font 15 ; je poſe 5 au-deſſous, & j'avance 1 qui reſte.

$$
\begin{array}{r}
3560252 \\
4630\ 23 \\
6758200 \\
600433. \\
\hline
15548908
\end{array}
$$

EXEMPLE II.

Soient encore proposez les quatre nombres ſuivans 3504802; 605900, 106300, 9402 dont il faut trouver la ſomme.

Les ayant difpofez, comme on le voit, je commence par ajoûter les chiffres de la colomne des unitez ; de-là je paffe aux dixaines, puis aux centaines, ainfi de fuite, comme il a été prefcrit, remarquant que je dois pofer zero fous la colomne des dixaines *, parce qu'elle ne contient aucun chiffre pofitif, & que d'ailleurs je n'ai rien retenu de la colomne des unitez : de même paffant de la colomne des mille, de laquelle j'ai retenu 2 à celle des dixaines de mille, je n'ai trouvé aucun chiffre pofitif, ainfi je pofe fous cette colomne le 2 que j'avois retenu *.

$$3504802$$
$$605900$$
$$106300$$
$$9402$$
$$\overline{\qquad}$$
$$4226404$$

A V E R T I S S E M E N T.

Lorfque cette marque * fe trouve à la marge avec un nombre à côté, cela fignifie que la propofition qui répond à cette marque dépend de l'article défigné par le nombre. Ainfi après avoir dit dans l'explication du fecond exemple, qu'il falloit pofer un zero fous la colomne des dixaines, on a mis le figne * tant après cette propofition, que vis-à-vis à la marge avec le nombre 19, pour faire connoître que la propofition dépend de l'article 19. On a fait la même chofe après avoir dit qu'il falloit écrire 2 fous la colomne des dixaines de mille.

20. On obferve la même regle dans l'addition des nombres complexes, & on commence l'opération par les plus petites efpeces, en allant de fuite aux plus grandes : fur quoi il faut remarquer qu'en paffant d'une efpéce à une plus grande, comme des deniers aux fols, il faut voir combien de fois celle à laquelle on paffe eft contenuë dans la fomme des plus petites, n'écrivant que le refte, s'il y en a, fous la moindre efpece, & retenant le nombre de fois que la grande efpece eft contenuë dans la fomme des plus petites, pour ajoûter ce nombre à la plus grande : par exemple, fi on paffe des deniers aux fols, & qu'il y ait 38 deniers, comme cette fomme de 38 den. contient 3 fols & 2 den. de plus, on écrira 2 fous les deniers, & on retiendra 3 pour les ajoûter aux fols.

De même, quand on paffe des dixaines de fols aux livres, il faut auffi réduire ces dixaines en livres : or on fçait qu'une livre vaut deux dixaines de fols ; c'eft pourquoi il faut, fi le nombre des dixaines eft pair, en prendre la moitié qui marquera les li-

vres qui y font contenuës : par exemple, s'il y avoit 8 dixaines
de fols, il faudroit prendre 4 qui eſt la moitié de 8 , & ce 4
marque qu'il y a quatre livres dans huit dixaines de fols ; il n'y
auroit donc rien à mettre fous les dixaines de fols ; mais on re-
tiendroit 4 pour l'ajoûter à la colomne des unitez de livres. Si
le nombre des dixaines de fols eſt impair , il en faut ôter une
que l'on écrira fous les dixaines, & prendre la moitié du reſte :
cette moitié marquant des livres , on l'ajoûtera à la colomne
des unitez de livres : par exemple , s'il y avoit 5 dixaines de
fols, il en faudroit ôter une, & l'écrire fous les dixaines de fols ;
enfuite prendre 2 qui eſt la moitié du reſte 4 , & l'ajoûter aux
livres.

Exemple I.

Si on me propofe d'ajoûter les nombres complexes 35602 livres 15 fols 8 deniers , 64923 liv. 6. f. 11. den. , 7043 l. 18
f. 9 den. & 58 liv. 12 f. 10 den. , je les difpofe de la maniere
fuivante , les unitez fous les unitez, les dixaines fous les dixaines,&c.obfervant de plus de placer les deniers d'un nombre fous
les deniers des autres nombres ; il faut placer de même les fols
fous les fols , & les livres fous les livres,comme on le voit.

<table>
<tr><td>Je commence par les
deniers, en difant : 8 &
11 font 19 , 19 & 9 font
28 , 28 & 10 font 38 :
cette fomme contient 3 f.
2 den. c'eſt pourquoi je</td><td>35602 liv. 15 f. 8 den.
64923   6   11
7043   18   9
58   12   10
————————————
107628 liv. 14 f. 2 den.</td></tr>
</table>

pofe 2 fous les deniers , & je retiens 3 pour l'ajoûter aux fols :
s'il y avoit eû feulement 36 deniers qui font 3 fols fans reſte ,
il auroit fallu retenir 3 pour ajoûter aux fols, & on n'auroit pû
mettre qu'un zero fous les deniers. Je viens enfuite aux fols &
je dis 3 que j'ai retenu & 5 font 8, 8 & 6 font 14, 14 & 8 font
22, 22 & 2 font 24, je pofe le dernier chiffre 4 fous la colomne des unitez de fols, & je retiens 2 que j'ajoûte aux dixaines de fols , en difant : 2 & 1 font 3 , 3 & 1 font 4, 4 & 1
font 5 : ce nombre étant impair , j'en ôte 1 que je pofe fous
la colomne des dixaines de fols,il reſte 4 dont je prends la moitié qui eſt 2 que j'ajoûterai avec les livres.

Je paſſe donc aux livres & je dis : 1 & 2 que j'ai retenu font 4,
4 & 3 font 7, 7 & 3 font 10, 10 & 8 font 18 ; je pofe 8

& je retiens 1 que j'ajoûte à la colomne voisine, opérant selon ce que nous avons dit dans le premier exemple de l'addition des nombres incomplexes

EXEMPLE II.

Voici encore un exemple de l'addition des nombres complexes, où il s'agit d'ajoûter des toises, des pieds & des pouces. On sçait que la toise contient six pieds & le pied douze pouces.

542 toises	4 pieds	10 pouces.
927	5	8
85	3	2
1556	1	8

REMARQUES.

I.

21. On peut remarquer que dans l'addition des nombres complexes qui contiennent des sols & des deniers, on opere en même tems sur les unitez & sur les dixaines de deniers, comme dans le premier exemple : au lieu que l'opération se fait par parties sur les sols; enforte qu'on ajoûte les unitez avant que de passer aux dixaines : cette différence vient de ce qu'il faut exactement un certain nombre de dixaines de sols pour faire une ou plusieurs livres; au contraire, pour réduire les deniers en sols, on est obligé d'ajoûter des deniers aux dixaines : par exemple, pour un sol il faut une dixaine de deniers & deux de plus, c'est-à-dire 12 deniers : pour 2 sols il faut 2 dixaines & quatre deniers de plus, c'est-à-dire, 24 deniers, &c. Par la même raison dans le second exemple, il faut ajoûter en même tems les unitez & les dixaines de pouces pour voir combien la somme contient de pieds.

II.

22. Quand on a beaucoup de nombres à ajoûter, il faut pour plus grande facilité faire plusieurs additions, ensuite ajoûter toutes les sommes qu'on aura trouvées par ces additions, pour en faire la somme totale : par exemple, si on avoit 28 nombres à ajoûter, on pourroit prendre les dix premiers pour en faire une addition, puis les dix suivans pour en faire une se-

conde, & enfin les huit derniers pour une troifiéme, & après ces trois additions, il faudroit ajoûter enfemble les trois fommes qu'on auroit trouvées; ce qui donneroit la fomme totale des vingt-huit nombres.

DE LA PREUVE DE L'ADDITION.

23. Si après l'addition on veut fçavoir, fi on ne s'eft pas trompé dans l'opération, il faut ôter de la fomme totale qu'on a trouvée, tous les nombres qui ont été ajoûtez, & s'il ne refte rien, c'eft une marque que l'addition eft bien faite, parce que un tout eft égal à toutes fes parties prifes enfemble. Ainfi après avoir ôté de la fomme totale tous les nombres ajoûtez, s'il reftoit quelque chofe, ou fi on ne pouvoit pas ôter tous les nombres de cette fomme, l'addition feroit mal faite, auquel cas il faudroit la recommencer.

24. Cette maniere de s'affûrer fi on a bien opéré, s'appelle *preuve de l'addition* qui fe pratique en cette forte: on commence par la premiere colomne, c'eft-à-dire, celle qui eft la plus à gauche, dont la fomme doit être ôtée du chiffre ou des chiffres de la fomme totale qui répondent à cette colomne, & on écrit le refte au-deffous, s'il y en a, pour le joindre par la penfée avec le caractere fuivant de la fomme totale : on paffe enfuite à la feconde colomne dont la fomme doit être auffi fouftraite des caracteres ou du caractere qui lui répond dans la fomme totale, écrivant toujours le refte au deffous, s'il y en a, pour le joindre par la penfée au chiffre fuivant de la fomme totale: on pourfuit en obfervant la même methode, & à la fin de la preuve, il ne doit rien refter. Cela s'entendra par un exemple.

Pour faire la preuve de cette addition, j'opére en allant de bas en haut, en difant: 3 & 7 font 10, 10 & 8 font 18, que j'ôte des chiffres correfpondans dans la fomme totale, c'eft-à-dire, de 19, il refte 1 que j'écris fous la premiere colomne : je le joints par la penfée à 5 qui eft le chiffre fuivant de la fomme totale, ce qui fait 15, dont il faut fouftraire la feconde colomne; je dis donc : 4 & 6 font 10, 10 & 5 font 15, que j'ôte de 15, refte 0 que j'écris au-deffous de 5; je paffe enfuite à la troifiéme colomne qui ne contient que des zeros, lefquels étant

8504
7609
3405
————
19518
1010

ôtez de 1 qui répond à cette colomne, il reste   8504
1 qu'il faut joindre par la penſée à 8, ce qui fait   7609
18 dont il faut ôter la quatriéme colomne ;   3405
ainſi je dis : 5 & 9 font 14, 14 & 4 font 18 ,   ______
que j'ôte de 18 il ne reſte rien ; ce qui fait   19518
voir que l'addition eſt bien faite.   1010

On ſe ſert de la même methode pour la preuve de l'addition des nombres complexes , en remarquant néanmoins que
quand on paſſe des plus grandes eſpeces aux moindres , on réduit ce qui reſte de la ſomme des plus grandes aux moindres
qui ſuivent , par exemple, les livres en dixaines de ſols , & les
ſols en deniers. Nous allons appliquer cette methode à une addition de nombres complexes.

Pour faire la preu-   370 liv.   18 ſ.   9 den.
de cette addition ; je   493   14   11
commence par la pre-   6   9   7
miere colomne, & je   _______________
dis 4 & 3 font 7 que   871   3   3
j'ôte de 8 , il reſte 1   112   22   0

que j'écris au-deſſous du 8 , je le joints par la penſée à 7 , ce
qui fait 17 : enſuite je dis 9 & 7 font 16 que j'ôte de 17 , reſte
1 que je poſe ſous 7 ; je le conçois joint avec 1 qui ſuit, ce qui
fait 11, d'où j'ôte 9 qui ſont à la colomne correſpondante, il reſte
2, c'eſt-à-dire, 2 livres qu'il faut réduire en 4 dixaines de ſols ; il
faut donc concevoir 4 ſous la colomne des dixaines de ſols, &
ſouſtraire ces dixaines de 4 ; il reſtera 2 que j'écris ſous cette
colomne : ce 2 étant joint par la penſée avec le 3 qui ſuit,
j'aurai 23 dont je dois ôter la colomne des unitez des ſols ; je
dis donc : 9 & 4 font 13 , 13 & 8 font 21 , qui étant ôtez de
23 , il reſte 2 qu'il faut mettre ſous 3. Ce 2 marque 2 ſols qui
valent 24 deniers ,   leſquels il faut ajoûter avec les trois autres
qui ſont ſous la colomne des deniers, cela fera 27 dont il faut
ôter les deniers des trois nombres de la colomne ; il y en a 27,
qui ôtez de 27, il ne reſte rien : ce qui eſt une marque que
l'addition eſt bien faite.

Voici

Voici encore une addition complexe, dont on a fait la preuve comme dans l'exemple précedent , en
obſervant que quand on a paſſé des
livres aux dixaines de ſols, comme
il y avoit 2 livres de reſte, on les a

269	16	11
790	18	3
84	17	9
1145	12	11
212	21	0

réduit en 4 dixaines, auſquelles on a ajouté celle qui ſe trouvoit ſous la colomne des dixaines de ſols; ce qui a fait 5 qu'il
a fallu concevoir à la place de 1 qui eſt ſous cette colomne :
on a enſuite ôté du 5 les 3 dixaines de la colomne, & on a
écrit le reſte 2 ſous 1, pour le joindre par la penſée au 2 qui
eſt ſous la colomne des unitez de ſols. De même lorſqu'on a
paſſé des ſols aux deniers, il a fallu réduire un ſol qui reſtoit
en 12 deniers que l'on a ajoutez à 11 qui ſont ſous les deniers, & de la ſomme 23 on a ſouſtrait les deniers qui ſont
au deſſus: ce qui étant fait, il n'eſt rien reſté ; ainſi l'addition
eſt bien faite.

25. Il ne nous reſte plus qu'à donner la démonſtration de
l'addition. On entend par démonſtration d'une operation , la
raiſon ſur laquelle eſt fondée la regle preſcrite pour cette operation ; c'eſt pourquoi il y a beaucoup de différence entre la
démonſtration & la preuve d'une operation , puiſque par la
démonſtration, on fait voir que la regle preſcrite pour l'addition, par exemple, eſt infaillible ; au lieu que la preuve ne
ſert qu'à faire connoître qu'on a obſervé cette regle dans les
exemples particuliers.

DEMONSTRATION DE L'ADDITION.

26. On cherche par l'addition une ſomme totale qui contienne pluſieurs nombres propoſez. Or en ſuivant la regle preſcrite pour l'addition, on trouve la ſomme totale qui contient
tous les nombres propoſez , puiſqu'on prend la ſomme des
unitez, celle des dixaines, celle des centaines, celle des mille,
& ainſi des autres parties des nombres ; par conſéquent ſi on
ſuit la regle preſcrite pour l'addition, on trouve neceſſairement la ſomme totale de tous les nombres qu'il falloit ajouter.

DE LA SOUSTRACTION.

27. La ſouſtraction eſt une operation par laquelle on ôte un
moindre nombre d'un plus grand : par exemple, ſi on ôte 9

de 12, c'eſt un ſouſtraction. Le nombre qui réſulte de la ſouſtraction eſt appellé *reſte* ou *différence*: dans notre exemple 3 eſt le reſte ou la différence des nombres 12 & 9. Il eſt viſible par la définition de la ſouſtraction que cette operation conſiſte à chercher une partie d'un tout dont on connoît déja une partie auſſi-bien que le tout : dans l'exemple propoſé le tout eſt 12, la partie connuë eſt 9, & le reſte 3 eſt l'autre partie qu'on cherchoit.

28. Pour faire la ſouſtraction, il faut écrire le nombre que l'on veut ſouſtraire au deſſous de l'autre, enſorte que les unitez de l'un répondent aux unitez de l'autre, les dixaines aux dixaines, les centaines aux centaines, &c. enſuite tirer une ligne au deſſous des deux nombres, après quoi on doit obſerver la regle ſuivante : on commence par ôter les unitez du nombre à ſouſtraire des unitez de l'autre : il peut arriver trois cas ; le premier, que le chiffre inferieur qui marque les unitez ſoit plus petit que le ſuperieur ; pour lors on écrit le reſte au deſſous dans le même rang : le ſecond cas, eſt lorſque les deux chiffres ſont égaux : dans ce ſecond cas on met zero au deſſous, parce que le caractere inferieur étant ôté de l'autre, il ne reſte rien.

Le troiſiéme cas enfin, eſt quand le caractere inferieur eſt plus grand que le ſuperieur ; alors il faut ajouter une dixaine au chiffre ſuperieur ; enſuite de la ſomme compoſée de cette dixaine & de ce chiffre, ôter celui qui eſt au deſſous, & écrire le reſte ſous la ligne dans le même rang : par exemple, ſi on vouloit ſouſtraire 28 de 43, il faudroit après les avoir diſpoſez en cette maniere ⁴³⁄₂₈, ajouter d'abord 10 à 3 ; enſuite retrancher 8 de la ſomme 13 compoſée de 10 & de 3 ; enfin écrire le reſte 5 au deſſous de 8.

Comme dans ce troiſiéme cas on a ajouté une dixaine au nombre dont on veut ſouſtraire, on doit ajouter tout autant au nombre que l'on doit ſouſtraire ; c'eſt pourquoi il faut ſuppoſer que dans ce dernier nombre le chiffre du rang precedent eſt augmenté d'une unité, laquelle eſt égale à la dixaine ajoutée au chiffre plus reculé d'un rang vers la droite dans le nombre ſuperieur : dans l'exemple propoſé, 2 eſt le chiffre qui précede le 8 d'un rang vers la gauche dans le nombre à ſouſtraire 28 ; il faut par conſequent ajouter 1 à 2. On opere de la même maniere ſur les autres chiffres ſelon les trois differens cas.

EXEMPLE I.

Soit le nombre 5243 dont il faut ôter 4328 : après les avoir disposez comme nous l'avons dit ; enforte que les unitez répondent aux unitez, les dixaines aux dixaines, &c.

Je dis: 8 de 3, cela ne se peut : j'ajoute une dixaine à 3 *, en disant : 10 & 3 font 13 : 8 de 13
reste 5 que j'écris sous 8 ; ensuite
il faut dire, je retiens 1, après j'a-
joute cet 1 à 2 qui précede 8 dans le nombre inferieur ; ce qui fait 3 ; je dis donc : 3 de 4, reste 1 que j'écris au dessous de 2: j'opere de la même maniere sur les centaines, en disant : 3 de 2, cela ne se peut; ainsi j'ajoute une dixaine à 2 *, & je dis 10 & 2 font 12 : 3 de 11, reste 9 que je pose sous 3, & je retiens 1 qu'il faut ajouter au 4 précedent du nombre inferieur ; je dirai donc 1 & 4 font 5, 5 de 5 reste 0, qu'il est inutile d'écrire au dessous, parce qu'il n'y a plus de chif-fres à mettre avant lui.

$$5243$$
$$4328$$
$$\overline{915}$$

*
III.

*
III.

EXEMPLE II.

Soit encore cet autre exemple de soustraction à faire selon la même methode.

Je dis: 7 de 4, cela ne se peut ; j'ajoute donc une dixaine à 4 *, en disant : 10 & 4 font 14, 7 de 14, reste 7 que j'écris au dessous, & je

$$60750004$$
$$25067$$
$$\overline{60724937}$$

*
III.

retiens 1: je dis ensuite: 1 que j'ai retenu & 6 font 7; 7 de 0, cela ne se peut ; c'est pourquoi j'ajoute une dixaine au zero, en disant: 10 & 0 font 10 : 7 de 10, reste 3 que je pose sous 6 & je retiens 1 : j'ajoute cet 1 au 0 précedent du nombre inferieur, la somme est 1 qui ne peut être ôtée de 0 qui est au dessus ; il faut donc ajouter une dixaine à ce 0, en disant: 10 & 0 font 10 : 1 de 10, reste 9 que j'écris sous 0, & je retiens 1, j'ajoute cet 1 à 5, la somme est 6 qui ne peut être ôtée du 0 qui est au dessus ; c'est pourquoi je dois ajouter une dixaine & dire: 10 & 0 font 10 : 6 de 10, reste 4 & je re-tiens 1 qu'il faut ajouter à 2, la somme est 3 que j'ôte de 5, il reste 2 que je mets au dessous: enfin j'écris les trois chif-fres 607 du nombre superieur tels qu'ils sont, parce qu'il

n'y a point de chiffres correspondans dans le nombre à souſ-
traire.

29. Si les deux nombres propoſez étoient complexes, ou au
moins un des deux, il faudroit obſerver la même methode,
en commençant par les plus petites eſpeces, & allant de ſuite
aux plus grandes, comme on le verra dans les exemples ſuivans.

E X E M P L E I.

Soit le nombre 5308 liv. 15 ſ. 9 d. dont il faut ſouſtraire
407 liv. 18 ſ. 6 d. après les avoir diſpoſez de maniere que
les livres répondent aux livres, les ſols aux ſols & les deniers
aux deniers en cette ſorte :

Je commence par les deniers, en

diſant : 6 de 9, reſte 3 que j'écris
fous 6 : enſuite je paſſe aux ſols, &
je dis : 18 de 15, cela ne ſe peut,

	liv.	ſ.	d.
5308	15	9	
407	18	6	
4900	17	3	

il faut ajouter une livre réduite en ſols, (ce qui ſe fait toujours
quand on eſt obligé d'ajouter quelque choſe aux ſols) 20 &
15 font 35, dont j'ôte 18, il reſte 17 que j'écris ſous 18 ;
après cela je paſſe aux livres, & me ſouvenant que j'ai ajouté
une livre au nombre ſuperieur, j'ajoute auſſi une livre au 7
qui marque les unitez des livres du nombre inferieur ; ainſi
je dis 1 & 7 font 8, que j'ôte du 8 qui eſt deſſus, il reſte o
que j'ecris ſous 7 ; puis je continuë en diſant : o de o, reſte o
que j'écris au deſſous : enſuite je dis, 4 de 3, cela ne ſe peut,
j'ajoute 10 à 3, la ſomme eſt 13, de laquelle ôtant 4, il reſte
9 que je poſe ſous 4, & je retiens 1 que je ne puis ajouter à
aucun chiffre, n'y en ayant point avant 4 ; c'eſt pourquoi j'ôte
ſeulement 1 de 5, il reſte 4 que j'écris au deſſous de 5, & la
ſouſtraction eſt achevée.

E X E M P L E I I.

Soit encore le nombre 725 liv. dont il faut ôter celui-ci
23 liv. 16 ſ. 11 d.

Le premier ne contenant ni ſols
ni deniers, il en faut ajou... par la
penſée, afin de pouvoir ôter le ſecond ; je ſuppoſe donc qu'il y a un

	liv.	ſ.	d.
725	o	o	
23	16	11	
701	3	1	

ſol réduit en 12 deniers (on n'ajoute jamais moins aux deniers)

& je dis 11 de 12, reste 1 que j'écris au dessous : après quoi je passe aux sols, me souvenant que j'ai ajouté 1 sol ou 12 deniers au nombre superieur, & qu'il faut par consequent ajouter aussi un sol au nombre inferieur; je dis donc : 1 & 16 font 17 : laquelle somme ne pouvant être ôtée de o qui est au dessus, il faut concevoir une livre réduite en sols, comme dans l'exemple precedent; d'où ôtant 17, il reste 3 que je mets au dessous de 6 : je passe ensuite aux livres; mais ayant ajouté une livre au nombre dont on veut soustraire, j'en ajoute aussi une au nombre à soustraire; je dis donc : 1 & 3 font 4, qui étant ôté de 5, il reste 1, que je pose au dessous : puis j'ôte 2 de 2, il reste o que j'écris dans ce rang : enfin je pose le 7 avant ce zero, n'y ayant rien qui doive en être ôté.

E X E M P L E   III.

Voici un exemple de soustraction dont les nombres contiennent des toises, des pieds & des pouces. Nous donnons cet exemple tout fait, sans nous arrê-ter à l'expliquer au long : cela se-roit inutile après ce que nous avons dit dans les exemples precedens.

8 2 0 toises	4 pieds	9 pouc.
30	5	4
789	5	5

R E M A R Q U E S.

I.

30. Dans les exemples de soustraction complexe où il y a au moins dix sols dans un des nombres, on pourroit faire la soustraction par parties sur les sols, en ôtant d'abord les unitez des unitez, & ensuite les dixaines des dixaines ; mais l'operation est plus courte & plus facile en la faisant comme nous l'avons faite.

I I.

31. Si on avoit plusieurs nombres à soustraire de plusieurs autres, il faudroit 1°. ajouter tous les nombres desquels on voudroit soustraire, en une somme totale. 2°. Ajouter aussi tous les nombres à soustraire pour en avoir la somme totale. 3°. Enfin ôter la seconde de ces deux sommes de la premiere.

Il y a une autre methode fort commune de faire la soustraction, que nous n'expliquons pas ici, parce qu'elle n'est pas plus facile à pratiquer que celle que nous avons donnée, & que d'ailleurs les commençans pourroient confondre ces deux methodes dans l'operation ; ce qui causeroit des fautes de calcul.

DE LA PREUVE DE LA SOUSTRACTION.

32. La preuve de la souſtraction ſe fait par l'addition, c'eſt-à-dire, qu'il faut ajouter le nombre à ſouſtraire avec le reſte, & la ſomme des deux ſera égale au nombre dont on a ſouſtrait, ſi la ſouſtraction eſt bien faite. La raiſon en eſt que le nombre à ſouſtraire & le reſte ſont les deux parties du nombre total dont on veut ſouſtraire; par conſéquent en ajoutant ces deux parties enſemble, il en réſultera une ſomme égale au tout, c'eſt-à-dire, au nombre dont on vouloit ſouſtraire.

Nous allons donner la preuve du premier exemple ſur les nombres complexes ſans l'expliquer, parce qu'elle eſt aſſez facile à entendre.

5308 liv.	15 ſ.	9 d.
407	18	6
4900	17	3
5308	15	9

DEMONSTRATION DE LA SOUSTRACTION.

33. On ſe propoſe dans la ſouſtraction de trouver le reſte du nombre dont on veut ſouſtraire, après en avoir ôté le nombre à ſouſtraire. Or en ſuivant la regle qu'on a donnée, on trouvera ce reſte; puiſque ſelon cette regle on prend le reſte des unitez, celui des dixaines, celui des centaines, celui des mille, &c. donc on trouvera le reſte du nombre dont il faut ſouſtraire qui exprime l'excès de ce nombre ſur l'autre que l'on vouloit ſouſtraire.

DE LA MULTIPLICATION.

34. Multiplier un nombre par un autre, c'eſt prendre le premier autant de fois qu'il eſt marqué par le ſecond : par exemple, multiplier 5 par 3; c'eſt prendre 5 autant de fois qu'il eſt marqué par 3, c'eſt-à-dire, trois fois: ce qui fait 15; il y a donc trois nombres à diſtinguer dans la multiplication, ſçavoir, le *multiplicande*, le *multiplicateur* & le *produit*. Le multiplicande ou le multiplié eſt le nombre qu'on multiplie : dans l'exemple propoſé 5 eſt le multiplié. Le multiplicateur eſt celui par lequel on multiplie, comme 3 dans le même exem-

ple. Le produit est le nombre qui résulte de la multiplication; ainsi 15 est le produit de 5 par 3.

35. On peut définir la multiplication , une operation par laquelle on trouve un nombre, qu'on nomme produit , qui contient autant de fois le multiplié, que le multiplicateur contient l'unité : par exemple, si on multiplie 9 par 8 , on trouvera pour produit un nombre, sçavoir 72, qui contient 9 huit fois, de même que 8 contient huit fois 1. Cela est évident par l'expression même dont on se sert dans la multiplication , puisque pour multiplier 9 par 8 , on dit huit fois 9 ; ainsi le produit doit contenir 9 huit fois, c'est-à-dire, autant de fois que 8 contient l'unité.

36. Il y a deux sortes de multiplications, la *simple* & la *composée*. La multiplication simple est celle dont le multiplicateur est exprimé par un seul chiffre : telle est la multiplication de 164 par 5. La multiplication composée est celle dont le multiplicateur a plusieurs caracteres : comme si on multiplie 85304 par 54.

On fera voir dans l'Algebre, lorsqu'on parlera de la multiplication des grandeurs en general, exprimées par des lettres, que le produit de deux chiffres, comme 4 & 3 , est toujours le même, soit que l'on multiplie le premier par le second, soit que l'on multiplie le second par le premier.

Nous supposons que l'on sçait les produits des neuf chiffres positifs 1, 2, 3, 4, 5, 6, 7, 8, 9 multipliez les uns par les autres : c'est une chose necessaire avant que de passer plus loin. Nous allons donner une Table qui contient tous ces produits : les commençans ne doivent pas se servir de cette Table pour y chercher les produits, lorsqu'ils veulent faire une multiplication : elle doit servir plutôt à apprendre l'ordre de ces produits qu'il faut chercher soi-même, & les repasser plusieurs fois dans son esprit, afin de les retenir exactement.

TABLE POUR LA MULTIPLICATION.

1 fois 1 c'est 1			2 fois 1 font 2			3 fois 1 font 3		
1	2	2	2	2	4	3	2	6
1	3	3	2	3	6	3	3	9
1	4	4	2	4	8	3	4	12
1	5	5	2	5	10	3	5	15
1	6	6	2	6	12	3	6	18
1	7	7	2	7	14	3	7	21
1	8	8	2	8	16	3	8	24
1	9	9	2	9	18	3	9	27

4	1	4	5	1	5	6	1	6
4	2	8	5	2	10	6	2	12
4	3	12	5	3	15	6	3	18
4	4	16	5	4	20	6	4	24
4	5	20	5	5	25	6	5	30
4	6	24	5	6	30	6	6	36
4	7	28	5	7	35	6	7	42
4	8	32	5	8	40	6	8	48
4	9	36	5	9	45	6	9	54

7	1	7	8	1	8	9	1	9
7	2	14	8	2	16	9	2	18
7	3	21	8	3	24	9	3	27
7	4	28	8	4	32	9	4	36
7	5	35	8	5	40	9	5	45
7	6	42	8	6	48	9	6	54
7	7	49	8	7	56	9	7	63
7	8	56	8	8	64	9	8	72
7	9	63	8	9	72	9	9	81

DE LA MULTIPLICATION SIMPLE.

Quand on veut multiplier un nombre par un multiplicateur qui ne contient qu'un seul chiffre, il faut écrire le multiplicande, & mettre le multiplicateur au dessous au rang des unitez, puis tirer une ligne sous le multiplicateur : ensuite on observera la regle suivante.

37. On commence cette opération par la droite, comme les deux précedentes; c'est-à-dire, qu'on multiplie d'abord le chiffre qui est au rang des unitez du multiplicande par le multiplicateur; & si le produit de ce chiffre peut s'exprimer par un seul caractere, on l'écrit sous le rang des unitez : mais si ce produit ne peut être marqué que par deux chiffres, on met le dernier sous le rang des unitez, & on retient le premier pour l'ajoûter au produit des dixaines, sur lesquelles on opere de la même maniere, comme aussi sur les centaines, sur les mille, &c.

38. Remarquez que s'il y avoit un zero dans quelqu'un des rangs du multiplicande, il faudroit mettre au produit, dans le rang qui répondroit au zero, le chiffre qu'on auroit retenu de la multiplication précedente, si on avoit retenu quelque chose : mais si on n'avoit rien retenu, on ne pourroit écrire que zero à ce rang.

E X E M P L E I.

Soit le nombre 6723 à multiplier par 4. après avoir disposé ces deux nombres comme nous avons dit, & avoir tiré une ligne; je dis : quatre fois 3 font 12; je pose 2 sous 4, (ce 2 est le dernier des deux chiffres du produit 12,) & je retiens 1 pour l'ajoûter au produit

$$\begin{array}{r} 6723 \\ 4 \\ \hline 26892 \end{array}$$

des dixaines. Je multiplie ensuite 2 par 4, le produit est 8, auquel ajoûtant 1 que j'ai retenu, la somme est 9 que j'écris sous 2; après cela je passe au rang des centaines, en disant : 4 fois 7 font 28, j'écris le dernier chiffre 8 de ce produit sous 7, & je retiens le premier qui est 2 pour l'ajoûter au produit des mille; enfin je dis : 4 fois 6 font 24, & 2 que j'ai retenu font 26, je pose 6 sous le 6, & j'avance 2, c'est-à-dire, que je l'écris avant le 6 : le produit total est 26892.

E X E M P L E I I.

Soit le nombre 50207 à multiplier par 3. Après avoir écrit le multiplicateur 3 sous le multiplicande, je multiplie 7 par 3,

d

en difant; 3 fois 7 font   50207
21, je pofe 1 fous 7,   3
& je retiens 2. Enfuite   ————
je dis 3 fois 0 c'eft 0;   150621

* 38.   mais ayant retenu 2, je l'écris fous 0 * : puis je viens au 2 qui exprime des centaines, & je le multiplie par 3, le produit eft 6 que je mets au-deſſous ; puis je multiplie le 0 qui eft au rang des mille par 3, le produit eft 0 que je mets au même
* 38.   rang dans le produit * ; parceque je n'ai rien retenu de la multiplication du chiffre précedent. Enfin je multiplie 5 par 3, le produit eft 15, je pofe 5 & je mets 1 au-devant. Le produit total eft donc 150621.

DE LA MULTIPLICATION COMPOSÉE.

39. Lorfque le multiplicateur a plufieurs caractères, on multiplie d'abord tout le multiplicande par le chiffre qui eft au rang des unitez du multiplicateur, felon la regle de la multiplication fimple. 2°. On multiplie de même le multiplicande entier par le chiffre qui eft au rang des dixaines du multiplicateur, obfervant de mettre le dernier caractère de ce fecond produit au rang des dixaines. 3°. S'il y a plus de deux chiffres au multiplicateur, on multiplie encore tout le multiplicande par le chiffre qui eft au rang des centaines du multiplicateur, mettant le dernier chiffre de ce troifiéme produit au rang des centaines. On continuë de multiplier tout le multiplicande par chacun des chiffres du multiplicaetur, & de mettre le dernier chiffre de chaque produit au rang du chiffre, par lequel on multiplie. Ces multiplications particulieres étant faires, on ajoûte tous les produits qui en viennent, & la fomme réfultante eft le produit total.

Nous entendons toujours par le dernier chiffre, celui qui eft le plus à droite.

E X E M P L E I.

Soit le nombre 523407 à multiplier par 546. Pour faire cette multiplication, 1°. je multiplie tout le multiplicande par 6 qui eft au rang des unitez, & je mets le produit qui en vient fous la ligne ; enforte que le dernier chiffre réponde au rang des unitez du multiplicateur : 2°. Je multiplie auffi le multiplicande par 4 qui eft au rang des dixaines, écrivant le dernier

chiffre de ce produit au rang des dixaines : 3°. Je multiplie encore le multiplicande par 5, & j'écris le dernier chiffre du produit qui en vient au
rang des centaines.
Enfin je fais l'addition
de tous les produits
particuliers, & la somme 285780222 est
le produit total.

$$
\begin{array}{r}
523407 \\
546 \\
\hline
3140442 \\
2093628 \\
2617035 \\
\hline
285780222
\end{array}
$$

S'il y avoit un ou plusieurs zeros au multiplicateur, il faudroit de même multiplier les chiffres du multiplicande par les zeros, aussi bien que par les chiffres positifs du multiplicateur, comme on peut voir en cet exemple.

E X E M P L E I I.

$$
\begin{array}{r}
52043 \\
7005 \\
\hline
260215 \\
00000 \\
00000 \\
364301 \\
\hline
364561215
\end{array}
$$

R E M A R Q U E S.

I.

40. Lorsqu'il y a des zeros au multiplicateur, comme dans cet exemple, les produits particuliers du multiplicande par ces zeros du multiplicateur, ne contiennent que des zeros : ce qui n'augmente pas le produit total, quand on vient à faire l'addition des produits particuliers; c'est pourquoi on n'écrit ces zeros que pour garder le rang des chiffres des produits particuliers suivans; ainsi on pourroit n'écrire qu'un zero pour chacun des produits qui viennent quand on multiplie par zero, & mettre à côté vers la gauche le produit positif qui suit : on pourroit

donc arranger les pro-
duits particuliers de
la multiplication de
l'exemple précedent,
en cette façon.

$$\begin{array}{r} 52043 \\ 7005 \\ \hline 260215 \\ 36430100 \\ \hline 364561215 \end{array}$$

I I.

41. Quoiqu'il soit indifférent de prendre l'un ou l'autre des deux nombres pour multiplicateur ; cependant on choisit ordinairement le plus petit, parce que y ayant pour lors moins de produits particuliers, la multiplication est plus commode.

DE LA PREUVE DE LA MULTIPLICATION.

42. La preuve de la multiplication se fait par l'opération opposée, je veux dire, la division ; ensorte qu'on divise le produit par le multiplicateur, & si le quotient est égal au multiplicande, c'est une marque que la multiplication est bien faite : si-non il y a quelque erreur de calcul. En parlant de la preuve de la division, on verra pourquoi on se sert de la division pour prouver la multiplication.

43. Mais comme la division est plus difficile à faire que la multiplication, il paroît qu'il seroit plus à propos de refaire la multiplication d'une autre maniere, en prenant pour multiplicateur le nombre qui étoit multiplicande à la place duquel on substitueroit celui qui étoit multiplicateur : pour lors il faudroit que le produit qui viendroit, en s'y prenant de cette maniere, fut égal à celui qu'on auroit eû d'abord : voici un exemple.

$$\begin{array}{r} 1305 \\ 426 \\ \hline 7830 \\ 2610 \\ 5220 \\ \hline 555930 \end{array} \qquad\qquad \begin{array}{r} 426 \\ 1305 \\ \hline 2130 \\ 12780 \\ 426 \\ \hline 555930 \end{array}$$

44. Remarquez que la preuve d'une opération se peut toujours faire par l'opération contraire. Nous avons déja vû que la preuve de l'addition se faisoit par la soustraction, & que celle de

la souſtraction ſe faiſoit par l'addition : nous venons de dire que la preuve de la multiplication ſe pouvoit faire par la diviſion : nous verrons dans la ſuite que la diviſion ſe prouve par la multiplication.

DÉMONSTRATION DE LA MULTIPLICATION.

45. La regle preſcrit de multiplier tous les chiffres du multiplicande par le multiplicateur, & par conſéquent en ſuivant cette regle, on trouvera le produit des unitez, des dixaines, des centaines, des mille, &c ; ainſi on aura le produit du multiplicande entier par le multiplicateur. Ce qu'il fal. dém.

On verra dans la ſuite *, pourquoi dans la multiplication compoſée, il faut écrire le dernier chiffre de chaque produit particulier au rang du chiffre, par lequel on multiplie.

46. Nous avons dit que la multiplication ſe rapportoit à l'addition : c'eſt ce que l'on peut voir à préſent ; en effet la multiplication n'eſt qu'une eſpece d'addition, dont les nombres à ajoûter ſont égaux ; par exemple, multiplier 4850 par 225, c'eſt la même choſe que ſi on écrivoit 4850 autant de fois qu'il eſt marqué par 225, enſorte que tous ces nombres égaux fuſſent les uns ſous les autres, & qu'enſuite on fit l'addition, ce qui ſeroit fort long ; c'eſt pourquoi on a inventé la multiplication qui eſt une maniere abrégée de faire cette ſorte d'addition de nombres égaux.

La raiſon de cela, c'eſt que multiplier 4850 par 225, c'eſt prendre 4850 deux cens vingt-cinq fois ; & par conſéquent c'eſt la même choſe que ſi on avoit deux cens vingt-cinq nombres égaux chacun à 4850 deſquels on chercheroit la ſomme par l'addition.

47. La multiplication ſert à réduire les grandes eſpeces à de plus petites qui y ſont contenuës exactement. Ce qui ſe fait en multipliant le nombre des grandes eſpeces par un autre nombre qui exprime combien de fois la petite eſt contenuë dans la grande : par exemple, pour ſçavoir combien de livres valent 4203 Loüis d'or de 24 livres chacun ; il faut multiplier 4203 par le nombre 24 qui exprime combien de fois la liv. eſt contenuë dans un Loüis d'or ſuppoſé de 24 livres.

De même pour réduire un nombre de pieds en pouces, il faut multiplier ce nombre de pieds par 12, parce que le pied contient 12. pouces.

Pour réduire aussi une somme de livres en sols, il faut multiplier la somme des livres par 20, parce qu'une livre vaut 20 sols.

Voici la raison de cet usage appliquée au premier exemple : puisque le Loüis d'or vaut 24 livres, le nombre des livres contenu dans une somme de Loüis doit être vingt-quatre fois plus grand que le nombre des Loüis d'or ; il faut donc multiplier le nombre des Loüis par 24, afin d'avoir la somme des livres que vaut ce nombre de Loüis. C'est la même raison pour les autres exemples.

48. Lorsque le multiplicande & le multiplicateur sont égaux, le produit se nomme *quarré* : par exemple, si on multiplie 532 par 532, le produit 283024 s'appelle quarré de 532 ; le quarré d'un nombre est donc le produit de ce nombre multiplié par lui-même : le quarré de 2 est 4, le quarré de 3 est 9, celui de 4 est 16, celui de 5 est 25, &c. Le nombre que l'on a multiplié pour avoir un quarré est appellé *racine quarrée* : dans les exemples cy-dessus, la racine quarrée de 283024 est 532, celle de 4 est 2, celle 9 est 3, celle de 16 est 4, celle de 25 est 5, &c.

MANIERE ABREGÉE DE FAIRE
la Multiplication en certain cas.

Il y a certain cas où l'on peut abréger la pratique de la multiplication.

49. 1° Quand le multiplicateur est l'unité suivie d'un ou de plusieurs zeros, on peut abréger l'opération, en écrivant au produit le multiplicande, & en mettant à la fin autant de zeros qu'il y en a au multiplicateur, comme dans cet exemple.

$$\begin{array}{r} 5032 \\ 100 \\ \hline 503200 \end{array}$$

50. 2°. Quoiqu'il y ait au multiplicateur des chiffres différens de l'unité suivis d'un ou de plusieurs zeros, on peut toujours abréger l'opération en multipliant le multiplicande par les chiffres positifs du multiplicateur, & mettant les zeros à la fin de la somme totale des produits particuliers; en voici des exemples.

$$
\begin{array}{r}
7203 \\
40 \\
\hline
288120
\end{array}
\qquad
\begin{array}{r}
2045 \\
3600 \\
\hline
12270 \\
6135 \\
\hline
7362000
\end{array}
$$

51. 3°. Enfin s'il y avoit des chiffres poſitifs ſuivis de zeros à la fin tant du multiplicateur que du multiplicande, il faudroit faire la multiplication comme s'il n'y avoit point de zeros à la fin, de l'un, ni de l'autre, & ajoûter au produit total la ſomme des zeros qui ſe trouveroient après tous les chiffres poſitifs du multiplicande & du multiplicateur : voici un exemple.

$$
\begin{array}{r}
5502000 \\
6400 \\
\hline
21208 \\
31812 \\
\hline
33932800000
\end{array}
$$

S'il n'y avoit des zeros qu'à la fin du multiplicande, on voit bien qu'on pourroit encore abréger l'opération de la même maniere, en mettant les zeros du multiplicande à la fin du produit total. Exemple.

$$
\begin{array}{r}
5302000 \\
64 \\
\hline
21208 \\
31812 \\
\hline
339328000
\end{array}
$$

52. Remarquez qu'il ne s'agit ici uniquement que des zeros qui ſont après tous les chiffres poſitifs du multiplicande & du multiplicateur ; c'eſt pourquoi le zero, qui dans l'exemple précédent eſt entre le 3 & le 2 du multiplié, ne doit pas être mis à la fin du produit total : mais on doit opérer ſur lui ſelon les regles ordinaires

53. Afin d'entendre les raiſons de toutes ces manieres abrégées de faire la multiplication, il faut ſçavoir qu'en mettant

un zero à la fin d'un nombre, on le rend dix fois plus grand; si on en met deux, on le rend cent fois plus grand, si on en met trois, on le rend mille fois plus grand, &c. Par exemple, en écrivant un zero à la fin de 5032, il vient 50320 qui vaut dix fois plus que le premier : car dans ce nombre 50320, le 2 vaut des dixaines, le 3 des centaines, le 5 des dixaines de mille; au lieu que dans le premier nombre 5032, le 2 ne vaut que des unitez, le 3 que des dixaines, le 5 que des mille; il est donc évident que chaque chiffre du second nombre vaut dix fois plus que dans le premier. Si on mettoit deux zeros à la fin de 5032, chaque chiffre vaudroit cent fois plus, si on en mettoit trois, il vaudroit mille fois plus, &c.

54. De-là il suit selon le premier cas, que pour multiplier 5032 par 100, il n'y a qu'à écrire à la fin du multiplicande les deux zeros du multiplicateur : car le produit de 5032 par 100 est un nombre cent fois plus grand que 5032. Or en écrivant deux zeros à la fin du multiplicande 5032, on rend ce nombre cent fois plus grand.

55. C'est par le même principe qu'on rend raison du second cas : car quand on a multiplié 2045 par 36, le produit 73620 s'est trouvé cent fois plus petit que le veritable, parce que ce n'étoit pas par 36 qu'il falloit multiplier, mais par 3600 qui est cent fois plus grand que 36; il falloit donc rendre le produit 73620 cent fois plus grand; & par conséquent il a fallu y ajouter à la fin les deux zeros du multiplicateur.

56. Il suit delà que dans la multiplication composée, il faut écrire le dernier chiffre de chaque produit particulier, au rang du chiffre par lequel on multiplie : par exemple, si le multiplicateur est 546, il faut mettre le dernier chiffre du troisiéme produit particulier au rang des centaines; car le multiplicateur qui a formé ce troisiéme produit est le chiffre 5 qui signifie 500; par conséquent après avoir multiplié par 5, il faut ajouter deux zeros au produit. Or en écrivant le dernier chiffre au rang des centaines, on fait la même chose que si on ajoutoit deux zeros au produit.

57. Le troisiéme cas se démontre aussi comme les deux premiers. Supposez, par exemple, qu'on veuille multiplier 340 par 400 : si on multiplioit les chiffres positifs du multiplicande par celui du multiplicateur, & qu'au produit 136, on ajoutât seulement les deux zeros du multiplicateur, le nombre 13600

'neseroit le produit que de 34 par 400. Or ce n'étoit pas feulement 34 qu'il falloit multiplier, c'étoit 340 qui est dix fois plus grand ; par conſequent le produit 13600 est dix fois trop petit ; il faudroit donc le rendre dix fois plus grand ; & par conſequent mettre à la fin le zero qui est au dernier rang du multiplicande.

COROLLAIRE I.

58. Il ſuit du troiſiéme cas que quand on multiplie un chiffre par un autre, il y a après le produit autant de rangs qu'il y en a, tant après le chiffre multiplié, qu'après celui du multiplicateur : par exemple, ſi on multiplie 50000 par 300, il faut qu'il y ait, après le produit des chiffres poſitifs, autant de zeros qu'il y en a, tant après 5 qu'après 3 ; c'est-à-dire ſix ; ainſi le vrai produit de 50000 par 300 est 15000000.

Cela n'est pas ſeulement vrai lorſque les chiffres ſont ſuivis de zero, comme dans l'exemple propoſé ; mais auſſi quand ils ſont ſuivis d'autres chiffres : ſuppoſez qu'on ait à multiplier 57902 par 364, il ſe trouvera dans le produit total ſix rangs après le produit partiel du 5, premier chiffre du multiplicande par le 3 du multiplicateur, puiſque dans le multiplié le 5 ſignifie réellement 50000, & que dans le multiplicateur le 3 exprime auſſi 300. Par la même raiſon le produit partiel du troiſiéme chiffre 9 par le ſecond 6, ſera auſſi ſuivi de trois rangs dans le produit total, parce qu'il y en a deux dans le multiplié après 9 & un dans le multiplicateur après 6.

COROLLAIRE II.

59. Si on multiploit le nombre 57902 par lui-même, le quarré particulier de chaque chiffre auroit après lui, dans le quarré total, le double de rangs qu'il y en a après ce chiffre dans le nombre : par exemple, le quarré particulier de 5, auroit le double de quatre ; c'est-à-dire, huit rangs après lui dans le quarré total du nombre 57902, parce que 5 a quatre rangs après lui dans ce nombre. De même le quarré particulier de 7 auroit le double de 3, c'est-à-dire, ſix rangs après lui dans le quarré total du même nombre 57902, parcequ'il y a trois rangs après le 7 dans ce nombre ; ainſi des autres. C'est une ſuite évidente du précedent corollaire ; car le même nombre étant multiplicande & multiplicateur, il y a autant

de rangs après le chiffre qu'on multiplie, qu'après celui qui
sert de multiplicateur, puisque c'est le même chiffre du même
nombre; ainsi, dans l'exemple proposé, y ayant quatre rangs
après le 5 consideré comme multiplicande, il y en a aussi quatre après ce même 5 consideré comme multiplicateur; par
conséquent il doit y avoir huit rangs dans le quarré total après
le produit de 5 par 5, c'est-à-dire, le quarré particulier de 5.
C'est la même raison pour le 7 & les autres chiffres suivans.

Nous n'avons parlé jusqu'à present que de la multiplication
des nombres incomplexes; nous ne traiterons de celle des
nombres complexes qu'après la division, parce que nous nous
servirons de la division pour trouver le produit de ces sortes
de nombres.

DE LA DIVISION.

60. Diviser un nombre par un autre, c'est chercher combien de fois le second est contenu dans le premier : par exemple, diviser 18 par 6, c'est chercher combien de fois 6 est
contenu dans 18. Pour faire cette operation, on dit : en 18
combien de fois 6, on trouve qu'il y est contenu 3 fois; ainsi
3 exprime combien de fois 6 est contenu dans 18. Il y a donc
trois choses à distinguer dans la division; sçavoir, le *dividende*,
le *diviseur* & le *quotient*. Le dividende est le nombre à diviser:
le diviseur est celui par lequel on divise; & le quotient est le
nombre qui marque combien de fois le diviseur est contenu
dans le dividende : dans l'exemple proposé, 18 est le dividende, 6 est le diviseur, & 3 est le quotient.

61. On peut donc définir la division, une operation par
laquelle on trouve un nombre, qu'on appelle quotient, qui
marque combien de fois le dividende contient le diviseur : si
on divise 30 par 5, on trouve pour quotient 6, qui marque
combien de fois le dividende 30 contient le diviseur 5, c'est-
à-dire six fois.

62. Il suit de cette définition, que dans la division le dividende contient autant de fois le diviseur que le quotient contient l'unité : dans l'exemple qu'on vient de proposer, le dividende 30 contient le diviseur 5 autant de fois que le quotient
6 contient l'unité; car le quotient qui marque toujours combien de fois le dividende contient le diviseur étant ici 6, le
dividende 30 contient six fois le diviseur 5; de même que le
quotient 6 contient six fois 1,

63. On diſtingue deux ſortes de diviſions, la *ſimple* & la *compoſée*. La diviſion ſimple eſt celle dont le diviſeur ne contient qu'un ſeul chiffre. La diviſion compoſée eſt celle dont le diviſeur en contient pluſieurs. Nous parlerons d'abord de la ſimple, & enſuite de la compoſée.

Nous ſuppoſons qu'on ſçait diviſer tout nombre plus petit que 90 par les neuf chiffres poſitifs 1, 2, 3, 4, &c. Pour cela il n'y a qu'à ſçavoir la table de la multiplication : car ſi on connoît, par exemple, que 8 fois 6 font 48, on connoîtra par conſequent que 6 eſt contenu huit fois dans 48. Il faut donc bien ſçavoir cette Table pour faire la diviſion ; c'eſt pourquoi ceux qui ne la ſçavent pas exactement par memoire, doivent l'apprendre avant de commencer cette operation qui eſt la plus difficile des quatre.

DE LA DIVISION SIMPLE.

Pour faire la diviſion, on écrit le diviſeur à côté du dividende vers la droite, & on tire une ligne au deſſous de l'un & de l'autre, laquelle on coupe par un crochet que l'on met entre le dividende & le diviſeur pour les ſeparer, comme on voit à la page ſuivante : & lorſqu'on fait la diviſion, on place les chiffres du quotient ſous le diviſeur à meſure qu'on les trouve. On pourroit diſpoſer autrement le diviſeur & le quotient à l'égard du dividende ; mais il eſt bon de s'accoutumer à les diſpoſer toujours de la même maniere. Après ces préparations on obſerve les regles ſuivantes.

64. 1°. On prend le premier chiffre du dividende, c'eſt-à-dire, le plus à gauche, (car c'eſt de ce côté qu'on commence la diviſion ; au lieu que les trois premieres operations ſe font en commençant vers la droite ;) on prend, dis-je, le premier chiffre du dividende, & on conſidere combien de fois le diviſeur y eſt contenu, pour écrire enſuite au quotient le caractere qui exprime combien de fois le diviſeur eſt contenu dans le premier chiffre du dividende. Si le premier chiffre du nombre à diviſer étoit plus petit que le diviſeur, on prendroit les deux premiers, & on écriroit de même au quotient le caractere qui marqueroit combien de fois le diviſeur eſt contenu dans ces deux premiers chiffres du dividende. Cette premiere operation s'appelle proprement la diviſion.

65. 2°. On multiplie le diviſeur par le chiffre qu'on vient

d'écrire au quotient, pour en avoir le produit.

66. 3°. Enfin quand on a trouvé ce produit, on le fouftrait du premier, ou des deux premiers chiffres du dividende, si on a operé fur deux.

67. Après avoir fait la fouftraction, on abbaiffe le chiffre fuivant du nombre à divifer à côté du refte, s'il y en a, & on opere fur ce refte augmenté du chiffre abbaiffé comme on a operé fur le premier, ou les deux premiers chiffres du nombre à divifer, y appliquant les trois regles que nous venons de prefcrire; on continuë toujours de la même maniere jufqu'à ce qu'on ait operé fur tous les chiffres du dividende, après quoi la divifion eft achevée.

68. Remarquez que fi le divifeur n'étoit point contenu dans le chiffre fur lequel on opere, il faudroit mettre zero au quotient; auquel cas la multiplication & la fouftraction marquées par la feconde & la troifiéme regle deviendroient inutiles.

Tout cela s'éclaircira par des Exemples.

E X E M P L E I.

Soit le nombre 9408 à divifer par 4 : après avoir placé le dividende & le divifeur & tiré les lignes, comme nous l'avons marqué, je dis : en 9 combien de fois 4? 2 fois; je mets donc 2 au quotient : enfuite, felon la feconde regle, je multiplie le divifeur 4 par 2, ce qui donne 8 : enfin je fouftrais, par la troifiéme regle, ce produit 8 de 9, il refte 1 que j'écris fous 9 : voilà donc déja les trois regles qui ont été obfervées fur le premier caractere du nombre à divifer.

J'abbaiffe enfuite le 4 à côté du refte 1, & j'opere fur ces deux chiffres, comme j'ai fait fur le premier; je dis donc : en 14 combien de fois 4? 3 fois; je mets 3 au quotient à la fuite du 2 : après quoi je multiplie 4 par 3, le produit eft 12 que je fouftrais de 14, le refte eft 2 que j'écris fous le 4 du dividende.

$$9408 \left\{ \frac{4}{2352} \right.$$

$$\begin{array}{c} 14 \\ 20 \\ 08 \\ 0 \end{array}$$

J'abbaiffe encore le chiffre fuivant du dividende qui eft zero que je mets à côté du fecond refte 2, ce qui fera 20 : auquel nombre j'applique les trois regles; je dis donc : en 20 combien de fois 4? 5 fois; je pofe 5 au quotient, & je multiplie 4 pas

'5 ; le produit eſt 20 que je ſouſtrais de 20, il ne reſte rien.

Enfin j'abbaiſſe 8 ſur lequel je fais les mêmes operations, en diſant : en 8 combien de fois 4 ? 2 fois ; je poſe 2 au quotient, & je multiplie 4 par 2, le produit eſt 8 que je ſouſtrais du 8 abbaiſſé, il ne reſte rien. Tous les chiffres du nombre à diviſer ayant été abbaiſſés, la diviſion eſt faite, & le quotient eſt 2352.

69. Les chiffres du dividende dans leſquels on cherche à chaque fois combien le diviſeur eſt contenu, s'appellent *membres* de la diviſion ou du dividende ; on peut les nommer auſſi *dividendes partiels* ; ainſi dans l'exemple propoſé 9 eſt le premier membre ou le premier dividende partiel, 14 eſt le ſecond, 20 le troiſiéme, & 8 le quatriéme.

R E M A R Q U E S.
I.

70. On doit prendre pour premier membre de la diviſion, un nombre qui ſoit au moins auſſi grand que le diviſeur ; c'eſt pourquoi ſi en prenant autant de chiffres dans le dividende qu'il y en a dans le diviſeur (c'eſt-à-dire, le premier lorſque la diviſion eſt ſimple, & les premiers quand elle eſt compoſée,) cela ne fait point une ſomme égale au diviſeur, il faut prendre un chiffre de plus pour premier membre : on en verra pluſieurs exemples dans la ſuite.

Pour avoir le ſecond membre, il faut abbaiſſer le chiffre qui ſuit celui ou ceux qui ont ſervis de premier membre, pour le mettre à la ſuite du reſte de la premiere ſouſtraction, & ce reſte, s'il y en a, augmenté du chiffre abaiſſé, ſera le ſecond membre de la diviſion. Dans l'exemple précedent après la premiere ſouſtraction on a deſcendu le 4 du dividende à coté du reſte 1 : ce qui a donné 14 pour ſecond membre. On fait de même pour avoir chacun des autres membres, c'eſt-à-dire qu'on abaiſſe le chiffre qui ſuit ceux qui ont déja ſervis, on l'abaiſſe, dis-je, à côté du reſte de la ſouſtraction précedente, & ce reſte, s'il y en a, augmenté du chiffre abaiſſé, donnera le membre cherché.

S'il ne reſtoit rien après la ſouſtraction faite ſur un des membres, alors le ſeul chiffre abaiſſé ſeroit le membre ſuivant ; c'eſt ce qui eſt arrivé dans l'exemple précedent, dont le 8 ſeul a été le quatriéme membre, parce qu'il n'eſt rien reſté après la ſouſtraction du troiſiéme.

II.

71. A mesure qu'on descend quelque chiffre, il est à propos de l'effacer par un petit trait oblique dans le nombre à diviser, afin de ne point confondre ceux qui ont été abaissez avec les suivans, comme il pourroit arriver, sur tout quand il y a plusieurs chiffres de suite du dividende qui sont égaux. En faisant la division des exemples suivans, nous ne rappellerons pas cette remarque, lorsqu'il faudra en faire l'application, de peur de trop allonger le discours.

III.

72. Pour s'assurer si on ne s'est point trompé dans la division, il faut, après l'avoir achevé, multiplier le diviseur par le quotient, ou le quotient par le diviseur, & ajouter au produit le reste que l'on a trouvé à la fin de la division, s'il y en a; la somme du produit & du reste est égale au dividende, si la division est bien faite; s'il n'y a point de reste, le produit seul doit être égal au dividende : ainsi dans l'exemple précedent, il faut multiplier le quotient 2352 par 4 & le produit 9408 étant égal au dividende, c'est une marque que l'operation est bien faite.

IV.

73. On ne peut jamais mettre plus de 9 au quotient, pour chacun des membres de la division. On donnera dans la suite la raison des deux dernieres remarques.

La définition précedente & les quatre remarques ont lieu dans la division composée, comme dans la division simple.

Afin de faire mieux entendre l'application des regles de la division, nous distinguerons les differens membres, & nous appliquerons les trois regles à chacun de ces membres en particulier.

EXEMPLE II.

Soit le nombre 302045 à diviser par 6.

PREMIER MEMBRE DE LA DIVISION.

Voyant que le premier chiffre 3 du dividende est plus petit que le diviseur 6, je prens 30 pour premier membre selon la premiere remarque*, & je dis: en 30 combien de fois 6?

5 fois; je pose donc 5 au quotient, & je multiplie 6 par 5, le produit est 30, qui étant ôté du premier membre, il ne reste rien.

SECOND MEMBRE.

J'abaisse le 2 du dividende qui sera seul le second membre de la division, après quoi je dis : en 2 combien de fois 6 ? mais le diviseur n'étant pas contenu dans le dividende partiel qui est 2, j'écris o au quotient*; la multiplication du diviseur par o, & la souftraction étant inutiles, il restera 2.   * 68.

TROISIE'ME MEMBRE.

Je transporte le chiffre suivant du dividende qui est o à côté du reste 2; ce qui donnera 20 pour le troisiéme membre; je dis ensuite : en 20 combien de fois 6 ? 3 fois; je pose 3 au quotient, & je multiplie 6 par 3 : le produit 18 étant ôté de 20, il reste 2 qu'il faut écrire sous o.

QUATRIE'ME MEMBRE.

Je descends le 4 du dividende à côté du reste 2 : ce qui fait 24 pour le quatriéme membre; je dis donc : en 24 combien de fois 6 ? 4 fois; je pose 4 au quotient, & ayant multiplié 6 par 4, je souftrais le produit 24 de ce quatriéme membre, il ne reste plus rien.

$$302045 \big\{ 6$$
$$20 \quad \big\{ 50340$$
$$24$$
$$\big\{ 5$$

CINQUIE'ME MEMBRE.

Enfin j'abaisse le 5 du dividende qui sera seul le cinquiéme membre, n'y ayant point eu de reste du précédent; je dis donc : en 5 combien de fois 6 ? le diviseur n'étant pas contenu dans ce membre, je mets zero au quotient*; mais la multiplication & la souftraction étant pour lors inutiles, il reste 5 du dividende qu'il faut separer par un petit arc, & la division est achevée.   * 68.

EXEMPLE III.

Soit le nombre 3780269 à diviser par 7. Nous ne mettons ce troisiéme exemple qu'à cause des deux zeros qu'il faut écrire de suite au quotient; c'est pourquoi nous n'explique-

rons que ce qui regarde ces deux zeros ; car on verra aſſez
comment doit ſe pratiquer le reſte de la diviſion , après ce
qui a été dit dans les exemples précedens.

Dans cet exemple , après avoir
mis le premier zero au quotient, on
deſcend le 2 à la droite du zero du
dividende , lequel zero avoit été
abaiſſé auparavant , & on cherche
combien de fois le diviſeur 7 eſt
contenu dans le 2 qui eſt le qua-

$$\left. \begin{array}{l} 3780269 \\ \overline{} \\ 28 \\ 0026 \\ 59 \\ 3 \end{array} \right\} \begin{array}{l} 7 \\ \overline{} \\ 540038 \end{array}$$

triéme membre : mais comme le diviſeur n'eſt point contenu
dans ce membre, on met un ſecond zero au quotient ; enſuite
on abaiſſe le 6 du dividende à côté du 2 ; ce qui donne 26
pour le cinquiéme membre ; on cherche donc combien de
fois le diviſeur eſt contenu dans 26 ; & comme il y eſt contenu
3 fois, on écrit 3 au quotient, & on fait tout le reſte comme
dans les exemples précedens.

Nous n'avons pas écrit le produit du diviſeur par chacun
des chiffres du quotient pour en faire la ſouſtraction : ainſi
dans le ſecond exemple après avoir mis au quotient le premier
chiffre 5 , on a multiplié le diviſeur 6 par 5 : ce qui a donné
le produit 30 que l'on a ſouſtrait du premier membre 30 , ſans
l'avoir écrit au deſſous de ce membre , comme on auroit pû
faire : mais dans la diviſion compoſée nous écrirons toujours
ces produits ſous les membres dont ils doivent être ſouſtraits,
afin que l'on ſoit moins expoſé à faire des fautes de calcul
dans la ſouſtraction : ce qui arriveroit plus facilement que
dans la diviſion ſimple où les produits ſont fort petits, n'é-
tant jamais compoſez de plus de deux chiffres.

Avant que de paſſer à la diviſion compoſée, il eſt à propos
de refaire pluſieurs fois les exemples que l'on vient de donner,
& ſur tout le ſecond & le troiſiéme qui contiennent des zeros
au quotient ; on doit auſſi ſe donner des exemples : & afin de
voir ſi on ne ſe trompe point dans l'application des regles , il
faut multiplier un nombre, tel qu'on voudra, par un ſeul caractere, & prenant le produit qui en viendra pour dividende,
& le multiplicateur pour diviſeur, il doit venir au quotient le
même nombre qui a ſervi de multiplicande ; ainſi il ſera facile de voir ſi on ſe trompe en faiſant la diviſion. On peut faire
la même choſe pour la diviſion compoſée, pourvû que le multiplicateur contienne pluſieurs chiffres.   DE

DE LA DIVISION COMPOSE'E.

Nous avons dit que lorsqu'il y a plusieurs chiffres au diviseur, pour lors la division étoit appellée composée.

74. On trouve les différens membres de cette division de la maniere qui a été expliquée *, & on applique sur chacun les trois regles de la division simple, c'est-à-dire, qu'il faut 1°. chercher combien de fois le diviseur est contenu dans chaque membre de la division, & écrire au quotient le caractere qui marque combien de fois le diviseur entier est contenu dans le membre sur lequel on opere ; 2°. multiplier tout le diviseur par le caractere qu'on vient d'écrire au quotient ; 3°. ôter le produit de cette multiplication du dividende partiel. Nous allons faire des remarques & donner des exemples de la division composée, qui feront concevoir comment se fait l'application de ces regles.

* 70.

REMARQUES.

I.

75. Lorsqu'on veut faire une division composée, il ne faut pas chercher combien de fois le diviseur entier est contenu dans le membre de la division sur lequel on opere ; cela demanderoit une trop grande étenduë d'esprit : par exemple, si on veut diviser 27605 par 84, il ne faut pas chercher combien de fois le diviseur entier 84 est contenu dans 276 qui est le premier membre : mais concevant que le diviseur est sous le dividende partiel, (sans l'y écrire effectivement) ensorte que le dernier chiffre du diviseur réponde au dernier chiffre de ce dividende partiel en cette maniere, $\frac{276}{84}$. Il faut voir combien de fois le premier chiffre du diviseur est contenu dans celui ou ceux ausquels il répond : dans cet exemple, 8 répond à 27, parce que n'y ayant aucun chiffre du diviseur avant 8, il est censé répondre non-seulement à 7 qui est précisément au dessus, mais aussi à 2 qui joint au 7 fait 27 ; on doit donc chercher combien de fois 8 est contenu dans 27, en disant : en 27 combien de fois 8 ?

II.

76. Après avoir trouvé combien de fois le premier chiffre du

f

diviſeur eſt contenu dans le chiffre ou les chiffres auſquels il répond, il ne faut pas mettre d'abord au quotient le caractere qui
exprime combien de fois le premier chiffre du diviſeur eſt contenu dans celui ou ceux auſquels il répond ; il faut auparavant
faire l'épreuve. Or cette épreuve conſiſte à multiplier le diviſeur
entier par le caractere qu'on vouloit mettre au quotient, & ſi le
produit de cette multiplication n'eſt pas plus grand que le dividende partiel, le chiffre éprouvé eſt bon, & doit être mis au
quotient : dans l'exemple propoſé, après avoir trouvé que 8
eſt contenu 3 fois dans les chiffres correſpondans 27 ; il faut
faire l'épreuve, c'eſt-à-dire multiplier le diviſeur entier 84 par
3, & le produit 252 n'étant pas plus grand que le premier membre 276, on doit mettre 3 au quotient : mais ſi le produit du diviſeur par le chiffre éprouvé 3, avoit été plus grand que le dividende partiel, il auroit fallu éprouver 2 moindre que 3 d'u-
ne unité ; & ſi en multipliant le diviſeur par 2, le produit eut
encore été plus grand que le dividende partiel, il auroit fallu mettre au quotient 1 moindre que 2 d'une unité. En un mot, il faut
diminuer le chiffre éprouvé toujours d'une unité, juſqu'à ce que
le produit du diviſeur par le chiffre éprouvé ne ſoit pas plus
grand que le membre ſur lequel on opere, afin que ce produit
puiſſe en être ôté.

On doit écrire à part toutes les multiplications que l'on fait
pour les épreuves ; par ce moyen les épreuves qu'on a faites
pour les premiers chiffres du quotient pourront ſervir pour les
ſuivans.

III.

77. S'il arrivoit qu'en multipliant le diviſeur par 1, le produit ne put être ôté du dividende partiel, ou ſi le diviſeur étoit
plus grand que le dividende partiel, (ce qui revient au même,)
ce ſeroit une marque qu'on ne pourroit mettre que zero
au quotient pour ce membre, auquel cas on négligeroit la
multiplication & la ſouſtraction, parce qu'elles ſeroient inutiles, comme on l'a déjà remarqué pour la diviſion ſimple.

Ces trois remarques ſont pour tous les membres de la diviſion compoſée, excepté le premier ſur lequel la troiſiéme remarque n'a point d'application.

EXEMPLE I.

Soit le nombre 27605 à divifer par 84.

PREMIER MEMBRE.

Les deux premiers chiffres du dividende faifant un nombre moindre que le divifeur, je prends les trois premiers, fçavoir 276 pour le premier membre, fous lequel concevant le divifeur, comme il a été dit dans la premiere remarque fur la divifion compofée *, je cherche combien de fois 8 eft contenu dans les chiffres correfpondans 27; & voyant qu'il y eft contenu 3 fois, je multi-plie le divifeur entier 84 par 3, le pro-duit eft 252, lequel étant moindre que le premier membre 276, je mets 3 au quotient. Voilà déja l'ap-plication de la premiere regle faite fur le premier membre.

* 75.

$$\begin{array}{c|c} 27605' & 84 \\ \hline 252 & (3 \\ \hline 240 & \end{array}$$

Après avoir mis 3 au quotient, je devrois multiplier, felon la feconde regle, le divifeur 84 par le chiffre 3 que j'ai mis au quotient; mais comme j'ai déja trouvé le produit en faifant l'épreuve, j'écris fimplement ce produit fous le premier mem-bre; enforte que le dernier chiffre du produit foit fous le dernier chiffre du premier membre en cette maniere. $\frac{276}{252}$

Enfin j'applique la troifiéme regle en ôtant, felon la mé-thode ordinaire de la fouftraction, le produit 252 du dividende partiel 276 : cette fouftraction étant faite, le refte fera 24, & l'opération fera achevée fur le premier membre. On cherche enfuite le fecond fur lequel on opere de la même maniere, auffi-bien que fur les fuivans, comme on le verra dans la fuite.

SECOND MEMBRE.

Le refte du premier membre eft 24, à côté duquel j'abbaiffe le chiffre fuivant du dividende qui eft 0 : ce qui donne 240 pour le fecond membre, fous lequel concevant le divifeur 84 dif-pofé comme il faut *, je cherche combien de fois 8 eft contenu dans 24, qui eft le membre auquel il répond : comme je vois qu'il y eft contenu 3 fois, j'éprouve le 3 en multipliant le divi-feur par 3, le produit 252 eft plus grand que 240 : ainfi le 3

* 75.

n'eſt pas bon. Je dois donc le diminuer d'une unité, il reſtera
2 qu'il faut auſſi éprouver en multipliant le diviſeur par 2. Or
en faiſant cette multiplication, je trouve le produit 168 qui eſt
moindre que 240; par conſéquent je dois
mettre 2 au quotient à côté du 3 : enſuite la multiplication du diviſeur par
ce 2 étant toute faite, j'écris le produit
168 ſous 240, les unitez ſous les unitez,
les dixaines ſous les dixaines, &c. comme il faut toujours l'obſerver; & faiſant
enſuite la ſouſtraction, je trouve le
reſte 72.

```
27605 ⌐84
─────  ⌐
 252   ⌐328
 240
 168
─────
 735
 672
─────
  (53
```

TROISIÉME MEMBRE.

J'abbaiſſe le chiffre ſuivant du dividende, ſçavoir 5, vis-à-vis du
reſte 72; ainſi le troiſiéme & dernier membre eſt 725, ſous lequel
concevant le diviſeur placé comme il faut *, je vois que le 8
répond à 72; je cherche donc combien de fois 8 eſt contenu
dans 72, & voyant qu'il y eſt 9 fois, j'éprouve le 9, c'eſt-à-
dire, que je multiplie le diviſeur par 9; mais le produit 756
étant plus grand que 725, le 9 n'eſt pas bon; j'éprouve donc
le 8 moindre d'une unité que 9 : or le produit du diviſeur par 8
eſt 672 moindre que 725; je poſe donc 8 au quotient, & j'é-
cris ce produit 672 ſous 726 pour faire la ſouſtraction, laquelle
étant achevée, le reſte eſt 53 que je ſépare par un petit arc,
afin de le diſtinguer des autres chiffres; ce qui étant fait, la diviſion eſt entierement finie, parce qu'il n'y a plus de chiffre à
abbaiſſer dans le dividende.

EXEMPLE II.

Soit le nombre 4797865 à diviſer par 365.

PREMIER MEMBRE.

Le diviſeur n'étant pas plus grand que les trois premiers
chiffres du dividende, ſçavoir 479, ce nombre eſt le premier
membre de la diviſion, ſous lequel concevant le diviſeur en
cette maniere $\frac{479}{365}$, le 3 du diviſeur répond au 4 du dividende
partiel; je dis donc en 4 combien de fois 3 ? une fois, j'écris
1 au quotient, parce que je vois que le produit du diviſeur par

1 étant égal au diviseur même, n'est pas plus grand que 479, ensuite je mets le produit du diviseur par 1, c'est-à-dire, 369 sous le premier membre 479, les unitez sous les unitez, &c. après quoi je fais la soustraction qui me donne pour reste 110.

```
4797865 ⌡ 369
           ⌐
369        ⌡ 1300
─────      
1107
1107
─────
00865
```

SECOND MEMBRE.

Au reste 110 je joins le chiffre suivant du dividende; sçavoir 7, en l'abaissant à côté de 110, ce qui fait 1107 pour second membre, sous lequel concevant le diviseur placé comme il faut *, le premier chiffre 3 du diviseur répondra sous 11; je dis donc: en 11 combien de fois 3 ? il y est 3 fois; c'est pourquoi j'éprouve le 3, en multipliant le diviseur par 3; le produit est 1107, lequel n'étant pas plus grand que le dividende partiel, je pose 3 au quotient, & j'écris le produit 1107 sous le dividende partiel, pour faire la soustraction, laquelle étant achevée il ne reste rien.

* 751

TROISIE'ME MEMBRE.

J'abbaisse le 8 qui est sous le troisiéme membre, parcequ'il n'est rien resté du second. Ce troisiéme membre étant plus petit que le diviseur, je dois mettre o au quotient; ainsi la multiplication & la soustraction sont inutiles, & par conséquent le reste du troisiéme dividende partiel est 8.

QUATRIE'ME MEMBRE.

Je descends le chiffre du dividende, sçavoir 6, vis-à-vis du reste 8 : ce qui donne 86 pour le quatriéme membre; lequel étant encore plus petit que le diviseur, je mets un second o au quotient, & le reste de ce membre est 86.

CINQUIE'ME MEMBRE.

Enfin ayant abbaissé le dernier chiffre du dividende qui est 5 à côté du reste 86, il vient 865 pour cinquiéme & dernier membre, sous lequel concevant le diviseur placé comme il faut,

le 3 du diviſeur répondra au
8 ; je dis donc : en 8 combien
de fois 3 ? 2 fois : ainſi je multiplie le diviſeur par 2, le produit eſt 738 qui étant moindre que 865, je poſe 2 au
quotient, & j'écris le produit
738 ſous 865 pour faire la
ſouſtraction, après laquelle il
reſte 127 que je ſépare par un
petit arc, & la diviſion eſt achevée.

4797865) 369
369   (13002
1107
1107
0000865
   738
  (127

Voici encore deux exemples de la diviſion compoſée, que
nous donnons ſans nous arrêter à les expliquer comme nous
avons fait les précedens.

EXEMPLE III.

2569472) 2953
23624   (870
 20707
 20691
 (362 reſte

Preuve de cette divi-ſion.

2953
 870.
0000
20671
23624
  362 reſte
2569472

EXEMPLE IV.

2812507488o) 3906
27342   (7200480
 7830
 7812
 0018748
   15624
    31248
    31248
     000

Preuve de cette divi-ſion.

3906
7200480
0000
31248
15624
0000
0000
7812
27342
2812507488o

REMARQUES.

I.

78. Si on appercevoit qu'après avoir fait la souftraction, le refte fut plus grand ou égal au divifeur, ce feroit une marque que le chiffre qu'on vient de mettre au quotient ou quelqu'un des précedents feroit trop petit, puifque le divifeur feroit contenu dans le membre dont on viendroit de faire la fouftraction, au moins une fois de plus qu'il ne feroit marqué par ce chiffre qu'on viendroit d'ecrire au quotient : ainfi après la fouftraction faite fur le fecond membre du premier exemple de la divifion compofée, fi le refte avoit été plus grand ou égal au divifeur 84, alors le 2 qu'on a mis au quotient pour ce membre auroit été trop petit.

II.

79. Chaque membre de la divifion fourniffant un chiffre au quotient, il eft vifible qu'il doit y avoir autant de chiffres au quotient, qu'il y a de membres dans la divifion. Or il eft facile de voir tout d'un coup, combien il y aura de membres dans la divifion, puifqu'il y en a autant & un de plus qu'il refte de chiffres dans le dividende après le premier membre : dans l'exemple cité à la remarque précedente, il étoit aifé de voir qu'il n'y auroit que trois membres en divifant 27605 par 84 ; & par conféquent qu'il n'y auroit que trois chiffres au quotient ; parce qu'il ne reftoit que deux caracteres au dividende après le premier membre 276.

III.

80. Quand il n'y a point de refte après la derniere fouftraction, c'eft une marque que le divifeur eft contenu exactement autant de fois dans le dividende qu'il y a d'unitez dans le quotient : mais s'il y a un refte, pour lors le dividende contient le divifeur autant de fois qu'il y a d'unitez dans le quotient, & il contient de plus le refte ; enforte que fi on retranchoit ce refte du dividende, le divifeur y feroit contenu juftement autant de fois qu'il y a d'unitez au quotient.

On fait du refte qu'on trouve après la divifion une fraction dont ce refte eft le numérateur, & le divifeur eft le dénominateur : comme dans le premier exemple cy-deffus, ayant trouvé pour reste 53, on en fait la fraction $\frac{53}{84}$, laquelle on met à côté du quotient en entier de cette maniere, $328\frac{53}{84}$, ce qui marque que le quotient de 27605 divisé par 84, est 328 & de plus la fraction $\frac{53}{84}$.

IV.

$81.$ On ne peut jamais mettre plus de 9 au quotient pour un des membres du dividende. Nous allons le démontrer à l'égard du premier membre, & nous ferons voir ensuite que l'on peut appliquer la même démonstration aux suivantes.

Ou bien il y a autant de chiffres au premier membre qu'il y en a au diviseur, ou il y en a un de plus. Or dans l'un & l'autre cas on ne peut mettre plus de 9 au quotient; supposons d'abord qu'il y a autant de chiffres dans le premier membre qu'il y en a au diviseur; par exemple, trois à chacun; ensorte que les trois du premier membre soient les plus grands qu'il soit possible, & que les trois du diviseur soient au contraire les plus petits que l'on puisse, afin que le diviseur soit contenu plus de fois dans le premier membre; que ce premier membre soit donc 999 & le diviseur 100 : il est certain que 100 n'est point contenu dix fois dans 999; car afin que 100 fut contenu dix fois dans 999, il faudroit que ce nombre 999 fut dix fois plus grand que 100, ce qui n'est pas, puisque pour rendre un nombre dix fois plus grand qu'il n'est, il n'y a qu'à lui ajoûter un o*; or en ajoûtant un o à 100, il vient 1000 qui est plus grand que 999; donc 999 n'est pas dix fois plus grand que 100; & par conséquent 100 n'est pas contenu dix fois dans 999; on ne peut donc mettre plus de 9 au quotient, en divisant 999 par 100.

De même s'il y avoit un chiffre de moins dans le diviseur que dans le dividende partiel; par exemple, si le diviseur étoit 625, & le premier membre 6249, (ce premier membre est le plus grand qu'il soit possible par rapport au diviseur, puisque si on l'augmentoit d'une unité, la somme qui en résulteroit, sçavoir 6250, ne pourroit plus être prise pour premier membre, mais seulement 625 égal au diviseur,) dans ce cas le diviseur ne seroit pas contenu dix fois dans le dividende partiel, puisqu'en rendant ce diviseur dix fois plus grand, c'est-à-dire, en le multipliant par 10, le produit 6250 est plus grand que le premier membre 6249; on ne peut donc, même dans ce cas, mettre plus de 9 au quotient.

Ce que l'on vient de dire pour le premier membre de la division

sion doit s'entendre également de tous les autres, parce que le reste qui se trouve après chaque soustraction, étant toujours plus petit que le diviseur, il est impossible que ce reste augmenté du chiffre qu'on abbaisse, contienne dix fois le diviseur.

Ces quatre remarques conviennent à la division simple, comme à la division composée.

82. Entre plusieurs manieres de faire la division composée nous avons choisi celle qui vient d'être expliquée, parce qu'elle est plus facile à entendre, & que d'ailleurs elle paroît moins sujette aux fautes de calcul que les autres : ce qui est d'une grande conséquence. Au reste, lorsque le quotient ne doit être composé qu'environ de 3 ou 4 caracteres, il seroit plus court de ne faire l'épreuve que par la pensée, & de commencer la multiplication du diviseur vers la gauche, en faisant la soustraction en même tems sans rien écrire : la soustraction se fait de la même maniere que pour la preuve de l'addition. On va appliquer cette methode sur un exemple.

Si je veux diviser 843067 par 2965, je dis : en 8 combien de fois 2 ? il y est 4 fois,

$$843067 \big\{ 2965$$

j'éprouve donc 4 en commençant à multiplier le diviseur vers la gauche, & en faisant en même tems la soustraction de la maniere suivante : 4 fois 2 font 8 ; j'ôte ce produit 8 du premier chiffre du dividende auquel répond le 2 du diviseur, * & il ne reste rien ; je multiplie ensuite le 9 du diviseur par 4 : mais   * 75 le produit ne pouvant être ôté du 4 du dividende, il est visible que ce chiffre éprouvé, sçavoir 4, n'est pas bon ; j'éprouve donc le 3 de la même maniere, & je dis : 3 fois 2 font 6, j'ôte 6 de 8, il reste 2, qu'il faut joindre par la pensée avec le 4 suivant du premier membre, ce qui fait 24 : ensuite je dis : 3 fois 9 font 27 que je ne puis ôter de 24 ; ainsi le chiffre 3 n'est pas encore bon, j'éprouve donc le 2 en disant : 2 fois 2 font 4 que j'ôte de 8, il reste 4 qu'il faut joindre par la pensée avec le 4 suivant, & la somme est 44 : Après cela je multiplie 9 par 2, & j'ôte le produit 18 de 44, & voyant qu'il reste plus de 9, je suis assuré que 2 est bon, c'est pourquoi je fais la mul-

tiplication du diviseur par 2
à l'ordinaire, en commençant
à la droite, & en écrivant le
produit : après quoi je fais la
souſtraction & j'écris le reſte,
comme il a été pratiqué dans
la methode dont on s'eſt ſervi
ci-deſſus.

    La ſouſtraction étant faite,
& le chiffre ſuivant du dividende étant abaiſſé , le ſe-
cond membre eſt 25006 ſur lequel je fais l'épreuve comme
ſur le premier : je dis donc : en 25 combien de fois 2 ? on ne
peut mettre que 9 ; ainſi j'éprouve 9 en diſant : 9 fois 2 font
18 que j'ôte de 25, il reſte 7 ; je joins par la penſée le reſte 7
au zero ſuivant du ſecond membre ; ce qui fait 70 , après quoi
je multiplie le 9 du diviſeur par le 9 éprouvé : mais le produit
ne pouvant être ôté de 70 ; je conclus que le 9 n'eſt pas bon.
J'éprouve donc le 8 en diſant : 8 fois 2 font 16, que j'ôte de
25, il reſte 9 ; ainſi je ſuis aſſuré que le chiffre éprouvé eſt bon ;
c'eſt pourquoi je multiplie le diviſeur entier par 8, & j'écris le
produit ; je fais enſuite la ſouſtraction en écrivant auſſi le reſte.
On fera l'épreuve de la même maniere ſur le troiſiéme membre de la diviſion.

PREUVE DE LA DIVISION.

    83. La preuve de la diviſion ſe fait, comme on l'a remar-
qué, en multipliant le diviſeur par le quotient, ou le quotient
par le diviſeur : ce qui donne un produit égal au dividende ,
lorſque la diviſion ſe fait exactement ; c'eſt-à-dire, lorſqu'il
n'y a point de reſte après la derniere ſouſtraction : voici la
raiſon pour laquelle le produit du diviſeur par le quotient doit
être égal au dividende. Nous avons dit que le quotient mar-
quoit combien de fois le diviſeur eſt contenu dans le dividende :
par exemple, 100 étant diviſé par 4, le quotient 25 fait voir
que le diviſeur 4 eſt contenu 25 fois dans 100 ; par conſéquent en prenant le diviſeur autant de fois qu'il eſt marqué
par le quotient, l'on doit avoir un nombre égal au dividende.
Or prendre le diviſeur autant de fois qu'il eſt marqué par le
quotient, c'eſt multiplier le diviſeur par le quotient ; par con-

fequent le produit du diviseur par le quotient, ou du quotient par le diviseur est égal au dividende.

84. Il est facile de voir à présent qu'on peut se servir de la division pour prouver la multiplication : car le produit contenant le multiplicande autant de fois qu'il est marqué par le multiplicateur, il est évident que si on divise le produit par le multiplicande, le quotient sera le multiplicateur : & réciproquement si on divise le produit par le multiplicateur, le quotient sera le multiplicande.

85. Puisque le dividende est égal au produit du quotient par le diviseur, il s'ensuit que le quotient est contenu autant de fois dans le dividende qu'il est marqué par le diviseur; c'est pourquoi de même que le quotient exprime combien de fois le diviseur est contenu dans le dividende; pareillement le diviseur exprime combien de fois le quotient est contenu dans le dividende; ainsi on peut définir la division, une operation par laquelle on partage un nombre, qu'on nomme dividende, en autant de parties égales, qu'il y a d'unitez dans un autre que l'on prend pour diviseur : par exemple, diviser 100 par 4, c'est partager 100 en quatre parties, dont chacune est égale au quotient 25.

86. C'est delà qu'on déduit l'usage que l'on fait de la division: par exemple, si on veut partager 100000 liv. également à cinq personnes, on divise 100000 par 5, & le quotient 20000 est la cinquiéme partie de 100000, parce que le diviseur 5 marque que le quotient 20000 est contenu cinq fois dans 100000; il faut donc donner 20000 liv. à chacune des cinq personnes.

87. Nous avons supposé, en donnant la raison de la preuve de la division, que cette operation, c'est-à-dire, la division se faisoit exactement ou sans reste : mais s'il y avoit un reste, il est clair qu'en l'ajoutant au produit du diviseur par le quotient, la somme qui en résulteroit seroit égale au dividende : par exemple, si on divise 103 par 4, le quotient sera 25, & il y aura 3 de reste. Or si on multiplie le quotient par le diviseur, & qu'au produit 100 on ajoute le reste 3, la somme sera necessairement égale au dividende : car puisqu'il est resté 3 après la division, c'est une marque que si le dividende avoit été diminué de 3, la division se seroit faite sans reste; ainsi le produit du quotient par le diviseur auroit été égal au dividende 103

* 8}.   diminué de 3 , comme on vient de le prouver * ; par conſéquent ſi on ajoute 3 à ce produit, la ſomme ſera égale au
dividende entier.

88. Quoiqu'on puiſſe également, pour faire la preuve de
la diviſion, multiplier le quotient par le diviſeur , ou le diviſeur par le quotient, cependant il eſt pour l'ordinaire plus
commode dans la diviſion compoſée, de faire la preuve en
multipliant le diviſeur par le quotient, parce qu'il n'y a qu'à
écrire les produits particuliers du diviſeur par les differens
chiffres du quotient, leſquels produits ont été trouvez en
faiſant la diviſion, comme on peut le voir dans le troiſiéme
& quatriéme exemple de la diviſion compoſée dont on a donné la preuve.

DEMONSTRATION DE LA DIVISION.

89. Diviſer un nombre par un autre , c'eſt en chercher un
troiſiéme, qu'on nomme quotient, qui exprime combien de
fois le diviſeur eſt contenu dans le dividende. Or en ſuivant
les regles de la diviſion, on trouve pour quotient un nombre
qui exprime combien de fois le diviſeur eſt contenu dans le dividende : car pour voir combien de fois un nombre eſt contenu dans un autre ; il n'y a qu'à ſçavoir combien de fois le
premier peut être ôté du ſecond. Or en ſuivant les regles de la
diviſion, on trouve pour quotient un nombre qui exprime combien de fois le diviſeur peut être ſouſtrait du dividende,
puiſqu'à chaque chiffre qu'on écrit au quotient, on doit multiplier le diviſeur par ce chiffre, pour en ſouſtraire le produit du
dividende : par exemple, ſi on diviſe 100 par 4 , il ſe trouvera
à la fin de l'operation, qu'on aura multiplié 4 par 25, & qu'on
aura ſouſtrait le produit, c'eſt-à-dire, 25 fois 4, de 100 ;
& par conſéquent le diviſeur eſt retranché du dividende autant
de fois qu'il y a d'unitez dans le quotient : d'ailleurs le diviſeur eſt retranché du dividende autant de fois qu'il y eſt contenu ; puiſque ſelon les regles de la diviſion , le reſte, s'il y en
a , eſt toujours moindre que le diviſeur ; donc le quotient exprime combien de fois le diviſeur peut être ôté du dividende;
ainſi il marque combien de fois le diviſeur eſt contenu dans
le dividende. Ce qu'il fal. dem.

90. Les commençans pourroient être embaraſſez pour comprendre comment dans la pratique de la diviſion, le diviſeur

est ôté du dividende autant de fois qu'il est marqué par le quotient : supposé, par exemple, que le dividende soit 4578 & le diviseur 6, le quotient sera 763. Or il ne paroît pas d'abord qu'en suivant les regles de la division, le diviseur 6 ait été ôté du dividende 763 fois, parce que pour le premier membre de la division, on n'a multiplié le diviseur 6 que par 7, après quoi on a ôté le produit 42 ; c'est-à-dire 7 fois 6, du dividende : pour le second membre on n'a soustrait le diviseur 6 que 6 fois du dividende, ou ce qui est la même chose, le produit du diviseur par le second chiffre 6 du quotient ; enfin pour le troisiéme membre on a encore ôté le diviseur 3 fois du dividende : on a donc ôté le diviseur du dividende seulement 16 fois ; sçavoir, 7 fois pour le premier membre, 6 fois pour le second, 3 fois pour le troisiéme ; ce qui fait en tout 16 & non pas 763.

Pour faire évanoüir cette difficulté, il faut considerer de quelle maniere se fait la soustraction dans la division. Quand pour le premier membre on a ôté du dividende le produit de 6 par 7, c'est-à-dire 42, on a fait comme si on avoit voulu soustraire 4200 produit de 6 par 700, puisque pour soustraire 4200 de 4578, il faudroit disposer ces deux nombres ; ensorte que 42 repondit à 45, & pour lors on trouveroit pour reste 378 qui est le même nombre qui est resté du dividende entier après la premiere soustraction ; ainsi par cette soustraction on a ôté 700 fois le diviseur 6 du dividende : de même par la seconde soustraction de la division on a ôté du dividende le produit du diviseur 6 par 60 qui est 360 ; enfin par la troisiéme soustraction on a ôté du dividende qui restoit, 3 fois le diviseur, c'est-à dire, le produit de 6 par 3 ; il est donc certain que le diviseur a été ôté du dividende, en faisant la division 1°. 700 fois, 2°. 60 fois, 3°. 3 fois ; ce qui fait en tout 763 fois.

91. Après ce que nous venons de dire, il est clair que la division n'est qu'une espece de soustraction par laquelle on ôte le diviseur du dividende autant de fois qu'il est marqué par le quotient.

92. C'est par la division qu'on réduit une somme de petites especes à de plus grandes : ce qui se fait en divisant la somme des petites especes par le nombre qui exprime combien la grande espece contient de fois la petite : par exemple,

pour réduire une fomme de deniers en fols, il faut divifer le nombre des deniers par 12, parce qu'un fol vaut 12 deniers, & le quotient fera le nombre des fols contenus dans la fomme des deniers.

La raifon de cette pratique eft que le nombre de fols que vaut la fomme des deniers, eft 12 fois plus petit que le nombre des deniers, puifqu'il faut 12 deniers pour faire un fol ; il ne s'agit donc pour réduire les deniers en fols, que de trouver un nombre qui ne foit que la douziéme partie de celui des deniers. Or en divifant le nombre des deniers par 12, on trouve pour quotient un nombre qui n'eft que la douziéme partie de celui des deniers, puifqu'en divifant par 12, on partage le nombre de deniers en 12 parties égales. Donc ce quotient marquera le nombre de fols contenus dans la fomme des deniers.

Nous allons donner plufieurs exemples de réduction des petites efpeces aux plus grandes.

Combien 546 deniers valent-ils de fols ? il faut divifer 546 par 12, le quotient 45 & le refte 6, font voir que 546 deniers valent 45 fols 6 deniers.

Combien 720 pieds en longueur valent-ils de toifes ? il faut divifer 720 par le divifeur 6 qui marque combien de fois le pied eft contenu dans la toife, le quotient 120 fait connoître que 720 pieds contiennent 120 toifes.

Combien 50 onces d'argent valent-elles de marcs ? Il faut divifer 50 par 8, qui marque combien il y a d'onces au marc; le quotient 6 & le refte 2 font connoître qu'il y a 6 marcs 2 onces dans cinquante onces.

MANIERE ABREGE'E DE FAIRE LA DIVISION
en certain cas.

Il y a des occafions où l'on peut faire la divifion plus facilement qu'à l'ordinaire : il eft bon de ne pas ignorer quand cela fe peut faire.

93. 1°. Lorfque le divifeur eft compofé de l'unité fuivie de plufieurs zeros, s'il y a autant de zeros à la fin du dividende que dans le divifeur, pour lors, afin d'avoir le quotient, il n'y a qu'à retrancher autant de zeros de la fin du dividende qu'il y en a dans le divifeur, & le refte eft le quotient de la divifion : par exemple, pour divifer 2475000 par 1000,

comme il y a trois zeros dans le diviſeur , il faut retrancher les trois zeros qui ſont à la fin du dividende , le reſte 2475 eſt le quotient de la diviſion.

Autre exemple ; le nombre 624000 étant diviſé par 100, le quotient eſt 6240.

Voici la raiſon de cet abregé appliquée au premier exemple. Diviſer un nombre par 1000, c'eſt chercher la milliéme partie de ce nombre , ou bien, ce qui eſt la même choſe , c'eſt en chercher un qui ſoit mille fois plus petit. Or en retranchant trois zeros qui ſont à la fin du dividende , on le rend mille fois plus petit , comme il paroît par ce qui a été dit ſur la maniere abregée de faire la multiplication ; par conſéquent ce qui reſte du dividende , après en avoir retranché les trois zeros qui ſont à la fin , eſt le quotient de la diviſion.

Le diviſeur étant toujours compoſé de l'unité ſuivie de pluſieurs zeros, ſi le dividende avoit des chiffres poſitifs à la fin, on pourroit auſſi retrancher autant de caracteres de la fin du dividende , qu'il y auroit de zeros dans le diviſeur , & le quotient ſeroit encore le reſte du dividende , auquel il faudroit ajouter une fraction dont le numerateur ſeroit les chiffres qu'on auroit retranchez du dividende , & le dénominateur , le diviſeur. Exemple, ſi on diviſe 2475894 par 1000, le quotient ſera 2475 $\frac{894}{1000}$: c'eſt une ſuite neceſſaire de ce que l'on vient de dire.

94. 2°. Lorſqu'on veut diviſer un nombre par 2 , il faut prendre la moitié de chaque caractere de ce nombre : ce qui eſt plutôt fait que d'obſerver les regles ordinaires de la diviſion.

Soit, par exemple, le nombre 65207 à diviſer par 2. Au lieu de ſuivre la regle generale, je dis : la moitié de 6 eſt 3 que j'écris au deſſous de 6 ; après je dis : la moitié de 4 c'eſt 2 que je poſe ſous 5 ; j'ai dit exprès la moitié de 4, quoi qu'il y ait 5, parce que 5 étant un nombre impair , dont par conſequent on ne peut prendre la moitié , il a fallu rejetter une unité au rang ſuivant où elle vaudra 10 ; c'eſt pourquoi je dirai au troiſiéme rang : 10 & 2 qui ſe trouvoit déja à ce rang font 12, dont la moitié eſt 6 que je poſe ſous 2 ; enſuite je dis : la moitié de 0 c'eſt 0 que j'écris au deſſous. Enfin la moitié

65207
32603 $+\frac{1}{2}$

de 6 (je prens 6 au lieu de 7 qui est impair) c'est 3 que j'écris encore sous 7, & comme il reste 1 à diviser par 2, il y aura une fraction dont 1 sera le numerateur & 2 le dénominateur.

Voici encore deux autres exem- 14050416   130407020
ples que nous donnons sans les ex- 7025208   65203510
pliquer comme le précedent.

On peut se servir de la même methode lorsqu'il s'agit de diviser un nombre par 3 ; mais au lieu de prendre la moitié de chaque chiffre du nombre, il en faut prendre le tiers, comme on le peut voir dans l'exemple suivant, où il s'agit de diviser 48104 par 3.

Je dis donc : le tiers de 9 est 3 que   98104
j'écris sous 9 : ensuite je prens le tiers   32701 + $\frac{1}{3}$
de 6 au lieu de 8, c'est 2 que j'écris
sous 8. On remarquera que je n'ai pris que le tiers de 6, parce que je ne pouvois prendre le tiers de 8 non plus que de 7 ; c'est pourquoi j'ai rejetté deux unitez de 8 au troisiéme rang où elles vaudront 20 ; je dis donc : 20 & 1 qui se trouve à ce rang font 21, dont le tiers est 7 que je pose sous 1 : après cela je dis : le tiers de 0 c'est 0 que j'écris au dessous : enfin le tiers de 3, au lieu de 4, c'est 1 que je mets sous 4 ; mais y ayant une unité de reste, il y aura une fraction dont 1 sera le numerateur & 3 dénominateur. Le quotient de 98104 divisé par 3 est donc 32701 + $\frac{1}{3}$.

Voici deux autres nombres   250805   150402600
dont on a pris le tiers ou qu'on   83601 + $\frac{1}{3}$ 50134200
a divisé par 3 par la même methode.

On peut encore se servir de la même methode pour diviser par 4, 5, 6, &c. mais elle devient plus difficile à mesure que le diviseur augmente.

Il est inutile de s'arrêter pour démontrer cette methode, étant assez évident qu'en prenant la moitié de chaque chiffre d'un nombre, on a la moitié de ce nombre : c'est la même raison quand il s'agit du tiers.

95. On tire delà une maniere fort courte de réduire les sols en livres : elle consiste à retrancher le dernier caractere du nombre qui marque les sols ; & à prendre ensuite la moitié du reste suivant la methode qu'on vient d'enseigner.

Soit, par exemple, 617409 sols à réduire en livres, il faut

retranchez

retrancher le dernier chiffre 9 qui marque les unitez de sols, &

prendre la moitié du reste : cette
moitié est 30870 ; ainsi 617409 sols
valent 30870 liv. 9 s. on ajoûte 9 s.
à cause du 9 qu'on a retranché.

    61740 | 9 s.
    30870 liv. 9 s.

    Second exemple, dans lequel l'a-
vant-dernier chiffre 7 étant impair,
il reste une unité qu'il faut joindre

    41047 | 8 s.
    20523 liv. 18 s.

avec le chiffre retranché, en la mettant avant ce chiffre ; parce
que c'est une dixaine de sols.

    Voici encore deux som-
mes de s. à réduire en liv.

    460134 | 0 s.   61405 | 0 s.
    230067 liv.   30702 liv. 10 s.

La raison de cette maniere d'opérer vient de ce que le
nombre de livres contenu dans une somme de sols, est 20
fois plus petit que le nombre de sols ; ainsi il ne s'agit que de
prendre la vingtiéme partie du nombre de sols. Or si le dernier
caractere est un zero, en le retranchant, le reste est la dixiéme partie de ce nombre ; par conséquent en prenant la moitié
de ce reste, on aura la vingtiéme partie du nombre de sols ; donc
cette moitié exprime le nombre de livres que renferme la somme des sols.

Si au lieu de supposer que le dernier caractere du nombre
des sols est un zero, il se trouve que c'est un chiffre positif,
tel que 9, comme dans le premier exemple ; il est visible que
le nombre est plus grand de 9 sols, que s'il y avoit un zero à la
place du 9 ; par conséquent outre les livres marquées par la
moitié du reste, il contient encore 9 sols de plus.

96. Il suit du premier cas, dans lequel nous avons dit qu'on
pourroit abréger l'opération de la division, que l'on peut prendre la dixiéme partie d'une somme de livres, en retranchant le
dernier chiffre de la somme, si ce dernier chiffre est un zero.
Exemple, le dixiéme de 504720 livres est 50472, qui est le
nombre restant de 504720, après en avoir retranché le dernier
chiffre qui est un zero.

La raison de cette pratique est, qu'en retranchant le 0 du
nombre, on divise ce nombre par 10, comme il a été dit dans
le premier cas ; & par conséquent il en reste la dixiéme partie
que l'on cherchoit.

S'il se trouvoit un chiffre positif à la fin du nombre proposé,
à la place du zero, & qu'il y eut 504723 au lieu de 504720,

il faudroit toujours retrancher ce chiffre positif qui est ici 3 , dont le double qui est 6 marqueroit des sols ; ensorte que le dixiéme de 504723 liv. est 50472 liv. 6 f.

On voit que le dixiéme de 504723l. est plus grand de 6 f. que celui de 504720 liv. la raison en est , que le premier de ces deux nombres est plus grand que le second de 3 livres : or le dixiéme de trois livres est six sols , puisque le dixiéme de chaque livre est deux sols ; de-là vient qu'il faut toujours prendre le double du chiffre retranché , quand il est positif , pour exprimer des sols.

Autre exemple. Soit 492058 liv. le dixiéme est 49205l. 16 f.

DE LA MULTIPLICATION
des nombres complexes

Nous avons remis à traiter de la multiplication des nombres complexes après la division , parce que pour faire cette multiplication , il faut se servir de la division, comme on le verra dans la suite.

Les nombres complexes sont ceux qui contiennent des quantitez de differentes especes : tel est le nombre suivant , 40 livres 15 sols 6 deniers , & celui-ci 26 toises 8 pieds 10 pouces. Nous allons donner la methode de multiplier ces nombres l'un par l'autre après la remarque suivante.

97. Lorsqu'on cherche le prix d'une marchandise par la multiplication , on doit toujours regarder comme le multiplicande , celui des deux nombres qui contient des quantitez semblables à celles du produit : par exemple , si on cherche le prix de douze aunes de drap à 15 livres l'aune , & qu'en multiplie les deux nombres 12 & 15 l'un par l'autre, on doit regarder 15 livres comme le multiplicande, parce que le produit qu'on cherche exprimera des liv. & l'autre nombre 12 aunes est le multiplicateur ; car lorsqu'on cherche le prix de 12 aunes à 15 livres chacune, il est évident qu'il faut prendre 12 fois 15 livres , c'està-dire , multiplier 15 livres par 12 , & par conséquent les 15 livres sont le multiplicande, & le nombre 12 est le multiplicateur. Souvent on s'énonce , comme si le nombre qui marque le prix étoit le multiplicateur : mais on doit toujours le concevoir comme étant le multiplié. Cette remarque doit s'entendre des nombres complexes & des incomplexes.

98. Pour multiplier un nombre complexe par un autre, il faut 1° réduire chacun des deux nombres à la plus petite espece

qu'il contient ; 2°. multiplier l'un par l'autre les deux nombres réduits : ce qui donnera un premier produit ; 3°. multiplier aussi l'un par l'autre les deux nombres qui expriment combien de fois la plus grande espece de chaque nombre complexe contient la plus petite, & on aura un second produit ; 4°. diviser le premier produit par le second, & le quotient sera le produit des deux nombres proposez. Cela s'entendra par des exemples.

EXEMPLE I.

On demande combien valent 4 toises 5 pieds 8 pouces à 3 livres 2 sols 4 deniers la toise. Pour trouver cette valeur, il faut multiplier 3 liv. 2 s. 4 den. par 4 toises 5 pieds 8 pouces ; & afin de faire cette multiplication, 1°. je réduis 3 liv. 2 s. 4 den. à la plus petite espece, c'est-à-dire, à des deniers, la somme est 748 : je réduis pareillement 4 toises 5 pieds 8 pouces à la plus petite espece qui sont les pouces ; la somme est 356. 2°. Je multiplie ces deux sommes 748 & 356 l'une par l'autre, le produit est 266288. 3°. Je multiplie aussi 240 par 72, parce que 240 exprime combien de fois la livre contient le denier & 72 marque combien de fois la toise contient le pouce : on aura le second produit 17280. 4° Je divise le premier produit par le second, & je trouve 15 au quotient & le reste 7808 ; ainsi la valeur de 4 toises 5 pieds 8 pouces est 15 livres plus $\frac{7808}{17280}$. Cette fraction marque des livres à diviser par 17280.

EXEMPLE II.

Combien valent 5 marcs 7 onces & 6 gros à 48 liv. 16 s. 10 den. le marc ? Pour trouver la somme qu'on cherche, il faut sçavoir que le marc contient 8 onces, & l'once 8 gros. Cela posé, 1°. je réduis 48 liv. 16 s. 6 den. en 11722 deniers, & je réduis pareillement 5 marcs 7 onces 6 gros en 382 gros. 2°. Je multiplie 11722 par 382, le produit est 4477804. 3°. Je multiplie aussi 240 par 64, parce que 240 exprime combien la livre vaut de deniers & 64 marque combien le marc contient de gros : le produit de cette seconde multiplication est 15360. 4°. Enfin je divise le premier produit par le second, c'est-à-dire, 4477804 par 15360, & je trouve pour quotient 291 & le reste 80443 ainsi les 5 marcs 7 onces & 6 gros à 48 liv. 10 s. 10 den. le marc, valent 291 l. & la fraction $\frac{8044}{15360}$ qui vaut des parties de liv.

99. Si on veut avoir la valeur de la fraction $\frac{8044}{15360}$ en sols, il faut multiplier 8044, reste de la division par 20 sols, parce que la livre contient 20 sols, & diviser ensuite le produit

160880 par le même diviseur 15360, & on trouvera au quotient 10 fols & la nouvelle fraction $\frac{7280}{15360}$ qui exprime des parties de fols. Pour fçavoir combien cette fraction vaut de deniers, il faut pareillement multiplier 7280 refte de la feconde divifion par 12 , parce que le fol vaut 12 deniers, & divifer encore le produit par 15360, le quotient fera 5 den. avec la fraction $\frac{12160}{15360}$ que l'on peut négliger , parce qu'elle n'exprime que des parties de deniers. Ainfi le prix de 5 marcs 7 onces 6 gros à 48 liv. 16 f. 10 den. eft 291 liv. 10 f. 5 d.

On peut de la même maniere fçavoir la valeur de la fraction $\frac{7088}{17280}$ du premier exemple, en multipliant 7088 refte de la divifion par 20,& divifant enfuite le produit par le divifeur 17280, le quotient fera 8 fols , plus le refte 3520 qu'il faudra encore multiplier par 12 & divifer enfuite le produit 42240 par le même divifeur 17280 : on trouvera au quotient 2 deniers & le refte 7680 que l'on peut négliger : ainfi le prix de 4 toifes 5 pieds 8 pouces à 3 liv. 2 fols 4 den. la toife, eft 15 liv. 8 f. 2 d.

* 92. Les deux premiers articles de la methode propofée * pour la multiplication des nombres complexes , n'ont pas befoin de preuve : voici la démonftration des deux derniers appliquée au premier exemple.

100. Si chaque pouce valoit 748 deniers, il eft évident que 4 toifes 5 pieds 8 pouces, ou 356 pouces vaudroient 266288 deniers, puifque ce nombre eft le produit de 748 par 356. Mais par la fuppofition 748 deniers font le prix de la toife & non pas du pouce ; ainfi puifque la toife vaut 72 pouces, le prix d'un pouce n'eft que la 72 partie de 748 deniers ; par conféquent le prix de 356 pouces n'eft auffi que la 72e partie de 266288 deniers ; donc afin d'avoir le prix de 356 pouces en deniers , il faut divifer 266288 deniers par 72 : mais le quotient de cette divifion n'exprimant que des deniers, il faudroit pour le réduire en livre, le divifer par 240 , parce que la livre contient 240 deniers. Or au lieu de faire ces deux divifions, il eft plus court de divifer tout d'un coup par 17280 qui eft le produit des deux nombres 72 & 240.

101. La multiplication eft plus facile , lorfqu'un des deux nombres à multiplier eft incomplexe : fuppofons, par exemple, qu'on veüille fçavoir le prix de 35 toifes à 4 liv. 2 f. 6 den. la toife, il faudra multiplier 4 liv. 2 f. 6 den réduits en deniers, c'eft-à-dire , 990 deniers par 35 , le produit fera 34650 den.

Si on veut réduire ce produit en livres, il faut le diviser par 240, parce qu'une livre vaut 240 deniers ; on trouvera 144 & la fraction $\frac{50}{240}$ qui exprime des parties de livres : cette fraction vaut 7 f. 6 den. comme on peut le voir en opérant selon ce qui a été dit dans l'article 99.

Lorsqu'un des deux nombres à multiplier est incomplexe, & que l'autre contient des livres, des fols & des deniers, comme dans l'exemple précedent, on peut pour lors fe servir d'une autre methode. Nous allons expofer les principes de cette methode, & enfuite nous en ferons l'application fur quelques exemples.

102. Si on veut multiplier 2 fols par un nombre, comme par 456, il faut retrancher le dernier caractere de ce nombre, & doubler le caractere retranché, le refte exprimera des livres, & le double du dernier caractere marquera des fols : ainfi 456 toifes à 2 fols la toife valent 45 livres 12 fols. Pareillement 35 toifes à 2 fols chacune valent 3 liv. 10 f. de même 450 toifes à 2 f. chacune, valent 45 liv.

Pour entendre la raifon de cette pratique, il faut confidérer que fi on multiplioit une livre par 456, le produit feroit 456 livres. Or 2 fols ne font que la dixiéme partie d'une livre ; par conféquent le produit de 2 fols par 456 ne doit être que la dixiéme partie de 456 livres. Or pour avoir le dixiéme de 456 livres, il faut retrancher le dernier chiffre 6 & le doubler comme on l'a fait voir * ; ainfi la valeur de 456 toifes à 2 fols chacune, eft 45 liv. 12 fols.

103. Si on vouloit multiplier un nombre de fols différent de 2, par exemple 8 fols, il faudroit chercher d'abord le produit de 2 fols, & multiplier enfuite ce produit par 4, parce que 8 fols valent 4 fois 2 fols. Ainfi pour avoir le prix de 456 toifes à 8 fols chacune, il faut chercher le produit de 2 fols par 456 c'eft 45 liv. 12 f. & multiplier enfuite 45 liv. 12 f. par 4, le produit 182 liv. 8 f. fera le prix de 456 toifes à 8 f. la toife. Si on vouloit multiplier 9 fols, il faudroit faire comme pour 8 f. & ajoûter de plus la moitié du produit de 2 fols. Pareillement pour 12 f. il faut multiplier le produit de 2 fols par 6, & pour 13 fols, il faut faire comme pour 12, & ajoûter la moitié du produit de 2 f. ainfi des autres nombres de fols jufqu'à 20.

104. Lorfqu'on veut multiplier des deniers, il faut encore chercher le produit de 2 fols, & prendre enfuite une partie de

* 95.

ce produit proportionnée au nombre des deniers : par exemple,
ſi on veut multiplier 6 deniers par 456, il faut chercher le
produit de 2 ſols par 456, c'eſt 45 liv. 12 ſ., & prendre enſuite
le quart de ce produit, parce que 6 deniers ſont le quart de 2
ſols ou de 24 deniers : ainſi le produit de 456 toiſes à 6 den. la
toiſe, eſt 11 liv. 8 ſ.

Voici une table pour faire voir quelle partie du produit de 2
ſols il faut prendre pour tous les nombres de deniers juſqu'à 12.

Pour 3 deniers, prenez la huitiéme partie du produit de 2 ſ.

Pour 4 den. prenez la ſixiéme partie.

Pour 6 den. prenez la quatriéme partie.

Pour 8 den. prenez le tiers.

Pour 1 den. cherchez le prix pour 4, & prenez-en le quart.

Pour 2 den. cherchez le prix pour 4, & prenez-en la moitié.

Pour 5 den. prenez pour 4, & enſuite pour 1.

Pour 7 den. prenez pour 4, & enſuite pour 3.

Pour 9 den. prenez pour 6 & enſuite pour 3.

Pour 10 den. prenez pour 6 & enſuite pour 4.

Pour 11 den. prenez pour 8 & enſuite pour 3.

La methode abrégée de faire la diviſion de l'article 94 eſt fort
commode pour prendre ces différentes parties du produit de 2 ſ.

105. Cela poſé, on peut trouver le prix de 35 toiſes à 4 liv.
2 ſ. 6 den. la toiſe, en cette maniere : il faut multiplier 4 liv. 2 ſ.
6 den. par 35 ; 1°. le produit de 4 liv. par 35 eſt 140 liv. 2°.
Le produit de 2 ſols par 35 eſt 3 liv. 10 ſ. 3°. le produit de 6
deniers par 35, eſt 17 ſols 6 den.
Ces trois produits joints enſemble,
font la ſomme de 144 liv. 7 ſ. 6
den. c'eſt le prix de 35 toiſes à 4
liv. 2 ſ. 6 den. la toiſe.

140 liv.		
3	10 ſ.	
	17 ſ.	6 den.
144	7	6

Voici encore un autre exemple pour lequel on ſe ſert de la
même methode. On demande quel eſt le prix de 43 aunes de
drap à 14 liv. 15 ſ. 9 den. l'aune.

Il faut multiplier 14 liv. 15 ſ. 9 den. par 43. 1°. Le produit
de 14 liv. par 43 eſt 602 liv. 2°. Pour avoir le produit de 15 ſ.
par 43, je cherche d'abord le produit de 2 ſ. par 43, c'eſt 4
liv. 6 ſols, & je multiplie ce produit par 7, je trouve 30 liv. 2
ſols ; j'ajoute encore le produit d'un ſol, parce que 15 ſ. valent
7 fois 2 ſ. & 1 ſol de plus : ce produit par 1 ſol eſt la moitié de

4 liv. 6 ſ. 3°. Pour avoir le produit de 9 den. je prends d'abord pour 6, c'eſt 1 liv. 1 ſ. 6 den., & enſuite pour 3 den. c'eſt 10 ſ. 9 den. tous ces produits ajoûtez enſemble, font la ſomme de 635 livres 17 ſols 3 den.

602 liv.		
30	2 ſ.	
2	3	
1	1	6 den.
	10	9
635 l. 17 ſ. 3 den.		

106. Il y a quelques cas où l'on peut abréger la multiplication : par exemple, ſi on veut multiplier 5 ſols, il faut prendre le quart du multiplicateur, & on aura le produit en livres ; parce que 5 ſols ſont le quart d'une livre. Si on veut multiplier 10 ſols, il faut prendre la moitié du multiplicateur. Pareillement s'il faut multiplier 3 ſ. 4 den. il n'y a qu'à prendre la ſixiéme partie du multiplicateur, parce que 3 ſols 4 den. ſont la ſixiéme partie d'une livre. Enfin s'il faut multiplier 6 ſ. 8 den. on prendra le tiers du multiplicateur. Lorſqu'on a un peu d'habitude dans le calcul, il n'eſt pas difficile de trouver ſoi-même des abrégez dans certains cas.

DE LA DIVISION DES NOMBRES COMPLEXES.

Après avoir bien compris la multiplication des nombres complexes, il ſera facile d'entendre la diviſion de ces nombres ; c'eſt pourquoi nous en parlerons en peu de mots.

7 marcs 2 onces d'argent ayant coûté 346 liv. 18 ſ. 6 den. on demande à combien revient le marc. L'état de la queſtion fait voir que c'eſt en diviſant 346 liv. 18 ſols 6 den. que l'on trouvera le prix de chaque marc. Voici la methode pour faire cette diviſion.

107. 1°. Il faut réduire le diviſeur à la plus petite eſpece qu'il contient. 2°. Faire la diviſion en commençant par les plus grandes eſpeces du dividende & allant de ſuite aux plus petites. 3°. Multiplier le quotient entier par le nombre qui marque combien de fois la plus grande eſpece du diviſeur contient la plus petite.

108. Remarquez que s'il y a un reſte après la diviſion de la plus grande eſpece, par exemple, des livres, il faut reduire ce reſte en ſols, & ajoûter les ſols qui viennent de cette réduction à ceux qui ſe trouvoient déja dans le dividende, pour diviſer enſuite cette ſomme par le diviſeur par lequel on a diviſé les livres. Pareillement s'il y a un reſte après avoir fait la diviſion des ſols, il faut réduire ce reſte en deniers, pour les ajoûter aux

deniers qui étoient dans le dividende. On a déja pratiqué cette remarque en traitant de la multiplication *.

Pour faire l'application de cette methode à l'exemple proposé. 1°. Je réduis tout le diviseur 7 marcs 2 onces, en 58 onces. 2°. Je divise 346 liv. 18 f. 6 den par 58, en commençant par les livres, & je trouve au quotient 5 liv. & le reste 56 que je réduis en fols en le multipliant par 20 ; le produit est 1120, auquel il faut ajoûter les 18 fols du dividende, il vient 1138, que je divise par 58, & je trouve au quotient 19 fols, & le reste 36 que je réduis en 432 deniers, aufquels ajoûtant les 6 deniers du dividende, la fomme est 438 : je divise encore cette fomme par 58, & je trouve au quotient 7 den. & la fraction $\frac{32}{58}$ que l'on peut négliger. Ainsi le quotient entier est 5 liv. 19 f. 7 den., fans compter la petite fraction $\frac{32}{58}$ qui n'exprime que des parties de deniers. 3°. Je multiplie ce quotient entier par 8, parce que le marc contient 8 onces, le produit est 47 liv. 16 f. 8 den. c'est le prix d'un marc, en fuppofant que 7 marcs 2 onces ont coûté 346 liv. 18 f. 6 den.

On n'a point eu d'égard à la fraction $\frac{32}{58}$; mais fi on n'avoit rien voulu négliger, il auroit fallu multiplier le numerateur 32 par 8, comme on le verra dans la fuite, en parlant de la multiplication des fractions.

Si le diviseur avoit contenu des gros, il auroit fallu multiplier le quotient par 64, parce que le marc contient 64 gros.

109. Il n'y a point de difficulté par rapport au premier & au fecond article de la methode. Voici la raifon du troifiéme. Il est clair que le quotient que l'on trouve après avoir divifé 346 liv. 18 f. 6 den. par 58, exprime la valeur d'une once, parce que le diviseur 58 marque des onces ; par conféquent afin d'avoir la valeur du marc, il faut multiplier le quotient par le nombre qui exprime combien il y a d'onces dans le marc, c'est-à-dire, par 8 ; & le produit fera la valeur du marc.

110 Lorfque le multiplicateur est un nombre incomplexe, pour lors le premier & le troifiéme article de la methode n'ont point de lieu. Voici un exemple : 26 muids de vin ayant coûté 1467 liv. 12 f. 8 d., on demande à combien revient le muid. Il faut divifer par 26 les livres, enfuite les fols & enfin les deniers du dividende commé dans l'exemple précedent, & on trouvera 56 liv. 8 f. 11 den. plus 10 den. à divifer par 26 : c'est le prix d'un muid.

ABREGE'

ABREGÉ D'ALGEBRE.

111. L'Algebre eſt une partie des Mathématiques qui traite de la grandeur en general, exprimée par les lettres de l'alphabet.

112. On ſe ſert des caracteres de l'alphabet préferablement à d'autres, tant parce qu'on les connoît & qu'on eſt accoutumé de les écrire, que parce que ne ſignifiant rien par eux-mêmes, on peut les employer pour exprimer toutes ſortes de grandeurs.

113. De ce que les caracteres dont on ſe ſert dans l'Algebre peuvent exprimer toutes ſortes de grandeurs, il s'enſuit que les démonſtrations de l'Algebre ſont generales : ce qui eſt un des principaux avantages de cette Science.

114. Un autre avantage de l'Algebre, c'eſt qu'on opere également ſur les quantitez inconnuës comme ſur celles qui ſont connuës. On employe ordinairement les premieres lettres de l'alphabet a, b, c, &c. pour deſigner les grandeurs connuës ; & les dernieres r, s, t, u, x, y, z, pour exprimer les inconnuës.

115. Ceux qui commencent à étudier l'Algebre ſont ſouvent fort embaraſſez ſur la ſignification des caracteres a, b, c, d, &c. qui ne preſentent aucun objet déterminé à l'eſprit ; ils ſont même tentez de croire que tout le calcul algebrique eſt un vain amuſement qui ne peut avoir aucune application aux objets de nos connoiſſances. Mais de ce que ces caracteres ne ſignifient rien par eux-mêmes, on en doit plutôt conclure qu'on les peut employer pour exprimer toutes ſortes de grandeurs, & que par conſequent le calcul algebrique peut être appliqué aux grandeurs de toutes eſpeces, étenduës, nombres, mouvemens, viteſſes, &c. d'ailleurs perſonne n'eſt embaraſſé ſur la ſignification des caracteres arithmetiques $1, 2, 3, 4, 5, 6$, &c. qui cependant ne preſentent aucun objet déterminé à l'eſprit non plus que les lettres de l'alphabet : par exemple, le chiffre 4 ne ſignifie ni quatre toiſes, ni quatre pieds, ni quatre hommes, ni quatre écus, &c. On ne doit donc pas non plus ſe mettre en peine de chercher la ſignification des

lettres a, b, c, d, &c. il suffit de sçavoir qu'on peut les employer à marquer toutes sortes de grandeurs.

116. On fait sur les lettres dans l'Algebre les mêmes operations que l'on fait sur les nombres dans l'Arithmetique : il y en a quatre principales, l'addition, la soustraction, la multiplication & la division. Avant de traiter de ces operations, il est necessaire d'expliquer les signes & les termes dont on se sert dans l'Algebre.

117. Ce signe $+$ signifie plus , & cet autre $-$ signifie moins: le premier est la marque de l'addition ; ainsi $a+b$ signifie que la grandeur b est ajoutée avec a ; le second est la marque de la soustraction ; ainsi $a-b$ signifie que la quantité b est ôtée de a.

118. Ce signe $=$ signifie égal , & marque qu'il y a égalité entre les quantitez qui le précedent & celles qui le suivent ; ainsi $a=b$ signifie que a est égale à b. Pareillement $a-b=c+d$ marque que $a-b$ est égale à $c+d$.

119. Voici encore deux signes $\surd$ & $\surd$ dont le premier signifie plus grand, & l'autre plus petit ; ainsi $a \surd b$ marque que la quantité a est plus grande que b ; & $a \surd b$ signifie que a est moindre que b. Afin de ne pas confondre ces deux signes, il faut remarquer que la quantité que l'on met du côté de l'ouverture est toujours la plus grande, & que celle qui est du côté de la pointe est la plus petite : cela paroît par les exemples qu'on vient de donner.

120. Les lettres de l'alphabet sur lesquelles on opere sont appellées *quantitez algebriques*.

121. Les quantitez algebriques sont nommées *simples*, *incomplexes* ou *monomes*, lorsqu'elles ne sont pas jointes ensemble par les signes $+$ & $-$; ainsi $+a$, $+5ab$, & $-4aa$ sont trois quantitez incomplexes.

122. Les quantitez algebriques sont nommées *composées*, *complexes* ou *polynomes*, lorsqu'elles sont jointes ensemble par les signes $+$ & $-$: ainsi $a-b$, $c-d+f$ sont des quantitez complexes.

123. Dans les quantitez complexes les parties separées par les signes $+$ & $-$ sont appellées *termes* ; ainsi dans la quantité $ab+cd-bd$, il y a trois termes ; sçavoir, ab, cd & bd.

124. Les quantitez complexes qui n'ont que deux termes sont appellées *binomes* ; celles qui en ont trois , *trinomes*, &c. ainsi $a+b$ est un binome & $ab+cd-bd$ est un trinome.

125. Les quantitez incomplexes qui font précedées du fi-gne + font appellées *pofitives* ; & celles qui font précedées du figne — font appellées *negatives*. Les termes des quantitez complexes font auffi appellez *pofitifs* ou *negatifs* felon qu'ils font précedez du figne + ou —.

126. Remarquez que les quantitez incomplexes qui ne font précedées d'aucun figne, font fuppofées avoir le figne +, & font par confequent pofitives. Il en eft de même du premier terme des quantitez complexes : ainfi ab eft la même chofe que $+ab$. Pareillement $ab + cd — bd$ eft la même chofe que $+ab + cd — bd$.

127. Il faut bien remarquer que les quantitez negatives font des grandeurs oppofées aux quantitez pofitives : par exemple, fi le mouvement vers l'Orient eft pris pour pofitif, le mou-vement vers l'Occident fera negatif. Pareillement le bien que l'on poffede peut être regardé comme une grandeur pofitive, & ce que l'on doit comme une quantité negative. De cette notion des quantitez pofitives & negatives, il s'enfuit que les unes & les autres font également réelles, & que par confe-quent les negatives ne font pas la negation ou l'abfence des pofitives ; mais que ce font certaines grandeurs oppofées à celles que l'on regarde comme pofitives ; ainfi dans le premier exemple qu'on vient de propofer, la quantité negative par rapport au mouvement vers l'Orient, n'eft pas de n'avoir pas de mouvement vers l'Orient ; mais c'eft d'avoir un mou-vement vers l'Occident : & dans le fecond exemple, la quan-tité negative par rapport au bien que l'on poffede, ce font les dettes que l'on a, & non pas de n'avoir pas de bien.

128. Lorfque l'on compare deux quantitez égales en met-tant le figne = entre deux, cela s'appelle *equation* ou *égalité* : par exemple, $a + b = c$ eft une equation. Les deux quantitez que l'on compare font appellées *membres* de l'equation : la quantité qui eft à la gauche du figne d'égalité eft le *premier membre*, & celle qui eft à la droite eft le *fecond* ; ainfi dans l'e-quation $a + b = c$ le premier membre eft $a + b$, & le fecond eft c.

129. Les nombres qui précedent les lettres, font appellez *coefficiens* : ainfi 3 eft le coefficient de $3ab$. Lorfqu'une quantité incomplexe ou un terme d'une quantité complexe n'a pas de coefficient marqué, il faut concevoir que l'unité eft fon coef.

ficient : par exemple, dans la quantité $5ab + cd$, l'unité est le coefficient du dernier terme cd.

130. Les quantitez incomplexes sont apellées *semblables* lorsqu'elles contiennent les mêmes lettres écrites autant de fois dans chacune des quantitez ; ainsi $+ 3a$ & $+ 2a$ sont des quantitez semblables. Pareillement $+ 4aab$ & $- 5aab$ sont aussi des quantitez semblables. Il paroît par cette notion & par ces exemples, qu'afin que deux quantitez soient semblables, il n'est pas necessaire qu'elles ayent les mêmes signes, ni les mêmes coefficiens ; mais il faut qu'elles contiennent les mêmes lettres, & que ces lettres soient écrites autant de fois dans une quantité que dans l'autre ; c'est pourquoi aab & ab ne sont pas semblables, parce que la lettre a est écrite deux fois dans la premiere quantité & une fois seulement dans la seconde. Tout cela doit aussi s'entendre des termes des quantitez complexes.

131. Lorsqu'il y a plusieurs termes semblables dans une quantité complexe, on les réünit en un seul terme : c'est ce qu'on appelle réduire les quantitez semblables à leurs plus simples expressions. Or cette réduction se fait en deux manieres, ou en ajoutant les coefficiens, ou en ôtant l'un de l'autre. Lorsque les termes semblables ont les mêmes signes, afin de faire la réduction, il faut ajouter les coefficiens, & écrire la somme avec le signe des termes qu'on réduit : ainsi dans la quantité $3abb + 4abb + 2ab$, les deux premiers termes étant semblables & ayant le même signe $+$, pour en faire la réduction, j'ajoute les coefficiens 3 & 4, & j'écris la somme 7 avec le signe $+$ qui est celui des termes semblables ; ainsi la quantité réduite est $+ 7abb + 2ab$ ou $7abb + 2ab$. De même pour faire la réduction des trois derniers termes de la quantité $5bb - 3bd - 4bd - bd$, j'ajoute les trois coefficiens $3, 4$ & 1, & j'écris la somme qui est 8 avec le signe $-$ en cette maniere $5bb - 8bd$. (On a pris l'unité pour coefficient du dernier terme $- bd$, parce qu'il n'en a point qui soit marqué.) *

Mais si les termes semblables ont des signes differens, pour lors il faut ôter le plus petit coefficient du plus grand, & écrire le reste avec le signe du plus grand coefficient : par exemple, afin de faire la réduction de la quantité $- 3ad + 5ad + 7aa$ dont les deux premiers termes sont semblables, il faut ôter 3 de 5, & écrire 2 avec le signe $+$ qui est celui du plus grand coefficient 5 ; ainsi la quantité réduite est $+ 2ab + 7aa$ ou

2*ab* + 7*aa*. Pareillement afin de faire la réduction de la quantité 3*cx* — 7*xx* + 5*xx*, dont les deux derniers termes sont semblables, il faut ôter 5 de 7, & écrire le reste 2 avec le signe — en cette maniere 3*cx* — 2*xx*.

DE L'ADDITION.

132. L'Addition est une operation par laquelle on cherche la somme de plusieurs quantitez : par exemple, si ayant les trois nombres 6, 9 & 10, je les joins ensemble pour en avoir la somme qui est 25 ; cela s'appelle faire l'addition de ces trois nombres.

133. Afin d'ajouter les quantitez algebriques, il n'y a qu'à les écrire telles qu'elles sont, sans rien changer aux signes qui les precedent : par exemple, si on veut ajouter *b* ou + *b* avec *a*, on écrit *a*+*b*: mais si on vouloit ajouter — *b* avec *a*, il faudroit mettre *a* — *b*. Pour ajouter *c* — *d* avec *a*+*b*, on écrira *a* + *b* + *c* — *d*. Pour ajouter — 3*aab* + 2*ad* avec 5*aab* — 7*ad* + 3*cd*, on écrira 5*aab* — 7*ad* + 3*cd* — 3*aab* + 2*ad*.

134. Lorsqu'après l'addition il y a des quantitez semblables dans la somme, il faut faire la réduction ; ainsi dans le dernier exemple qu'on vient de proposer, la somme qu'on a trouvée se réduit à 2*aab* — 5*ad* + 3*cd*. Souvent dans la pratique on fait la réduction en même temps que l'addition.

135. Cette operation porte la démonstration avec elle, étant évident que la somme de *a* & de *b* est *a* + *b* ; & que celle de *a* & de — *b* est *a* — *b* : ainsi des autres exemples.

DE LA SOUSTRACTION.

136. La soustraction est une operation par laquelle on ôte une grandeur d'une autre. Ainsi, si on ôte 4 de 7, c'est une soustraction. La grandeur qui résulte après la soustraction est appellée *reste*. Dans l'exemple proposé 3 est le reste.

137. Pour ôter une quantité algebrique d'une autre, il faut changer les signes de la quantité à soustraire, & laisser ceux de la quantité dont on veut soustraire. Exemples : pour ôter *b* ou + *b* de *a*, il faut écrire *a* — *b* : mais pour ôter — *b* de *a*, il faut écrire *a* + *b*. Pour soustraire *c* — *d* de *a*+*b*, on écrira *a* + *b* — *c* + *d*. Pour soustraire — 3*aab* + 2*ad* de 5*aab* — 7*ad* + 3*cd*, on écrira 5*aab* — 7*ad* + 3*cd* + 3*aab* — 2*ad*.

138. Lorsqu'après la soustraction il y a des quantitez semblables dans le reste, il faut faire la réduction ; ainsi dans le

dernier exemple qu'on vient de propofer, le refte qu'on a trouvé fe réduit à $8aab - 9ad + 3cd$. Souvent dans la pratique on fait la réduction en même temps que la fouftraction.

On entend facilement pourquoi dans la quantité à fouftraire on change le figne de plus en moins : par exemple, fi on veut ôter b de a, il eft évident que le refte fera $a - b$. Mais on ne voit pas d'abord pourquoi on change le figne de moins en plus : par exemple, fi on veut ôter $-b$ de a, & qu'on écrive $a + b$ felon la regle prefcrite, il femble que l'on aura fait le contraire de ce que l'on fe propofoit ; parce que $a + b$ eft plutôt une fomme qu'un refte.

139. Pour faire comprendre la raifon de la regle dans le cas où il y a des fignes de moins dans la quantité à fouftraire, nous allons prendre un exemple en nombre. Suppofons donc qu'il s'agiffe de fouftraire $7 - 3$ de 12 : je dis qu'il faut écrire $12 - 7 + 3$: car fi on écrit $12 - 7$, il eft évident qu'on a trop ôté de 12, parce qu'on ne veut pas ôter 7 de 12, mais feulement $7 - 3$ qui eft moindre que 7 ; par confequent il faut ajouter 3 qu'on a ôté de trop en mettant $12 - 7$, c'eft-à-dire, qu'il faut écrire $12 - 7 + 3 = 8$.

Que s'il s'agit d'ôter une quantité negative toute feule ; il eft encore évident qu'il faut changer le figne de moins en plus : par exemple, fi on veut fouftraire $-b$ de a, il faut écrire $a + b$. Car ôter une quantité negative, c'eft en ajouter une pofitive ; comme fi un homme devant cent écus, on lui ôte, c'eft-à-dire, qu'on lui remette cette dette qui eft une quantité negative, c'eft la même chofe que fi on lui donnoit cent écus ; par confequent afin de faire la fouftraction, il faut changer les fignes de la quantité à fouftraire, en mettant moins à la place de plus, & plus à la place de moins.

DE LA MULTIPLICATION.

140. Multiplier une grandeur par une autre, c'eft prendre la premiere autant de fois qu'il eft marqué par la feconde : par exemple, multiplier 5 par 3, c'eft prendre 5 autant de fois qu'il eft marqué par 3 ; c'eft-à-dire trois fois : ce qui fait 15. Il y a trois chofes à diftinguer dans la multiplication ; fçavoir, le *multiplicande*, le *multiplicateur* & le *produit*.

Le multiplicande ou le multiplié, c'eft la grandeur qu'on multiplie. Le multiplicateur eft celle par laquelle on multi-

plie, & le produit est la quantité qui résulte de la multiplication: dans l'exemple proposé 5 est le multiplicande ou le
multiplié, 3 est le multiplicateur, & 1 5 est le produit.

Cette notion de la multiplication convient aux quantitez
litterales ou algebriques aussi-bien qu'aux nombres ; ensorte
que multiplier *a* par *b*, c'est prendre la grandeur *a* autant de
fois qu'il est marqué par *b*.

141. On peut donc définir la multiplication, une operation
par laquelle on cherche une grandeur qu'on nomme produit qui
contienne autant de fois le multiplié, que le multiplicateur
contient l'unité : par exemple, si on multiplie 6 par 4, on
trouvera pour produit un nombre, sçavoir 24, qui contient
6 quatre fois, de même que 4 contient 1 quatre fois. Cela
est évident par l'expression même dont on se sert dans la multiplication des nombres, puisque pour multiplier 6 par 4, on
dit quatre fois 6 ; le produit doit donc contenir 6 quatre fois,
c'est-à-dire, autant de fois que 4 contient l'unité. Cette définition convient également aux quantitez litterales.

142. Le produit de deux grandeurs algebriques se marque
en mettant l'une à côté de l'autre ; ainsi *ab* désigne le produit
de *a* par *b* : *aa* signifie pareillement le produit de *a* par *a*. Pour
marquer la multiplication on se sert aussi du signe × en le mettant entre les deux grandeurs qu'on multiplie : par exemple,
$a \times b$ exprime le produit de *a* par *b* : $a \times a$ marque aussi le produit de *a* par *a*. Il est plus ordinaire de mettre une lettre à côté
de l'autre sans mettre aucun signe entre deux, comme nous
l'avons dit d'abord.

143. Le multiplicande & le multiplicateur sont souvent
appellés les *racines* du produit : par exemple, *a* & *b* sont les
racines du produit *ab*, & lorsque les deux racines d'un produit sont égales, on les appelle *racines quarrées*. Ainsi *a* est la
racine quarrée du produit *aa*. Dans la suite nous parlerons
plus au long des racines.

144. On distingue deux sortes de multiplications algebriques, celle des quantitez incomplexes & celle des quantitez
complexes. Nous en traiterons séparément. Mais avant d'expliquer les regles de l'une & l'autre multiplication, il est nécessaire de démontrer que quand on multiplie plusieurs grandeurs, comme *a*, *b*, *c*, les unes par les autres, le produit est
toujours le même, quelque ordre qu'on observe dans la mul-

tiplication; c'est-à-dire, que les produits abc, acb, bac, bca, cab, cba, sont égaux : & de même tous les produits qu'on peut former de quatre grandeurs sont égaux. Pareillement tous les produits qu'on peut faire de cinq grandeurs sont égaux : ainsi de suite.

145. Remarquez que deux grandeurs a & b peuvent recevoir deux arrangemens differens, ab, ba. Trois grandeurs a, b, c, peuvent recevoir trois fois deux ou 6 arrangemens : car chacune des trois étant mise dans le premier rang, les deux autres peuvent recevoir deux arrangemens : ce qui fait 3 fois 2 ou 6 arrangemens que voici : abc, acb; bac, bca; cab, cba. Quatre grandeurs a, b, c, d, peuvent recevoir 4 fois 6 ou 24 arrangemens : car chacune étant mise au premier rang, les trois autres peuvent recevoir six arrangemens, ce qui fait 4 fois 6 ou 24 que voici : $abcd$, $abdc$, $acbd$, $acdb$, $adbc$, $adcb$; $bacd$, $badc$, $bead$, $bcda$, $bdac$, $bdca$; $cabd$, $cadb$, $cbad$, $cbda$, $cdab$, $cdba$; $dabc$, $dacb$, $dbac$, $dbca$, $dcab$, $dcba$. De même cinq grandeurs peuvent recevoir 5 fois 24 ou 120 arrangemens, six en peuvent recevoir 6 fois 120 ou 720; ainsi de suite.

On suppose ordinairement comme une chose qui n'a pas besoin de démonstration que le produit de deux grandeurs seulement est toujours le même, de quelque maniere que ces deux grandeurs soient multipliées : par exemple, le produit de 4 & 3 est toujours le même, soit que l'on multiplie 4 par 3 ou 3 par 4 : on peut s'en convaincre en cette maniere.

146. Supposons qu'il y ait 12 points arrangez comme on le voit; il est évident que dans ces 12 points, il y a trois rangs, comme le superieur qui est marqué par mn, dont chacun contient 4 points; & par conséquent ces 12 points contiennent 3 fois 4 points, ni plus, ni moins. Il est pareillement évident que dans ces 12 points il y a quatre colomnes comme celle qui est marquée par mp, dont chacune contient 3 points; ainsi ces 12 points contiennent aussi 4 fois 3 points; donc le produit de 4 par 3 est égal à celui de 3 par 4, puisque l'un & l'autre est 12. On peut dire la même chose de deux autres nombres, ou deux autres quantitez telles qu'elles soient : par exemple, si on multiplie a par b, que l'on peut regarder comme une seule grandeur,

grandeur,

grandeur ; le produit $a \times bc$ ou abc est égal à celui de bc par a.

Cela posé, nous allons démontrer dans le lemme suivant que tous les produits des trois grandeurs a, b, c, sont égaux, que tous ceux qui viennent de quatre grandeurs a, b, c, d sont égaux; &c.

LEMME.

147. Les produits qui naissent de la multiplication des mêmes grandeurs sont égaux, en quelque ordre qu'on multiplie ces grandeurs.

1°. Tous les produits des trois grandeurs a, b, c, sont égaux: car si entre les six produits qui peuvent venir de la multiplication des trois grandeurs a, b, c, on prend les deux abc & acb où la lettre a est la premiere, il est facile de faire voir qu'ils sont égaux, puisque les deux produits bc & cb étant égaux, comme on l'a prouvé, il s'ensuit qu'en multipliant a par bc & par cb, les deux nouveaux produits $a \times bc$ & $a \times cb$ ou abc & acb sont aussi égaux. Par la même raison les deux produits bac & bca dans lesquels la lettre b est la premiere, sont encore égaux. Enfin les deux autres produits cab & cba, où la lettre c est la premiere sont pareillement égaux entr'eux. Il ne s'agit donc plus que de faire voir qu'un des produits égaux abc & acb dont la lettre a occupe le premier rang, est égal à un des produits dont chacune des deux autres lettres b & c tient la premiere place : c'est ce que je démontre en cette maniere : le produit de a par bc est égal à celui de bc par a* ; ainsi $abc = bca$. Pareillement le produit de a par cb est égal à celui de cb par a* ; ainsi $acb = cba$. Par conséquent les six produits qu'on peut former des trois grandeurs a, b, c, sont égaux.

* 145.

* 145.

2°. Les 24 produits qu'on peut former des quatre grandeurs a, b, c, d sont égaux. Car entre ces 24 produits, il est clair que les six où la lettre a est la premiere sont égaux entr'eux, puisque les six produits des trois grandeurs b, c, d étant égaux, il faut que les six produits suivans $a \times bcd$, $a \times bdc$, $a \times cbd$, $a \times cdb$, $a \times dbc$, $a \times dcb$ soient aussi égaux entr'eux. Par la même raison les six produits où chacune des trois autres lettres b, c, d occupe la premiere place sont égaux entr'eux. Il reste donc à démontrer qu'il y a un produit dans les six dont a occupe la premiere place, égal à un des six produits, où chacune des trois autres

k

lettres b, c, d occupe la premiere place : ce qui se prouve de la même maniere que dans la premiere partie ; il suffit d'expofer les égalitez fuivantes $axbcd = bcdxa$; $abdxc = cxabd$; $acbxd = dxa \cdot b$.

Il est vifible qu'en fe fervant de la même methode, on fera voir que tous les produits qui viennent de la multiplication des cinq grandeurs a, b, c, d, e font égaux ; ainfi de fuite.

148. Quoique l'on puiffe donner quel rang on veut aux différentes lettres d'un produit, cependant il est bon de les écrire toujours fuivant le rang qu'elles ont dans l'Alphabet : par exemple, dans un produit compofé des trois lettres a, b, c ; il faut toujours écrire abc, & non pas bac, ou cab, &c. la pratique de cette remarque fait éviter des fautes de calcul.

DE LA MULTIPLICATION
des quantitez incomplexes.

Il y a trois regles à obferver dans la multiplication de l'Algebre : la premiere regarde les fignes de plus & de moins qui précedent les quantitez qu'il faut multiplier l'une par l'autre : la feconde est pour les coefficiens : & la troifiéme pour les lettres qui défignent les grandeurs.

149. I. REGLE. Lorfque le multiplicande & le multiplicateur ont le figne $+$, on doit mettre $+$ au produit. Lorfque l'un a le figne $+$, & l'autre le figne $-$, il faut mettre $-$ au produit. Enfin lorfque le multiplicande & le multiplicateur ont tous les deux le figne $+$, il faut mettre $+$ au produit. Voici des exemples pour ces trois cas. Premier cas. $+a$ multiplié par $+b$ donne $+ab$. Second cas. $+a$ multiplié par $-b$ donne $-ab$. & de même $-a$ multiplié par $+b$ donne $-ab$. Troifiéme cas. Enfin $-a$ multiplié par $-b$ donne $+ab$. Nous nous fervirons dans la fuite du figne de la multiplication, afin d'abréger l'expreffion ; ainfi au lieu d'écrire $-a$ multiplié par $-b$ donne $+ab$, nous mettrons $-a \times -b$, donne $+ab$ ou bien $-a \times -b = +ab$. Pareillement, au lieu d'écrire $+a$ multiplié par $-b$ donne $-ab$, nous mettrons $+a \times -b$ donne $-ab$, ou bien $+a \times -b = -ab$.

On peut réduire les trois cas de cette regle à deux feulement, en difant que quand le multiplicande & le multiplicateur ont des fignes femblables, foit qu'ils ayent tous les deux $+$ ou tous les deux $-$, on doit mettre $+$ au produit : mais au contraire, lorfque ces fignes font differens, c'eft-à-dire, que l'un eft $+$ & l'autre eft $-$, il faut mettre $-$ au produit.

150. II Regle. On multiplie les coefficiens comme tous les autres nombres : mais il faut se souvenir que quand une quantité littérale n'a pas de coefficient marqué, on suppose que l'unité est le coefficient de cette quantité. Voici des exemples.

$$+3a \times +2b \text{ donne } +6ab. \quad -4a \times +b = -4ab. \quad +5a \times +4c = 20ac.$$

151. III Regle. Pour marquer que deux quantitez litterales ou algébriques sont multipliées l'une par l'autre, on écrit ces lettres à côté l'une de l'autre, ou bien on met le signe × entre deux, comme nous l'avons déja dit : ainsi le produit de a par b est ab, celui de ab par c est abc, celui de aa par ac est $aaac$.

152. Lorsqu'une lettre est écrite plusieurs fois dans un même terme, alors on peut ne l'écrire qu'une fois en mettant à la droite de cette lettre un chiffre qui marque combien de fois elle doit être écrite : par exemple, a^2 signifie la même chose que aa ; pareillement $a^3c = aaac$; $a^2b^2 = aabb$. Ce chiffre que l'on met à la droite d'une lettre pour marquer combien de fois elle doit être écrite dans un terme, est appellé *exposant* : ainsi dans les termes a^2, b^5, c^4, les chiffres 2, 5 & 4 sont les exposans. Il paroît par ces exemples que les exposans doivent être un peu plus élevez que les lettres.

R E M A R Q U E S.
I.

153. Quand une lettre n'est écrite qu'une fois, & qu'elle n'a pas d'exposant marqué, pour lors il faut concevoir que l'unité est son exposant : par exemple, $a = a^1$; $ab = a^1b^1$; $ac = a^1c^1$.

II.

154. Il y a une grande différence entre le coefficient & l'exposant d'une lettre : $3a$, par exemple, est fort différent de a^3. Pour s'en convaincre, il n'y a qu'à supposer que a signifie 4, alors $3a$ exprimera 3 fois 4, c'est-à-dire 12, au lieu que a^3 ou aaa sera égal à 64 : car aa ou 4×4 est égal à 16 ; par conséquent si on multiplie encore aa ou 16 par $a = 4$, le produit aaa sera 64.

III.

155. Lorsque dans le multiplicande & le multiplicateur, il y a une même lettre avec des exposans égaux ou inégaux, pour lors on écrit une seule fois cette lettre au produit avec la som-

me des exposans. Exemples. $a^2 \times a^3 = a^5$; $a \times a^3 = a^4$; $a^3 b^4 \times a^2 b^2 = a^5 b^6$; $4a^2 \times 5ab^2 = 20a^3 b^2$. Voici la raison de cette remarque : $a^2 = aa$ & $a^3 = aaa$. Or $aa \times aaa = aaaaa$ ou a^5 ; donc $a^2 \times a^3 = a^5$. Cette raison peut s'appliquer à tous les autres exemples. On voit encore par-là, qu'il faut mettre de la différence entre les coefficiens & les exposans, puisque l'on multiplie toujours les coefficiens ; au lieu que l'on ne fait que d'ajoûter les exposans de la même lettre qui se trouve au multiplicande & au multiplicateur.

La troisiéme regle qui est celle des lettres ne doit pas être démontrée ; dautant que l'une & l'autre maniere marquée dans cette troisiéme regle pour désigner un produit est entierement arbitraire.

La seconde regle n'a pas non plus besoin de démonstration : car les coefficiens étant des nombres, il est évident qu'il faut les multiplier comme on fait les nombres : par exemple, si on veut multiplier $3a$ par $2b$, il est clair que l'on doit prendre deux fois 3 , & qu'ainsi il faut mettre 6 au produit. Il n'y a donc que la premiere regle qui est celle des signes qui demande une démonstration particuliere. Lorsqu'on veut énoncer cette regle, on s'exprime en cette maniere : plus par plus donne plus, plus par moins ou moins par plus donne moins : enfin moins par moins donne plus : mais pour marquer ces trois cas par écrit, il suffit de mettre, pour le premier cas $+ \times +$ donne $+$; pour le second $+ \times -$ ou $- \times +$ donne $-$; enfin pour le troisiéme $- \times -$ donne $+$.

156. Afin d'entendre la démonstration que nous allons donner pour la troisiéme regle, il faut sçavoir que quand le multiplicateur a le signe $+$ la multiplication se fait toujours par addition, c'est-à dire, que l'on ajoûte ou que l'on prend le multiplicande autant de fois qu'il est marqué par le multiplicateur : par exemple, si le multiplicande est a & le multiplicateur $+b$, en multipliant a par $+b$, on prend a autant de fois qu'il est marqué par b. D'où il suit au contraire que quand le multiplicateur a le signe $-$, la multiplication se fait par voye de soustraction, c'est-à-dire, qu'on ôte le multiplicande autant de fois qu'il est marqué par le multiplicateur, ainsi pour multiplier a par $-b$, il faut ôter a autant de fois qu'il est marqué par b. Cela posé, la démonstration suivante s'entendra facilement.

157. I. CAS. + × + donne + : car pour lors le multiplicateur a le signe + ; & par conséquent la multiplication se fait par
addition. Mais d'ailleurs le multiplicande ayant aussi le signe +,
c'est une quantité positive ; ainsi en multipliant plus par plus,
on ajoute ou l'on prend plusieurs fois une quantité positive,
sçavoir le multiplicande ; donc le produit est une somme de
grandeurs positives ; par conséquent elle doit être précedée du
signe + ; donc + × + donne +.

II. CAS. + × — ou — × + donne —. En premier lieu + × —
donne — : car puisque le multiplicateur a le signe —, la multipli-
tion se fait par voye de soustraction, c'est-à-dire, qu'on ôte le
multiplicande autant de fois qu'il est marqué par le multiplicateur ; par conséquent on doit changer le signe du multiplicande *. Or le multiplicande a le signe + ; donc le produit doit   * 13
avoir le signe —. En second lieu — × + donne —. Car pour
lors le multiplicateur ayant le signe +, & le multiplicande le
signe — ; on ajoute, c'est-à-dire, qu'on prend plusieurs fois une
quantité négative, sçavoir, le multiplicande ; donc le produit
est une somme de quantitez négatives ; & par conséquent il doit
avoir le signe —.

III. CAS. Enfin — × — donne + : car dans ce cas, le
multiplicateur ayant le signe —, le multiplicande est soustrait
autant de fois qu'il est marqué par le multiplicateur ; par conséquent il faut changer le signe du multiplicande *. Or le multi-   * 13?
plicande a le signe — ; donc le produit doit avoir le
signe +.

Le premier cas de cette démonstration ne souffre aucune
difficulté : car si on a, par exemple, 5 grandeurs positives, &
qu'on les multiplie par + 3, c'est-à-dire, qu'on les prenne autant de fois qu'il est marqué par le multiplicateur 3, il est évident que le produit sera une somme de grandeurs positives ;
& par conséquent ce produit doit être précedé du signe +. Il ne
peut donc y avoir de difficulté que dans les deux derniers cas,
& sur-tout dans le troisiéme. Or il est facile de faire voir que
ces deux derniers cas suivent du premier. Je dis d'abord que si
+ a × + b donne + ab, il faut que + a × — b donne — ab. Car
le produit de + a par — b, doit avoir un signe différent de celui de + a par + b ; & par conséquent le second produit ayant

le ſigne $+$, le premier doit avoir le ſigne $-$. La même raiſon fait auſſi voir que le produit de $-a$ par $+b$ doit avoir le ſigne $-$.

Ce ſecond cas étant prouvé, on démontre ainſi le troiſiéme, en ſe ſervant du même raiſonnement. Le produit de $-a$ par $-b$, doit avoir un ſigne différent de celui de $-a$ par $+b$. Or on vient de faire voir que ce dernier produit doit avoir le ſigne $-$; donc le premier doit être précedé du ſigne $+$.

On peut donner pluſieurs autres démonſtrations de la troiſiéme regle: mais celles que l'on vient de voir ſuffiſent pour être pleinement convaincu de la vérité de cette regle. Il nous reſte à parler en peu de mots de la multiplication des quantitez complexes, qui ne ſouffre aucune difficulté après ce que nous avons dit ſur la multiplication des quantitez incomplexes.

DE LA MULTIPLICATION
des quantitez complexes.

158. Lorſque l'on veut multiplier deux quantitez complexes l'une par l'autre; il faut multiplier le multiplicande entier par chacun des termes du multiplicateur, en obſervant les trois regles preſcrites pour la multiplication des quantitez incomplexes; & après qu'on a achevé ces multiplications, il faut ajoûter tous les produits particuliers; la ſomme ſera le produit total des deux quantitez complexes.

E X E M P L E I.

Si on veut multiplier $a-3b$ par $2c-d$, il faut écrire ces deux quantitez, enſorte que le multiplicateur ſoit ſous le multiplicande, & tirer une ligne au deſſous du multiplicateur. Après cela il faut multiplier le multiplicande $a-3b$, 1°. par $2c$; le produit ſera $2ac-6bc$. 2°. par $-d$; le produit ſera $-ad+3bd$:

$$\begin{array}{l} a - 3b \\ 2c - d \\ \hline 2ac - 6bc \\ -ad + 3bd \\ \hline 2ac - 6bc - ad + 3bd \end{array}$$

enfin il faut ajoûter ces deux produits particuliers; la ſomme $2ac-6bc-ad+3bd$ ſera le produit total.

EXEMPLE II.

$a + b$ multiplicande
$a - b$ multiplicateur

___

$a^2 + ab$ premier produit particulier
$\quad - ab - bb$ second produit particulier

___

$a^2 - bb$ produit total.

Dans cet exemple les deux termes $+ ab$ & $- ab$ ont disparu en faisant la réduction.

DE LA DIVISION.

159. Diviser une grandeur par une autre, c'est chercher combien de fois la seconde est contenuë dans la premiere : par exemple, diviser ab par a, c'est chercher combien de fois a est contenu dans ab. Il y a trois choses à distinguer dans la division, le *dividende*, le *diviseur* & le *quotient*. Le dividende est la grandeur à diviser. Le diviseur est la grandeur par laquelle on divise, & le quotient est celle qui marque combien de fois le diviseur est contenu dans le dividende : dans l'exemple proposé, ab est le dividende, a est le diviseur, & on verra dans la suite, que b est le quotient.

160. On peut donc définir la division une opération par laquelle on cherche une grandeur qu'on appelle quotient, qui marque combien de fois le dividende contient le diviseur. Si on divise 18 par 6, on trouvera pour quotient 3 qui marque combien de fois le dividende 18 contient le diviseur 6.

161. Il suit de cette définition que le dividende contient autant de fois le diviseur, que le quotient contient l'unité. Dans l'exemple qu'on vient de proposer, le dividende 18 contient le diviseur 6 autant de fois que le quotient 3 contient l'unité. Pareillement ab contient autant de fois a, que le quotient b contient l'unité.

162. Pour marquer que l'on veut diviser une grandeur par une autre, on écrit le diviseur au-dessous du dividende, & on tire une petite ligne entre deux : par exemple. si on veut indiquer la division de ab par a, on écrit $\frac{ab}{a}$. Que si la division peut se faire ; on met le signe d'égalité à la suite de la petite ligne qui sépare le dividende du diviseur, & on écrit le quotient

après ce figne d'égalité. Ainfi *b* étant le quotient de *ab* divifé par *a*, on écrit $\frac{ab}{a} = b$. Pareillement on écrit $\frac{18}{6} = 3$ pour marquer que 3 eft le quotient de 18 divifé par 6.

163. Remarquez que la multiplication & la divifion font des opérations oppofées, enforte que l'une remet les chofes au même état où elles étoient avant l'autre : par exemple, fi on divife 18 par 6 , on trouvera 3 au quotient : & fi après cela on vient à multiplier 6 par 3 , le produit fera 18 qui eft le nombre qu'on a divifé par 6. En géneral on peut dire, que fi on multiplie le quotient par le divifeur, ou le divifeur par le quotient , le produit eft égal au dividende ; car felon la notion de la divifion , le quotient marque combien de fois le divifeur eft contenu dans le dividende; par conféquent en prenant le divifeur autant de fois qu'il eft marqué par le quotient, l'on doit avoir une grandeur égale au dividende, ou plutôt on doit avoir le dividende même. Or prendre le divifeur autant de fois qu'il eft marqué par le quotient, c'eft multiplier le divifeur par le quotient; donc fi on multiplie le divifeur par le quotient , le produit eft le dividende même. Cette remarque fervira à entendre ce que nous dirons dans la fuite.

Il y a deux fortes de divifions algébriques, fçavoir, celle des quantitez incomplexes , & celle des quantitez complexes.

DE LA DIVISION
des quantitez incomplexes.

Nous avons dit, qu'il y a trois regles à obferver dans la multiplication des quantitez incomplexes ; il y en a de même trois dans la divifion qui répondent à celles de la multiplication. La premiere regarde les fignes de plus & de moins du dividende & du divifeur. La feconde eft pour les coefficiens; & la troifiéme pour les lettres.

164. I. R E G L E. Lorfque le dividende & le divifeur ont tous les deux le figne +, on doit mettre plus au quotient. Si un des deux a le figne — & l'autre +, on mettra — au quotient. Enfin lorfque le dividende & le divifeur ont tous les deux le figne —, on doit mettre + au quotient. On peut réduire les trois cas de cette regle à deux feulement, en difant que quand les fignes du divifeur & du dividende font femblables, il faut mettre + au quotient, & quand ils font différens, il faut mettre —.

165. II. R E G L E. On divife les coefficiens comme tous les
autres

autres nombres : mais il faut se souvenir que quand une grandeur n'a pas de coefficient marqué, on suppose toujours qu'elle
a l'unité pour coefficient. Voici des exemples de cette seconde regle : si on veut diviser 12 ab par 3 a, il faudra écrire
4 pour coefficient du quotient ; parce 3 est contenu quatre
fois dans 12. Pareillement 5 ab divisé par a donne 5 pour
coefficient du quotient, parce que 1 qui est le coefficient du
diviseur est contenu 5 fois dans 5.

166. III. REGLE. Cette troisiéme regle qui est celle des
lettres, consiste à effacer les lettres communes au dividende
& au diviseur, après quoi ce qui reste au dividende est le quotient de la division, pourvu que le diviseur soit entierement
effacé : par exemple, le quotient de ab divisé par a est b, parce
qu'après avoir effacé a qui est une lettre commune au dividende & au diviseur, il reste b dans le dividende. Pareillement
a^2b^2, ou $aaaaa\,bb$ divisé par a^3b ou $aaab$ donne au quotient
aab, parce qu'après avoir effacé a^3b dans le dividende, il reste
aab. Voici differens exemples où les trois regles sont appliquées.

$$\text{I.} \quad \frac{+\,12a^2x}{+\,12a} = ax \qquad\qquad \text{II.} \quad \frac{+\,20ab^3}{-\,4ab} = -\,5b^2$$

$$\text{III.} \quad \frac{-\,30adx}{+\,6ax} = -\,5d \qquad\qquad \text{IV.} \quad \frac{-\,28a4b^4}{-\,7a^2b^3} = 4b^2$$

$$\text{V.} \quad \frac{+\,14ab}{-\,3b} = -\,4a = -\tfrac{2}{3}a$$

REMARQUES.

I.

167. Si le dividende & le diviseur étoient une même quantité,
le quotient seroit l'unité. Exemples. $\dfrac{a}{a} = 1$. $-\dfrac{a^3b}{a^3b} = 1$

$\dfrac{-\,5a^2b^4}{+\,5a^2b^4} = -\,1$. La raison de cette remarque est que le
quotient exprime combien de fois le diviseur est contenu dans
le dividende. Or toute grandeur est contenuë une fois dans

I

elle-même ; & par conséquent l'unité est le quotient d'une quantité divisée par elle-même.

II.

168. S'il reste encore quelque chose au diviseur après avoir effacé les lettres communes au diviseur & au dividende, alors la division ne peut se faire exactement : par exemple, on ne peut faire la division de a^2b par ac, ni celle de a^2b^2 par a^2b ; parce qu'après avoir effacé les lettres communes au diviseur & au dividende, il reste c au diviseur du premier exemple, & a au diviseur du second. Dans ces cas on se contente d'indiquer la division en cette maniere ; $\frac{a^2b}{ac}$ & $\frac{a^2b^2}{a^2b}$. Pareillement si le dividende & le diviseur n'avoient aucune lettre commune, on indiqueroit la division de la même maniere : ainsi pour marquer la division de a par b, on écrit $\frac{a}{b}$.

III.

169. Quand il se trouve une même lettre dans le dividende & dans le diviseur, alors pour faire la division on ôte l'exposant du diviseur de l'exposant du dividende. Exemples. $\frac{a^5}{a^2} = a^{5-2} = a^3$. $\frac{a^3}{a} = a^{3-1} = a^2$. Cette remarque qui suit évidemment de la troisiéme regle, répond à une autre remarque que nous avons faite sur la multiplication en pareil cas [*], & dans laquelle nous avons dit qu'il falloit ajouter les exposans de la lettre commune au multiplicande & au multiplicateur.

* 155.

* 164.

170. La premiere regle [*] qui est celle des signes est fondée sur ce que le produit du diviseur par le quotient doit être le même que le dividende. Or afin que ce produit ne differe pas du dividende, il est necessaire d'observer la regle que nous avons proposée : car, par exemple, si le dividende ayant le signe $+$, & le diviseur le signe $-$, on mettoit $+$ au quotient, il est évident qu'en multipliant le diviseur qu'on suppose avoir le signe $-$ par le quotient qui auroit le signe $+$, le produit devroit avoir $-$, parce que $- \times +$ donne $-$; par conséquent le signe du produit seroit different de celui du dividende : ce qui est impossible.

171. La seconde regle qui est celle des coefficiens ne renferme aucune difficulté particuliere : car les coefficiens étant

des nombres, il est clair qu'on doit operer sur eux comme on fait dans la division des autres nombres.

172. La troisiéme regle est encore une suite de la remarque que nous avons faite en disant que le produit du diviseur par le quotient, ou du quotient par le diviseur est la même grandeur que le dividende : car la multiplication du quotient par le diviseur se fait en écrivant le diviseur à côté du quotient, & par consequent, afin que le produit de cette multiplication ne differe pas du dividende, il faut qu'en faisant la division on ait effacé dans le dividende les lettres qui sont aussi dans le diviseur. En un mot, dans la division on efface du dividende les lettres qui se trouvent dans le diviseur ; & le reste est le quotient : au contraire dans la multiplication du quotient par le diviseur, on remet dans le quotient les lettres qui avoient été effacées du diviseur ; ainsi le produit de cette multiplication est la même grandeur que le dividende : par exemple, si on divise abc par bc, on efface bc du dividende abc, & il reste a pour quotient : & dans la multiplication du quotient a par le diviseur bc, on remet bc avec a ; & par consequent le produit est la même grandeur que le dividende.

DE LA DIVISION
des quantitez complexes.

173. Si le dividende est complexe & le diviseur incomplexe, voici les operations qu'il faut faire afin de pratiquer la division.

1°. Diviser le premier terme du dividende par le diviseur, en observant les trois regles prescrites pour la division des quantitez incomplexes : & ensuite écrire le quotient à part.

2°. Multiplier le diviseur par le terme qu'on vient d'écrire au quotient.

3°. Soustraire le produit qui est venu de la multiplication, le soustraire, dis-je, du dividende : ce qui se fait en changeant le signe du produit.

4°. Enfin faire la réduction des termes semblables qui se presentent après la soustraction.

Ces quatre operations doivent être appliquées sur les autres termes du dividende successivement. De ces quatre operations les trois premieres ont lieu dans la division des nombres, il n'y a que la quatriéme qui soit particuliere à la division algebrique.

EXEMPLE.

Soit la quantité $4a^4b^4 - 6a^3b^2 + 2a^2b^3$ à diviser par $2a^4b$.

Ayant écrit le diviseur à la droite du dividende & tiré une ligne au dessous de l'un & de l'autre, ayant aussi tiré une seconde ligne qui separe le dividende du diviseur comme on le voit :

$$
\begin{array}{c}
4a^4b^4 - 6a^3b^2 + 2a^2b^3 \\
\text{o} \qquad \text{o} \qquad \text{o}
\end{array}
\left\{
\begin{array}{c}
2a^4b \\
\end{array}
\right.
$$
$$
\begin{array}{c}
- 4a^4b^4 + 6a^3b^2 - 2a^2b^3 \\
\text{o} \qquad \text{o} \qquad \text{o}
\end{array}
\left\{
\begin{array}{c}
2a^3b^3 - 3ab + b^2.
\end{array}
\right.
$$

1°. Je divise le premier terme $4a^4b^4$ du dividende par le diviseur $2a^4b$, le quotient est $2a^3b^3$; j'écris donc le quotient $2a^3b^3$ sous le diviseur, comme il paroît dans cet exemple. 2°. Je multiplie le diviseur $2a^4b$ par le quotient $2a^3b^3$, le produit est $+4a^4b^4$. 3°. Je soustrais ce produit du dividende en écrivant $-4a^4b^4$ sous le terme semblable $4a^4b^4$. 4°. Enfin je fais la réduction, en effaçant les deux termes $4a^4b^4 - 4a^4b^4$ qui se détruisent. (Au lieu d'effacer les termes, on mettra au dessous un zero pour la commodité de l'impression.)

Je fais ensuite les quatre mêmes operations sur le second terme $-6a^3b^2$ du dividende, & après sur le troisiéme $+2a^2b^3$. La division étant achevée, on trouvera que le quotient entier sera $2a^3b^3 - 3ab + b^2$.

174. Lorsque le diviseur est une quantité complexe aussi-bien que le dividende, on fait les quatre mêmes operations sur le premier membre du dividende, & si après la réduction il y a encore des termes qui ne soient pas effacez dans le dividende, on fait aussi les quatre operations sur les termes du dividende qui n'ont pas été effacez dans la réduction, & on continuë de même jusqu'à ce qu'il ne reste plus rien dans le dividende, si cela est possible.

175. Il faut remarquer qu'en faisant la premiere des quatre operations qui est la division, on ne se sert que du premier terme du diviseur : mais dans la seconde operation, on multiplie tous les termes du diviseur par celui qu'on a écrit au quotient en faisant la premiere operation ; & tous les termes du produit doivent être soustraits du dividende. On entendra cela par un exemple.

EXEMPLE I.

Soit la quantité $a^3 - 3a^2b + 3ab^2 - b^3$ à divifer par $a^2 - 2ab + b^2$. Après avoir difposé ces deux quantitez comme dans l'exemple précedent.

$$a^3 - 3a^2b + 3ab^2 - b^3 \left\{ \begin{array}{l} a^2 - 2ab + b^2 \\ \overline{\quad\quad} \\ a - b \end{array} \right.$$

$$- a^3 + 2a^2b - ab^2$$
$$- a^2b + 2ab^2$$
$$+ a^2b - 2ab^2 + b^3$$

Je divife d'abord le premier terme a^3 du dividende par le premier terme a^2 du divifeur, & j'écris a au quotient. 2°. Je multiplie le divifeur entier par le quotient a. 3°. Je fouftrais du dividende le produit $a^3 - 2a^2b + ab^2$: ce qui fe fait en changeant les fignes & en écrivant $- a^3 + 2a^2b - ab^2$ fous les termes femblables du dividende. 4°. Je fais la réduction après laquelle je trouve que le refte du dividende eft $- a^2b + 2ab^2 - b^3$.

Il faut faire fur ce refte les quatre mêmes operations. Je divife donc 1°. le premier terme $- a^2b$ par le premier terme a^2 du divifeur, & j'écris le quotient $- b$ à la fuite du terme a que j'ai déja trouvé. 2°. Je multiplie le divifeur entier par $- b$. 3°. je fouftrais le produit en changeant les fignes, & en écrivant $+ a^2b - 2ab^2 + b^3$ fous les termes femblables. 4°. Je fais la réduction, après laquelle il ne refte plus rien ; & par conféquent la divifion eft achevée, & le quotient eft $a - b$.

EXEMPLE II.

$$12a^2 - 8ab - 15ac + 10lc \left\{ \begin{array}{l} 3a - 2b \text{ divifeur.} \\ \overline{\quad\quad} \\ 4a - 5c \text{ quotient.} \end{array} \right.$$
$$- 12a^2 + 8ab + 15ac - 10bc$$

En pratiquant la methode dont on s'eft fervi dans l'exemple précedent, on trouvera que le quotient eft $4a - 5c$.

176. Lorfque l'on veut voir fi on ne s'eft pas trompé en

faisant la division, on multiplie le diviseur entier par le quotient entier, & si le produit de cette multiplication est égal au dividende, c'est une marque qu'on a trouvé le veritable quotient : mais si le produit est different du dividende, la division n'a pas été bien faite. Cela a été prouvé dans une remarque *.

177. Nous ne nous arrêterons pas davantage à expliquer la division des quantitez complexes, d'autant que cela n'est pas necessaire pour entendre les Elemens de Geometrie. Nous remarquerons cependant qu'il arrive souvent qu'on ne peut faire une division sans reste : par exemple, si on vouloit diviser $ab + ac - b' - bc + bd$ par $a - b$, la division ne pourroit se faire exactement, c'est-à-dire, sans reste. Dans ce cas on se contente d'écrire le diviseur au dessous du dividende en cette maniere $\frac{ab + ac - b' - bc + bd}{a - b}$; ou bien on fait la division en partie, & on écrit ensuite le diviseur au dessous du reste du dividende : ainsi dans l'exemple proposé, on trouve d'abord pour quotient $b + c$, & il reste $+ bd$, au dessous duquel il faut écrire le diviseur. Le quotient entier de cette division est donc $b + c + \frac{bd}{a - b}$.

DES PUISSANCES ET DES RACINES
des Quantitez.

178. La *puissance* d'une grandeur est le produit de cette grandeur multipliée par l'unité ou par elle-même une fois, deux fois, trois fois, &c. Delà viennent la premiere, la seconde, la troisiéme, la quatriéme puissance, &c.

179. La *premiere puissance* d'une grandeur est le produit de cette grandeur multipliée par l'unité ; d'où il suit que la premiere puissance d'une quantité est la quantité elle-même, parce que le produit d'une grandeur par l'unité n'est pas different de la grandeur même ; ainsi la premiere puissance de 3 est 3 ; celle de a est a ; celle de ab est ab.

180. La *seconde puissance* qu'on appelle plus ordinairement *quarré*, est le produit d'une grandeur par elle-même : par exemple, 9 est le quarré de 3, parce que 9 est le produit de 3 par 3. 16 est le quarré de 4, parce que 16 est le produit de 4 par 4. aa ou a' est le quarré de a, parce que a' est le produit de a par a.

181. La *troisiéme puissance* qu'on appelle plus ordinairement *cube*, est le produit de la seconde puissance multipliée par la premiere. La quatriéme puissance est le produit de la troisiéme multipliée par la premiere. La cinquiéme puissance est le produit de la quatriéme multiplié par la premiere. La sixiéme est le produit de la cinquiéme multipliée par la premiere. La septiéme est le produit de la sixiéme multipliée par la premiere; ainsi de suite. Voici des exemples. La troisiéme puissance ou le cube de 3 est 27, produit de la seconde puissance 9 par la premiere 3. La quatriéme puissance de 3 est 81, produit de 27 par 3. La cinquiéme puissance de 3 est 243, produit de 81 par 3. De même la troisiéme puissance ou le cube de 4 est 64, produit de la seconde puissance 16 par la premiere 4. La quatriéme puissance de 4 est 256, produit de 64 par 4. La cinquiéme puissance de 4 est 1024, produit de 256 par 4. Pareillement la troisiéme puissance de a est a^3, produit de la seconde puissance par la premiere a. La quatriéme puissance de a est a^4, produit de a^3 par a. La cinquiéme puissance de a est a^5, produit de a^4 par a, &c.

182. Remarquez qu'aucune des puissances de 1 ne differe de la premiere. Ainsi le quarré de 1 est 1; le cube de 1 est 1, la quatriéme puissance est 1, ainsi de suite. Cela vient de ce qu'en multipliant 1 par 1 le produit est toujours 1.

183. La grandeur qu'il faut multiplier par l'unité ou par elle-même, afin d'avoir ses differentes puissances est appellée *racine* de ces puissances : par exemple, 3 est la racine de 9, de 27 & de 81. 4 est la racine de 16 & de 64. a est celle de a^2, de a^3, de a^4, de a^5, &c.

184. Une racine prend differens noms selon les puissances dont elle est la racine. La racine de la premiere puissance est appellée racine premiere. Celle de la seconde est appellée racine seconde, & plus souvent racine quarrée. Celle de la troisiéme puissance, racine troisiéme, & plus souvent racine cubique. Celle de la quatriéme puissance est appellée racine quatriéme; ainsi de suite. Exemples. 3 est la racine premiere de 3, la racine seconde ou quarrée de 9, la racine troisiéme ou cubique de 27, la racine quatriéme de 81. Pareillement a est la racine premiere de a, la racine quarrée de a^2, la racine cubique de a^3, la racine quatriéme de a^4, la cinquiéme de a^5, &c.

185. Remarquez que la premiere puissance & la racine premiere d'une grandeur sont la même chose ; parce que l'une
& l'autre sont la grandeur elle-même : par exemple, la premiere puissance de *a* est *a*, & la racine premiere de *a* est
aussi *a*. La premiere puissance de 4 est 4, & la racine premiere de 4 est aussi 4.

186. Remarquez encore que lorsqu'il s'agit d'un quarré &
qu'on parle de sa racine, il faut toujours entendre la racine
quarrée. De même quand il s'agit d'un cube, si on parle de
sa racine, on doit entendre la racine cubique. Il en est de
même des autres puissances.

187. Pour marquer la racine d'une grandeur, on met le
signe $\sqrt{}$ avant cette grandeur, & on écrit au dessus du signe
le chiffre qui marque la racine que l'on veut désigner : par
exemple, $\sqrt[3]{a}$ marque la racine troisiéme de *a*. $\sqrt{ab}$ marque la
racine seconde ou quarrée de *ab*. Il faut prendre garde
que quand le signe radical se trouve sans chiffre écrit
au dessus, il exprime toujours la racine quarrée ; ainsi $\sqrt{ab}$
marque la racine quarrée de *ab* aussi-bien que $\sqrt[2]{ab}$.

On se sert aussi du même signe pour désigner la racine des
quantitez complexes : par exemple, $\sqrt{a^2 + 2ab + b^2}$ exprime
la racine seconde de la quantité $a^2 + 2ab + b^2$. La ligne tirée
au dessus de la quantité, marque que l'on veut désigner la racine de la quantité entiere qui se trouve sous cette ligne.

188. Quand on parle de la racine quelconque troisiéme,
quatriéme, cinquiéme d'une grandeur, il faut toujours concevoir que cette grandeur est une puissance semblable : par
exemple, si on parle de la racine troisiéme de *a*, il faut concevoir que *a* est la troisiéme puissance de la racine dont on
parle. S'il s'agit de la racine quarrée de *ab*, il faut regarder
ab comme un quarré.

189. Pour élever une grandeur à une puissance, il faut
multiplier cette grandeur par elle-même autant de fois moins
une qu'il y a d'unitez dans l'exposant de la puissance. Ainsi
afin d'élever une grandeur à la quatriéme puissance, il faut
multiplier la grandeur par elle-même quatre fois moins une,
c'est-à-dire, trois fois ; parce que 4 est l'exposant de la quatriéme puissance. Pareillement si on veut élever une grandeur
à la sixiéme puissance, il faut la multiplier par elle-même six

fois

fois moins une, c'est-à-dire, 5 fois. Exemples. Pour élever 5 à la quatriéme puissance, je multiplie d'abord 5 par lui-même, c'est-à-dire, par 5 ; cette premiere multiplication donne 25 qui est la seconde puissance de 5 ; je multiplie ensuite 25 par 5 ; cette seconde multiplication donne 125 qui est la troisiéme puissance de 5 ; enfin je multiplie 125 par 5 ; cette troisiéme multiplication donne 625 qui est la quatriéme puissance de 5. Pour élever ab à la troisiéme puissance, je multiplie d'abord ab par ab; cette premiere multiplication donne a^2b^2 qui est la seconde puissance de ab; après quoi je multiplie a^2b^2 par ab : cette seconde multiplication donne a^3b^3 ; ce dernier produit est la troisiéme puissance de ab.

Cette regle pour élever une grandeur à une puissance quelconque, est fondée sur les définitions qu'on a données des différentes puissances ; car suivant ces définitions, il paroît d'abord que pour avoir la seconde puissance, il ne faut faire qu'une multiplication, puisque la seconde puissance est le produit d'une grandeur multipliée par elle-même. 2°. Quand on a la seconde puissance, il ne faut plus faire qu'une multiplication, afin d'avoir la troisiéme ; parce que la troisiéme puissance est le produit de la seconde par la premiere ; par conséquent il ne faut faire en tout que deux multiplications pour avoir la troisiéme puissance. On prouvera de même, que pour la quatriéme puissance, il ne faut que trois multiplications; parce que la troisiéme puissance étant une fois trouvée, il ne faut plus qu'une multiplication, afin d'avoir la quatriéme, & ainsi de suite.

La regle qu'on vient de donner est commune aux quantitez incomplexes & complexes ; ainsi si on cherche les différentes puissances de $a + b$, on trouvera après les réductions faites que la seconde puissance est $a^2 + 2ab + b^2$; que la troisiéme puissance est $a^3 + 3a^2b + 3ab^2 + b^3$; que la quatriéme est $a^4 + 4a^3b + 6a^2b^2 + 4ab^3 + b^4$.

190. Il faut bien prendre garde quels sont les produits qui entrent dans la composition du quarré d'une quantité complexe : nous allons en faire l'énumération : 1°. le quarré des deux premiers termes d'une quantité complexe contient le quarré du premier terme, plus le double du premier terme multiplié par le second avec le quarré du second. 2°. Le quarré des trois premiers termes contient de plus les produits suivans : sçavoir, le double des deux premiers termes multiplié par le troi-

fiéme avec le quarré du troifiéme. 3°. Le quarré des quatre premiers termes contient encore de plus le double des trois premiers termes multiplié par le quatriéme, avec le quarré du quatriéme. 4°. Le quarré des cinq premiers termes contient encore
de plus le double des quatre premiers termes multiplié par le
cinquiéme avec le quarré du cinquiéme, ainfi de fuite : foit,
par exemple, la quantité complexe $c + d + f + g + h$; on
trouvera que le quarré de cette quantité est $c^2 + 2cd + d^2$;
$+ 2cf + 2df + ff$; $+ 2cg + 2dg + 2fg + g^2$; $+ 2ch + 2dh + fh$
$+ 2gh + h^2$. Or ce quarré renferme tous les produits que nous
venons de marquer : car $c^2 + 2cd + dd$ font les produits marquez dans le premier article ; $2cf + 2df + f$ font ceux qui
font énoncez dans le fecond article ; $2cg + 2dg + 2fg + g^2$
font marquez dans le troifiéme : enfin les autres produits qui
restent, font énoncez dans le quatriéme article.

191. L'operation par laquelle on éleve une quantité à quelque puiffance, est appellée *formation des puiffances* : après en
avoir donné la regle génerale, nous allons parler d'une autre
operation oppofée, qu'on appelle *refolution des puiffances*, &
plus fouvent *extraction des racines* : elle confiste à chercher la
racine d'une quantité propofée : par exemple, fi ayant le nombre 100, j'en tire la racine quarrée qui est 10, cela s'appelle
extraire la racine de 100. On peut faire l'extraction de la racine feconde, troifiéme, quatriéme, cinquiéme, &c. tant fur
les nombres que fur les quantitez litterales. Nous ne parlerons
ici que de l'extraction de la racine quarrée, parce qu'elle est
la feule dont nous aurons befoin dans la fuite.

DE L'EXTRACTION DE LA RACINE QUARRE'E.

192. Afin de tirer la racine quarrée d'un nombre, il faut
d'abord partager ce nombre en tranches, en commençant vers
la droite ; enforte que chaque tranche contienne deux chiffres,
excepté la premiere à gauche qui peut n'en contenir qu'un feul :
ce partage en tranches fe fait, en écrivant une virgule entre-
deux : par exemple, fi on vouloit extraire la racine quarrée de
ce nombre 54123786, il faudroit tirer une virgule entre
8 & 7, une autre entre 3 & 2, & une troifiéme entre 1 & 4
en cette maniere 54,12,37,86. Il paroît affez que fi le nombre des chiffres est impair, la premiere tranche à la gauche ne

contiendra qu'un feul caractere : ainfi fi le nombre propofé étoit 4123786, la premiere tranche à la gauche ne contiendroit que 4, la feconde 12, la troifiéme 37, la quatriéme 86.

Avant d'expliquer la methode de l'extraction de la racine quarrée, nous allons faire quelques remarques qui ferviront beaucoup pour entendre les regles de cette opération.

R E M A R Q U E S.

I.

193. Le quarré d'une quantité complexe contient le quarré du premier terme; plus le double du premier terme multiplié par le fecond avec le quarré du fecond; plus le double des deux premiers termes multiplié par le troifiéme avec le quarré du troifiéme; plus le double des trois premiers termes multiplié par le quatriéme, avec le quarré du quatriéme; ainfi de fuite fi la quantité complexe a plus de quatre termes *.   * 19

I I.

294. Tout nombre au-deffus de dix, peut être confideré comme une quantité complexe compofée d'autant de termes, qu'il y a de caracteres dans le nombre: par exemple, 7356 eft une quantité complexe de quatre termes, puifque ce nombre eft égal à 7000 + 300 + 50 + 6. Par conféquent le quarré d'un nombre plus grand que 10, contient les produits énoncez dans la remarque précedente.

I I I.

195. Si on fait attention aux deux corollaires que nous avons déduits *, après avoir avoir parlé de la multiplication des nombres qui contiennent des zeros à la fin, on verra que fi on multiplie un nombre, par exemple, 7356, par lui-même, il y aura fix rangs dans le quarré total après le quarré de 7, cinq rangs après le double de 7 multiplié par 3, quatre rangs après le quarré de 3, trois rangs après le double de 73 multiplié par 5, deux rangs après le quarré de 5, un rang après le double de 735 multiplié par 6 : enfin le quarré de 6 finira au dernier rang.   * 5
   59.

Voici tous ces produits placez dans les rangs qui leur conviennent.

$$\begin{array}{l}
49\ldots\ldots \\
42\ldots\ldots \\
9\ldots\ldots \\
730\ldots \\
25\ldots \\
8820\ldots \\
\underline{36}
\end{array}$$

54110736 quarré de 7356.

196. Il est encore clair par les deux mêmes corollaires *que le quarré d'un nombre doit avoir autant de tranches, que ce nombre contient de caractéres, ni plus ni moins : par exemple, le quarré de 7356 contient quatre tranches ; car le quarré de 7 doit avoir après lui le double des rangs qui se trouvent après ce chiffre dans le nombre 7356, & par conséquent le quarré de 7 doit avoir trois tranches de deux rangs après lui : mais d'ailleurs le quarré de 7 fait encore une tranche ; ainsi le quarré de 7356 doit avoir quatre tranches. Cela peut encore se prouver de la maniere suivante : 1°. Un nombre de quatre caractéres ne peut avoir moins de quatre tranches à son quarré : car le plus petit nombre de quatre caractéres est 1000. Or le quarré de 1000 est composé de quatre tranches, puisque pour multiplier 1000 par 1000, il faut ajoûter les trois zeros du multiplicateur au multiplié. 2°. Un nombre de quatre caractéres ne peut avoir plus de quatre tranches à son quarré : car 100000000 est le plus petit de tous les nombres de cinq tranches. Or ce nombre est cependant le quarré de 10000 qui a cinq caractéres ; par conséquent un nombre de quatre caractéres ne peut avoir plus de quatre tranches à son quarré ; d'ailleurs on vient de faire voir qu'il n'en peut avoir moins de quatre ; ainsi un nombre de quatre chiffres doit avoir précisément quatre tranches à son quarré. On prouvera de la même maniere que le quarré de tout autre nombre a autant de tranches que le nombre a de chiffres.

En parlant de la racine quarrée nous supposons toujours que chaque tranche contient deux chiffres, excepté la premiere à gauche qui peut n'en contenir qu'un seul.

187. Il suit de la troisiéme remarque, que dans le quarré total de 7356, les différens produits doivent se trouver dans les rangs que nous allons marquer, 1°. le quarré de 7, dans le dernier rang de la premiere tranche, 2°. le double de 7 mul-

tiplié par 3 , au premier rang de la seconde tranche , 3°. le quarré de 3, au second rang de la même tranche, 4°. le double de 73 multiplié par 5 , au premier rang de la même tranche, 5°. le quarré de 5 au second rang de la même tranche, 6°. le double de 735 multiplié par 6 , au premier rang de la quatrième tranche, 7°. Enfin le quarré de 6 au second rang de la même tranche.

198. Lorsqu'on dit que chacun de ces produits se trouve au premier ou au second rang de quelqu'une des tranches, cela doit toujours s'entendre du dernier chiffre de ces produits, comme il paroît par la maniere dont les produits du quarré de 7356 ont été placez après la troisiéme remarque : par exemple, le premier produit 49 n'est pas tout entier au second rang de la premiere tranche , il n'y a que le dernier chiffre 9. Pareillement il n'y a que le dernier chiffre 2 du second produit 42 qui reponde au premier rang de la seconde tranche.

199. Il suit encore de la troisiéme remarque , que dans le nombre 54110736 qui est le quarré de 7356, il y a un rang de moins après le quarré de 3 , qu'après le double de 7 multiplié par 3 ; qu'il y a aussi un rang de moins après le quarré de 5 qu'après le double de 73 multiplié par 5 , & qu'enfin il n'y a plus de rang après le quarré de 6 ; au lieu qu'il y a encore un rang après le double de 735 multiplié par 6 : ensorte qu'il y a toujours un rang de moins après le quarré d'un chiffre , qu'après le double des caracteres précedens multiplié par ce chiffre. Tout ce qu'on vient de dire convient généralement aux nombres qui surpassent dix.

La methode de l'extraction de la racine quarrée s'entendra facilement après tout ce que nous venons de dire, il faut commencer à partager le nombre en tranches de deux rangs comme nous l'avons dit *, ensuite on peut tirer une ligne , & la couper par un crochet , comme dans la division. Après ces préparations , voici comment on doit opérer sur la premiere tranche.   * 192.

200. Il faut 1 o. chercher le plus grand quarré contenu dans la premiere tranche à gauche : il ne peut être plus grand que celui de 9, parce que le quarré de 10 contient trois chiffres. 2°. prendre la racine de ce quarré , & l'écrire à la droite du nombre proposé. 3°. Soustraire de la premiere tranche le plus grand quarré qui y est contenu , & écrire le reste au-dessous

EXEMPLE I.

Soit, par exemple, le nombre 20 92 54 dont on cherche la racine quarrée. Après l'avoir partagé en tranches, 1°. je cherche quel est le plus grand quarré contenu dans 20, qui est la premiere tranche à gauche : c'est 16. 2°. J'en prends la racine 4, & je l'écris à la droite du nombre proposé. 3°. Je souftrais le quarré 16 de la premiere tranche, & j'écris le reste 4 au-dessous. Ces trois opérations étant faites, il faut appliquer les regles suivantes sur la seconde tranche.

$$\begin{array}{l} 20,92,54\ \{\ 45 \\ \qquad\qquad\quad 8 \\ \hline 4\,92 \\ 4\,25 \\ \hline \qquad 67 \end{array}$$

201. 1°. Abbaisser cette seconde tranche à côté du reste de la premiere, & mettre un point sous le premier chiffre de la tranche abbaissée, pour marquer que ce chiffre, joint avec le reste de la premiere tranche, est le dividende : dans l'exemple proposé, j'abbaisse la seconde tranche 92 à côté du 4 qui est le reste de la premiere, & je mets un point sous le premier chiffre 9, pour marquer que 49 est le dividende.

202. 2°. Prendre pour diviseur le double de ce qui a déja été trouvé à la racine, & l'écrire sous cette racine. Dans notre exemple, ayant déja trouvé 4 à la racine, 8 sera le diviseur; je l'écris donc sous 4.

203. 3°. Diviser le dividende par le diviseur, en observant que quoique le chiffre éprouvé soit bon selon la division, il ne doit pas être mis pour cela à la racine, à moins qu'il ne soit bon aussi selon l'épreuve propre à l'extraction de la racine quarrée. Or cette épreuve consiste à ajoûter le quarré du chiffre éprouvé avec le produit du diviseur par le chiffre éprouvé : & si la somme qui vient de cette addition peut être ôtée de la seconde tranche jointe au reste de la premiere, c'est une marque que le chiffre éprouvé est bon ; auquel cas il faudra l'écrire à côté de celui qu'on a déja trouvé à la racine : mais si la somme qui est venuë de l'addition ne peut être souftraite de la seconde tranche jointe au reste de la premiere ; alors il faudra diminuer le chiffre éprouvé d'une unité, & recommencer l'épreuve avec le nouveau chiffre ; & si la somme est encore trop grande, on diminuera encore le chiffre éprouvé d'une unité, jusqu'à ce qu'on puisse faire la souftraction.

204. Il faut remarquer que quand on veut ajoûter le quarré

du chiffre éprouvé avec le produit du diviseur par le chiffre éprouvé, le quarré doit être plus avancé d'un rang vers la droite que le produit du diviseur. Cela vient de ce que dans le quarré total d'un nombre, le quarré de chaque chiffre a un rang de moins après lui *, que le double des caractères précedens multiplié par ce chiffre.

*195.

Dans notre exemple, je divise 49 par 8, & je trouve que 6 est bon selon la division, parce qu'en multipliant 8 par 6, le produit 48 peut être ôté du dividende 49 : je fais ensuite l'épreuve pour la racine quarrée, c'est-à-dire, que j'ajoute 36 quarré du chiffre éprouvé avec 48, en observant ce qui est dit dans la remarque, & je trouve la somme 516, laquelle ne peut être ôtée de 492 ; & par conséquent le 6 n'est pas bon. Ainsi j'éprouve le 5 en multipliant le diviseur 8 par 5, & ajoutant le quarré de 5 au produit ; la somme est 425, laquelle peut être ôtée de 492 ; ainsi le 5 est bon ; c'est pourquoi je l'écris à la racine à côté du 4.

205. 4°. Après avoir écrit à la racine le chiffre éprouvé qui a été trouvé bon, il faut faire la soustraction dont on a parlé dans la troisieme regle, c'est-à-dire, que la somme du produit du diviseur par le chiffre éprouvé & du quarré du chiffre éprouvé doit être ôtée de la seconde tranche jointe au reste de la premiere. Dans notre exemple, je soustrais 425 de 492, & j'écris le reste 67 au-dessous.

206. On opere de la même maniere sur la troisiéme tranche que sur la seconde. Ainsi ayant abbaissé la troisieme tranche à côté du reste de la derniere soustraction, 1°. on met un point sous le premier chiffre de la troisiéme tranche pour marquer que ce premier chiffre, joint avec le reste de la soustraction, est le dividende. 2°. On prend pour diviseur le double des deux chiffres qui sont déja à la racine, & on l'écrit au-dessous du premier diviseur. 3°. On fait la division en employant d'abord l'épreuve de la division, & ensuite celle de l'extraction de la racine quarrée. 4°. Après avoir trouvé le chiffre qu'on doit mettre à la racine, il faut faire la soustraction. On opere encore de la même maniere sur chacune des tranches suivantes.

Dans l'exemple proposé, j'abbaisse la troisiéme tranche à côté de 67 reste de la soustraction précedente, il vient 6754 : après cela, 1°. je mets un point sous 5, pour marquer que 675 est le dividende. 2°. je prends pour diviseur le double de ce qui est déja à la racine, c'est-à-dire, le double de 45, & j'écris le second diviseur 90 sous le premier. 3°. Je divise le dividende 675 par 90, & je trouve que le 7 est bon selon la division, parce que 630 produit du diviseur 90 par 7 est moindre que 675 : ensuite pour voir s'il est bon selon l'épreuve de l'extraction de la racine, j'ajoûte le quarré de 7 au produit 630 de la maniere qui a été expli-

$ 204. quée, & je trouve la somme 6349 qui est moindre que 6754; ainsi le 7 est bon, je le mets donc à la racine. 4°. Enfin je retranche 6349 de 6754, il reste 405. Comme il n'y a plus de tranches à abbaisser, l'opération est finie.

207. On distingue différens membres dans l'extraction de la racine comme dans la division; le premier membre est la premiere tranche; le second membre est la seconde tranche jointe au reste de la premiere soustraction; le troisiéme membre est la troisiéme tranche jointe au reste de la seconde soustraction, ainsi de suite. Dans notre exemple, 20 est le premier membre, 492 est le second, 6754 est le troisiéme.

S'il n'y avoit point de reste après une soustraction, alors la tranche suivante seroit seule le membre sur lequel il faudroit opérer : cela paroîtra dans le troisiéme exemple, où la seconde tranche seule est le second membre.

208. Remarquez qu'en cherchant les chiffres de la racine, on peut également se tromper, ou en prenant un chiffre trop grand, ou en prenant un chiffre trop petit. On évite la premiere erreur, en s'assûrant que la somme du produit du diviseur par le chiffre éprouvé & du quarré de ce chiffre, peut être retranchée du membre sur lequel on opere : mais pour éviter la seconde erreur, il ne suffit pas que la soustraction, dont on vient de parler se puisse faire : ainsi, si on avoit mis 4 ou 3 à la racine à la place du 5, pour le second membre de l'exemple précedent, on auroit fait une faute, quoiqu'on ait pû faire alors la soustraction marquée dans l'article 205.

Afin donc que l'on soit assûré que le chiffre éprouvé n'est pas trop petit, il faut éprouver d'abord le chiffre que l'on a trouvé bon par l'épreuve de la division; & si ce chiffre est trop grand, il faut le diminuer d'une unité, & recommencer l'épreuve propre à l'extraction de la racine; que si ce dernier chiffre n'est

point

point encore bon, il faut le diminuer d'une unité, & pourſuivre la même pratique, juſqu'à ce que la ſouſtraction marquée par l'article 205 puiſſe ſe faire, en obſervant de ne diminuer à chaque fois le chiffre éprouvé, que d'une unité ſeulement, lorſqu'on veut faire une nouvelle épreuve.

209. Remarquez encore que ſi le diviſeur étoit plus grand que le dividende, ou bien ſi aucun chiffre poſitif ne ſe trouvoit bon en faiſant l'épreuve de l'extraction de la racine; pour lors il faudroit mettre zero à la racine; auquel cas il n'y auroit plus rien à faire ſur le membre ſur lequel on opere; c'eſt pourquoi il faudroit abbaiſſer la tranche ſuivante, pour avoir un nouveau membre ſur lequel on opéreroit à l'ordinaire.

E X E M P L E I I.

Soit le nombre 3140685 7, dont il faut extraire la racine quarrée.

Je le partage d'abord en tranches, en commençant vers la droite, enſuite après avoir tiré une ligne au-deſſous, & une à la droite, j'opere ſur la premiere tranche de la maniere ſuivante.

P R E M I E R M E M B R E.

1°. Je cherche le plus grand quarré contenu dans 31 qui eſt la premiere tranche: c'eſt 25. 2°. Je prends la racine de ce quarré, & je l'écris à la droite du nombre propoſé. 3°. Je ſouſtrais le quarré 25 de la premiere tranche, & il reſte 6; enſuite je paſſe au ſecond membre.

$$31,40,68,57 \quad \begin{cases} 5 \\ \overline{} \\ 10 \end{cases}$$
$$640$$

S E C O N D M E M B R E.

Ayant abbaiſſé la ſeconde tranche à côté du reſte 6, je trouve 640 pour ſecond membre, ſur lequel j'applique les 4 regles preſcrites. 1°. Je mets un point ſous le 4, pour marquer que le dividende eſt 64. 2°. Je prends pour diviſeur le double du chiffre 5 qui eſt à la racine. 3°. Je diviſe 64 par le diviſeur 10, & je trouve que le 6 eſt bon ſelon l'épreuve de la diviſion & celle de l'extraction de la racine quarrée. Je fais cette derniere épreuve en multipliant le diviſeur 10 par 6, & en ajoûtant au produit 60 le quarré de 6, comme il eſt marqué dans l'arti-

<table>
<tr><td>cle 204 : je trouve que la
somme est 636, laquelle peut
être ôtée du membre 640 ; je
mets donc 6 à la racine. 4°.
Enfin je retranche 636 de 640,
& le reste est 4. Après cela
je passe au troisiéme membre.</td><td>31,40,68,57
———
640
636
———
46857
44816
———
2041</td><td>5604
———
10
112
2120</td></tr>
</table>

TROISIE'ME MEMBRE.

Ayant abbaissé la troisiéme tranche 68 à côté du reste 4 , je trouve 468 pour le troisiéme membre sur lequel j'opere ainsi : 1°. Je mets un point sous le premier chiffre 6 de la troisiéme tranche, pour marquer que 46 est le dividende. 2°. Je prends 112 pour diviseur, c'est le double du nombre 56 que l'on a déja trouvé à la racine, & j'écris ce second diviseur au-dessous du premier. 3°. Je divise 46 par 112 ; mais comme le diviseur est plus grand que le dividende, je mets 0 à la racine * ; ainsi il n'y a plus rien à faire sur ce membre ; c'est pourquoi je passe au suivant.

QUATRIE'ME MEMBRE.

Ayant abbaissé la quatriéme tranche 57 à côté du reste 468 , je trouve 46857 pour quatriéme membre, sur lequel j'applique les quatre régles. 1°. Je mets un point sous le premier chiffre 5 de la tranche abaissée, pour marquer que le dividende est 4685. 2°. Je prens pour diviseur 1120, c'est le double du nombre 560 qui est déja à la racine, & j'écris ce troisiéme diviseur sous le second. 3°. Je divise 4685 par 1120, le quotient est 4 ; & ayant multiplié le diviseur 1120 par 4, je trouve le produit 4480 moindre que le dividende ; ainsi le 4 est bon selon la division : je fais ensuite l'épreuve de l'extraction, en ajoûtant le quarré de 4 au produit 4480,& je trouve que la somme 44816 est moindre que le quatriéme membre ; c'est pourquoi j'écris le 4 à la racine. 4°. Je soustrais la somme 44816 de 46857, le reste est 2041 , & l'opération est achevée.

EXEMPLE III.

Soit encore le nombre 9048576 dont on veut tirer la racine quarrée. Il faut d'a-bord le partager en 4 tran-ches, en commençant vers la droite : la premiere ne con-

$$\begin{array}{c|c} 9,04,85,76 & 3008 \\ \hline 04\ 85\ 76 & 6 \\ 48\ 64 & 60 \\ & 600 \\ \hline & 512 \end{array}$$

tiendra qu'un seul caractere, sçavoir 9. On operera ensuite sur ce nombre, comme on a fait sur les autres, & on trouvera 1°. que le premier chiffre de la racine est 3, 2°. que le second chiffre de la racine est 0, parce que le diviseur 6 est plus grand que le di-vidende du second membre : ce second membre est la seconde tranche 04, & le dividende est 0. 3°. Que le troisiéme chiffre de la racine est encore zero, parce que le diviseur 60 est plus grand que le dividende du troisiéme membre : ce troi-siéme membre est 485, & le dividende est 48. 4°. que le qua-triéme chiffre de la racine est 8, à cause qu'en opérant à l'or-dinaire sur le dernier membre 48576 & sur le dividende 4857, on trouve que le 8 est bon.

210. Pour faire la preuve de l'extraction de la racine quarrée, il faut chercher le quarré du nombre qu'on a trouvé à la raci-ne, & y ajoûter le reste de la derniere soustraction. Ainsi dans le premier exemple, il faut élever 457 au quarré, c'est-à-dire, qu'il faut multiplier 457 par lui-même, & ensuite ajoûter le reste 405 au quarré 208849 : & comme la somme est égale au nom-bre proposé 209254 ; c'est une marque que l'opération a été bien faite : mais si la somme n'avoit point été égale au nombre proposé, ç'auroit été une marque qu'on auroit fait quelque faute de calcul dans l'extraction de la racine. Lorsqu'il n'y a point de reste après la derniere soustraction, il faut, afin que l'opération soit bonne, que le quarré du nombre qu'on a trou-vé à la racine soit égal au nombre proposé.

La raison de cette pratique est évidente : car puisqu'on cher-che la racine, il faut, si l'on a bien opéré, que le quarré du nombre qu'on a trouvé à la racine soit égal au nombre proposé, lorsqu'il n'y a point de reste après l'opération : mais s'il y a un reste, il est clair que ce reste ajoûté au quarré de la racine, doit faire une somme égale au nombre proposé.

Dans la démonstration suivante, nous supposerons qu'il n'y a

n ij

plus de reſte après la derniere ſouſtraction, & nous appellerons le nombre dont on tire la racine, le *nombre propoſé*, & celui qu'on trouve à la racine ſera nommé, le *nombre trouvé*. Il s'agit donc de prouver, que le nombre trouvé en ſuivant les regles preſcrites, eſt la racine du nombre propoſé, ou, ce qui eſt la même choſe, que ce nombre propoſé eſt le quarré de celui qu'on a trouvé.

D'EMONSTRATION DE L'EXTRACTION
des Racines quarrées.

211. Afin que le nombre propoſé ſoit le quarré de celui qu'on a trouvé, il ſuffit que le premier contienne tous les produits qui compoſent le quarré du ſecond. Or le nombre propoſé contient tous les produits qui forment le quarré du nombre trouvé : car ces produits ſont * le quarré du premier chiffre, plus le double du premier chiffre multiplié par le ſecond avec le quarré du ſecond, &c. Or en ſuivant les regles de la methode, on eſt aſſûré que le nombre propoſé contient tous ces produits ; puiſque ſelon cette methode, on retranche d'abord du premier membre le quarré du premier chiffre du nombre trouvé ; 2°. on retranche du ſecond membre le diviſeur, c'eſt-à-dire, le double du premier chiffre multiplié par le ſecond avec le quarré du ſecond. 3°. on retranche du troiſiéme membre le diviſeur, c'eſt-à dire, le double des deux premiers chiffres multiplié par le troiſiéme avec le quarré du troiſiéme, &c. donc le nombre propoſé contient tous les produits qui compoſent le nombre trouvé ; ainſi le premier eſt le quarré du ſecond.

212. S'il y avoit un reſte après la derniere ſouſtraction, ce ſeroit une marque que le nombre propoſé ne ſeroit pas un quarré parfait ; ainſi le nombre trouvé ne ſeroit pas la racine exacte du nombre propoſé : mais ce ſeroit la racine du plus grand quarré contenu dans ce nombre ; ainſi dans le premier exemple le nombre trouvé, ſçavoir 457, n'eſt pas la racine exacte du nombre propoſé 209254 : mais 457 eſt la racine de 208849, qui eſt le plus grand quarré contenu dans 209254 ; car ſi on prend 458 plus grand ſeulement d'une unité que 457, on trouvera que le quarré de la racine 458 eſt plus grand que le nombre 209254. C'eſt une ſuite de la methode de l'extraction, puiſque ſi le quarré de 458 étoit contenu dans 209254, on auroit pû mettre 8 à la place de 7, quand on a opéré ſur le dernier membre.

213. Il reſte encore à faire voir pourquoi à chaque membre

on prend pour dividende le premier chiffre de la tranche abbaissée avec le reste de la soustraction, & pour diviseur, le
double de ce qu'on a déja trouvé à la racine : ainsi au troisiéme
membre du premier exemple, on a pris 675 pour dividende, & pour diviseur le double de 45. La raison de ces deux régles paroît assez par ce qui a été dit avant de proposer la methode de l'extraction. Car, puisque le double de 45 multiplié par
7, se trouve au premier rang de la troisiéme tranche abbaissée *, il s'ensuit, que pour trouver 7, il faut diviser ce produit par le double de 45.

    214. Lorsqu'un nombre n'est pas un quarré parfait, on peut
bien approcher de plus en plus de la racine exacte de ce nombre;
mais on démontre qu'il n'est pas possible d'y arriver ; dans ce
cas, on indique la racine du nombre proposé, en se servant du
signe radical : par exemple, si on a besoin de la racine quarrée de
50, lequel nombre est un quarré imparfait, on la marque en
cette maniere, $\sqrt{50}$, ou simplement $\sqrt{50}$. Pareillement les racines quarrées de 18 & de 15 se marquent ainsi, $\sqrt{18}$ & $\sqrt{15}$.
Ces racines sont appellées *incommensurables*.

    215. Si un quarré imparfait est le produit d'un quarré parfait, par
un autre nombre, pour lors on exprime quelquefois la racine
du quarré imparfait d'une autre maniere : par exemple, 50 est
un quarré imparfait; mais c'est le produit de 25 par 2. Or 25
est un quarré parfait. Cela posé, puisque 50 est égal à 25 multiplié par 2, il faut que la racine de 50 soit égale à la racine de
25 multipliée par la racine de 2. Or la racine de 25 est 5, &
la racine de 2 est $\sqrt{2}$; par conséquent la racine de 50 est égale
à 5 multiplié par $\sqrt{2}$; ce qui se marque en cette maniere,
$\sqrt{50} = 5 \times \sqrt{2}$, ou plutôt $\sqrt{50} = 5\sqrt{2}$. Pareillement 18 étant égal
au produit de 9 par 2, il s'ensuit que la racine de 18 est
est égale à la racine de 9 multipliée par la racine de 2 : mais 9
est un quarré parfait, dont 3 est la racine ; par conséquent la
racine de 18 peut être marquée en cette maniere $3\sqrt{2}$. Il n'en
est pas de même de la racine de 15, parce que 15 n'est pas le produit d'un quarré parfait multiplié par un autre nombre : si on
veut donc se servir du signe radical, pour exprimer la racine
de 15, on ne peut la marquer qu'en cette maniere, $\sqrt{15}$ ou
$\sqrt{15}$.

    216. La methode pour extraire la racine quarrée des quan-

* 193.

titez littérales eſt la même que celle qu'on a employée pour les nombres ; excepté premierement, qu'il n'y a point de rang à garder dans les différens produits qu'on peut ſouſtraire, & qu'il ne faut pas diviſer la quantité litterale en tranches comme on fait les nombres : & en ſecond lieu, qu'après chaque ſouſtraction il faut faire la réduction des quantitez ſemblables. Il ſuffira de donner un exemple pour faire entendre l'application de la methode ſur les quantitez algébriques.

Soit la quantité $9c^2 - 12cdx + 4d^2x^2 + 24cfy - 16dfxy + 16f^2y^2$ dont il faut extraire la racine quarrée.

$$9c^2 - 12cdx + 4d^2x^2 + 24cfy - 16dfxy + 16f^2y^2 \left.\right\rbrace \begin{array}{l} 3c - 2dx + 4fy \\ \hline 6c \\ 6c - 4dx \end{array}$$

$$- 9c^2 + 12dx - 4d^2x^2 - 24cfy + 16dfxy - 16f^2y^2$$

Après avoir tiré une ligne au-deſſous & une autre à droite de la quantité propoſée, j'opére ſur le premier terme $9c^2$ qui eſt le premier membre : ainſi je prends la racine quarrée de $9c^2$, c'eſt $3c$, & j'écris cette racine à droite de la quantité propoſée : enſuite j'éleve $3c$ au quarré, il vient $+ 9c^2$ qu'il faut ſouſtraire en l'écrivant au deſſous du premier terme avec le ſigne oppoſé : enfin je fais la réduction, & j'écris un zero ſous les quantitez qui ſe détruiſent.

J'opere enſuite comme ſur le ſecond membre d'un nombre dont on tire la racine : ainſi je prends pour dividende le ſecond terme $- 12cdx$, & pour diviſeur le double de ce que j'ai trouvé à la racine ; ce diviſeur eſt donc $6c$; c'eſt pourquoi je diviſe $12cdx$ par $6c$, le quotient eſt $- 2dx$ que je poſe à la ſuite de $3c$. Après cela je multiplie le diviſeur $6c$ par $- 2dx$, & j'ajoûte le quarré de $- 2dx$, la ſomme ſera $- 12cdx + 4d^2x^2$, laquelle doit être ôtée de la quantité propoſée ; je fais donc la ſouſtraction en écrivant la ſomme avec des ſignes contraires : enſuite je fais la réduction, & il ne reſte plus dans la quantité propoſée, que les trois termes $+ 24cfy - 16dfxy + 16f^2y^2$, ſur leſquels j'opere de la même maniere que ſur les deux termes précedens ; je prends donc $24cfy$ pour dividende, & pour diviſeur $6c - 4dx$, c'eſt le double de ce qui eſt à la racine : je diviſe enſuite $24cfy$ par $6c$ premier terme du diviſeur, & j'écris le quotient $4fy$ à la racine : après cela je multiplie le diviſeur entier par $4fy$, le produit eſt $24cfy - 16dfxy$ auquel j'ajoûte $16f^2y^2$ quarré du terme que je viens de mettre à la racine, la somme est $24cff - 16dfxy + 16f^1y^2$ que j'écris sous les trois derniers termes de la quantité proposée, avec des signes contraires à ceux de cette somme : enfin je fais la réduction , & il ne reste rien ; c'est pourquoi l'opération est achevée. La racine de la quantité proposée est donc $3c - 2dx + 4ff$.

Pour s'assûrer si on a bien opéré , on fait la preuve de la même maniere que pour les nombres.

217. Remarquez qu'il n'y a point d'épreuve à faire dans l'extraction de la racine des quantitez littérales, non plus que dans la division de ces quantitez.

218. Remarquez encore que le terme qui sert de premier membre doit être un quarré parfait, de sorte que si le premier terme de la quantité n'est pas un quarré, il en faut choisir un autre qui soit quarré , sur lequel on commencera l'operation: par exemple, si le premier terme de la quantité proposée avoit été $-12cdx$, il auroit fallu prendre un autre terme pour commencer l'opération.

LIVRE SECOND.

CONTENANT

UN TRAITE' DES RAISONS,
des Proportions & des Fractions..

IL n'y apoint de partie dans les Mathématiques qui soit si utile & si necessaire, que celle qui traite des proportions: on les employe souvent dans les démonstrations, & elles font le fondement de la plûpart des operations que l'on fait, telles que font les regles de trois, de compagnie, d'alliage, de fauffes positions, &c. C'est par le moyen des proportions, que l'on découvre la folution d'une infinité de questions & de problêmes que l'on ne pourroit refoudre fans leur fecours : c'est pourquoi ceux qui ont deffein de faire quelques progrès dans la Science des Mathématiques, doivent s'appliquer d'une maniere particuliere à cette partie qui est la clef des autres.

ART. I. Une *raison*, comme on prend ici ce terme, est le rapport ou la comparaifon de deux grandeurs, foit nombres, étenduës vîteffes, temps, &c. Or on peut comparer deux grandeurs en deux manieres differentes, ou en confidérant de combien l'un furpaffe l'autre, ou en examinant comment l'une contient l'autre. La premiere maniere de confiderer deux grandeurs, est appellée *Raison arithmétique*, & la feconde *Raison géométrique.*

2.La raison arithmétique est donc une comparaifon de deux grandeurs, dans laquelle on confidere de combien l'une furpaffe, ou est furpaffée par l'autre : par exemple, si je confidere que 6 furpaffe 2 de 4 ; cette comparaifon des nombres 6 & 2 est une raifon arithmétique.

3. La raifon geometrique est une comparaifon de deux grandeurs, dans laquelle on confidere la maniere dont l'une contient l'autre, ou ce qui revient au même, la raifon geomé-

trique

trique est la maniere dont une grandeur en contient une autre : par exemple, si je considere que 6 contient 2 trois fois, cette comparaison est une raison ou rapport geometrique.

4. Remarquez qu'une grandeur en peut contenir une autre ou en entier ou en partie : par exemple, 6 contient 2 entierement trois fois : mais 5 ne contient 20 qu'en partie ; c'est-à-dire, que 5 contient seulement une partie de 20, sçavoir le quart : de même 12 contient en partie 18, parce qu'il en renferme les deux tiers.

5. Il y a deux termes dans toute raison, soit arithmetique, soit geometrique, *l'antécédent* & le *consequent* ; l'antécédent est celui qui est comparé à l'autre ; le conséquent est celui auquel l'antécédent est comparé. L'antécédent est toujours le premier terme de la raison, & le consequent est le second : dans l'exemple proposé 6 est l'antécédent, & 2 est le consequent.

6. C'est par la soustraction que l'on découvre de combien une grandeur surpasse l'autre ; c'est pourquoi on connoît la valeur d'une raison arithmetique en ôtant le consequent de l'antécedent, ou l'antécedent du consequent : par exemple, on connoît la valeur de la raison arithmetique de 6 à 2 en ôtant 2 de 6 : mais on verra dans la suite que la valeur de la raison geometrique se connoît en divisant toujours l'antécedent par le consequent.

Quand on parle de raison sans déterminer l'arithmetique ou la geometrique, il faut toujours entendre la geometrique ; c'est la même chose quand on se sert du terme de rapport.

7. On distingue deux sortes de rapports geometriques, l'un *d'égalité* & l'autre *d'inegalité*. Le rapport d'égalité est celui dont l'antécedent & le consequent sont égaux ; tel est le rapport d'une ligne de trois pieds à une autre ligne de trois pieds ; & en general la raison de *b* à *b*. Le rapport d'inégalité est celui dont l'antécedent est plus grand ou plus petit que le consequent : telle est la raison de 8 à 6. Le rapport est nommé de *plus grande inegalité*, lorsque l'antécedent est plus grand que son consequent ; & de *moindre inegalité* quand l'antécedent est plus petit que le consequent.

On peut comparer une raison avec une autre, pour voir si elle est égale, ou plus grande ou plus petite. Nous allons donner quelques définitions, & ensuite nous exposerons plusieurs principes qui serviront beaucoup pour cette comparaison &

pour l'intelligence de ce que nous dirons dans la suite.

Il faut distinguer deux sortes de parties d'un tout ; sçavoir, les parties *aliquotes* & les parties *aliquantes*.

8. Les parties aliquotes sont celles qui répetées un certain nombre de fois, mesurent leur tout exactement, c'est-à-dire, sans reste : par exemple, 3 est partie aliquote de 12, parce qu'étant répeté quatre fois, il mesure exactement 12, ou, ce qui est la même chose, il est contenu quatre fois exactement dans 12 : de même 6 est partie aliquote de 30, parce qu'il est contenu cinq fois sans reste dans 30.

9. Les parties aliquotes sont appellées *sou-multiples*, & le tout est appellé *multiple* par rapport aux parties aliquotes : ainsi 6 est sou-multiple de 30, & 30 est multiple de 6. Pareillement 3 est sou-multiple de 12, & 12 est multiple de 3. En general quand une grandeur en contient exactement une autre, la premiere est multiple, & la seconde sou-multiple.

10. Les parties aliquantes sont celles qui ne sont pas contenuës exactement dans leur tout ; par exemple, 5 est partie aliquante de 12, parce qu'il y est contenu deux fois avec un reste qui est 2. 8 est aussi partie aliquante de 30, parce qu'il y est contenu trois fois avec un reste qui est 6.

11. Lorsque l'on compare les parties soit aliquotes soit aliquantes d'un tout avec celles d'un autre tout, il y en a que l'on appelle *semblables* ou *pareilles*. Les parties semblables ou pareilles, sont celles qui sont contenuës chacune de la même maniere dans leur tout : ainsi 5 & 7 sont des parties semblables de 15 & de 21, parce que 5 est contenu trois fois dans 15, comme 7 est contenu trois fois dans 21. De même 4 & 6 sont des parties semblables de 10 & de 15, parce que 4 est autant contenu dans 10 que 6 dans 15 ; sçavoir, deux fois & demi. 3 & 6 sont aussi des parties semblables de 14 & de 28, parce 3 est autant contenu dans 14 que 6 dans 28, sçavoir, quatre fois & deux tiers.

PRINCIPE I.

12. Si deux raisons sont égales chacune à une troisiéme, elles sont égales entr'elles. De même si de plusieurs raisons, la premiere est égale à la seconde, la seconde à la troisiéme, la troisiéme à la quatriéme ; & ainsi de suite, il est évident que la premiere est égale à la derniere.

PRINCIPE II.

13. Deux grandeurs égales ont un même rapport ou une même raison à une troisiéme grandeur. Si *a* & *b* sont égaux, ils ont même rapport à *c*; ensorte que si *a* contient deux fois *c*, *b* le contiendra aussi deux fois, ou sera le double de *c*; si *a* est la moitié de *c*, *b* en sera aussi la moitié.

PRINCIPE. III.

14. Lorsque deux grandeurs ont un même rapport à une troisiéme, les deux premieres sont égales entr'elles : si *a* & *b* ont un même rapport avec *c*; par exemple, si *a* & *b* contiennent chacun *c* deux fois, trois fois, quatre fois, &c. ou, ce qui est la même chose, si *a* & *b* sont chacun le double, le triple, le quadruple de *c*, ces deux grandeurs sont égales. De même si *a* & *b* sont chacun la moitié, le tiers, le quart de *c*, *a* & *b* sont des grandeurs égales. Ce troisiéme principe est la proposition inverse ou réciproque du second.

PRINCIPE IV.

15. Une raison devient d'autant plus grande que son antécedent augmente, le consequent demeurant le même : ainsi la raison de 8 à 2 est plus grande que celle de 6 à 2. De mê. me la raison de 12 à 15 est plus grande que celle de 9 à 15. C'est la même chose si les quantitez sont exprimées en lettres: par exemple, en supposant *a* plus grand que *b*, la raison de *a* à *c* est plus grande que celle de *b* à *c*. Cela suit évidemment de la notion de la raison qui n'est autre chose que la maniere dont l'antécedent contient le consequent. Or il est clair que plus l'antécedent sera grand, le consequent restant le même, plus il contiendra le consequent; soit qu'il le contienne entierement, comme dans le rapport de 8 à 2 comparé à celui de 6 à 2 ; soit qu'il le contienne seulement en partie, comme dans le rapport de 12 à 15 comparé à celui de 9 à 15, auquel cas l'antécedent contient une plus grande partie du consequent, quoiqu'il ne le contienne pas entierement.

PRINCIPE V.

16. Plus le consequent d'une raison est grand, l'antécedent demeurant le même, plus la raison est petite: par exemple, la raison de 3 à 9 est plus petite que celle de 3 à 6 ; & de même la raison de 16 à 8 est plus petite que celle de 16 à 4. Pour donner un exemple en lettres, supposons que *b* est

plus grand que *c*; pour lors la raison de *a* à *b* est moindre que celle de *a* à *c*. C'est encore une suite de la notion de raison : car l'antécédent étant toujours de même, il contiendra moins un conséquent plus grand qu'un plus petit.

PRINCIPE VI.

17. Le rapport de deux grandeurs est égal au rapport qui est entre leurs moitiez, ou leurs tiers, ou leurs quarts, ou leurs cinquiémes, &c. par exemple, le rapport qui est entre 60 & 20, est égal à celui de leurs moitiez 30 & 10, à celui de leurs quarts 15 & 5, à celui de leurs cinquiémes 12 & 4, &c. Ce principe est évident, puisque si une des grandeurs contient trois fois l'autre, comme dans l'exemple proposé, on conçoit que la moitié de la premiere contiendra trois fois la moitié de la seconde, que le quart de la premiere contiendra trois fois le quart de la seconde, & le cinquiéme de la premiere, trois fois le cinquiéme de la seconde : en general le rapport qui est entre les tous, est égal à celui qui est entre les parties semblables; par exemple, deux tiers, deux quarts, deux huitiémes, deux quinziémes, &c.

PRINCIPE VII.

18. Quand on multiplie deux grandeurs, comme 4 & 8, par une troisiéme telle que 5, les produits 20 & 40 ont entr'eux une raison égale à celle des deux premieres grandeurs avant la multiplication. C'est une suite évidente du sixiéme principe : car il est clair que les grandeurs 4 & 8 sont chacunes de parties semblables, sçavoir, les cinquiémes des produits, puisqu'elles ont été multipliées par 5 ; & par conséquent la raison qui est entre les produits est égale à celle qui est entre leurs parties semblables. Pour énoncer ce principe on dit ordinairement, les produits sont entr'eux comme les racines lorsqu'elles ont été multipliées par la même quantité: dans l'exemple proposé, 4 & 8 sont les racines. En general, si on multiplie *a* & *b* par *d*, les produits *ad* & *bd* sont entr'eux comme les racines *a* & *b*.

PRINCIPE VIII.

19. Lorsqu'on divise deux grandeurs par une troisiéme, les quotiens ont entr'eux une raison égale à celle des grandeurs avant la division: par exemple, si on divise 20 & 40 par 5, les quotiens 4 & 8 ont un même rapport que 20 & 40. En general *ad* & *bd* étant divisez l'un & l'autre par *d*, les quo-

tiens *a* & *b* ont un rapport égal à celui de *ad* à *bd*. C'est aussi une suite du sixiéme principe, puisque les quotiens de deux grandeurs divisées par une troisiéme, sont des parties semblables de ces grandeurs : si, par exemple, le diviseur est 3 , les quotiens sont des tiers ; si le diviseur est 4 , les quotiens sont des quarts ; si le diviseur est 5 , les quotiens sont des cinquiémes , &c.

20. Une raison comme celle de 60 à 20 peut être marquée en cette maniere, $\frac{60}{20}$ en mettant le conséquent sous l'antécedent, & separant l'un de l'autre par une petite ligne. Quand deux raisons sont égales, on les marque souvent l'une & l'autre comme nous venons de dire , & on met le signe d'égalité entre deux : par exemple , on exprime l'égalité des raisons de 60 à 20 & de 30 à 10 en cette maniere, $\frac{60}{20} = \frac{30}{10}$. De mê-$\frac{a}{b} = \frac{c}{d}$ signifie que la raison de *a* à *b* est égale à celle de *c* à *d*.

Tout cela posé , je dis que deux raisons sont égales ;

21. 1°. Lorsque chacun des antécedens contient son conséquent exactement ou sans reste & le même nombre de fois: par exemple, la raison de 12 à 4 est égale à celle de 15 à 5 , parce que l'antécedent 12 de la premiere raison contient son conséquent 4 trois fois, comme l'antécedent 15 contient son conséquent 5 aussi trois fois sans reste. De même $\frac{30}{6} = \frac{10}{2}$, parce que les deux antécedens 30 & 10 contiennent chacun cinq fois leur conséquent.

22. 2°. Quand les antécedens contiennent également & sans reste les parties aliquotes pareilles des conséquens : par exemple, la raison de 12 à 21 est égale à celle de 8 à 14 , parce que les deux antécedens 12 & 8 contiennent autant de fois chacun les aliquotes pareilles de leur conséquent : car ces aliquotes pareilles sont 3 & 2. Or 3 est contenu quatre fois dans 12 , & 2 est aussi contenu quatre fois dans l'autre antécedent 8. De même $\frac{15}{6} = \frac{40}{16}$, parce que les aliquotes pareil- les des conséquens ; sçavoir, 3 & 8 sont contenuës chacune cinq fois dans leur antécedent ; sçavoir, 3 dans 15 , & 8 dans 40. Enfin $\frac{5}{7} = \frac{7}{11}$, parce que les aliquotes pareilles des conséquens, sçavoir 5 & 7 , sont contenuës chacune une fois exactement dans leur antécedent.

Il est évident qu'il y a égalité de raisons dans l'un & l'autre cas: car une raison est la maniere dont l'antécedent contient son conséquent ; donc deux raisons sont égales lorsque cha-

que antécedent contient son conséquent de la même maniere. Or dans le premier cas les antécedens contiennent
leur conséquent de la même maniere, puisqu'ils le contiennent le même nombre de fois. De même dans le second cas
les deux antécedens contiennent chacun leur conséquent de
la même maniere, puisqu'ils renferment autant de fois & sans
reste les aliquotes pareilles des conséquens ; ainsi dans le second cas les raisons sont égales comme dans le premier.

Nous avons dit dans le premier cas que deux raisons sont
égales, lorsque les antécedens contiennent chacun leur conséquent exactement & le même nombre de fois : nous venons
de dire dans le second que deux raisons sont aussi égales, quoique les antécedens ne contiennent pas exactement leur conséquent, pourvû que ces antécedens contiennent exactement
& le même nombre de fois les aliquotes pareilles de leur conséquent. Il peut arriver que deux raisons soient égales, quoique ni les conséquens entiers, ni les aliquotes pareilles de ces
conséquens ne soient pas contenus exactement ou sans reste
dans les antécedens : c'est ce que nous allons voir dans le
troisiéme cas.

23. 3°. Enfin deux raisons sont égales, lorsque les antécedens ne contenant pas exactement les conséquens ni leurs aliquotes pareilles, ils contiennent cependant ces aliquotes le
même nombre de fois avec des restes qui ont entr'eux une rai-
son égale à celle des aliquotes pareilles : par exemple, $\frac{81}{160} = \frac{17}{40}$,
parce que les antécedens 81 & 17 contiennent chacun deux
fois 30 & 10 qui sont les aliquotes pareilles des conséquens,
& d'ailleurs les restes des antécedens, sçavoir 21 & 7 ont
entr'eux une raison égale à celle des aliquotes pareilles 30
& 10.

A la place de 30 & de 10, on pourroit prendre d'autres
aliquotes pareilles plus petites, comme 15 & 5 qui sont contenuës cinq fois chacune dans leur antécedent avec les restes
6 & 2 dont la raison est égale à celle des aliquotes pareilles
15 & 5.

Si au lieu de prendre les aliquotes pareilles 30 & 10, ou
15 & 5, comme nous avons fait, on choisissoit 3 pour aliquote du premier conséquent 120, & 1 pour aliquote pareille de l'autre conséquent 40, ces deux aliquotes 3 & 1 seroient contenuës chacune vingt-sept fois sans reste dans leur

antécedent: ce qui reviendroit au second cas.

24. Mais on démontre en Geometrie qu'il y a des grandeurs; sçavoir, des lignes, des surfaces, &c. qui sont telles qu'aucune aliquote de l'une ne peut être aliquote de l'autre; ensorte que si l'une est antécedent & l'autre consequent d'une raison, il sera impossible de trouver une aliquote du consequent, si petite qu'elle soit, qui puisse être contenuë sans reste dans l'antécedent: ces sortes de grandeurs s'appellent *incommensurables*; c'est-à-dire, qu'elles n'ont point de mesure commune, & la raison qui se trouve entr'elles est nommée *sourde*, ou *rapport incommensurable*: on dit aussi que ces grandeurs ne sont pas entr'elles comme nombre à nombre, parce qu'il n'y a point de nombres qui n'ayent au moins l'unité pour mesure commune, si ce sont des nombres entiers; & si ces nombres sont des fractions, ils auront toujours une mesure commune; sçavoir, quelque partie de l'unité.

Nous ne nous arrêterons pas à démontrer l'égalité des raisons dans ce troisiéme cas, parce que cela n'est pas necessaire pour la suite.

25. Une raison geometrique n'étant que la maniere dont l'antécedent contient son consequent, il est clair qu'on peut connoître la valeur d'une raison en divisant l'antécedent par le consequent, puisque c'est en divisant une grandeur par une autre que l'on connoît combien la premiere contient la seconde, ou, ce qui est la même chose, combien la seconde est contenuë dans la premiere: par exemple, pour sçavoir combien 30 contient 5, il faut diviser 30 par 5, & le quotient 6 marque que 30 contient 5 six fois; ainsi la valeur de la raison $\frac{30}{5}$ est le quotient 6 : ce que l'on marque en cette maniere, $\frac{30}{5} = 6$. On peut donc dire en general que la valeur d'une raison est le quotient de l'antécedent divisé par le consequent.

26. Il arrive fort souvent qu'on ne peut faire exactement la division de l'antécedent par le consequent, soit parce que ce consequent est plus grand que l'antécedent, soit parce qu'il n'y est pas contenu sans reste: pour lors le quotient peut être marqué par quelque lettre que l'on suppose representer la valeur de la raison : par exemple, la valeur de la raison $\frac{4}{7}$ ne peut être exprimée par un nombre entier qui soit le quotient de l'antécedent divisé par le consequent. De même la rai-

ſon $\frac{20}{9}$ ne peut être exprimée par un nombre entier ; parce que 9 n'eſt pas contenu ſans reſte dans 20 : cependant on peut ſuppoſer dans l'un & l'autre exemple que la raiſon eſt exprimée par une lettre qui déſigne le quotient ; ainſi on peut ſuppoſer que $\frac{8}{4} = m$, & que $\frac{20}{9} = n$. En general la raiſon $\frac{a}{b} = m$, en ſuppoſant que la lettre m repreſente le quotient de a diviſé par b.

Il ſuit delà que deux raiſons ſont égales, lorſque les quotiens des antécedens diviſez par les conſequens ſont égaux : & réciproquement, lorſque les quotiens ſont égaux, les raiſons ſont égales.

28. Deux raiſons égales forment une *proportion* qui n'eſt autre choſe que l'égalité de deux raiſons, ou la comparaiſon de deux raiſons égales : & comme il y a deux ſortes de raiſons, il y a auſſi deux ſortes de proportions, la *geometrique* & *l'arithmetique*.

29. La proportion geometrique eſt une comparaiſon de deux raiſons geometriques égales : par exemple, la raiſon geometrique de 15 à 5 étant égale à celle de 21 à 7, ces deux raiſons forment une proportion geometrique que l'on marque ſouvent comme nous avons dit, $\frac{15}{5} = \frac{21}{7}$, & plus ordinairement en mettant quatre points entre les deux raiſons, & un point entre l'antécedent & le conſequent de chacune en cette maniere, 15 . 5 :: 21 . 7. En general s'il y a proportion entre les quatre grandeurs a, b, c, & d, on la marque ainſi, $a . b :: c . d$, ou bien, $\frac{a}{b} = \frac{c}{d}$. Lorſqu'il s'agit d'énoncer une proportion comme la premiere qu'on a apportée pour exemple, on dit : la raiſon de 15 à 5 eſt égale à celle de 21 à 7, ou bien, 15 eſt à 5 comme 21 à 7. On dit encore : 15 & 5 ſont entr'eux comme 21 & 7, & quelquefois, 15, 5, 21 & 7 ſont proportionnels.

30. La proportion arithmetique eſt une comparaiſon de deux raiſons arithmetiques égales : par exemple, les raiſons arithmetiques de 5 à 3 & de 8 à 6 étant égales, elles forment une proportion arithmetique qui ſe marque en cette maniere, 5 . 3 ; 8 . 6, en mettant ſeulement deux points au lieu de quatre entre les raiſons.

31. Pour connoître ſi deux raiſons arithmetiques, telles que celles de 5 à 3, & de 8 à 6 ſont égales, il faut ſe ſouvenir que la raiſon arithmetique n'eſt que la maniere dont une

grandeur

grandeur surpasse l'autre, ou autrement l'excès de l'une sur l'autre ; d'où il suit, que les raisons arithmetiques sont égales, quand les antécedens surpassent également les conséquens, ou lorsque les conséquens surpassent également les antécedens : dans l'exemple proposé, les deux antécedens 5 & 8 surpassant également leurs conséquens 3 & 6, sçavoir de 2 , les deux raisons arithmetiques de 5 à 3 , & de 8 à 6 sont égales.

Voici un exemple de la proportion arithmétique en lettres : si *a* surpasse autant *b* que *c* surpasse *d* , on aura la proportion arithmétique *a . b : c . d* . On énonce la proportion arithmétique comme la geométrique.

32. Il n'y a point de grandeurs , soit nombres, étenduës, mouvemens, vîtesses , &c. entre lesquelles il n'y ait une raison geométrique & une raison arithmetique : par exemple , entre 12 & 3 il y a une raison geométrique que l'on exprimeroit par 4 , parce que l'antecédent 12 contient 4 fois le conséquent 3 ; il y a aussi entre les mêmes nombres 12 & 3 une raison arithmétique que l'on marqueroit par 9 , parce que l'antecédent surpasse le conséquent de 9 : ce qui fait voir qu'il y a bien de la différence entre la raison geométrique & l'arithmétique ; c'est pourquoi quatre grandeurs peuvent être en proportion geométrique , quoiqu'elles ne soient pas en proportion arithmétique : par exemple, il y a une proportion geométrique entre ces quatre nombres, 12 . 3 :: 20 . 5 : mais il n'y a point de proportion arithmétique , parce que 12 ne surpasse pas autant 3 , que 20 surpasse 5 ; il faudroit mettre 11 à la place de 5 , & on auroit 12 . 3 : 20 . 11 : c'est une proportion arithmétique, parce que 12 surpasse autant 3 , que 20 surpasse 11.

33. Dans une proportion, soit geométrique, soit arithmétique, il y a quatre termes ; sçavoir, l'antecédent & le conséquent de la premiere & de la seconde raison : par exemple, dans la proportion *a . b :: c . d*, *a* & *b* sont l'antecédent & le conséquent de la premiere raison ; *c* & *d* sont l'antecédent & le conséquent de la seconde raison.

34. Le premier & le dernier terme s'apellent les *extrêmes*, le second & le troisiéme les *moyens* : dans notre exemple, *a* & *d* sont les extrêmes , *b* & *c* sont les moyens.

35. Quelquefois le même terme est conséquent de la pre-

miere raifon, & antecédent de la feconde ; on l'appelle *moyen
proportionnel* : comme dans cette proportion geométrique,
5 . 10 :: 10 . 20, ou bien dans cette proportion arithmétique
5 . 10 : 10 . 15 ; dans l'une & l'autre 10 eſt moyen proportionnel & la proportion eſt appellée *continuë* : on la marque
fouvent en cette forte, ÷ 5 . 10 . 20 , pour la proportion geométrique, & de cette maniere, ÷ 5 . 10 . 15 , pour la proportion arithmétique.

36. Lorſqu'il y a plus de trois termes dans l'une ou l'autre
proportion continuë , on la nomme *progreſſion* : voici une progreſſion geometrique, ÷ 5 . 10 . 20 . 40 . 80 . 160 , &c. & voici une
progreſſion arithmétique , ÷ 5 . 10 . 15 . 20 . 25 . 30 , &c. Une progreſſion eſt donc une ſuite de raiſons égales , dont chacun des
termes , excepté le premier & le dernier , eſt conſéquent d'u-
ne raiſon & antecédent de la ſuivante ; nous difons excepté le
premier & le dernier terme : car il eſt clair que le premier n'eſt
qu'antecédent de la premiere raiſon , & que le dernier n'eſt que
conſéquent de la derniere. Pour énoncer la premiere progreſſion , on dit : 5 eſt à 10 comme 10 eſt à 20 , comme 20 eſt à
40 , comme 40 eſt à 80 , comme 80 eſt à 160 , &c. La 2ᵉ progreſſion , qui eſt l'Arithmétique , s'énonce de la même maniere , en exprimant les termes 5 , 10 , 15 , 20 , 25 , 30 , &c. à
la place de ceux de la progreſſion geométrique.

Nous avons averti que quand on parloit de raiſon ſans ſpé-
cifier la geométrique ou l'arithmétique , il falloit entendre la
geométrique : on doit de même entendre la proportion géométrique quand on parle de proportion , à moins qu'on ne
ſpécifie l'arithmétique. Nous allons traiter des propriétez de la
proportion geométrique, & enſuite nous dirons quelque choſe de
la proportion arithmétique.

La propriété fondamentale de la proportion geometrique eſt
l'égalité du produit des extrêmes à celui des moyens. Il n'y a
point de propoſition dans toutes les Mathématiques d'un uſage
auſſi étendu ; nous allons en faire le Theoreme ſuivant.

THEOREME I. ET FONDAMENTAL.

37 *Dans toute proportion géometrique , le produit des extrêmes eſt
égal au produit des moyens.*

Soit la proportion 8 . 4 :: 6 . 3 , dont les deux extrêmes ſont
8 & 3 , & les deux moyens 4 & 6 : il faut prouver que le produit
de 8 par 3 eſt égal au produit de 4 par 6.

DEMONSTRATION.

Si on multiplie 8 & 4 par 3, le produit de 4 par 3 sera la moitié du produit de 8 par 3, puisque 4 est la moitié de 8 : mais si au lieu de multiplier 4 par 3, on le multiplioit par un nombre double de 3, le produit qui en viendroit, seroit double du produit de 4 par 3, & par conséquent égal au produit de 8 par 3 : or le second moyen 6 est nécessairement le double de 3, parce que le premier antecédent 8 étant le double de son conséquent 4, il faut aussi que le second antecédent 6 soit le double de son conséquent 3 ; autrement il n'y auroit pas de proportion : donc le produit de 4 par 6 est égal au produit de 8 par 3, c'est-à-dire, que le produit des moyens est égal au produit des extrêmes. Ce qu'il falloit démontrer.

Il est évident que la même démonstration peut s'appliquer à toute autre proportion, en changeant seulement les termes de *moitié* & de *double*, lorsque cela est nécessaire ; si, par exemple, il s'agissoit d'une proportion, dont les antecédens fussent trois fois plus grands que leurs conséquens, comme dans celle-ci : 15 :: 5 :: 12 .. 4, il faudroit mettre dans la démonstration *tiers* à la place de *moitié*, & *triple* à la place de *double* : ainsi des autres proportions.

Ce raisonnement fait entendre la raison pourquoi le produit des extrêmes est égal au produit des moyens : on appelle ces sortes de démonstrations *métaphysiques* : nous allons donner une autre démonstration par lettres.

AUTRE DEMONSTRATION.

Soit la proportion $a, b :: c . d$, ou bien $\frac{a}{b} = \frac{c}{d}$, laquelle peut représenter toutes les autres, à cause des lettres qui peuvent désigner toutes les grandeurs possibles. Il faut démontrer que ad produit des extrêmes est égal à bc produit des moyens.

Si on multiplie les deux termes de la premiere raison qui sont a & b par d conséquent de la seconde, les produits ad & bd qui viendront de cette multiplication, auront entr'eux une raison égale à celle des racines a & b *;ainsi on aura la proportion $\frac{ad}{bd} = \frac{a}{b}$: de même si on multiplie les deux termes c & d de la seconde raison par b conséquent de la premiere, les produits bc & bd seront encore entr'eux comme les racines c & d, ou, ce qui est la même chose, les racines c & d auront entr'elles une raison   * 18.

égale à celle des produits bc & bd; on aura donc cette seconde
proportion $\frac{a}{b} = \frac{bc}{bd}$.

Voici donc les deux proportions que donnent les deux multiplications précedentes.

$$\frac{ad}{bd} = \frac{a}{b} \quad \text{premiere proportion,}$$

$$\frac{a}{b} = \frac{bc}{bd} \quad \text{seconde proportion.}$$

Ces deux proportions contiennent quatre raisons, qui sont
$\frac{ad}{bd}, \frac{a}{b}, \frac{a}{b}, \frac{bc}{bd}$. La premiere de ces raisons est égale à la seconde
par la premiere proportion; la seconde est égale à la troisiéme
par l'hypothese; & la troisiéme est égale à la 4e par la seconde
proportion; d'où il suit que la premiere $\frac{ad}{bd}$ & la quatriéme $\frac{bc}{bd}$
sont égales *. Or ces deux raisons égales ont le même consé-
quent; ainsi les deux antecédens ad & bc sont égaux *, puisqu'ils
ont un même rapport à une troisiéme grandeur, sçavoir, au
conséquent bd; donc $ad = bc$, c'est-à-dire, que le produit
des extrêmes est égal à celui des moyens. Ce qu'il falloit démontrer.

* 12.

* 14.

C O R O L L A I R E.

38. Dans une proportion continuë, le produit des extrêmes
est égal au quarre de la moyenne proportionnelle. Soit la proportion continuë $a . b :: b . c :$ je dis que $ac = bb$ ou $bb = ac$.
C'est une suite évidente du precédent Theoreme; car, puisque
le quarré de la moyenne proportionnelle est le produit des
moyens, il doit par conséquent être égal au produit des
extrêmes.

Nous venons de faire voir que quand quatre grandeurs sont
proportionnelles, le produit des extrêmes est égal au produit
des moyens; on peut aussi démontrer la proposition inverse ou
réciproque, c'est ce que nous allons faire dans le theoreme
suivant.

T H E O R E M E   II.

39. *Lorsque le produit des extrêmes est égal au produit des moyens,
les quatre grandeurs sont proportionnelles.*

D E M O N S T R A T I O N.

Afin que deux produits soient égaux, il faut que le premier multiplicande soit au second, comme le multiplicateur

du ſecond multiplicande eſt au multiplicateur du premier ; enſorte que ſi le premier multiplicande eſt double du ſecond, il eſt évident que le multiplicateur du ſecond doit être double du multiplicateur du premier : autrement les deux produits ne pourroient être égaux : par exemple, ſi les deux multiplicandes ſont 8 & 4, il eſt clair que le multiplicateur de 4 doit être double du multiplicateur de 8, afin que les produits ſoient égaux ; par conſéquent deux produits étant égaux, le multiplicande & le multiplicateur qui ont formé le premier produit ſont les extrêmes d'une proportion, & le multiplicande & le multiplicateur qui ont formé le ſecond produit ſont les moyens de la même proportion. Il paroît donc que ſi on a quatre grandeurs dont le produit des extrêmes ſoit égal au produit des moyens, les quatre grandeurs ſont proportionnelles.

AUTRE DEMONSTRATION.

Soient les quatre grandeurs $a.b.c.d.$ dont le produit des extrêmes qui eſt ad ſoit égal à bc produit des moyens ; il faut prouver qu'il s'enſuit que $\frac{a}{b} = \frac{c}{d}$.

En multipliant les deux premieres grandeurs a & b par la quatriéme d, les produits ad & bd qui viennent de la multiplication ſont en même raiſon que les racines a & b[*], ou, ce qui eſt la même choſe, les racines a & b ont entr'elles une raiſon égale à celle des produits ad & bd : ce qui donne la proportion $\frac{a}{b} = \frac{ad}{bd}$. De même en multipliant les deux grandeurs c & d par b, les produits bc & bd ſont encore en même raiſon que les racines c & d. On a donc cette ſeconde proportion $\frac{bc}{bd} = \frac{c}{d}$.

Voici donc les deux proportions que donnent les multiplications précedentes.

$\frac{a}{b} = \frac{ad}{bd}$ premiere proportion.

$\frac{bc}{bd} = \frac{c}{d}$ ſeconde proportion.

Ces deux proportions contiennent quatre raiſons qui ſont $\frac{a}{b}, \frac{ad}{bd}, \frac{bc}{bd}, \frac{c}{d}$. La premiere de ces raiſons eſt égale à la ſeconde par la premiere proportion ; la ſeconde eſt égale à la troiſiéme, parce que les deux antécedens ad & bc étant égaux par l'hypotheſe, ils ont même rapport à une troiſiéme grandeur telle que bd[*] : enfin la troiſiéme raiſon $\frac{bc}{bd}$ eſt égale à la quatriéme $\frac{c}{d}$ par la ſeconde proportion ; d'où il ſuit que la premiere raiſon $\frac{a}{b}$ eſt égale à la quatriéme $\frac{c}{d}$[*], c'eſt-à-dire, que $a.b::c.d$. Ce qu'il fal. dem.

* 18.
* 13.
* 12.

COROLLAIRE.

40. Toutes les fois que le produit de deux grandeurs est égal au produit de deux autres, on peut toujours faire une proportion des quatre grandeurs qui composent ces deux produits, en prenant pour extrêmes les deux racines d'un produit, & pour moyens les deux racines de l'autre produit: par exemple, si de $ad = bc$ on en peut faire la proportion $a.b::c.d$, en prenant pour extrêmes les racines a & d du premier produit, & pour moyens les racines b & c du second. Il est clair par le second theoreme que cette proportion $a.b::c.d$ est vraye, puisque l'on suppose que le produit des extrêmes est égal au produit des moyens. De même si $abc = dfg$, on en peut tirer la proportion $a.d::fg.bc$. Dans ce dernier exemple, quoique chacun des produits égaux abc & dfg soit composé de trois racines, on le regarde comme n'en ayant que deux; sçavoir, a & bc pour le premier produit, & d & fg pour le second, considerant bc comme une seule racine dans abc, & fg comme une seule racine dans dfg. De cette même égalité $abc = dfg$ on auroit pû tirer cette autre proportion $ab.df::g.c$. En un mot deux produits étant égaux, on peut toujours conclure que les deux racines qui composent le premier, peuvent être les extrêmes d'une proportion dont les deux racines qui composent l'autre produit soient les moyens, telles que soient les deu · racines qui composent l'un & l'autre produit.

41. Les deux racines d'un produit sont dites *réciproques* aux deux racines d'un autre produit égal. En general deux grandeurs sont dites réciproques à deux autres, lorsque les deux premieres sont les extrêmes d'une proportion dont les deux autres sont les moyens : par exemple, a & d sont réciproques à b & à c, si $a.b::c.d$.

42. On se sert du terme *réciproquement* dans une signification un peu differente que nous allons expliquer par un exemple. Si on divise une grandeur par deux diviseurs tels qu'on voudra, les quotiens sont entr'eux non pas comme les diviseurs; ce qui voudroit dire que le premier diviseur est au second, comme le premier quotient est au second : mais ces quotiens sont entr'eux réciproquement comme les diviseurs, c'est-à-dire, que le diviseur de la premiere division est au diviseur de la seconde, comme le quotient de la seconde division est au quotient

de la premiere : par exemple , si on divise 40 par 10 , & ensuite par 5 , le premier quotient sera 4 , & le second 8. Or
10.5 :: 8.4. La raison qui est entre les diviseurs est donc
égale à celle qui est entre les quotiens pris dans un ordre renversé ; c'est-à-dire , que si le diviseur de la premiere division
est l'antécedent d'une raison , il faut que le quotient de la
seconde division soit l'antécedent de l'autre raison ; c'est
ce que l'on veut exprimer quand on dit que les quotiens sont
entr'eux réciproquement comme les diviseurs.

43. Remarquez donc que cette expression *réciproquement* a
lieu , lorsque deux grandeurs homogenes, c'est-à-dire , de
même espece sont proportionnelles à deux grandeurs d'une
autre espece prises dans un ordre renversé. Dans notre exemple les deux grandeurs de même espece sont les diviseurs , &
les deux grandeurs de l'autre espece sont les quotiens.

A la place du terme *réciproquement* , on se sert quelquefois
de ceux-ci, *en raison réciproque,* qui ont le même sens ; ainsi
dans notre exemple on peut dire que les quotiens sont en raison réciproque des diviseurs. On dit aussi quelquefois *en raison renversée,* & encore *en raison indirecte* ; ce qui signifie précisément la même chose qu'*en raison réciproque.*

44. Remarquez encore que dans l'exemple proposé les
deux termes qui viennent de la premiere division , c'est-à-
dire, le diviseur & le quotient sont les extrêmes de la proportion, & les deux termes de la seconde sont les moyens ; c'est
pourquoi on peut dire que le diviseur & le quotient de la premiere division sont réciproques au diviseur & au quotient de
la seconde ; mais on ne doit pas dire que le diviseur & le quotient d'une division sont entr'eux réciproquement comme le
diviseur & le quotient de l'autre division : ce qui signifieroit
que le premier diviseur est au premier quotient, comme le second quotient est au second diviseur.

On peut appliquer ces notions & ces remarques aux masses
& aux vitesses de deux corps qui ont des mouvemens égaux :
car dans ce cas d'égalité de mouvemens, les masses sont entr'elles réciproquement comme les vitesses, & la masse & la
vitesse d'un corps sont réciproques à la masse & à la vitesse
d'un autre corps.

45. Afin de faire voir l'utilité des deux theoremes précedens, nous nous en servirons pour démontrer les propositions

fuivantes : nous allons commencer à les employer pour prouver que l'on peut faire plufieurs changemens dans l'ordre des
termes d'une proportion fans la détruire.

46. 1°. En mettant le premier conféquent à la place du fecond antécedent, & le fecond antécedent à la place du premier conféquent ; ou, ce qui eft la même chofe, en faifant
changer de place aux deux moyens : ce changement s'appelle
alternando, ou bien *permutando* : par exemple, dans la proportion 8 . 4 :: 6 . 3 on peut mettre 4 & 6 à la place l'un de l'autre en cette maniere, 8 . 6 :: 4 . 3. De même en lettres, fi
$a . b :: c . d$, on pourra conclure *alternando*, $a . c :: b . d$; car afin
que cette derniere proportion foit vraye, il fuffit que ad produit des extrèmes foit égal à bc produit des moyens. Or il
eft évident que $ad = bc$; car on fuppofe que $a . b :: c . d$; donc
par le premier theoreme $ad = bc$.

47. 2°. En mettant les deux extrèmes à la place l'un de l'autre : par exemple, fi 8 . 4 :: 6 . 3, on pourra en conclure que
3 . 4 :: 6 . 8. En general fi $a . b :: c . d$, je dis que $d . b :: c . a$:
car afin que $d . b :: c . a$, il fuffit que ad produit des extrèmes
foit égal à bc produit des moyens. Or, puifque l'on fuppofe
$a . b :: c . d$, il faut neceffairement que $ad = bc$*. Cette démonftration eft la même que celle du premier cas.

48. 3°. En mettant dans l'une & l'autre raifon l'antécédent à la place du conféquent, & le conféquent à la place de
l'antécedent : ce changement eft appellé *invertendo* : par exemple, fi 8 . 4 :: 6 . 3, on pourra conclure que 4 . 8 :: 3 . 6. En
general fi $a . b :: c . d$, je dis que $b . a :: d . c$: car afin que $b . a :: d . c$,
il fuffit que bc produit des extrèmes foit égal à ad produit des
moyens. Or puifque l'on fuppofe que $a . b :: c . d$, il eft neceffaire* que $ad = bc$ ou que $bc = ad$.

49. Il eft vifible que fi $a . b :: c . d$, on peut, fans détruire la
proportion, mettre la raifon de c à d la premiere ; & on aura
$c . d :: a . b$, & *invertendo*, $d . c :: b . a$. Or les termes de cette derniere proportion font dans un ordre renverfé par rapport à
la premiere $a . b :: c . d$. On peut donc toujours prendre les termes d'une proportion dans un ordre renverfé fans la détruire,
c'eft-à-dire que fi $a . b :: c . d$. On pourra en conclure que
$d . c :: b . a$. Ce changement peut être auffi appellé *invertendo*.

50. Il paroît par ces trois cas que l'on ne détruit pas une
proportion, pourvû que les extrèmes demeurent toujours les

mêmes

mêmes aussi-bien que les moyens, ou pourvû que les deux termes qui étoient les extrêmes deviennent moyens, & les deux moyens deviennent extrêmes: mais on détruiroit la proportion si un des extrêmes seulement devenoit moyen: par exemple, ayant la proportion $a.b::c.d$, on ne peut pas conclure que $a.b::d.c$, ou que $b.a::c.d$.

Nous allons aussi exposer deux cas dans lesquels on ne détruit pas la proportion, quoique l'on augmente ou que l'on diminuë d'une certaine maniere les deux antécedens de la proportion.

51. 1°. Lorsque l'on ajoute les conséquens aux antécedens, en gardant toujours les mêmes conséquens: on appelle ce changement *componendo* ou *addendo*: par exemple, si $8.4::6.3$, on pourra conclure que $8+4.4::6+3.3$, ou bien $12.4::9.3$. En general si $a.b::c.d$, je dis que $a+b.b::c+d.d$: car afin que $a+b.b::c+d.d$, il suffit que $ad+bd$ produit des extrêmes soit égal à $bc+bd$ produit des moyens. Or $ab+bd$ est égal à $bc+bd$: car puisque l'on suppose que $a.b::c.d$, il faut que ad soit égal à bc*, & par consequent $ad+bd=bc+bd$.   * 37:

52. 2°. Quand on ôte les conséquens des antécedens, en laissant toujours les mêmes conséquens: on appelle ce changement *dividendo* ou *substrahendo*: par exemple, si $12.4::6.3$, on pourra conclure, que $12-4.4::9-3.3$, ou bien $8.4::6.3$. En general si $a.b::c.d$, je dis que $a-b.b::c-d.d$: car afin que cette derniere proportion soit vraye, il suffit que $ad-bd$ produit des extrêmes soit égal à $bc-bd$ qui est le produit des moyens. Or $ad-bd=bc-bd$; car puisque l'on suppose que $a.b::c.d$, il faut que $ad=bc$, & par consequent $ad-bd=bc-bd$.

53. Nous avons dit* que dans toute multiplication, le produit contient autant de fois le multiplicande que le multiplicateur contient l'unité; on a donc la proportion, le produit est au multiplicande, comme le multiplicateur est à l'unité: si, par exemple, on multiplie 5 par 3, le produit est 15: ce qui fait la proportion, $15.5::3.1$, ou bien *invertendo*, $1.3::5.15$. De même en lettres, multipliant a par b, le produit est ab: ce qui donne la proportion $ab.a::b.1$, ou bien $1.b::a.ab$.   * Liv. 1. Art. 141.

54. Nous avons aussi fait voir* que dans toute division, le dividende contient autant de fois le diviseur que le quotient contient l'unité; d'où suit la proportion, le dividende est au diviseur,   * Liv. 1 Art. 161.

comme le quotient est à l'unité : par exemple , si on divise 24
par 6, le quotient sera 4; on aura donc la proportion 24.6::
4.1 , ou bien *invertendo*, 1.4::6.24 : c'est la même chose
en lettres.

La *regle de trois*, qu'on appelle aussi *regle d'or*, dépend du
premier theoreme ; elle est d'une si grande utilité dans les
Sciences & dans l'usage de la vie civile, que nous ne pouvons
pas nous dispenser de l'expliquer ici en peu de mots.

55. Cette regle consiste à trouver un quatriéme terme qui soit
proportionnel à trois autres qui sont connus : par exemple,
supposé qu'on propose cette question : si quinze ouvriers ont
fait vingt toises d'ouvrages, combien quarante-cinq ouvriers
en feront-ils dans le même temps? elle se résout par la regle
de trois , parce qu'il s'agit de trouver un quatriéme terme
proportionnel à trois autres connus qui sont les quinze ouvriers, vingt toises & quarante-cinq ouvriers. Le quatriéme
terme que l'on cherche est le nombre de toises que les quarante-cinq ouvriers feront.

56. Afin de trouver ce quatriéme terme , on doit d'a-
bord arranger ces quatre termes en proportion, en mettant
x à la place du quatriéme terme cherché, en cette maniere ,
$15^{oo}.20'::45^{oo}.x$, ou *alternando*, $15^{oo}.45^{oo}::20'.x'$: cette
derniere disposition est plus naturelle, parce que l'on y compare les termes homogenes l'un avec l'autre; c'est-à-dire dans
cet exemple , les ouvriers avec les ouvriers , & les toises avec
les toises; il est donc à propos de garder cette disposition.
Après avoir arrangé les termes, il faut observer les deux regles suivantes.

1°. Multiplier les deux moyens de cette proportion l'un
par l'autre: le produit sera 900.

2°. Diviser ce produit par le premier terme 15 ; & le quotient 60 sera le quatriéme terme cherché.

Voici encore un autre exemple, 300 personnes ont dé-
pensé 1043 livres ; on demande, combien 60 personnes
dépenseront à proportion dans le même temps? Ayant arrangé les quatre termes en proportion de la maniere suivante,
$300^{p}.60^{p}::1043'.x'$; je multiplie les deux moyens 60 &
1043 l'un par l'autre; le produit est 62580 : je divise ensuite ce produit par le premier terme 300 , & je trouve au
quotient 208 , & le reste 180 que je mets en fraction ; ainsi
le quatriéme terme cherché est $208 + \frac{180}{300}$.

57. Dans ces deux exemples les deux derniers termes homogenes font entr'eux comme les deux premiers ; c'est-à-dire, que dans le premier exemple, les 15 ouvriers font à 45 ouvriers, comme le nombre de toises faites par les 15 ouvriers est au nombre des toises faites par les 45 ouvriers : & de même dans le second exemple, 300 perfonnes font à 60, comme le nombre de livres dépenfées par 300 perfonnes est au nombre de livres dépenfées par 60.

58. Mais il y a des queftions où les deux derniers termes homogenes font entr'eux réciproquement comme les deux premiers : foit, par exemple, la queftion fuivante : 40 hommes ont fait un ouvrage en 25 jours : on demande en combien de temps 50 hommes feront le même ouvrage. Il eft facile de voir que les 50 hommes feront l'ouvrage en moins de temps que les 40 ; c'est-à-dire, en moins de 25 jours ; c'est pourquoi les deux nombres de jours 25 & x ne font pas entr'eux directement comme 40 & 50, puifque 25 eft plus grand que x, au lieu que 40 eft moindre que 50 ; mais ces deux nombres de jours 25 & x font entr'eux réciproquement comme 40 & 50, c'est-à-dire*, que 40 hommes font à 50, comme le nombre x de jours employez par les 50 hommes eft au nombre de jours employez par les 40. Il faut donc arranger les termes de cette proportion de la maniere fuivante: $40^h . 50^h :: x^j . 25^j$.

* 42.

59. Les regles de trois dans lefquelles les deux derniers termes homogenes font entr'eux comme les deux premiers, font appellées *directes*, & celles où les deux derniers termes homogenes font entr'eux réciproquement comme les deux premiers font appellées *indirectes*.

60. Afin de réfoudre les regles indirectes, il faut, après avoir difpofé les termes en proportion, comme on vient de le faire dans le dernier exemple, multiplier les deux derniers extrêmes l'un par l'autre ; & divifer enfuite le produit par le moyen connu : dans l'exemple propofé, il faut multiplier 40 par 25 & divifer le produit 1000 par 50, le quotient 20 eft le terme cherché.

Voici encore un autre exemple de la regle de trois indirecte : 150 perfonnes ont dépenfé une fomme d'argent en 60 jours : on demande en combien de temps 100 perfonnes dépenferont la même fomme. Il eft clair que 100 perfonnes met-

tront plus de temps que 150 à dépenser la somme ; c'est pourquoi le nombre x de jours que l'on cherche est plus grand
que 60 ; ainsi les deux nombres de jours 60 & x, ne sont pas
entr'eux comme 150 & 100, puisque 60 est moindre que x,
au lieu que 150 est plus grand que 100 : mais les deux nombres de jours 60 & x sont entr'eux réciproquement comme
150 & 100 ; ensorte que 150 personnes sont à 100, comme le nombre x de jours est à 60 ; par conséquent il faut arranger les termes en cette maniere : $150^e . 100^p :: x . 60$. On
trouvera la solution de cette regle, en multipliant les deux
extrêmes 150 & 60 l'un par l'autre, & divisant le produit
9000 par 100 qui est le moyen connu.

61. Il suit de ce que l'on a dit sur les regles de trois directes & indirectes, qu'après avoir arrangé les termes en proportion, il faut multiplier les deux moyens l'un par l'autre, quand
les deux moyens sont connus, & diviser le produit par l'extrême connu. Au contraire lorsque les deux extrêmes sont
connus, il faut les multiplier l'un par l'autre, & diviser le produit par le moyen connu ; & le quotient dans l'un & l'autre
cas sera le terme cherché proportionnel aux trois autres : c'est
ce que l'on va prouver dans la démonstration suivante, dans
laquelle on supposera d'abord que les deux moyens & le premier extrême sont connus.

DÉMONSTRATION DE LA REGLE DE TROIS.

Soient les trois premiers termes a, b, c ; ensorte que l'on ait
la proportion $a . b :: c . x$. Il s'agit de démontrer que la grandeur x est égale au produit des moyens b & c, divisé par le
premier terme a ; c'est-à-dire, que $x = \frac{bc}{a}$. Je le démontre ainsi : puisque $a . b :: c . x$; donc par le premier théoreme $ax = bc$;
par conséquent si on divise chacun de ces produits égaux ax
& bc par la même grandeur, les quotiens seront encore egaux ;
je divise donc ces deux produits par a ; on aura $\frac{ax}{a} = \frac{bc}{a}$: or
$\frac{ax}{a} = x$ * ; donc $x = \frac{bc}{a}$.

Si les deux extrêmes & un moyen étoient connus, comme
dans la regle de trois indirecte, on auroit la proportion $a . b ::$
$x . c$, d'où l'on concluroit que $ac = bx$; & que par conséquent
$\frac{ac}{b} = \frac{bx}{b}$. Or $\frac{bx}{b} = x$. Donc $\frac{ac}{b} = x$ ou $x = \frac{ac}{b}$: c'est-à-dire, que dans
ce cas le terme cherché est égal au produit des extrêmes di-
visé par le moyen connu.

COROLLAIRE.

62. Il suit delà que toutes les fois que l'on a une fraction, dont le numerateur est le produit de deux grandeurs, on peut toujours faire une proportion dont le premier terme soit le dénominateur de la fraction, les deux moyens soient les grandeurs qui sont les deux racines du produit qui sert de numerateur à la fraction ; enfin le quatrième terme soit la fraction même : par exemple, on peut faire de la fraction $\frac{bc}{a}$ la proportion suivante, $a \cdot b :: c \cdot \frac{bc}{a}$.

Cette proportion est vraye, puisque nous venons de démontrer que le quatrième terme proportionnel aux trois autres a, b, c, est égal au produit des moyens b & c, divisé par le premier terme a : ce corollaire est d'usage dans plusieurs occasions.

Les regles de trois dont nous avons parlé jusqu'à présent sont appellées *simples*, parce qu'elles ne renferment que quatre termes : il y en a qu'on appelle *composées* ; ce sont celles dans lesquelles il y a plus de quatre termes, comme dans la question suivante : 20 hommes ont fait 12 toises en 8 jours : on demande combien 40 hommes feront de toises en 24 jours. Nous ne nous arrêterons pas à expliquer ces regles, parce qu'on n'en aura pas besoin dans la Geometrie, & que d'ailleurs on ne les employe pas souvent dans l'usage ordinaire de la vie civile.

THEOREME III.

63. *Dans une suite de raisons égales la somme des antécedens est à la somme des consequens, comme un seul antécedent est à son consequent.*

Soient les raisons égales $\frac{6}{3} = \frac{8}{4} = \frac{10}{5} = \frac{14}{7} = \frac{16}{8}$, &c. la somme des antécedens $6 + 8 + 10 + 14 + 16 = 54$ est à la somme des consequens $3 + 4 + 5 + 7 + 8 = 27$, comme l'antécedent 6 est à son consequent 3, ou comme 8 est à 4, &c.

DEMONSTRATION.

On peut concevoir l'antécedent total 54 partagé dans les mêmes parties qui étoient separées avant l'addition ; sçavoir, 6, 8, 10, 14, 16 ; de même on peut concevoir le consequent

total 27 partagé dans les mêmes parties qui étoient aussi sé-
parées avant l'addition; sçavoir, 3, 4, 5, 7, 8. Or par l'hypothese les antécedens particuliers qui sont les parties de l'antécedent total, contiennent chacun autant de fois, c'est-à-
dire deux fois, leurs consequens qui sont les parties du consequent total; ainsi l'antécedent total ou la somme des antécedens contient deux fois la somme des consequens, comme un
des antécedens contient deux fois son consequent; donc la
somme des antécedens est à la somme des consequens, comme un antécedent est à son consequent.

On peut démontrer par le même raisonnement que si chacun des antécedens particuliers contient trois fois son consequent, la somme des antécedens contiendra trois fois la
somme des consequens. Ainsi des autres cas.

A U T R E   D E M O N S T R A T I O N.

Supposons que les raisons égales soient $\frac{c}{d} = \frac{e}{f} = \frac{m}{n}$, il
faut prouver que $a+c+f+m \cdot b+d+g+n :: a \cdot b$. Cette proportion est vraye si le produit des extrêmes est égal au produit
des moyens. Or $ab+bc+bf+bm$ produit des extrêmes est égal
à $ab+ad+ag+an$ produit des moyens : ce que je prouve en
faisant voir que chacune des parties du premier produit est
égale à chaque partie du second. 1°. La partie ab du premier
produit est la même que la partie ab du second; & par consequent ces deux parties sont égales. 2°. Les deux raisons $\frac{c}{d}$ &
$\frac{a}{b}$ sont supposées égales; donc elles forment une proportion;
ainsi ad produit des extrêmes est égal à bc produit des moyens;
donc les deux parties bc & ad sont encore égales. 3°. Les deux
raisons $\frac{e}{f}$ & $\frac{a}{b}$ sont supposées égales, donc elles forment une
proportion; ainsi ag produit des extrêmes est égal à bf produit des moyens : par consequent les deux parties bf & ag
sont encore égales. Enfin les deux raisons $\frac{a}{b}$ & $\frac{m}{n}$ sont aussi
supposées égales; donc elles forment une proportion; ainsi
les deux parties bm & an sont égales; par consequent le produit total $ab+bc+bf+bm$ est égal au produit total $ab+ad+
ag+an$; d'où suit la proportion $a+c+f+m \cdot b+d+g+n :: a \cdot b$.
Ce qu'il fal. dem.

C O R O L L A I R E.

64. Dans toutes les progressions geometriques la somme des

antécedens est à la somme des conséquens, comme un seul antécedent est à son conséquent.

C'est une conséquence évidente du précedent theoreme, puisqu'une progreſſion geometrique, n'est qu'une suite de raiſons égales dont chaque terme est conſequent d'une raiſon & antécedent de la suivante, excepté le premier & le dernier, comme on l'a dit : par exemple , dans cette progreſſion $\div$ 3.6.12.24.48. &c. la somme des antécedens 3 + 6 + 12 + 24 = 45 , est à la somme des conſequens 6 + 12 + 24 + 48 = 90, comme 3 est à 6. De même en lettres la progreſſion $\div$ a.b.c.d.e.f, &c. donne la proportion suivante :

$$\frac{a+b+c+d+e}{b+c+d+e+f}=\frac{a}{b}$$

THEOREME IV.

65. *Si on multiplie les termes d'une proportion par ceux d'une autre proportion pris dans le même ordre ; c'est-à-dire, le premier de l'une par le premier de l'autre , le second par le second , le troiſiéme par le troiſiéme , le quatriéme par le quatriéme ; les produits seront encore en proportion.*

Soient les deux proportions a.b::c.d & e.f::g.h : si on multiplie les termes de la premiere par ceux de la seconde, les produits ae, bf, cg, dh sont encore en proportion ; enforte que ae.bf::cg.dh. Pour le faire voir , il n'y a qu'à démontrer * que le produit des extrêmes aedh ou adeh est égal au produit des moyens bfcg ou bcfg ; il s'agit donc de prouver que adeh = bcfg.

* 32.

DEMONSTRATION.

Par l'hypotheſe a.b::c.d ; donc ad = bc : de même à cauſe de l'autre proportion , e.f::g.h, on a encore l'égalité eh = fg ; par conſequent les deux grandeurs égales ad & bc étant multipliées l'une par eh & l'autre par fg, les deux produits adeh & bcfg seront encore égaux. Ce qu'il fal. dem.

COROLLAIRE.

66. Si on a la proportion a.b::c.d, les quarrez de ces grandeurs sont encore en proportion : c'est-à-dire, que $a^2.b^2::c^2.d^2$. C'est une suite évidente de ce theoreme ; puisque les termes de cette seconde proportion sont les produits des termes de la

premiere, multipliez par ceux de la même proportion. De même si on multiplie les termes de la proportion $a'.b'::c'.d'$ par ceux de la premiere $a.b::c.d$, on aura cette autre proportion $a'.b'::c'.d'$: & si on multiplioit encore les termes de cette derniere par ceux de la premiere, on auroit $a^4.b^4::c^4.d^4$, & ainsi de suite ; ensorte que l'on peut dire en general que si quatre grandeurs sont proportionnelles, les puissances semblables de ces grandeurs sont aussi proportionnelles : c'est-à-dire, que si $a.b::c.d$, on aura aussi la proportion $a^m.b^m::c^m.d^m$. a^m signifie que a est élevé à une puissance marquée par la lettre m qui peut representer $2, 3, 4, 5,$ & tous les nombres possibles : il en est de même de b^m, c^m, & d^m.

67. La proposition réciproque de ce corollaire est encore vraye ; c'est-à-dire, que si les puissances semblables de quatre grandeurs sont proportionnelles, les grandeurs elles-mêmes qui sont les racines semblables de ces puissances, sont aussi proportionnelles : par exemple, si $a'.b'::c'.d'$, on aura aussi la proportion $a.b::c.d$: car ayant la proportion $a'.b'::c'.d'$, on en conclut l'égalité $a'd'=b'c'$. Or ces deux produits $a'd'$ & $b'c'$ étant égaux, leurs racines semblables ad & bc sont égales ; par consequent $a.b::c.d$ *.

* 39.

68. Remarquez que dans le corollaire précedent nous n'avons pas dit que deux puissances semblables sont proportionnelles à leurs racines : ce qui seroit faux : par exemple, il n'est pas vrai que $a'.b::a.b$: cela paroît évidemment dans les nombres : car si on prend 36 & 4, qui sont les quarrez de 6 & de 2, il est clair que 36 n'est pas à 4 comme 6 est à 2.

Nous avons prouvé que le produit du quotient multiplié par le diviseur est égal au dividende ; ainsi m étant supposé le quotient de a divisé par b, le produit bm est égal à l'antécedent a qui est le dividende ; par consequent si $\frac{a}{b}=m$, on peut en conclure que $a=bm$. De même si $\frac{c}{d}=n$, il s'ensuit que $c=dn$.

THEOREME V.

69. Si on multiplie les termes de deux raisons l'un par l'autre, l'antécedent par l'antécedent, & le consequent par le consequent, la raison qui se trouvera entre le produit des antécedens & celui des consequens, sera le produit des deux raisons.

Soient

Soient les deux raisons $\frac{15}{3}$ & $\frac{8}{4}$ dont on multiplie les antécédens l'un par l'autre, de même que les conséquens; le produit
des antécédens est 120, celui des conséquens est 12 : la raison
de ces deux produits est $\frac{120}{12}$, dont la valeur est 10 *: je dis que   * 151
10 est le produit des valeurs des deux premieres raisons: car
$\frac{15}{3} = 5$ & $\frac{8}{4} = 2$: or 10 est le produit de 5 par 2; cette raison $\frac{120}{12}$ est donc le produit des deux premieres $\frac{15}{3}$ & $\frac{8}{4}$. En general le produit des deux raisons $\frac{a}{b}$ & $\frac{c}{d}$ est $\frac{ac}{bd}$.

DEMONSTRATION.

Soit $\frac{a}{b} = m$ & $\frac{c}{d} = n$; donc $a = bm$ & $c = dn$; par conséquent en multipliant les deux grandeurs égales a & bm l'une par
c & l'autre par dn qui sont deux autres quantitez égales, les
produits ac & $bmdn$ ou $bdmn$ seront encore égaux ; on aura
donc $ac = bdmn$, & en divisant l'un & l'autre produit par bd,
on aura $\frac{ac}{bd} = \frac{bdmn}{bd}$: mais $\frac{bdmn}{bd} = mn$ *; donc $\frac{ac}{bd} = mn$. Or mn * Liv. 1.
est le produit des valeurs des raisons $\frac{a}{b}$ & $\frac{c}{d}$; par consequent $\frac{ac}{bd}$ Art. 165.
est le produit des raisons $\frac{a}{b}$ & $\frac{c}{d}$. Ce qu'il fal. dem.

COROLLAIRE.

70. S'il y avoit plus de deux raisons, on prouveroit de la
même maniere qu'en multipliant tous les antécédens les uns
par les autres & les conséquens aussi, la raison qu'il y auroit
entre le produit des antécédens & celui des conséquens seroit
le produit des raisons : par exemple, soient les trois raisons
$\frac{a}{b}$, $\frac{c}{d}$, $\frac{e}{f}$: je dis que la raison $\frac{ace}{bdf}$ est le produit des trois premieres : car on vient de faire voir que la raison $\frac{ac}{bd}$ est le produit
des deux $\frac{a}{b}$ & $\frac{c}{d}$. Donc pareillement $\frac{ace}{bdf}$ est aussi le produit des
deux raisons $\frac{ac}{bd}$ & $\frac{e}{f}$.

71. On peut remarquer que quand les antécédens des raisons qu'on multiplie sont plus petits que les conséquens, le
produit qui vient de la multiplication est plus petit que les raisons qu'on a multipliées: par exemple, si on multiplie les rai-
sons $\frac{2}{6}$ & $\frac{5}{10}$, le produit $\frac{10}{60}$ est une raison plus petite que $\frac{2}{6}$,
puisque l'antécédent 10 du produit n'est que la sixiéme partie
de son conséquent 60, au lieu que l'antécédent 2 est le tiers
de son conséquent 6. On pourra voir la raison de cette remarque dans le Traité des Fractions.

DES RAISONS COMPOSE'ES.

72. Une *raison composée* est le produit de deux ou de plusieurs
raisons: par exemple, $\frac{ac}{bd}$ est la raison composée des raisons $\frac{a}{b}$ &

$\frac{1}{7}$: de même $\frac{ad}{bdf}$ est un rapport composé des trois raisons $\frac{a}{b}$, $\frac{c}{d}$, $\frac{e}{f}$.

73. Les rapports de la multiplication desquels résulte la raison composée, s'appellent *raisons composantes* ou *simples* : ainsi dans le premier exemple qu'on vient d'apporter, $\frac{a}{b}$ & $\frac{c}{d}$ sont les raisons composantes de $\frac{ac}{bd}$: & de même dans le second exemple, $\frac{a}{b}$, $\frac{c}{d}$, $\frac{e}{f}$ sont les raisons composantes de $\frac{ace}{bdf}$.

74. Lorsqu'il n'y a que deux raisons composantes & qu'elles sont égales, la raison composée est appellée *doublée* : par exemple, si $\frac{a}{b} = \frac{c}{d}$, la raison composée $\frac{ac}{bd}$ est doublée. En nombres, les raisons $\frac{12}{3}$ & $\frac{2}{3}$ étant égales, la raison composée $\frac{24}{6}$ est doublée.

75. Lorsqu'il y a trois raisons composantes, & qu'elles sont égales, la raison composée est appellée *triplée* : par exemple, si $\frac{a}{b} = \frac{c}{d} = \frac{e}{f}$, la raison composée $\frac{ace}{bdf}$ est triplée : de même la raison $\frac{12}{240}$ est triplée des trois raisons égales $\frac{2}{4}$, $\frac{3}{6}$, $\frac{5}{10}$.

76. Afin qu'une raison soit doublée, il n'est pas necessaire que les raisons composantes soient exprimées par des termes differens, comme dans les deux exemples précedens, elles peuvent être la même raison exprimée par les mêmes termes : par exemple, la raison $\frac{16}{4}$ est doublée des raisons $\frac{4}{2}$ & $\frac{4}{2}$: la raison $\frac{9}{25}$ est doublée des rapports $\frac{3}{5}$ & $\frac{3}{5}$. En lettres, la raison $\frac{aa}{bb}$ est doublée des rapports $\frac{a}{b}$ & $\frac{a}{b}$.

77. De même une raison triplée peut être composée de trois raisons égales qui ne soient que la même raison exprimée par les mêmes termes : par exemple, la raison $\frac{8}{1}$ est triplée des rapports $\frac{2}{1}$, $\frac{2}{1}$ & $\frac{2}{1}$. La raison $\frac{1}{27}$ est triplée des trois raisons $\frac{1}{3}$, $\frac{1}{3}$ & $\frac{1}{3}$. En lettres, $\frac{aaa}{bbb}$ est un rapport triplé de ces trois $\frac{a}{b}$, $\frac{a}{b}$ & $\frac{a}{b}$.

78. Au lieu de dire que la raison $\frac{16}{4}$ est doublée des raisons $\frac{4}{2}$ & $\frac{4}{2}$, on dit le plus souvent que cette raison $\frac{16}{4}$ est doublée de la raison $\frac{4}{2}$: ce qui doit s'entendre en multipliant l'antécedent 6 par lui-même, & le consequent 2 aussi par lui-même, ou, ce qui revient au même, en prenant le quarré de 6 & celui de 2 ; ce qui fait la raison doublée $\frac{16}{4}$. C'est la même chose pour les autres exemples : la raison $\frac{9}{25}$ est dite doublée de celle de $\frac{3}{5}$, & enfin $\frac{aa}{bb}$ est un rapport doublé de $\frac{a}{b}$.

79. On s'explique de la même maniere, quand il s'agit de la raison triplée : par exemple, on dit que la raison $\frac{8}{1}$ est triplée de la raison $\frac{2}{1}$: celle de $\frac{1}{27}$ est triplée de $\frac{1}{3}$, & celle de $\frac{aaa}{bbb}$ est triplée de $\frac{a}{b}$. On voit bien que ces raisons triplées se trouvent

en prenant le cube de l'antécedent & le cube du conſequent de la raiſon dont elles ſont triplées : telle eſt la raiſon $\frac{8}{64}$ que l'on trouve en prenant les cubes de l'antécedent & du conſequent de la raiſon $\frac{2}{4}$.

80. On peut voir après ce que nous venons de dire, que la raiſon doublée d'une raiſon eſt le quarré de la raiſon dont elle eſt doublée : par exemple, la raiſon doublée de $\frac{6}{2}$ eſt $\frac{36}{4}$ qui eſt le quarré de $\frac{6}{2}$, puiſque pour avoir cette raiſon doublée $\frac{36}{4}$, il faut multiplier le rapport $\frac{6}{2}$ par lui-même ; d'où il ſuit que ſi le rapport $\frac{6}{2}$ eſt égal à p, la raiſon doublée $\frac{36}{4} = pp$, parce que les grandeurs $\frac{6}{2}$ & p étant égales, leurs quarrez $\frac{36}{4}$ & pp doivent être égaux.

81. Par la même raiſon le rapport triplé eſt le cube de celui dont il eſt triplé : par exemple, $\frac{8}{64}$ eſt le cube de $\frac{2}{4}$, puiſque pour avoir $\frac{8}{64}$, il faut multiplier d'abord $\frac{2}{4}$ par $\frac{2}{4}$; ce qui donne le quarré $\frac{4}{16}$ qu'il faut encore multiplier par $\frac{2}{4}$; & on aura enfin $\frac{8}{64}$ cube de $\frac{2}{4}$. Il ſuit auſſi delà que ſi $\frac{2}{4} = p$, on aura $\frac{8}{64} = ppp$, parce que les deux grandeurs $\frac{2}{4}$ & p étant égales, leurs cubes doivent être égaux.

82. Il y a beaucoup de différence entre une raiſon double & une raiſon doublée, & entre une raiſon triple & une raiſon triplée : une raiſon eſt appellée *double*, lorſque l'antécedent eſt double du conſequent : ainſi le rapport de 10 à 5 eſt une raiſon double. La raiſon eſt appellée *triple*, lorſque l'antécedent eſt triple du conſequent : ainſi le rapport de 15 à 5 eſt une raiſon triple ; au contraire la raiſon eſt appellée *ſou-double*, quand l'antécedent eſt la moitié du conſequent ; & *ſou-triple*, quand l'antécedent eſt le tiers du conſequent.

On tire de ces notions de la raiſon doublée & triplée une propoſition de grand uſage dans les Mathématiques ; nous allons en faire le theoreme ſuivant.

T H E O R E M E   VI.

83. *La raiſon qui eſt entre deux quarrez eſt doublée de celle qui eſt entre les racines : la raiſon qui eſt entre les cubes eſt triplée de celle des racines.*

Souvent on énonce ce theoreme autrement, en diſant que les quarrez ſont en raiſon doublée des racines, & que les cubes ſont en raiſon triplée des racines. Les deux parties de ce

theoreme sont des suites si évidentes des notions qu'on vient de
donner des raisons doublées & triplées, qu'il suffira de les expliquer en peu de mots, en apportant des exemples de l'une
& de l'autre partie.

DEMONSTRATION.

I. PARTIE. 64 est quarré de 8, & 9 est quarré de 3. Or
la raison de ces deux quarrez qui est $\frac{64}{9}$ est doublée de celle
des racines 8 & 3, puisque pour avoir la raison doublée de
$\frac{8}{3}$, il suffit de prendre le quarré de l'antécedent & celui du conséquent. Pareillement 1 est le quarré de 1, & 25 est le quarré
de 5 : or la raison $\frac{1}{25}$ est doublée de $\frac{1}{5}$ qui est le rapport des
racines. En lettres, la raison $\frac{aa}{bb}$ est doublée de $\frac{a}{b}$ qui est le rapport des racines *a* & *b*.

II. PARTIE. 8 est le cube de 2, & 64 est le cube de 4. Or
la raison de ces deux cubes qui est $\frac{8}{64}$ est triplée de $\frac{2}{4}$ qui est
le rapport des racines 2 & 4. De même la raison $\frac{1}{125}$ est triplée de $\frac{1}{5}$ qui est la raison des racines. En lettres, *aaa* est le
cube de *a*, & *bbb* est le cube de *b* : or la raison de ces cubes,
qui est $\frac{aaa}{bbb}$, est triplée de $\frac{a}{b}$ qui est celle des racines. Ce qu'il
fa loit démontrer.

Ce que nous avons dit sur les raisons doublées & triplées étant
assez difficile, & en même temps d'une grande conséquence
sur tout pour la Geometrie, il ne sera pas inutile d'en répeter la substance, soit pour le mieux comprendre, soit pour le
mieux retenir.

84. Une raison doublée est le produit de deux raisons égales:
par exemple, si $\frac{a}{b}=\frac{c}{d}$ leur produit $\frac{ac}{bd}$ est une raison doublee
de deux raisons composantes égales $\frac{a}{b}$ & $\frac{c}{d}$. Mais s'il n'y a qu'une
raison composante, pour lors le rapport qui en est doublé est
le produit de cette raison multipliée par elle-même; ainsi le
rapport doublé de $\frac{a}{b}$ est $\frac{aa}{bb}$ qui n'est autre chose que le produit
de la raison $\frac{a}{b}$ multipliée par elle-même.

85. Les deux raisons $\frac{a}{b}$ & $\frac{c}{d}$ étant égales si $\frac{a}{b}=p$, on aura
aussi $\frac{c}{d}=p$: par conséquent le rapport doublé $\frac{ac}{bd}$ qui est le produit des deux raisons $\frac{a}{b}$ & $\frac{c}{d}$ est égal à pp produit des deux valeurs ; ainsi si p signifie 4 la valeur du rapport doublé $\frac{ac}{bd}$ sera
16 ; c'est-à-dire, que *ac* contiendra 16 fois, ou sera 16 fois
plus grand que *bd*. On voit donc que lorsqu'un nombre marque la raison de deux grandeurs, le quarre de ce nombre ex-

prime le rapport doublé de cette raison : c'est pourquoi 3 étant la valeur de la raison $\frac{6}{2}$, 9 quarré de 3 exprime le rapport des deux nombres 90 & 10 qui sont en raison doublée de 6 à 2. Je dis que la raison $\frac{90}{10}$ est doublée de $\frac{6}{2}$, parce que ce rapport $\frac{90}{10}$ est le produit des deux raisons égales $\frac{6}{2}$ & $\frac{15}{5}$.

86. Il suit delà que les quarrez étant entr'eux en raison doublée des racines, si une des racines contient 5 fois l'autre, le quarré de la premiere contiendra 25 fois, ou sera 25 fois plus grand que le quarré de la seconde; si une des racines étoit 8 fois plus grande que l'autre, le quarré de la premiere seroit 64 fois (64 est le quarré de 8) plus grand que le quarré de la seconde, &c.

87. Il faut raisonner de même à proportion touchant la raison triplée qui n'est autre chose que le produit de trois raisons égales: soient donc les trois raisons égales $\frac{4}{6}$, $\frac{6}{9}$, $\frac{4}{7}$, le rapport triplé est $\frac{64}{216}$. S'il n'y a qu'une seule raison composante; pour en avoir le rapport triplé, il faut d'abord prendre le rapport doublé qui étant multiplié par la raison composante, donne au produit le rapport triplé; ainsi pour avoir le rapport triplé de $\frac{4}{6}$, il faut multiplier $\frac{4}{6}$ par $\frac{4}{6}$, & le produit $\frac{16}{36}$ est la raison doublée de $\frac{4}{6}$: ce produit $\frac{16}{36}$ étant encore multiplié par $\frac{4}{6}$, on on aura $\frac{64}{216}$ qui est la raison triplee de $\frac{4}{6}$.

88. Puisque les trois raisons $\frac{4}{6}$, $\frac{6}{9}$, $\frac{4}{7}$ sont supposées égales; si $\frac{4}{6} = p$, on aura aussi $\frac{6}{9} = p$ & $\frac{4}{7} = p$; & par consequent le rapport triplé $\frac{64}{216}$ qui est le produit de ces trois raisons est égal à ppp ou p^3 produit de leurs valeurs, c'est-à-dire, que p étant la valeur d'une raison composante, le cube de p qui est p^3 est la valeur de la raison triplée, si on suppose donc que $p = 4$, la valeur de la raison triplée sera 64, ou, ce qui est la même chose, l'antécedent de cette raison contiendra 64 fois, ou sera 64 fois plus grand que son consequent; & en general si un nombre exprime combien l'antécedent d'une raison contient son consequent, le cube de ce nombre marque combien l'antécedent de la raison triplée contient son consequent; d'où il faut conclure que les cubes étant en raison triplée de leurs racines; si une des racines est, par exemple, 5 fois plus grande que l'autre, le cube de la premiere est 125 fois (125 est le cube de 5) plus grand que le cube de la seconde.

89. On voit bien que si la valeur d'une raison étoit exprimée par une fraction, le rapport doublé seroit égal au quarré de cette

fraction, & le rapport triplé seroit égal au cube de la fraction : soit, par exemple, la raison $\frac{8}{12}$ qui est égale à la fraction $\frac{2}{3}$ puisque 8 contient les deux tiers de 12, le rapport $\frac{64}{144}$ qui est doublé de la raison $\frac{8}{12}$, est égal à $\frac{4}{9}$ quarré de la fraction $\frac{2}{3}$, & le rapport $\frac{512}{1728}$ qui est triplé de $\frac{8}{12}$ est égal à $\frac{8}{27}$ cube de $\frac{2}{3}$.

90. Nous avons supposé que $\frac{4}{9}$ est le quarré de la fraction $\frac{2}{3}$, & que $\frac{8}{27}$ en est le cube, parce que pour avoir le quarré d'une fraction, il faut prendre le quarré du numerateur & celui du dénominateur ; & pour en avoir le cube, il faut élever le numerateur & le dénominateur chacun à son cube, comme nous le prouverons dans le Traité des Fractions.

91. Les raisons composantes des raisons doublées sont appellées *sou-doublées*, & celles des raisons triplées sont appellées *sou-triplées* ; ainsi si $\frac{aa}{bb}$ est une raison doublée, les deux raisons composantes égales $\frac{a}{b}$, $\frac{c}{d}$ sont chacunes sou-doublées de $\frac{ac}{bd}$: la rapport $\frac{a}{b}$ est aussi sou-doublé de $\frac{aa}{bb}$. De même les trois raisons égales $\frac{a}{b}$, $\frac{c}{d}$, $\frac{e}{f}$ sont chacunes sou-triplées de $\frac{ace}{bdf}$ & la raison $\frac{a}{b}$ est aussi sou-triplée de $\frac{aaa}{bbb}$. Au lieu de s'énoncer comme on a fait en rapportant les exemples ci-dessus, on dit ordinairement que a & b sont en raison sou-doublée de ac à bd, ou de aa à bb & qu'ils sont en raison sou-triplée de ace à bdf ou de aaa à bbb.

THEOREME VII.

92. *Dans toute progression geometrique le quarré du premier terme est au quarré du second, comme le premier est au troisiéme : & le cube du premier terme est au cube du second, comme le premier est au quatriéme.*

Soit la progression geometrique ÷ 2.6.18.54, &c. 2 est le premier terme, & son quarré est 4, 6 est le second terme & son quarré est 36 : je dis qu'on a la proportion 4.36::2.18: & pour les cubes, 8 étant le cube du premier terme 2, & 216 celui du second terme 6 ; on a encore la proportion 8.216:: 2.54. En general si on a la progression ÷ $a.b.c.d.f.g$, &c. on aura $aa.bb :: a.c$: on aura aussi $aaa.bbb :: a.d$.

DEMONSTRATION.

I. PARTIE. Afin que la proportion $aa.bb :: a.c$ soit vraye, il suffit que le produit des extrêmes (aac) soit égal au produit des moyens (abb). Or je dis que aac égale abb: car à cause de la progression $\div a.b.c.d.f.g$, &c. il faut que $a.b::b.c$; donc $ac = bb$; par conséquent si on multiplie ces deux grandeurs égales ac & bb par a, les produits aac & abb seront encore égaux. Ce qu'il falloit démontrer.

II. Partie. Pour démontrer cette proportion $a.b::a.d$, il n'y a qu'à faire voir que le produit des extrêmes ($a'd$) est égal au produit des moyens (ab'). Or je dis que $a'd$ égale ab': car à cause de la progression $\div a.b.c.d.f.g$, il faut que $a.b::c.d$; donc $ad = bc$. D'ailleurs on vient de prouver dans la premiere partie que $aac = abb$; par conséquent si on multiplie ces deux grandeurs égales, la premiere par ad, & la seconde par bc, les produits $a cd$ & $ab'c$ seront aussi égaux : & si on divise ces deux derniers produits par c, les quotiens $a'd$ & ab' seront encore égaux. Ce qu'il fal. démont.

COROLLAIRE.

93. Il suit de ce theoreme que la raison qui est entre le premier & le troisiéme terme d'une progression geometrique est doublée de celle qui est entre le premier & le second : ainsi dans l'exemple proposé du theoreme précedent, la raison $\frac{a}{c}$ est doublée de $\frac{a}{b}$; en voici la démonstration : $\frac{a}{c} = \frac{aa}{bb}$, c'est-à-dire, que la raison du premier au troisiéme terme est égale à celle du quarré du premier terme au quarré du second, comme on vient de le démontrer dans la premiere partie de ce theoreme. Or la seconde de ces raisons, qui est $\frac{aa}{bb}$, est doublée de $\frac{a}{b}$, parce que la raison qui est entre les quarrez est doublée de celle qui est entre les racines ; donc la raison $\frac{a}{c}$ égale à $\frac{aa}{bb}$ est aussi doublée de $\frac{a}{b}$.

Au lieu de dire que la raison du premier terme au troisiéme est doublée de celle du premier au second, on s'exprime souvent autrement, en disant que le premier & le troisiéme terme d'une progression sont entr'eux en raison doublée du premier au second.

94. De même la raison du premier au quatriéme terme est triplée de celle du premier au second : car par la seconde partie du theoreme précedent, $\frac{a}{d} = \frac{a^3}{b^3}$. Or la raison $\frac{a^3}{b^3}$ est triplée de $\frac{a}{b}$, parce que les cubes sont en raison triplée des racines* : donc le rapport $\frac{a}{d}$ égal à $\frac{a^3}{b^3}$ est aussi triplé de $\frac{a}{b}$; c'est-à-dire, que

la raison du premier au quatriéme terme est triplée de celle du premier au second, ou bien le premier & le quatriéme terme sont entr'eux en raison triplée du premier au second.

95. On démontreroit comme dans le theoreme précedent que le quarré du second terme est au quarré du troisiéme, comme le second est au quatriéme, & que le cube du second est au cube du troisiéme, comme le second est au cinquiéme; & de même du troisiéme & du quatriéme. En general dans une progression geometrique le quarré d'un terme quelconque que nous appellerons m, est au quarré de celui qui le suit immediatement, comme le terme m est au troisiéme depuis m inclusivement: & de même le cube du terme m est au cube du terme suivant, comme ce terme m est au quatriéme depuis m inclusivement.

Il nous reste à parler d'une proprieté de la raison geometrique qui regarde les incommensurables: pour cela nous allons donner les définitions suivantes.

96. Les *exposans* d'une raison sont les plus petits termes qui ont entr'eux un rapport égal à la raison dont ils sont les exposans: par exemple, les exposans de la raison de 3 à 6 sont 1 & 2, parce que 1 & 2 sont les plus petits nombres qui ayent entr'eux la même raison que 3 & 6. Les exposans de la raison $\frac{4}{10}$ sont 2 & 5, parce que 2 & 5 sont les plus petits nombres qui ayent entr'eux le même rapport que 4 & 10. En lettres: la raison $\frac{ca}{cb}$ a pour exposans a & b, parce que le rapport $\frac{a}{b}$ est égal à $\frac{ca}{cb}$*, & d'ailleurs a & b sont les plus petits termes auxquels on puisse réduire la raison $\frac{ca}{cb}$.

*18.

97. La raison qui est entre les exposans est appellée *moindre rapport*; ainsi la raison $\frac{1}{2}$ est le moindre rapport de $\frac{3}{6}$; de même $\frac{2}{7}$ est le moindre rapport de $\frac{4}{14}$. Enfin $\frac{5}{6}$ est le moindre rapport de $\frac{10}{12}$. On pourroit dire aussi que $\frac{1}{2}$ est la raison $\frac{3}{6}$ réduite à ses plus petits termes; ainsi des autres exemples.

98. La raison $\frac{5}{7}$ n'a point d'autres exposans que 5 & 7, puisqu'ils sont les plus petits nombres qui ayent entr'eux une raison égale à $\frac{5}{7}$; ainsi $\frac{5}{7}$ est un moindre rapport; il y a donc des raisons qui peuvent se réduire à de plus petits termes, telles que $\frac{4}{8}$ & $\frac{6}{10}$, & d'autres qui ne peuvent être réduites à de plus petits termes, comme $\frac{5}{7}$.

99. Il y a une regle pour distinguer les unes des autres; la voici: lorsqu'on peut diviser l'antécedent & le conséquent

d'une

d'une raison par un diviseur commun different de l'unité,
cette raison peut être réduite à de plus petits termes: par
exemple, la raison $\frac{12}{8}$ peut être réduite à de plus petits termes,
parce que 12 & 8 peuvent être divisez l'un & l'autre par 4:
cette division étant faite, on trouve les quotiens 3 & 2 qui
sont en même raison que 12 & 8 *.

100. Mais si les deux termes d'une raison n'ont point d'autre diviseur commun que l'unité, pour lors la raison ne peut
se réduire à de plus petits termes: par exemple, la raison $\frac{8}{9}$
ne peut être réduite, parce que 8 & 9 n'ont d'autre diviseur
commun que l'unité.

101. Les nombres qui n'ont point d'autre diviseur commun que l'unité, sont appellez *premiers entr'eux* : ainsi 8 & 9
sont premiers entr'eux.

102. Il suit delà que les exposans d'une raison sont premiers entr'eux; & réciproquement, les nombres premiers
entr'eux sont des exposans, puisque n'ayant point de diviseur
commun autre que l'unité, la raison de ces nombres ne peut
être réduite à de plus petits termes: par exemple, 8 & 9 étant
premiers entr'eux sont necessairement les exposans de toute
raison égale à celle de 8 à 9.

103. Nous avons dit qu'il y avoit des raisons de nombre
à nombre, & des raisons qui ne sont pas de nombre à nombre
qu'on appelle *sourdes* ou *rapports incommensurables*. La raison
de nombre à nombre est celle qui peut s'exprimer par des nombres: telle est la raison d'une ligne d'un pied à une ligne de
trois pieds, qui peut être exprimée par $\frac{1}{3}$. La raison sourde est celle qu'on ne peut exprimer par des nombres. On démontre en Geometrie que la raison qui est entre la diagonale & le côté d'un quarré est sourde; ensorte qu'il n'y a
point de nombres tels qu'ils soient, qui ayent entr'eux le même rapport que ces deux lignes. La démonstration de cette
proposition touchant la diagonale & le côté du quarré suppose plusieurs autres propositions que nous allons exposer en
peu de mots.

104. Deux raisons égales ont les mêmes exposans: par
exemple, les deux raisons $\frac{12}{18}$ & $\frac{2}{3}$ étant égales, si 2 & 3 sont
les exposans de $\frac{12}{18}$, ils le sont aussi de $\frac{2}{3}$: car si $\frac{2}{3}$ avoit pour
exposans des plus petits nombres que 2 & 3, la raison de ces
moindres nombres seroit égale à celle de $\frac{2}{3}$ dont ils seroient

les exposans; & par conséquent la raison de ces exposans seroit aussi égale à celle de $\frac{12}{13}$; donc 2 & 3 ne seroient pas les exposans de $\frac{12}{13}$: ce qui est contre la supposition.

105. Toute raison doublée de raisons de nombre à nombre a pour exposans des nombres quarrez: soit, par exemple, la raison $\frac{12}{48}$ qui est doublée des raisons égales $\frac{3}{6}$ & $\frac{4}{8}$; je dis que cette raison doublée a nécessairement pour exposans des nombres quarrez: car les deux raisons simples $\frac{3}{6}$ & $\frac{4}{8}$ dont le rapport $\frac{1}{2}$ est doublé, sont égales par l'hypothese; donc elles ont les mêmes exposans; ainsi 1 & 2 étant les exposans de $\frac{3}{6}$, ils sont aussi les exposans de $\frac{4}{8}$. Cela posé, les deux raisons $\frac{3}{6}$ & $\frac{4}{8}$ sont égales à ces deux $\frac{1}{2}$ & $\frac{1}{2}$; par conséquent le produit des deux premieres qui est $\frac{12}{48}$ est égal au produit des deux dernieres, qui est $\frac{1}{4}$: d'ailleurs il est clair que 1 & 4 sont premiers entr'eux; par conséquent 1 & 4 sont les exposans de la raison doublée $\frac{12}{48}$. Or ces deux nombres 1 & 4 sont des quarrez, puisque le premier est le produit des deux antécédens égaux 1 & 1, & le second est le produit des deux conséquens égaux 2 & 2; donc la raison doublée $\frac{12}{48}$ a pour exposans des nombres quarrez.

Afin de démontrer cette proposition sur les raisons doublées d'une maniere generale, il faudroit prouver que lorsque deux nombres sont premiers entr'eux, leurs quarrez sont aussi premiers entr'eux; par exemple, que 1 & 2 étant premiers entr'eux, il s'ensuit que les quarrez 1 & 4 le sont aussi: mais comme cela demande une suite de plusieurs démonstrations assez difficiles, nous ne pouvons les déduire dans cet abregé.

COROLLAIRE.

106. Il suit delà qu'une raison doublée qui n'a pas pour exposans des nombres quarrez, n'est pas raison doublée de raisons de nombre à nombre; c'est-à-dire, que les raisons dont elle est doublée ne sont pas de nombre à nombre: car la raison doublée auroit pour exposans des nombres quarrez, si les raisons dont elle est doublée étoient de nombre à nombre, comme on vient de le faire voir.

107. Il faut donc bien prendre garde que la raison doublée qui n'a pas pour exposans des nombres quarrez, peut être de nombre à nombre: mais celles dont elle est doublée ne peuvent être de nombre à nombre: supposez que la rai-

son $\frac{a}{b}$ soit une raison doublée qui n'ait pas pour exposans des nombres quarrez, les raisons composantes $\frac{a}{c}$ & $\frac{c}{b}$ ne sont pas de nombre à nombre; mais la raison $\frac{a}{b}$ peut être de nombre à nombre: par exemple, ac peut être à bd, comme 1 est à 2: ces deux nombres 1 & 2 ne sont pas tous les deux quarrez; il n'y a que 1 qui soit quarré: mais 2 n'est pas un quarré.

Après avoir parlé assez au long des raisons & des proportions Geometriques. Il est à propos de démontrer la principale proprieté de la proportion arithmetique, dont nous allons faire le theoreme suivant.

THEOREME FONDAMENTAL
de la Proportion arithmetique.

108. *Dans une proportion arithmetique la somme des extrêmes est égale à la somme des moyens.*

Soit la proportion arithmetique 5.8 :: 9.12 : je dis que la somme des extrêmes 5 + 12 est égale à la somme des moyens 8 + 9.

DEMONSTRATION.

Considerez que si le premier extrême 5 est surpassé de 3 par le premier moyen 8, aussi le second extrême 12 surpasse necessairement le second moyen 9 de la même quantité 3; autrement il n'y auroit pas de proportion arithmetique; donc le défaut du premier extrême est compensé par l'excès du second; c'est pourqoi la somme des extrêmes 5 + 12 doit être égale à la somme des moyens 8 + 9.

Il est évident que le même raisonnement peut être appliqué à tout autre exemple de proportion arithmetique dont les consequens surpasseroient également les antécedens. Ce seroit aussi la même chose si les antécedens surpassoient également les consequens; car pour lors l'excès du premier extrême compenseroit le defaut de l'autre.

AUTRE DEMONSTRATION.

Si $a.b:c.d$, je dis que $a + d = b + c$: car soit supposé b plus grand que l'antécedent a de la quantité x; il faudra que d soit aussi plus grand que son antécedent c de la quantité x;

autrement il n'y auroit pas de proportion arithmetique entre les quatre grandeurs *a, b, c, d*. Cela étant, *b* est égal à
a + *x* ; puisque *b* contient *a*, & de plus *x* qui est l'excès de
b sur *a* : par la même raison *d* = *c* + *x* ; ainsi dans la proportion *a . b : c . d*, on peut mettre *a* + *x* à la place de *b* &
& *c* + *x* à la place de *d*, ce qui donnera *a . a* + *x* : *c . c* + *x*. Or
il est évident que dans cette proportion la somme des extrê-
mes *a* + *c* + *x*, est égale à la somme des moyens *a* + *x* + *c*;
puisque ce sont les mêmes grandeurs qui composent la somme des extrêmes & celle des moyens ; donc, &c.

Si les antécedens avoient été plus grands que les confequens ; enforte que *a* eut été égal à *b* + *x*, & *c* égal à *d* + *x*,
on auroit démontré la même chose en fubftituant *b* + *x* à la
place de *a*, & *d* + *x* à celle de *c*.

COROLLAIRE.

109. Dans une proportion continuë arithmetique, la somme des extrêmes est égale au double du moyen proportionnel:
par exemple, si on a la proportion continuë arithmetique
5 . 8 : 8 . 11, la somme des extrêmes 5 + 11 ou 16 égale
8 + 8 ou 16 double du moyen proportionnel 8. C'est une
suite manifeste du theoreme ; parce que le double du moyen
proportionnel est la somme des moyens, laquelle par confequent doit être égale à la somme des extrêmes.

DES FRACTIONS.

110. **L**ORS qu'on connoît qu'un tout est divisé en parties
égales, & qu'on prend un certain nombre de ces
parties, cela s'appelle *fraction* : elle s'exprime par deux nombres, dont l'un marque en combien de parties égales le tout
est divisé, & on l'appelle *denominateur*, & l'autre montre combien on prend de ces parties, & on le nomme *numerateur*; on
écrit le dénominateur au deffous du numerateur en les fepa-
rant par une petite ligne, en cette forte, ⅗ : on énonce cette
fraction en difant, trois cinquièmes; 3 est le numerateur, parce
qu'il défigne combien on prend de parties, c'est-à-dire, de
cinquièmes, & 5 est le dénominateur, parce qu'il marque que
le tout est divifé en cinq parties égales.

Si la fraction est exprimée par des lettres, comme $\frac{m}{n}$, elle marque que le tout est partagé en un nombre de parties qui est indéterminé & designé par le dénominateur n, & qu'on prend aussi un nombre indéterminé de ces parties qui est marqué par le numerateur m.

111. Le numerateur d'une fraction peut être ou égal, ou plus petit, ou plus grand que son dénominateur : lorsque le numerateur est égal au dénominateur, la fraction est égale au tout que l'on regarde comme l'unité : par exemple, $\frac{4}{4} = 1$. La raison en est qu'un tout est égal à toutes ses parties prises ensemble ; ainsi quatre quatriémes marquez par la fraction $\frac{4}{4}$ valent le tout : si le numerateur est plus petit que le dénominateur, la fraction vaut moins que l'unité : telle est la fraction $\frac{3}{4}$. Enfin quand le numerateur est plus grand que le dénominateur, la fraction est plus grande que l'unité, comme $\frac{5}{4}$.

112. Puisqu'une fraction est égale à 1 quand le numerateur & le dénominateur sont égaux ; il suit qu'elle est égale à 2, si le numerateur est double du dénominateur ; qu'elle vaut 3, si le numerateur est triple du dénominateur ; qu'elle vaut 4, s'il est quadruple, &c. par exemple, la fraction $\frac{4}{4}$ étant égale à 1 ; on a aussi $\frac{8}{4} = 2$, $\frac{12}{4} = 3$, $\frac{16}{4} = 4$, $\frac{20}{4} = 5$, &c. c'est-à-dire, que si quatre quatriémes valent 1, huit quatriémes valent 2, douze quatriémes valent 3, &c. ce qui est évident, puisque huit quatriémes sont le double de quatre quatriémes, & que douze quatriémes en sont le triple, &c. En general la valeur d'une fraction dépend du nombre de fois que le numerateur contient le dénominateur ; ensorte qu'une fraction est toujours égale au quotient du numerateur divisé par le dénominateur : par exemple, la fraction $\frac{20}{4}$ est égale à 5, parce que le quotient de 20 divisé par 4 est 5. Or nous avons vû que la valeur d'une raison étoit aussi égale au quotient de l'antécedent divisé par le conséquent[*]; ainsi, pour me servir du même exemple, la raison de 20 à 4 est égale à 5 ; c'est pourquoi la fraction $\frac{20}{4}$ est la même chose que la raison de 20 à 4 : & en general une fraction est la même chose que le rapport ou la raison du numerateur au dénominateur : c'est une seconde notion que l'on peut donner de la fraction.

113. Lorsque le numerateur est moindre que le dénominateur, quoi que l'on ne puisse faire alors la division du premier par le second, la fraction est cependant une division in-

diquée: ainsi la fraction $\frac{3}{5}$ marque que 3 est divisé par 5, c'est-à-dire, que l'on prend seulement la cinquieme partie de 3; je dis la cinquiéme partie, parce que le denominateur est 5; delà il suit que cette expression *trois cinquiemes*, & celle ci *la cinquieme partie de trois* signifient la même chose, puisque la fraction $\frac{3}{5}$ peut être énoncée de l'une & l'autre maniere. Il en est de même des autres fractions; celle-ci, par exemple $\frac{12}{4}$, peut être énoncée, en disant: douze quatriemes ou la quatrieme partie de douze; la premiere expression est la plus ordinaire, & répond directement à la premiere notion qu'on a donnée des fractions.

114. Il suit de ce qu'on a dit jusqu'ici qu'une fraction est d'autant plus grande que le numerateur est grand par rapport au dénominateur: par exemple, la fraction $\frac{4}{7}$ est plus grande que $\frac{3}{7}$: au contraire une fraction est d'autant plus petite que le dénominateur est grand par rapport au numerateur: par exemple, $\frac{4}{9}$ est moindre que $\frac{4}{7}$.

115. Il faut observer qu'une fraction peut changer de termes sans changer de valeur. Exemples. $\frac{5}{10}=\frac{3}{6}$, parce qu'il y a même raison de 5 à 10 que de 3 à 6. De même $\frac{4}{12}=\frac{1}{3}$. En un mot, quand le rapport qui est entre les deux termes d'une fraction est égal au rapport qui est entre les deux termes d'une autre fraction, les valeurs de ces deux fractions sont égales.

On fait sur les fractions les mêmes operations que sur les entiers; & on en fait aussi de particulieres dont les principales consistent à les réduire à de plus petits termes, à les réduire au même dénominateur, à réduire les entiers en fractions, & les fractions en entiers, enfin à évaluer les fractions. Nous allons donner la methode de faire toutes ces operations tant communes que particulieres, en commençant par celle-ci: & quoi que les regles que nous donnerons conviennent également aux fractions numeriques, & aux fractions algebriques; c'est-à-dire, qui sont exprimées par lettres; cependant nous parlerons presque toujours des fractions en nombres que nous nous proposons principalement; & nous donnerons seulement des exemples des fractions en lettres, pour faire voir que la regle peut y être appliquée.

Réduire les Fractions à de moindres termes.

116. Pour réduire une fraction à de moindres termes, il faut diviser le numerateur & le dénominateur par le même diviseur, & les deux quotiens feront une fraction de même valeur que la proposée, quoi que les termes en soient plus petits. Exemple. La fraction $\frac{12}{15}$ peut se réduire à de plus petits termes, en divisant le numerateur & le dénominateur par 3 , & on aura $\frac{4}{5} = \frac{12}{15}$: de même si on divise par 5 les termes de la fraction $\frac{5}{25}$, il viendra $\frac{1}{5} = \frac{5}{25}$.

Pour réduire la fraction algebrique $\frac{ad}{bd}$ à de moindres termes, il faut diviser le numerateur & le dénominateur par le diviseur commun *d*, & on aura $\frac{a}{b} = \frac{ad}{bd}$.

117. La maniere la plus facile de réduire les fractions numeriques à de plus petits termes, est de prendre la moitié du numerateu. & celle du dénominateur. Exemple. $\frac{48}{60} = \frac{24}{30} = \frac{12}{15}$. Autre exemple. $\frac{64}{80} = \frac{32}{40} = \frac{16}{20} = \frac{8}{10} = \frac{4}{5}$. En prenant la moitié du numerateur & celle du dénominateur, on fait la même chose que si on divisoit l'un & l'autre par 2.

Il est clair qu'on ne peut se servir de cette methode que quand les deux termes de la fraction sont chacun des nombres pairs. C'est pour cela que dans le premier exemple on est resté à la fraction $\frac{12}{15}$; quoi qu'on puisse encore la réduire à des moindres termes, en faisant la division par 3 ; ce qui donnera $\frac{4}{5} = \frac{12}{15}$.

La methode de réduire une fraction à de moindres termes en divisant le numerateur & le dénominateur par un diviseur commun , est fondé sur le huitiéme Principe * touchant les raisons , dans lequel on a fait voir que si on divise deux grandeurs par une troisiéme, la raison des quotiens est égale à celle des grandeurs avant la division: ce principe doit s'appliquer aux fractions, puisque ce sont de veritables raisons.   * 19.

R E M A R Q U E S.

I.

118. Plus le diviseur est grand, plus les termes ausquels la fraction est réduite, sont petits: par exemple, si on divise les deux termes de la fraction $\frac{24}{30}$ par 6, on aura la fraction $\frac{4}{5}$ dont les termes sont plus petits, que si on avoit divisé le nu-

merateur & le dénominateur de la même fraction $\frac{14}{15}$ par 2 : ce qui auroit donné $\frac{12}{13}$. Cela vient de ce que plus le diviseur est grand, plus le quotient est petit, quand c'est le même nombre qu'on divise par un grand & un petit diviseur.

II.

119. Quand un des termes est l'unité, il est impossible de réduire la fraction à de plus petits termes : par exemple, $\frac{1}{7}$ ne peut se réduire à de moindres termes. De même quand le numerateur n'est surpassé que d'une unité par le dénominateur, on ne peut aussi réduire la fraction à de moindres termes : par exemple, la fraction $\frac{12}{13}$ ne peut être réduite.

Réduire les Fractions au même dénominateur.

120. Pour réduire deux fractions, comme $\frac{1}{6}$ & $\frac{1}{3}$ au même dénominateur, sans en changer la valeur, il faut multiplier les deux termes de la premiere par 3 dénominateur de la seconde ; il vient $\frac{3}{18}$; & multiplier pareillement les deux termes de la seconde par 6 dénominateur de la premiere : ce qui donne aussi $\frac{6}{18}$; les deux fractions réduites sont donc $\frac{3}{18}$ & $\frac{6}{18}$ qui sont de même valeur que les deux premieres $\frac{1}{6}$ & $\frac{1}{3}$, & qui ont necessairement le même dénominateur 18.

Il y a deux choses à démontrer sur cette regle, la premiere est qu'en suivant la methode prescrite, les deux fractions réduites sont de même valeur que les proposées ; & la seconde, que les deux fractions réduites ont un même dénominateur : c'est ce que nous allons faire voir.

1°. Les deux fractions réduites sont de même valeur que les deux premieres : car si on multiplie deux grandeurs par une troisiéme, la raison des produits est égale à celle des racines*. Or en suivant la methode prescrite, les deux termes de la premiere fraction sont multipliez par un même nombre, sçavoir par le dénominateur de la seconde : & de même les deux termes de la seconde sont multipliez par le dénominateur de la premiere ; ainsi les deux nouvelles fractions sont égales aux deux premieres.

2°. Les deux fractions réduites ont le même dénominateur, puisqu'en suivant la methode, le dénominateur de la premiere fraction réduite est le produit de 6 par 3 , & le dénominateur de la seconde est le produit de 3 par 6 ; lesquels produits sont necessairement égaux.

121. S'il y avoit trois fractions à réduire au même dénomi-

* 18.

nateur, il faudroit multiplier le numerateur & le dénominateur de chacune par le produit des dénominateurs des deux autres. Soient les trois fractions $\frac{1}{2}$, $\frac{3}{4}$, $\frac{1}{3}$ à réduire au même dénominateur : on trouvera, en suivant la regle, les trois réduites $\frac{18}{72}$, $\frac{63}{72}$, $\frac{12}{72}$.

On suit la même methode pour les fractions litterales : exemple. Les fractions $\frac{a}{b}$, $\frac{c}{d}$ se réduisent à celles-ci $\frac{ad}{bd}$, $\frac{bc}{bd}$.

Réduire un nombre entier en Fraction.

122. Pour réduire un nombre entier en fraction de même valeur que l'entier, il faut écrire l'unité au dessous du nombre pour servir de dénominateur : par exemple, 5 est égal à $\frac{5}{1}$; car une fraction est égale au quotient du numerateur divisé par le dénominateur : or le quotient de 5 divisé par 1 est égal à 5, puisque 1 est contenu cinq fois dans 5.

123. Si on vouloit avoir un autre dénominateur que l'unité, il faudroit multiplier le nombre proposé par le dénominateur; & le produit seroit le numerateur de la fraction cherchée : par exemple, pour réduire 5 en une fraction qui ait 3 pour dénominateur, je multiplie 5 par 3; & le produit 15 est le numerateur de la fraction $\frac{15}{3}$ qui est égal à 5, puisque le numerateur qui est le produit de 5 par 3, ou, ce qui est la même chose, de 3 par 5, contient cinq fois le dénominateur 3.

C'est la même chose pour les quantitez algebriques : par exemple, $a = \frac{a}{1}$: & si on veut avoir un autre dénominateur que l'unité, comme b, on trouvera $a = \frac{ab}{b}$.

Réduire une Fraction en entier.

124. Pour réduire une fraction en entier (ce qui ne se peut que quand le numerateur est égal ou plus grand que le dénominateur), il faut diviser le numerateur par le dénominateur; & le quotient exprimera la valeur de la fraction : par exemple, si on veut réduire en entier la fraction $\frac{15}{3}$, on divise 15 par 3, & le quotient 5 marque la valeur de la fraction proposée.

125. Si la division ne pouvoit se faire exactement, comme dans la fraction $\frac{17}{3}$, la valeur de cette fraction seroit l'entier 5 que l'on trouveroit au quotient, plus le reste du numerateur, c'est-à-dire, 2 à qui il faudroit toujours donner

le même dénominateur 3 ; ainsi $\frac{15}{3} = 5$. Cela s'entend facilement après ce que nous avons dit sur tout en parlant de la réduction des entiers en fractions.

On fait de même pour les fractions litterales : par exemple, $\frac{ab}{b} = a$. De même $\frac{acd}{cd} = b$. Mais il est facile de voir que cette réduction n'a lieu que quand les lettres du dénominateur sont toutes communes au numerateur ; ainsi la fraction $\frac{ab}{c}$ ne peut se réduire en entier.

Evaluer une Fraction.

126. Evaluer une fraction, c'est la réduire en parties connuës d'un tout : si on a, par exemple, la fraction $\frac{2}{3}$ d'un pied, & qu'on la réduise en pouces, c'est évaluer la fraction $\frac{2}{3}$ d'un pied.

127. Pour faire cette évaluation, il faut diviser le nombre qui marque combien le tout contient de parties, par le dénominateur de la fraction ; & après cela multiplier le quotient par le numerateur : ainsi dans l'exemple proposé, le pied contenant 12 pouces, je divise 12 par le dénominateur 3 ; & je multiplie ensuite le quotient 4 par le numerateur 2 ; le produit 8 fait voir que $\frac{2}{3}$ d'un pied vaut 8 pouces.

Voici la démonstration de cette methode appliquée à notre exemple : puisque le pied contient 12 pouces, il s'ensuit que $\frac{2}{3}$ d'un pied vaut les deux tiers de 12 pouces ; & par consequent pour évaluer cette fraction, il faut prendre les deux tiers de 12 pouces. Or pour prendre les deux tiers de 12, il n'y a qu'à en prendre d'abord le tiers, & le multiplier ensuite par 2 ; c'est-à-dire, qu'il faut diviser 12 par 3, & multiplier le quotient par 2.

128. Au lieu de diviser 12 par 3, & de multiplier ensuite le quotient par 2, on pourroit commencer par la multiplication, & faire ensuite la division, en gardant toujours le même diviseur & le même multiplicateur ; c'est-à-dire, qu'on pourroit d'abord multiplier 12 par 2, & diviser ensuite le produit par 3 ; & on trouveroit la même valeur de la fraction : ce que l'on peut démontrer en general par des lettres en cette maniere : soit le nombre 12 representé par ac, le diviseur soit a, & le multiplicateur b ; si on divise ac par a, & qu'on multiplie le quotient c par b, le produit sera bc : pareillement si on multiplie ac par b, & qu'on divise le produit

abc par *a*, le quotient sera aussi *bc* ; donc il est indifferent de commencer par la multiplication ou par la division.

129. Il suit delà que pour évaluer une fraction , on peut d'abord multiplier le nombre qui marque combien le tout contient de parties par le numerateur de la fraction, & ensuite diviser le produit par le dénominateur de la fraction : par exemple, supposé qu'un écu vaille 60 sols, & que je veüille évaluer la fraction ÷ d'un écu ; je multiplie d'abord 60 par le numerateur 4, parce que l'écu vaut 60 sols : après cela je divise le produit 240 par le dénominateur 5 , & je trouve au quotient 48 : ce qui marque que la fraction ÷ d'un écu vaut 48 sols.

130. Remarquez qu'il arrive assez souvent qu'on ne peut faire la division sans reste, comme dans l'exemple suivant : soit la fraction ÷ d'une toise qu'on propose d'évaluer en pieds. Suivant la seconde methode , il faut multiplier 6 par le numerateur 8 , parce que la toise contient 6 pieds, & diviser ensuite le produit 48 par le dénominateur 9 : on trouvera au quotient 5 & la fraction ÷ ; par consequent ÷ de toise vaut 5 pieds & ÷ d'un pied.

Cette derniere fraction ÷ de pied peut encore être évaluée en pouces par la même methode ; c'est-à-dire, qu'il faut multiplier 12 par le numerateur 3 , parce que le pied contient 12 pouces, & diviser le produit 36 par 9 ; le quotient sera 4 ; ainsi la fraction ÷ de pied vaut 4 pouces ; par consequent la premiere fraction ÷ de toise vaut 5 pieds 4 pouces.

Voici encore un autre exemple : supposant l'écu de 60 sols, on demande combien vaut la fraction ÷ d'un écu. Je réduis d'abord en sols la fraction proposée, en multipliant 60 par 4 ; & divisant ensuite le produit 240 par 7 : ce qui me donne pour quotient 34 sols & ÷ d'un sol ; je réduis pareillement en deniers la fraction ÷ d'un sol, & je trouve qu'après avoir multiplié 12 par 2 , & divisé le produit 24 par 7 , le quotient est 3 plus ÷ ; ainsi la fraction ÷ d'un sol vaut 3 deniers & ÷ d'un denier ; par consequent la fraction ÷ d'un écu vaut 34 sols 3 deniers & ÷ d'un denier : on peut negliger ÷ d'un denier.

Nous allons parler presentement des operations communes aux fractions & aux entiers : ces operations sont l'addition, la soustraction, la multiplication, la division , la formation des puissances & l'extraction des racines,

De l'Addition des Fractions.

131. Pour ajouter deux ou plusieurs fractions, il faut d'abord les réduire au même dénominateur, si elles en ont de differens; & ensuite ajouter ensemble les numerateurs, en laissant le dénominateur commun; & on a la somme des fractions. Exemple. Je veux ajouter les deux fractions $\frac{2}{5}$ & $\frac{3}{4}$: pour cela je les réduis d'abord au même dénominateur; ce qui donne $\frac{8}{20}$ & $\frac{15}{20}$; après quoi j'ajoute les numerateurs sans rien changer au dénominateur, & la somme est $\frac{23}{20}$; c'est-à-dire, vingt-trois vingtiémes.

La raison de cette pratique est évidente; car l'on voit aisément que huit vingtiémes & quinze vingtiémes sont vingt-trois vingtiémes; il suffit donc, quand les fractions ont même dénominateur, d'ajouter les numerateurs, en laissant le dénominateur commun.

On opere de même sur les fractions algebriques: soient, par exemple, les deux fractions $\frac{a}{b}$ & $\frac{c}{d}$ qu'il faut ajouter; je les réduis au même dénominateur: ce qui produit $\frac{ad}{bd}$ & $\frac{bc}{bd}$; après quoi j'ajoute seulement les numerateurs en laissant le dénominateur commun, la somme est $\frac{ad+bc}{bd}$.

132. Si on propose un entier & une fraction à ajouter avec un entier & une fraction, il faut ajouter l'entier avec l'entier, & la fraction avec la fraction: par exemple, pour ajouter $12 + \frac{2}{5}$ avec $15 + \frac{1}{7}$, je prends la somme des entiers qui est 27; ensuite j'ajoute les fractions, après les avoir réduites au même dénominateur; ainsi la somme des entiers & des fractions est $27 + \frac{11}{35}$.

De la Soustraction des Fractions.

133. Pour soustraire une fraction d'une autre, il faut les réduire au même dénominateur, quand elles en ont qui sont differens, & ôter ensuite le numerateur de celle qu'on veut soustraire du numerateur de l'autre, en laissant le dénominateur commun. Exemple. Pour soustraire $\frac{2}{5}$ de $\frac{3}{5}$, j'ôte le numerateur 2 de 3, & je laisse le même dénominateur 5; il reste $\frac{1}{5}$. Si ces fractions n'avoient pas eu le même dénominateur, il auroit fallu les y réduire avant que de faire la soustraction.

La raison de cette operation s'entend assez, étant la même que celle de l'addition.

Quand les fractions sont litterales, on opere de la même maniere. Exemple. De la fraction $\frac{a}{b}$ on veut soustraire celle-ci $\frac{c}{d}$: il faut réduire l'une & l'autre à celles-ci $\frac{ad}{bd}$ & $\frac{bc}{bd}$, qui sont égales aux premieres & qui ont même dénominateur ; ôter ensuite le numerateur de la seconde des réduites, du numerateur de la premiere; & on aura $\frac{ad-bc}{bd}$ qui est le reste ou la difference des deux fractions.

134. Si on propose un entier & une fraction à soustraire d'un entier & d'une fraction, il faut ôter l'entier de l'entier & la fraction de la fraction : par exemple, pour soustraire $9 + \frac{2}{5}$ de $12 + \frac{3}{7}$, j'ote 9 de 12, & après avoir réduit les deux fractions $\frac{2}{5}$ & $\frac{3}{7}$ au même dénominateur, j'ôte encore la premiere de la seconde, & je trouve que le reste des entiers & des fractions est $3 + \frac{1}{35}$. Si la fraction du nombre à soustraire avoit été plus grande que celle de l'autre nombre, il auroit fallu commencer par reduire une unité de 12 en une fraction qui auroit eu le même dénominateur que $\frac{3}{7}$, & l'ajouter avec $\frac{3}{7}$; ensuite operer comme on vient de le dire.

De la Multiplication des Fractions.

On peut multiplier une fraction par un nombre entier ou par une autre fraction. Nous allons donner la methode pour l'un & l'autre cas.

135. 1°. Pour multiplier une fraction par un entier, il faut multiplier seulement le numerateur de la fraction par l'entier, & laisser le même dénominateur. Exemple. Je veux multiplier $\frac{3}{7}$ par 4 : pour cela je multiplie le numerateur 3 par 4 ; & gardant le même dénominateur, j'aurai la fraction $\frac{12}{7}$ qui est le produit de $\frac{3}{7}$ par 4.

La raison est que quand on veut multiplier $\frac{3}{7}$ par 4, on cherche une fraction quatre fois plus grande que $\frac{3}{7}$. Or en multipliant seulement le numerateur par 4, la fraction qui vient de cette multiplication est quatre fois plus grande que $\frac{3}{7}$: car une fraction est d'autant plus grande que son numerateur est plus grand par rapport au dénominateur *. Or en multipliant le numerateur 3 par 4, le produit 12 est quatre fois plus grand que 3 ; par conséquent la fraction $\frac{12}{7}$ est quatre fois plus grande que $\frac{3}{7}$; donc $\frac{12}{7}$ est le veritable produit $\frac{3}{7}$ par 4. Ce qu'il falloit démontrer. * 114.

136. 2°. Pour multiplier deux fractions l'une par l'autre,

il faut non seulement multiplier les deux numerateurs, mais
aussi les deux dénominateurs l'un par l'autre. Exemple. On
veut multiplier les deux fractions $\frac{3}{5}$ & $\frac{4}{6}$ l'une par l'autre, il
faut multiplier 3 par 4, & 5 par 6; & on aura $\frac{12}{30}$ produit
des deux fractions proposées.

Afin de concevoir la raison de cette regle, il faut faire attention que pour multiplier $\frac{3}{5}$ par 4, on doit multiplier seulement le numerateur 3 par 4, & on aura la fraction $\frac{12}{5}$ qui
est le veritable produit, comme nous venons de le démontrer.
Or le produit de $\frac{3}{5}$ par $\frac{4}{6}$ doit être six fois plus petit que $\frac{12}{5}$,
puisque le multiplicateur $\frac{4}{6}$, c'est-à-dire, 4 divisé par 6, est
six fois plus petit que le multiplicateur 4; il faut donc rendre
la fraction $\frac{12}{5}$ six fois plus petite. Or pour rendre une fraction
plus petite, il n'y a qu'à augmenter le dénominateur en laiſ-
sant le même numerateur *; par conséquent pour rendre la
fraction $\frac{12}{5}$ six fois plus petite, il n'y a qu'à rendre son dénominateur six fois plus grand; c'est-à-dire, le multiplier par
6; donc pour multiplier une fraction par une autre, il faut
non seulement multiplier le numerateur par le numerateur,
mais aussi le dénominateur par le dénominateur.

On observe la même methode pour la multiplication des
fractions litterales. 1°. Le produit de $\frac{a}{b}$ par c est $\frac{ac}{b}$ 2°. Le
produit de $\frac{a}{b}$ par $\frac{c}{d}$ est $\frac{ac}{bd}$.

137. Si on vouloit multiplier un entier & une fraction par
un entier & une fraction, il faudroit réduire le multiplicande à une seule fraction, & le multiplicateur aussi à une autre
fraction; & ensuite multiplier ces deux nouvelles fractions
l'une par l'autre: par exemple, pour multiplier $8 + \frac{3}{4}$ par
$7 + \frac{2}{5}$, il faut réduire premierement le multiplicande $8 + \frac{3}{4}$
en une fraction: pour cela je réduis d'abord 8 à une fraction
qui ait même dénominateur que $\frac{3}{4}$: & je trouve $\frac{32}{4} = 8$: ensuite j'ajoute $\frac{3}{4}$ avec $\frac{32}{4}$; la somme $\frac{35}{4}$ est le multiplicande total.
En second lieu je réduis de la même maniere le multiplica-
teur à la seule fraction $\frac{37}{5}$. Enfin je multiplie $\frac{35}{4}$ par $\frac{37}{5}$ le produit est $\frac{1295}{20}$ que l'on peut réduire en entier.

R E M A R Q U E S,

I.

138. Nous avons vû que pour ajouter & soustraire les
fractions, il falloit les réduire au même dénominateur: mais

*114

cette préparation n'est pas necessaire pour la multiplication non plus que pour la division des fractions.

II.

139. Quand dans la multiplication des fractions le multi-plicateur est plus petit que l'unité, le produit est aussi moin-dre que le multiplicande : par exemple, $\frac{1}{3}$ multiplié par $\frac{2}{9}$ don-ne au produit la fraction $\frac{2}{27}$ qui est moindre que $\frac{1}{3}$: car la frac-tion $\frac{2}{27}$ ne vaut pas un $\frac{1}{3}$, c'est-à-dire, un tiers; il faudroit qu'il y eut $\frac{9}{27}$ & non pas $\frac{2}{27}$.

La raison pourquoi le produit est alors plus petit que le multiplicande, c'est que plus le multiplicateur est petit, plus aussi le produit est petit. Or si on multiplie par l'unité, le produit est égal au multiplicande; donc si on multiplie par un multiplicateur plus petit que l'unité, le produit doit être moindre que le multiplicande.

Cela se peut aussi prouver par la proportion qui se trouve dans toute multiplication: voici cette proportion; le produit est au multiplicande, comme le multiplicateur est à l'unité *; par conséquent, si le multiplicateur est plus petit que l'unité, il faut que le produit soit moindre que le multiplicande.

* 53.

DE LA DIVISION DES FRACTIONS.

On peut diviser une fraction par un entier, ou bien une fraction par une autre fraction, ou enfin un entier par une fraction. Nous allons donner la methode pour ces trois cas.

140. 1°. Pour diviser une fraction par un nombre entier, il faut multiplier le dénominateur de la fraction par l'entier qui est le diviseur, en laissant le même numerateur : par exem-ple, pour diviser $\frac{1}{3}$ par 4, il faut multiplier le dénominateur 3 par 4, & le quotient sera $\frac{1}{12}$.

Afin de concevoir la raison de cette pratique, il faut faire attention que quand on veut diviser la fraction $\frac{1}{3}$ par 4, on en cherche une autre qui n'en soit que la quatriéme partie, ou, ce qui est la même chose, qui soit quatre fois plus petite. Or pour rendre une fraction plus petite, il n'y a qu'à aug-menter son dénominateur *; ainsi pour faire la fraction $\frac{1}{3}$ qua-tre fois plus petite, il n'y a qu'à rendre son dénominateur quatre fois plus grand, c'est-à-dire, le multiplier par 4, & laisser le même numerateur. Ce qu'il falloit démontrer.

* 114.

141. Si on peut diviser exactement le numerateur de la frac-

tion par l'entier, il vaut mieux faire cette division du numerateur, en laissant le même dénominateur: par exemple, le
quotient de la fraction $\frac{6}{7}$ divisée par 3, est $\frac{2}{7}$. La raison
de cette pratique est évidente, puisqu'en divisant le nu-
merateur par 3, il vient une nouvelle fraction dont le numerateur n'est que le tiers de celui de la premiere; & par
conséquent cette nouvelle fraction n'est aussi que le tiers de la
premiere.

142. 2°. Pour diviser une fraction par une autre, il faut
multiplier le numerateur de la fraction qui est le dividende
par le dénominateur de celle qui sert de diviseur, & le produit
sera le numerateur du quotient; ensuite il faut multiplier le
dénominateur du dividende par le numerateur du diviseur,
& le produit sera le dénominateur du quotient : par exemple,
si on veut diviser $\frac{2}{3}$ par $\frac{4}{5}$, il faudra multiplier 2 numerateur
du dividende par 5 dénominateur du diviseur, & le produit
10 sera le numerateur du quotient: après cela il faudra encore multiplier le dénominateur 3 du dividende par le numerateur 4 du diviseur, on aura le produit 12 pour le dénominateur du quotient qui sera $\frac{10}{12}$.

Voici la démonstration de cette methode : si on divise une
grandeur par plusieurs diviseurs, un quotient est d'autant plus
grand que le diviseur est petit. Or on a fait voir dans le
premier cas que le quotient de $\frac{2}{3}$ divisé par 4 est $\frac{2}{12}$; ainsi
le quotient de $\frac{2}{3}$ divisé par $\frac{4}{5}$ doit être cinq fois plus grand
que $\frac{2}{12}$, puisque $\frac{4}{5}$ n'est que la cinquiéme partie de 4 : mais
pour rendre la fraction $\frac{2}{12}$ cinq fois plus grande, il n'y a qu'à
multiplier le numerateur par 5 : ce qui donnera $\frac{10}{12}$; ainsi cette
fraction est le quotient de $\frac{2}{3}$ divisé par $\frac{4}{5}$; donc pour diviser
une fraction par une autre, il faut multiplier le numerateur
du dividende par le dénominateur du diviseur, & le dénominateur du dividende par le numerateur du diviseur.

On peut diviser de la même maniere deux fractions litte-
rales l'une par l'autre. Exemples. Le quotient de $\frac{a}{b}$ par $\frac{c}{d}$ est
$\frac{ad}{bc}$. Pareillement le quotient de $\frac{a}{b}$ par $\frac{c}{b}$ est $\frac{ab}{bc} = \frac{a}{c}$.

143. Il suit de ce second exemple que quand deux fractions ont le même dénominateur, pour lors afin de diviser
une de ces fractions par l'autre, il suffit de diviser le numerateur du dividende par le numerateur du diviseur: ainsi le
quotient de $\frac{6}{7}$ par $\frac{2}{7}$ est $\frac{3}{1}$.

144. On peut déduire delà une regle generale pour diviser deux fractions l'une par l'autre. Voici cette regle : il faut réduire les deux fractions au même dénominateur, & ensuite diviser le numerateur du dividende par le numerateur du diviseur : par exemple, pour diviser $\frac{2}{3}$ par $\frac{4}{5}$, je réduis d'abord ces deux fractions au même dénominateur, & je trouve $\frac{10}{15}$ & $\frac{12}{15}$: ensuite je divise 10 par 12 : ce qui donne $\frac{10}{12}$; ainsi le quotient de $\frac{2}{3}$ par $\frac{4}{5}$ est $\frac{10}{12}$. Ce quotient est le même que celui qu'on a trouvé par la premiere methode de ce second cas.

145. 3°. Pour diviser un nombre entier par une fraction, il faut réduire l'entier à une fraction qui ait l'unité pour dénominateur, & après cela operer comme nous avons dit qu'on devoit faire pour diviser une fraction par une autre. Exemple. Si on veut diviser 6 par $\frac{3}{4}$, il faut réduire 6 à la fraction $\frac{6}{1}$ qui est égale à 6, & ensuite diviser cette fraction $\frac{6}{1}$ par $\frac{3}{4}$; le quotient sera $\frac{24}{3} = 8$.

Ce troisiéme cas se réduisant au second, n'a pas besoin d'autre démonstration que celle que nous avons donnée pour le second.

On a déja vû que la methode du second cas peut être appliquée aux fractions litterales : il reste à donner des exemples pour le premier & le troisiéme cas. Le quotient de $\frac{a}{b}$ par c est $\frac{a}{bc}$. Le quotient de $a = \frac{c}{d}$ par $\frac{e}{f}$ est $\frac{af}{ce}$.

146. Si on vouloit diviser un entier & une fraction par un entier & une fraction, il faudroit réduire le dividende à une seule fraction, & le diviseur pareillement à une seule fraction; & ensuite diviser la premiere de ces nouvelles fractions par l'autre : soit, par exemple, $3 + \frac{1}{2}$ à diviser par $4 + \frac{2}{3}$: je réduis le dividende à la fraction $\frac{7}{2}$, & le diviseur à cette autre $\frac{14}{3}$: après cela je divise $\frac{7}{2}$ par $\frac{14}{3}$, & je trouve au quotient $\frac{21}{28}$.

147. Remarquez que si la fraction qui sert de diviseur est plus petite que l'unité, le quotient sera plus grand que le dividende : comme si on divise $\frac{3}{6}$ par $\frac{2}{4}$, le quotient $\frac{12}{12} = 1$ est plus grand que le dividende $\frac{3}{6}$.

La raison de cette remarque est que le quotient est d'autant plus grand que le diviseur est petit. Or quand le diviseur est l'unité, le quotient est égal au dividende ; par consequent si le diviseur est plus petit que l'unité, le quotient doit être plus grand que le dividende.

D'ailleurs on a dit * que dans toute division le dividende

est au diviseur, comme le quotient est à l'unité : & *alternando*, le dividende est au quotient, comme le diviseur est à l'unité; par conséquent si le diviseur est plus petit que l'unité, le dividende est aussi plus petit que le quotient.

De la formation des puissances des Fractions.

Nous ne dirons qu'un mot de cette operation non plus que de l'extraction des racines des fractions, l'une & l'autre étant très-facile à entendre, après tout ce que nous avons dit jusqu'ici.

148. Pour avoir le quarré d'une fraction, il faut elever le numerateur & le dénominateur, chacun à son quarré. Exemple. Le quarré de $\frac{2}{3}$ est $\frac{4}{9}$. De même le quarré de $\frac{3}{4}$ est $\frac{9}{16}$.

Pour avoir le cube d'une fraction, il faut elever le numerateur & le dénominateur, chacun à son cube. Exemple. Le cube de $\frac{2}{3}$ est $\frac{8}{27}$.

En general pour avoir une puissance d'une fraction, il faut elever le numerateur & le dénominateur à la même puissance que celle à laquelle on veut élever la fraction.

La raison de cette operation est bien claire : car pour élever la fraction $\frac{2}{3}$ à son quarré, il faut multiplier $\frac{2}{3}$ par $\frac{2}{3}$. Or en multipliant $\frac{2}{3}$ par $\frac{2}{3}$, on aura au produit une fraction, sçavoir $\frac{4}{9}$ dont le numerateur est le quarré de 2, & le dénominateur le quarré de 3 ; par conséquent pour élever une fraction à son quarré, il faut prendre le quarré du numerateur & celui du dénominateur. C'est la même raison pour les autres puissances.

On opere de même sur les fractions litterales. Exemples. Le quarré de $\frac{a}{b}$ est $\frac{aa}{bb}$. Le quarré de $\frac{a+d}{c}$ est $\frac{aa+2ad+dd}{cc}$. Le cube de $\frac{a}{b}$ est $\frac{a^3}{b^3}$.

De l'Extraction des racines des Fractions.

149. Pour extraire la racine quarrée d'une fraction, il faut tirer celle du numerateur & celle du dénominateur. Exemples. La racine quarrée de $\frac{4}{9}$ est $\frac{2}{3}$. La racine quarrée de $\frac{16}{25}$ est $\frac{4}{5}$.

En general pour extraire la racine quelconque d'une fraction, il faut tirer la racine semblable du numerateur & du dénominateur de la fraction. Exemple. La racine quatriéme de $\frac{16}{81}$ est $\frac{2}{3}$.

La raison de cette operation se déduit de la formation des puissances des fractions: car si pour élever une fraction à son quarré, il faut élever le numérateur & le dénominateur, chacun à son quarré, il suit que pour tirer la racine quarrée d'une fraction, il faut tirer celle du numérateur & celle du dénominateur, puisque la formation des puissances, & l'extraction des racines sont des operations contraires. On peut appliquer le même raisonnement aux autres racines, troisiéme, quatriéme, &c.

Il faut operer de la même maniere pour l'extraction des racines des fractions litterales. Exemples. La racine quarrée de $\frac{16}{49}$ est $\frac{4}{7}$. La racine cubique de $\frac{a^3}{b^3}$ est $\frac{a}{b}$.

150. Remarquez que si le numérateur & le dénominateur n'étoient pas l'un & l'autre des puissances parfaites des racines que l'on veut avoir; pour lors on ne pourroit trouver exactement la racine cherchée. Exemple. $\frac{6}{9}$ est une fraction dont on ne peut avoir exactement la racine quarrée, parce que le numérateur 6 n'est point un quarré parfait.

LIVRE TROISIE'ME.

DES EQUATIONS.

IL y a deux methodes generales pour enseigner & pour découvrir la verité dans les Sciences; l'une est appellée *synthese*, & l'autre est nommée *analyse*. Pour bien entendre la maniere dont l'une & l'autre methode procede, il faut distinguer deux cas ou deux occasions dans lesquelles on en fait usage; l'une est lorsqu'on veut démontrer la verité d'une proposition, & l'autre quand on veut trouver la solution de quelque problême.

Dans la premiere occasion la methode de synthese consiste à exposer d'abord les principes generaux pour en déduire la proposition à démontrer : mais dans ce premier cas l'analyse suppose que la proposition dont il s'agit est vraye, & ensuite elle conduit de cette supposition jusqu'à quelque principe connu, en faisant voir que la proposition qu'elle a supposée vraye, a une liaison necessaire avec le principe. Ainsi la synthese commence par les principes generaux pour descendre à la proposition à démontrer: au contraire l'analyse commence par la proposition à démontrer pour remonter aux principes generaux.

Dans le second cas, c'est-à-dire, lorsqu'il s'agit de resoudre quelque problême, la synthese se sert aussi des principes & des propositions connuës pour parvenir à la connoissance de ce que l'on cherche. Pour ce qui est de l'analyse, elle suppose encore ce que l'on cherche comme dans le premier cas; mais alors elle ne remonte pas de cette supposition à quelque principe connu. Voici comme elle procede dans ce second cas.

Lorsque l'on veut trouver la solution de quelque problême par l'analyse, on examine la question proposée avec toute l'attention possible; on la suppose résoluë, & par le moyen des differentes operations dont nous parlerons dans la suite, on déduit successivement de cette supposition plusieurs consequences, jusqu'a ce que l'on soit arrivé à la connoissance de ce que l'on cherche. Mais si en supposant la question résoluë, cela conduit à quelque contradiction, c'est une marque que ce que l'on a supposé est impossible.

Voici un exemple qui fera concevoir comment l'analyse suppose le problême résolu. Il s'agit de trouver un nombre qui soit tel qu'étant multiplié par 7, le produit soit égal à 84. Il faut appeller x le nombre cherché, & dire ensuite : puisque ce nombre étant multiplié par 7, le produit est égal à 84 ; donc $7x = 84$. Il est clair qu'en faisant cette égalité de $7x$ avec 84, on raisonne sur le nombre cherché, comme si on le connoissoit. C'est ainsi que l'analyse suppose la question résoluë : après quoi elle déduit de cette supposition la solution du problême, comme on l'expliquera dans la suite.

On se sert ordinairement de la synthese lorsqu'on veut enseigner aux autres les veritez que l'on connoît soi-même : c'est pour cela que la synthese est appellée *methode de doctrine*. Mais lorsqu'on veut découvrir la solution d'un problême, on se sert presque toujours de l'analyse que l'on appelle à cause de cela, *methode d'invention*. On réünit aussi quelquefois ces deux methodes pour trouver plus facilement ce que l'on cherche.

La methode analytique est si utile dans les Mathématiques, que l'on découvre par son moyen avec une extrême facilité la solution de quantitez de problêmes que l'on n'auroit osé esperer de resoudre sans le secours de cet Art merveilleux. Or c'est par les équations que l'on fait l'application de l'analyse aux problêmes dont on cherche la solution.

Art. I. Lorsqu'une ou plusieurs quantitez sont égales à une ou à plusieurs autres quantitez, cela s'appelle *équation* : par exemple, $10 = 7 + 3$ est une équation, parce que 10 est une quantité égale à $7 + 3$. De même $9 + 5 = 10 - 6$ est encore une équation, parce que $9 + 5$ font 14 aussi-bien que $10 - 6$. En lettres, si on suppose que $ax - 2b$ égale $4cy + d$, on aura l'équation $ax - 2b = 4cy + d$.

2. Ce qui se trouve à la gauche du signe d'égalité est nommé *premier membre* de l'équation, & ce qui est à la droite est appellé *second membre* : ainsi dans le premier exemple, 10 est le premier membre, & $7 + 3$ est le second : de même dans le second exemple, $9 + 5$ est le premier membre, & $10 - 6$ est le second.

3. Chaque quantité de l'un & de l'autre membre est appellée *terme* : ainsi dans le troisiéme exemple qui est $ax - 2b$

$= 4cy + d$, la quantité ax est un terme, & l'autre grandeur $— 2b$ est un autre terme : pareillement $4cy$ & d sont les termes du second membre de la même équation.

4. Dans tout problême il y a des grandeurs inconnuës, puisque, si tout étoit connu, on ne feroit point de question : mais il faut aussi qu'il y ait des rapports connus, soit entre les grandeurs inconnuës comparées avec les connuës, soit entre les grandeurs inconnuës comparées entr'elles, pour conduire à la connoissance des inconnuës, à laquelle il seroit impossible de parvenir, s'il n'y avoit quelque chose de connu : par exemple, si on demande quel est le nombre qui multiplié par 4 donne un produit qui soit égal à 60, on ne peut trouver ce nombre qu'à cause du rapport qu'il a avec 60 : ce rapport consiste en ce que le nombre étant multiplié par 4, le produit est égal à 60. Il est facile de voir que le nombre cherché est 15.

5. Dans les équations on se sert ordinairement des premieres lettres de l'alphabet a, b, c, d, &c. pour désigner les grandeurs connues ; & pour désigner les inconnues, on se sert des dernieres lettres r, s, t, u, x, y, z : il arrive cependant assez souvent qu'on employe les lettres initiales des noms, pour marquer les grandeurs, soit connues, soit inconnues, que ces noms signifient : ainsi le mouvement se marque par m, la vitesse par v, le temps par t, &c.

6. Les équations sont de differens degrez ; sçavoir, du premier, du second, du troisiéme, du quatriéme, du cinquiéme, &c. selon que l'inconnue est élevée à la premiere puissance, à la seconde, à la troisiéme, à la quatriéme, à la cinquiéme, &c. ainsi une équation est du premier degré, lorsque l'inconnue est élevée à la premiere puissance : telles sont les équations $x + b = c$ & $ax + b = c$. Une équation est du second degré, lorsque l'inconnue est élevée à la seconde puissance : telles sont les équations $xx = c$ & $xx + ax = c$. Une équation est du troisiéme degré, lorsque l'inconnue est élevée à la troisiéme puissance : telle est l'équation $x^3 + ax^2 + bx = cdf$. Il en est de même des autres équations qui sont d'un degré plus élevé.

7. Remarquez que le degré d'une équation se prend du terme où l'inconnuë est élevée à la plus haute puissance. Ainsi, quoique dans l'équation qu'on a apportée pour exem-

ple du troisiéme degré, il y ait un terme où l'inconnue ne
soit élevée qu'à la seconde puissance, & un autre où elle est
élevée à la premiere ; cela n'empêche pas que l'équation ne
soit du troisiéme degré, parce qu'il y a un terme où l'inconnue est élevée à la troisieme puissance.

8. En parlant des differens degrez des équations, nous
avons supposé qu'il n'y avoit qu'une espece d'inconnue dans
une équation ; mais s'il y a differentes inconnues, pour lors
le degré de l'équation dépend du terme qui a le plus de racines inconnues : par exemple, l'équation $x^2y^3 + ay^3 = bc$
est du cinquiéme degré, parce que le premier terme x^2y^3
contient cinq racines inconnues ; sçavoir, x, x & y, y, y :
mais l'équation $x^3 + axy = c - d$ n'est que du troisiéme degré, parce que le terme x^3 qui contient le plus de racines inconnues, n'est que la troisiéme puissance de x.

Notre dessein dans cet Ouvrage est de donner la methode
de resoudre seulement les équations du premier degré & celles du second qui ne contiennent pas la premiere puissance de
l'inconnue. On verra dans la suite par quelques exemples,
que ces sortes d'équations du second degré qui ne contiennent
pas la premiere puissance de l'inconnue, sont presque aussi faciles à resoudre que celles du premier degré.

Pour resoudre une équation, il faut se servir de differentes
operations dont il est necessaire de parler. Or ces operations
doivent se faire de maniere que le premier membre reste toujours égal au second. Il y en a plusieurs : sçavoir, l'addition,
la soustraction, la multiplication, la division, la substitution,
l'extraction des racines, &c.

9. On se sert de l'addition lorsque l'on veut faire passer
une quantité negative d'un membre dans un autre : par
exemple, si dans l'équation $ax - 2b = 4cy + d$, on veut faire
passer $- 2b$ dans le second membre, il faut d'abord ajouter
$+ 2b$ dans chacun des membres ; ce qui donnera $ax - 2b$
$+ 2b = 4cy + d + 2b$. Or dans le premier membre les deux
quantitez $- 2b$ & $+ 2b$ se détruisent ; donc l'équation précedente se réduit à celle-ci $ax = 4cy + d + 2b$.

10. Delà il suit que pour faire passer une quantité negative d'un membre dans un autre, il n'y a qu'à l'effacer dans le
membre où elle est, & l'écrire dans l'autre membre avec le
signe $+$: par exemple, si on a l'équation $9 + 5 = 20 - 6$,

& qu'on veuille faire paſſer la grandeur — 6 dans le premier membre, il faut écrire $9 + 5 + 6 = 20$.

Il eſt évident que par cette operation on ne détruit pas l'égalité qui étoit entre les deux membres, puiſque l'on ajoute la même grandeur à chacun de ces membres.

11. On ſe ſert de la ſouſtraction lorſqu'on veut faire paſſer une quantité poſitive d'un membre dans un autre : par exemple, ſi on a l'équation $3y + b = d$, & qu'on veuille faire paſ-ſer $+ b$ dans le ſecond membre, il faut ſouſtraire b de chaque membre ; on aura $3y + b — b = d — b$. Or $+ b$ & $— b$ ſe détruiſent dans le premier membre ; donc l'équation précedente ſe réduit à celle-ci $3y = d — b$.

12. On peut conclure delà que pour faire paſſer une quantité poſitive d'un membre dans l'autre, il n'y a qu'à ne la point mettre dans le membre où elle étoit, & l'écrire dans l'autre avec le ſigne — ; ce qui ne détruit point l'égalité des deux membres, puiſque l'on ne fait par-là que ſouſtraire la même grandeur de chacun des membres.

13. On voit donc que l'on peut faire paſſer toutes ſortes de quantitez d'un membre de l'équation dans l'autre, ſans détruire l'égalité des deux membres ; il ſuffit pour cela de ne point écrire cette quantité dans le membre où elle ſe trouvoit & de la mettre dans l'autre membre avec un ſigne oppoſé à celui qu'elle avoit.

14. La multiplication eſt d'uſage dans les équations, lorſqu'il y a quelque fraction que l'on veut ôter. Pour cet effet il faut multiplier tous les termes de l'équation par le dénominateur de la fraction que l'on veut ôter : ſoit l'équation $\frac{x}{a} + b = z — d$ dont on veut faire évanouir la fraction $\frac{x}{a}$: il faut multiplier tous les termes de l'équation par le dénominateur a ; & on aura l'équation ſuivante $\frac{ax}{a} + ab = az — ad$: * Liv. 1. Art. 165. mais $\frac{ax}{a}$ eſt égal à x * : ainſi la derniere équation ſe réduit à celle-ci $x + ab = az — ad$.

15. Il paroît par cet exemple qu'après avoir ôté la fraction de cette équation, le numerateur x eſt reſté à la place de la fraction $\frac{x}{a}$. On peut donc dire en general que pour faire évanouir une fraction, il n'y a qu'à multiplier tous les termes de l'équation par le dénominateur de cette fraction, & laiſſer le numerateur à la place de la fraction ſans le multiplier.

16. S'il y a plusieurs fractions dans l'équation, il faut d'abord faire évanouir une des fractions en multipliant tous les termes de l'équation par le dénominateur de la fraction que l'on veut faire évanouir la premiere; ensuite multiplier cette équation, dont on a ôté la premiere fraction, par le dénominateur de la fraction que l'on veut faire évanouir la seconde, & ainsi de suite. Soit l'équation $\frac{x}{a} + b = \frac{z}{c} - d$ dont il faut ôter les deux fractions : je commence par multiplier tous les termes par a : ce qui donne la nouvelle équation $x + ab = \frac{az}{c} - ad$, que je multiplie ensuite par c, & il vient cette autre équation $cx + acb = az - acd$, dans laquelle il n'y a plus de fraction.

Il est clair qu'on ne détruit point l'équation ou l'égalité par toutes ces multiplications, puisque l'on ne fait que multiplier les deux membres, qui sont des quantitez égales, par une même grandeur.

17. On se sert de la division pour dégager l'inconnue qui est multipliée par une quantité connue : cela se fait en divisant tous les termes de l'équation par la quantité connue qui multiplie l'inconnue : par exemple, soit l'équation $ax + b = cd$ dont la quantité inconnue x est multipliée par a : afin de dégager cette inconnue & de la laisser seule pour un des termes de l'équation, il faut diviser tous les termes par a : ce qui donnera $\frac{ax}{a} + \frac{b}{a} = \frac{cd}{a}$. Or $\frac{ax}{a}$ est égal à x; par conséquent l'équation précedente deviendra $x + \frac{b}{a} = \frac{cd}{a}$ où l'inconnue seule x est un des termes de l'équation.

18. Il paroît donc que pour dégager l'inconnue d'une quantité connue qui la multiplie, il n'y a qu'à laisser l'inconnue toute seule pour un des termes de l'équation, & diviser tous les autres termes par la quantité qui multiplie l'inconnue. En voici encore des exemples : soit l'équation $3x - b = c + d$: afin de dégager l'inconnue x, il faut diviser tous les termes de l'équation par le coefficient 3 qui multiplie l'inconnue, & on aura $x - \frac{b}{3} = \frac{c}{3} + \frac{d}{3}$. Le second membre de cette équation qui est $\frac{c}{3} + \frac{d}{3}$ est la même chose que $\frac{c+d}{3}$, parce que les deux fractions $\frac{c}{3}$ & $\frac{d}{3}$ ayant le même dénominateur, on peut les réduire en une seule qui ait le dénominateur commun, & dont le numerateur soit la somme des numerateurs de deux fractions : ainsi l'équation $x - \frac{b}{3} = \frac{c}{3} + \frac{d}{3}$ est la même que celle-ci, $x - \frac{b}{3} = \frac{c+d}{3}$. Enfin pour dégager l'inconnue x de

l'équation $ax - cx = b + d$, j'obſerve que l'inconnue x eſt multipliée par $a - c$ dans cette équation, puiſque $ax - cx$ eſt le produit de x par $a - c$ ou de $a - c$ par x ; c'eſt pourquoi en diviſant l'équation propoſée par $a - c$, elle ſe réduit à $x = \frac{b+d}{a-c}$.

Il eſt aiſé de voir que la diviſion dont on ſe ſert pour dégager l'inconnue ne détruit point l'égalité, non plus que la multiplication, puiſque l'on diviſe deux quantitez égales ; ſçavoir, les deux membres de l'équation par le même diviſeur.

19. On ſe ſert de l'extraction des racines lorſque l'inconnue eſt élevée au quarré, au cube ou à quelqu'autre puiſſance ; auquel cas on tire la racine qui répond à la puiſſance de l'inconnue ; c'eſt-à-dire, que ſi l'inconnue eſt élevée au quarré dans l'équation, il faut tirer la racine quarrée ; ſi elle eſt élevée au cube, il faut tirer la racine cubique ; ſi elle eſt élevée à la quatriéme puiſſance, il faut extraire la racine quatriéme, &c. Par exemple, ſi on a l'équation $xx = aa$ dont l'inconnue x eſt élevée au quarré, il faut tirer la racine quarrée de chaque membre de l'équation, & on aura $x = a$. De même pour reſoudre l'équation $x^3 = a + c$, il faut tirer la racine cubique de chaque membre ; ce qui donnera $x = \sqrt[3]{a+c}$.

Il eſt évident que l'on ne détruit point l'égalité par cette operation : car l'on ne fait que tirer les racines ſemblables des deux membres qui ſont des quantitez égales. Or les racines ſemblables ; c'eſt-à-dire, ou quarrées, ou cubiques, &c. de quantitez égales, ſont égales.

20. Une des principales operations neceſſaires pour reſoudre les équations, eſt la ſubſtitution qui conſiſte à mettre la valeur d'une inconnue à la place de cette inconnue. Si on a, par exemple, les deux équations $x + y = a$ & $x - y = d$, & qu'on veuille ſubſtituer dans la premiere équation la valeur de x à la place de cette inconnue, il faut prendre la valeur de x dans la ſeconde équation ; ce qui ſe fait en laiſſant x ſeule dans le premier membre, & la ſeconde équation ſera $x = d + y$; ainſi $d + y$ eſt la valeur de x : on ſubſtituera enſuite $d + y$ à la place de x dans la premiere équation ; & on aura $d + y + y = a$ au lieu de $x + y = a$.

Si on avoit voulu ſubſtituer la valeur de y dans la ſeconde des deux équations proposées, il auroit fallu prendre cette valeur dans la premiere équation, en laiſſant *y* ſeule dans le premier membre; ce qui auroit donné $y = a - x$; après quoi on auroit mis $a - x$ à la place de *y* dans la ſeconde équation: mais comme *y* eſt par ſouſtraction dans cette ſeconde équation à cauſe du ſigne —, il auroit été neceſſaire de ſouſtraire *a* — *x*: or la ſouſtraction ſe fait en changeant les ſignes; ainſi il auroit fallu mettre $- a + x$ à la place de *y* : & la ſeconde équation ſeroit devenuë $x - a + x = d$.

Soient auſſi les deux équations $x + m = y + b$ & $ax = c - d + y$: ſi l'on veut ſubſtituer dans la ſeconde équation la valeur de *x* à la place de cette inconnue, il faut prendre cette valeur dans la premiere équation qui devient $x = y + b - m$, & mettre enſuite $y + b - m$ à la place de *x* dans la ſeconde équation : mais comme *x* eſt multipliée par *a* dans cette ſeconde équation, il faut pareillement multiplier $y + b - m$ par *a*, & on aura le produit $ay + ab - am$ égal à *ax*; ainſi après la ſubſtitution, la ſeconde équation ſera $ay + ab - am = c - d + y$.

On appliquera ces differentes operations pour pratiquer les trois regles ſuivantes, qui feront trouver la ſolution des problêmes du premier degré.

21. La premiere conſiſte à réduire le problême en équations. Afin de mettre cette regle en pratique, il faut faire une grande attention aux conditions du problême qui donnent lieu de former les équations, en exprimant les rapports des grandeurs connues avec les inconnues, ou même ceux qui ſont entre les quantitez inconnues comparées enſemble. I. Regle.

Nous allons appliquer cette regle à un exemple, avant de propoſer les deux autres, afin de la faire mieux concevoir : nous ferons pareillement l'application de la ſeconde regle avant de propoſer la troiſiéme.

PROBLEME I.

22. *Pierre & Jean ont chacun un certain nombre d'écus qu'il s'agit de trouver : on ſuppoſe que ſi Pierre donnoit cinq de ſes écus à Jean, ils en auroient autant l'un que l'autre: mais ſi Jean en donnoit cinq des ſiens à Pierre, pour lors Pierre en auroit le triple de ce qui en reſteroit à Jean. Combien Pierre & Jean avoient-ils d'écus chacun?*

Pour mettre ce problême en équations, j'appelle x le nombre des écus de Pierre, & y le nombre des écus de Jean : cela posé, je raisonne ainsi : le nombre des écus de Pierre étant x ; lorsqu'il en aura donné cinq à Jean, le reste des écus de Pierre sera $x - 5$, & le nombre des écus de Jean sera $y + 5$. Or par la premiere condition du problême, Pierre & Jean auront autant d'écus l'un que l'autre, après que le premier en aura donné cinq des siens au second ; par conséquent $x - 5 = y + 5$: voilà une équation qui exprime la premiere condition du problême.

Il faut faire une autre équation qui soit tirée de la seconde partie du problême. On suppose dans cette seconde partie que Jean donne cinq de ses écus à Pierre ; ainsi le nombre des écus de Jean sera $y - 5$, & celui de Pierre sera $x + 5$. Or par la seconde condition du problême, Jean ayant donné cinq écus à Pierre, pour lors Pierre en a trois fois plus que Jean ; par conséquent $x + 5$ est trois fois plus grand que $y - 5$; donc afin que $y - 5$ devienne égal à $x + 5$, il faut le multiplier par 3. Or le produit de $y - 5$ par 3 est $3y - 15$; donc $3y - 15 = x + 5$. Ainsi les deux équations qui expriment les conditions du problême sont $x - 5 = y + 5$ & $3y - 15 = x + 5$.

23. Il ne faut pas d'autres équations pour resoudre le problême proposé ; parce que n'y ayant que deux choses inconnues, sçavoir, le nombre des écus de Pierre & celui des écus de Jean, on n'a besoin que de deux équations pour resoudre ce problême. En general il faut faire autant d'équations qu'il y a d'inconnues : il y a cependant des problêmes dont les conditions ne donnent pas autant d'équations qu'il y a d'inconnues ; & pour lors ces problêmes sont indéterminés ; c'est-à-dire, qu'ils ont plusieurs solutions & même une infinité : nous en donnerons un exemple dans la suite. Venons à present à la seconde regle.

On conçoit bien que tandis que les inconnues seront mêlées ensemble dans chacune des équations, on ne pourra sçavoir la valeur précise de chacune des inconnues ; c'est pourquoi il faut faire ensorte de parvenir à une équation qui ne contienne qu'une espece d'inconnue. Or c'est par la regle suivante, qui est la seconde, qu'on parviendra à cette équation.

24. Cette seconde regle consiste à substituer la valeur d'une **II. Regle.** inconnue à la place de l'inconnue même. Il faut donc prendre la valeur d'une inconnue dans une equation, comme nous l'avons dit*, & substituer cette valeur dans les autres equations de la maniere dont cette inconnue s'y trouve ; c'est-à-   *** 20.** dire, que si l'inconnue se trouve par addition, la valeur doit y être substituée par addition, si l'inconnue est retranchée, sa valeur doit être aussi retranchée ; si l'inconnue est multipliée par quelque grandeur, sa valeur doit être multipliée par la même grandeur, &c. ainsi que l'on a vû dans l'art. 20.

Nous allons faire l'application de cette seconde regle à l'exemple du premier problème.

Les deux equations trouvées sont $x - 5 = y + 5$ & $3y - 15 = x + 5$; pour en faire une qui ne contienne qu'une espece d'inconnue, on laisse une des inconnues, sçavoir x, toute seule dans un des membres de la premiere equation, afin d'en avoir la valeur. Or pour laisser x seule dans un membre, il faut faire passer $- 5$ dans l'autre membre ; & au lieu de l'equation $x - 5 = y + 5$, on aura $x = y + 5 + 5$, ou bien $x = y + 10$; ainsi la valeur de x est $y + 10$ qu'il faut substituer à la place de x dans la seconde equation $3y - 15 = x + 5$. En faisant cette substitution, on trouvera $3y - 15 = y + 10 + 5$, ou bien $3y - 15 = y + 15$.

Nous voilà donc parvenu à une équation qui ne contient qu'une espece d'inconnue, sçavoir, la grandeur y qui marque le nombre des écus de Jean. Il reste à present à chercher par le moyen de cette équation quelle est la valeur toute connue de cette grandeur : c'est ce que nous trouverons par la troisiéme regle.

25. Cette troisiéme regle consiste à laisser la quantité inconnue **III Regle.** toute seule dans un des membres, en faisant passer toutes les grandeurs connues dans l'autre membre. Il est évident que la quantité inconnue deviendra connue par ce moyen, puisqu'elle sera égale à des quantitez connues.

Pour appliquer cette regle à notre exemple, il faut reprendre l'équation que la seconde regle a fait trouver ; la voici, $3y - 15 = y + 15$: je fais d'abord passer $- 15$ du premier membre dans le second ; & j'aurai $3y = y + 15 + 15$, ou $3y = y + 30$: & faisant aussi passer y du second membre dans le premier ; il vient $3y - y = 30$ ou $2y = 30$. Enfin y étant multipliée par 2 dans le premier membre de cette derniere équation, je divise tous les termes par 2, afin de laisser y seule dans le premier membre : cette division étant faite, la derniere équation se réduit à $y = 15$; c'est-à-dire que Jean avoit 15 écus.

Pour sçavoir combien en avoit Pierre, il faut substituer 15 à la place de y dans quelques-unes des équations où se trouvent les deux inconnues x & y. Je mets donc 15 à la place de y dans la premiere équation qui est $x - 5 = y + 5$: ce qui donne l'équation suivante, $x - 5 = 15 + 5$ ou $x - 5 = 20$: & faisant passer -5 dans le second membre, afin que x reste seule dans le premier, il vient $x = 20 + 5$ ou $x = 25$; c'est-à-dire, que Pierre avoit 25 écus.

Ces deux nombres 25 & 15 remplissent les conditions du problême proposé : car si Pierre avoit donné cinq de ses écus à Jean, ils en auroient eu autant l'un que l'autre : ainsi ces deux nombres satisfont déja à la premiere partie du problême. D'ailleurs si Jean avoit donné cinq de ses écus à Pierre qui en avoit 25, Jean n'en auroit plus eu que 10, & Pierre en auroit eu 30 ; & par conséquent Pierre en auroit eu le triple de ce qui en seroit resté à Jean : ce qui satisfait encore à la seconde partie du problême.

On propose communément un problême de même espece, dans lequel on suppose qu'une asnesse & une mule ont chacune un certain nombre de sacs ; ensorte que si la mule en donnoit un des siens à l'asnesse, elles en auroient autant l'une que l'autre : mais au contraire, si l'asnesse en donnoit un des siens à la mule, pour lors la mule en auroit le double de ce qui en resteroit à l'asnesse.

Il s'agit de trouver le nombre des sacs de l'asnesse & celui des sacs de la mule.

Pour observer la premiere regle, on nommera a le nombre des sacs de l'asnesse, & m celui des sacs de la mule, & on trouvera que les deux équations qui expriment la nature du problême sont $m - 1 = a + 1$ & $2a - 2 = m + 1$.

Ensuite si, pour observer la seconde regle, on prend la valeur de m dans la premiere équation, & qu'on substitue cette valeur qui est $a + 2$ dans la seconde équation à la place de m, on aura $2a - 2 = a + 2 + 1$, ou $2a - 2 = a + 3$.

Enfin en appliquant la troisiéme regle sur l'équation $2a - 2 = a + 3$ qui ne contient qu'une espece d'inconnue, sçavoir a, on trouvera *a* = 5 : puis en fubftituant cette valeur toute connue de *a* dans la premiere équation *m* — 1 = *a* + 1, on trouvera auffi *m* = 7 ; par conféquent l'afneffe avoit 5 facs & la mule 7.

Nous allons donner plufieurs autres problêmes dont nous chercherons la folution en nous fervant des mêmes regles qui font, comme on l'a dit, au nombre de trois ; dont la premiere confifte à mettre le problême en équations ; la feconde à trouver une équation formée des premieres qui ne contienne qu'une efpece d'inconnue, & la troifiéme enfin à laiffer l'inconnue toute feule dans un des membres de l'équation que la feconde regle a fait trouver.

26. C'eft la premiere de ces trois regles qui eft ordinairement la plus difficile à mettre en pratique, parce qu'il n'y a point de methodes fixes que l'on puiffe prefcrire pour l'application de cette regle. Ce que l'on peut dire en general, c'eft qu'il faut faire une grande attention à la nature & aux conditions du problême, afin d'appercevoir les differens rapports qui font entre les quantitez, foit connues, foit inconnues, & qui peuvent donner lieu à former des équations. Il arrive fouvent que la folution d'un problême dépend d'une proprieté connue par quelque partie des Mathematiques : fi cette proprieté renferme une proportion, il eft bien facile d'en faire une équation, puifque le produit des extrêmes eft égal à celui des moyens.

27. Il faut remarquer que fouvent il n'y a qu'une inconnue dans le problême, auquel cas la feconde regle n'a point de lieu ; mais feulement la premiere & la troifiéme, comme on le verra dans plufieurs des problêmes fuivans.

PROBLEME II.

28. *La fomme de deux nombres étant connuë, & la difference ou l'excès de l'un fur l'autre étant auffi connu, trouver quels font ces deux nombres.*

Par exemple, fi la fomme des deux nombres eft 40, & que leur difference foit 8, il s'agit de trouver quels font les deux nombres qui pris enfemble font 40, & dont la difference eft 8.

Pour refoudre ce problême d'une maniere generale, nous

supposerons la somme 40 designée par a, & la difference 8 par d : nous appellerons aussi la plus grande des inconnues, x, & la petite, y. Cela posé, je raisonne ainsi : puisque les deux grandeurs inconnues prises ensemble font la somme connue a, nous aurons déja l'équation suivante $x + y = a$.

D'ailleurs la difference des deux inconnues, c'est-à-dire, l'excès de la plus grande sur la plus petite étant designée par d, il s'ensuit qu'en ôtant la plus petite de la plus grande, le reste sera égal à d; nous aurons donc encore l'équation $x - y = d$: ainsi les deux équations qui renferment les conditions du problême sont $x + y = a$ & $x - y = d$.

Il n'y a que ces deux équations à faire pour resoudre le problême, parce qu'il n'y a que les deux inconnues x & y : c'est pourquoi il faut passer à la seconde regle, c'est-à-dire, qu'il faut, par le moyen de la substitution faire une nouvelle équation qui ne contienne qu'une espece d'inconnue. Pour cela je prends la valeur de x dans la seconde des deux équations trouvées, qui est $x - y = d$: il faut donc faire passer $- y$ dans le second membre; & il viendra $x = d + y$; ainsi la valeur de x est $d + y$: je substituë cette valeur à la place de x dans la premiere équation $x + y = a$; & je trouve la nouvelle équation $d + y + y = a$ ou $d + 2y = a$, laquelle ne contient qu'une espece d'inconnue, sçavoir y, dont on trouvera la valeur par le moyen de la troisiéme regle de la maniere suivante.

Puisque $d + 2y = a$; donc $2y = a - d$: mais comme y est multipliée par 2 dans cette derniere équation, il faut diviser toute l'équation par 2, afin de dégager l'inconnue y; ce qui donne $y = \frac{a}{2} - \frac{d}{2}$. Mettant à present cette valeur toute connue de y dans la premiere équation $x + y = a$, il vient $x + \frac{a}{2} - \frac{d}{2} = a$; ainsi $x = a - \frac{a}{2} + \frac{d}{2}$: ensuite réduisant l'entier a en fraction *qui ait pour dénominateur 2, il vient * $x = \frac{2a}{2} - \frac{a}{2} + \frac{d}{2}$. Mais $\frac{2a}{2} - \frac{a}{2} = \frac{a}{2}$; donc $x = \frac{a}{2} + \frac{d}{2}$. Or $\frac{a}{2}$ exprime la somme divisée par 2; c'est-à-dire, la moitié de la somme; & $\frac{d}{2}$ marque la moitié de la difference. Ainsi le plus grand des deux nombres cherchez désigné par x, est égal à la moitié de la somme plus à la moitié de la difference. Pareillement l'équation $y = \frac{a}{2} - \frac{d}{2}$ signifie que le plus petit des deux nombres cherchez marqué par y, est égal à la moitié de la somme moins la moitié de la difference,

Dans

*Liv. 2.
Art. 123.

Dans l'exemple proposé la somme des deux nombres cherchez est 40 & la différence est 8 ; ainsi la moitié de la somme est 20, & la moitié de la différence est 4 ; par conséquent le plus grand des deux nombres est 20 + 4 = 24 ; & le plus petit est 20 — 4 = 16. Il est évident que ces deux nombres satisfont au problème, puisque la somme de 24 & de 16 est 40, & que la différence ou l'excès de 24 sur 16 est 8.

29. Il paroît par la solution generale du problème que la plus grande de deux quantitez inégales est toujours égale à la moitié de la somme de ces quantitez plus à la moitié de la différence ; & que la plus petite est égale à la moitié de la somme moins la moitié de la différence. Il faut retenir cette proposition qui est d'un grand usage dans les Mathematiques.

30. On peut resoudre le même problème plus facilement, en employant une seule équation & une seule espece d'inconnue. Pour cela, il faut faire attention qu'en ôtant du plus grand nombre la différence des deux, le reste est égal au plus petit ; par conséquent le plus grand étant marqué par x, le plus petit sera desig. par $x - d$; ainsi la somme des deux nombres est $x + x - d$; donc on aura l'équation $x + x - d = a$; par conséquent $2x - d = a$; donc $2x = a + d$; donc $x = \frac{a}{2} + \frac{d}{2}$; ainsi la valeur de x est $\frac{a}{2} + \frac{d}{2}$: c'est la même que celle qu'on a trouvée par la premiere methode. Cette valeur de x étant trouvée, on en ôtera la différence, & le reste sera le plus petit des deux nombres.

PROBLÈME III.

31. Un Berger étant interrogé combien il y avoit de moutons dans son troupeau, répondit que s'il en avoit encore le tiers & de plus le quart de ce qu'il en a, & cinq par dessus, il en auroit cent. On demande quel est le nombre des moutons.

On voit bien qu'il n'y a qu'une inconnue dans ce problème, sçavoir le nombre de moutons, c'est pourquoi il n'y a qu'une équation à faire.

Nous nommerons x le nombre inconnu de moutons, a le nombre de cent que le Berger auroit eu, en ajoutant à x le tiers & le quart de x & cinq de plus. Voici comme je raisonne pour mettre le problème en équation : puisqu'en ajoutant au nombre de moutons que le Berger a actuellement,

le tiers de ce nombre, enfuite le quart & 5 de plus, la fomme
feroit égale à cent, il s'enfuit que x nombre des moutons du
Berger, plus le tiers de x, plus le quart de x, plus cinq égalent a, c'eft-à-dire cent. Or le tiers de x fe marque par la
fraction $\frac{x}{3}$ qui fignifie x partagée ou divifée par 3 : de même
le quart de x fe marque par $\frac{x}{4}$; ainfi l'équation qui exprime
le problême eft $x + \frac{x}{3} + \frac{x}{4} + 5 = a$.

Voilà donc la premiere regle obfervée : mais comme il n'y
a qu'une feule équation pour exprimer le problême, parce
qu'il n'y a qu'une efpece d'inconnue ; la feconde regle n'a
point de lieu dans ce problême : c'eft pourquoi il faut préparer l'équation en faifant évanouir les fractions, & paffer enfuite à l'application de la troifiéme regle.

Je fais donc évanouir la premiere fraction en multipliant
toute l'équation par le dénominateur 3 * ; ce qui donne cette
autre équation $3x + x + \frac{3x}{4} + 15 = 3a$: je fais enfuite évanouir l'autre fraction, en multipliant de même toute l'équation par le dénominateur 4; & il vient $12x+4x+3x+60=12a$,
ou bien $19x+60=12a$; donc $19x=12a-60$. Or $a=100$;
donc $12a=1200$; donc $19x=1200-60$, ou $19x=1140$:
mais comme x eft multipliée par 19 dans le premier membre,
il faut divifer toute l'équation par 19, afin que x demeure
feule dans le premier membre. Or en divifant 1140 par 19,
le quotient eft 60 ; par conféquent on aura l'équation fuivante $x = 60$; c'eft-à-dire, que le Berger avoit 60 moutons dans fon troupeau. Ce nombre fatisfait aux conditions
du problême : car fi à 60 on ajoute le tiers qui eft 20 & le
quart qui eft 15 & 5 de plus, la fomme fera 100.

*14.

PROBLÊME IV.

32. *Une armée ayant été défaite, le quart eft refté fur le champ
de bataille, deux cinquiémes ont été faits prifonniers, & 1400
hommes qui étoient le refte de l'armée ont pris la fuite. On demande
de combien d'hommes l'armée étoit compofée avant la bataille.*

Je nomme x le nombre inconnu que je cherche , & je me
fers de la lettre a pour marquer les 1400 hommes qui ont
pris la fuite ; puis je dis : le quart de x, plus les deux cinquiémes de x, plus 1400 font égaux à l'armée entiere ; je réduis donc le problême en équation de la maniere fuivante ,

$\frac{x}{4} + \frac{2x}{5} + a = x$. Comme il n'y a qu'une espece d'inconnue dans cette équation, il est clair que la seconde regle n'a point de lieu, puisqu'il n'y a point de substitution à faire. Il faut donc seulement ôter les fractions, afin d'appliquer ensuite la troisième regle.

Je fais évanouir la premiere fraction en multipliant tous les termes de l'équation par le dénominateur 4, & je trouve l'équation suivante $x + \frac{8x}{5} + 4a = 4x$, de laquelle j'ôte la fraction $\frac{8x}{5}$, en multipliant tous les termes par le dénominateur 5; il vient $5x + 8x + 20a = 20x$; donc $13x + 20a = 20x$; donc $20a = 20x - 13x$, ou $20a = 7x$. Or $a = 1400$; donc $20a = 28000$; ainsi $7x = 280000$; & par conséquent en divisant toute l'équation par 7, on aura $x = 40000$; c'est-à-dire, que l'armée étoit composée de 40000 hommes.

<table>
<tr><td>Pour s'assurer que ce nombre satisfait aux conditions du problême, il faut ajouter les nombres marquez dans le problê-me, pour voir si la somme est égale à 40000.</td><td>

10000   quart de 40000.
16000   deux 5es de 40000.
14000   reste de l'armée.
———————————————
40000   somme totale.

</td></tr>
</table>

PROBLÊME V.

33. Trois personnes ont ensemble 150 ans; le premier a le double de l'âge du second; le second a le triple de l'âge du troisiéme. On demande quel est l'âge de chacun en particulier.

L'âge du troisiéme soit nommé x; celui du second sera $3x$, & celui du premier sera $6x$, puisqu'il est le double de celui du second; par conséquent on aura l'équation $x + 3x + 6x = 150$, ou bien $10x = 150$; ainsi en divisant tout par 10, il viendra $x = 15$; c'est-à-dire, que le plus jeune des trois a 15 ans; ainsi le second a 45 ans, & le troisiéme 90. Pour s'assurer qu'on a bien operé, il n'y a qu'à ajouter ces trois âges, & on verra que la somme est égale à 150, & par conséquent on a bien operé.

34. Si le second avoit eu trois fois l'âge du troisiéme & 5 ans de plus, & que le premier eût eu le double de l'âge du second & 15 années de plus, pour lors l'âge du second auroit été $3x + 5$, & l'âge du premier auroit été $6x + 10 + 15$; ainsi au lieu de l'équation $x + 3x + 6x = 150$, on auroit

eu $x + 3x + 5 + 6x + 10 + 15 = 150$; donc $10x + 30$ $= 150$; donc $10x = 150 - 30$, ou $10x = 120$; donc $x = 12$; c'est-à-dire, que le plus jeune auroit eu 12 ans; ainsi le second en auroit 41, & le premier 97. Ces trois nombres font ensemble 150.

PROBLEME VI.

35. *Connoissant le premier & le second terme d'une progression géométrique qui va en diminuant, & qui est composée d'une infinité de termes, trouver la somme de tous les termes de la progression.*

Soit, par exemple, la progression géométrique $8 . 4 . 2 . 1 .$ $\frac{1}{2} . \frac{1}{4} . \frac{1}{8} . \frac{1}{16}$, &c. Il s'agit de trouver quelle est la somme de tous les termes de cette progression que l'on suppose continuée à l'infini.

Pour résoudre ce problême d'une maniere generale, nous appellerons le premier terme a, le second b, & la somme des termes s. Cela posé, il faut se souvenir d'une propriété de la progression géométrique qui servira à la solution du problême. Cette propriété est que dans toute progression géométrique la somme des antécedens est à la somme des conséquens comme un seul antécedent est à son conséquent *.
*Liv. 2. Art. 64
Or dans le cas du problême la somme des antécedens est la même que la somme de tous les termes, puisque tous les termes sont antécedens, excepté le dernier qui est ici zero, à cause que la progression va en diminuant & qu'elle est supposée avoir une infinité de termes; ainsi la somme des antécedens est $s - o$ ou bien s. D'ailleurs tous les termes d'une progression étant conséquens excepté le premier, la somme des conséquens sera $s - a$: la propriété de la progression géométrique pourra donc s'exprimer ainsi, $s . s - a :: a . b$; donc
*Liv. 2. Art. 37.
$bs = as - aa$*, ou $as - aa = bs$; voilà l'équation qui exprime la nature du problême: mais comme il n'y a qu'une seule inconnue, la seconde regle n'a point ici d'application; il faut donc passer à la troisieme.

Je commence par mettre dans le premier membre tous les termes qui contiennent l'inconnue, & les autres termes dans le second membre; je dis donc: puisque $as - aa = bs$, il faut que $as = bs + aa$; donc $as - bs = aa$. Après cela considérant que le premier membre n'est que l'inconnue s multipliée par $a-b$ ou $a-b$ multiplié par s, je divise toute l'équation par $a-b$, afin que s demeure seule dans le premier membre: la division étant faite, je trouve $s=\frac{aa}{a-b}$; c'est-à-dire, que la somme de tous les termes d'une progression geometrique qui est composée d'une infinité de termes & qui va en diminuant, est égale au quarré du premier terme divisé par le premier moins le second.

Dans l'exemple proposé 8 est le premier terme, son quarré est 64, & le premier terme moins le second est $8-4=4$; ainsi il faut diviser 64 par 4, & le quotient 16 sera la somme de tous les termes de la progression geometrique proposée, en supposant qu'elle est continuée à l'infini.

PROBLÈME VII.

36. *Connoiffant le poids d'un corps composé de deux métaux, par exemple, d'or & d'argent, trouver la quantité de l'or & celle de l'argent qui sont mêlez dans ce corps.* Pour resoudre ce problême, nous appliquerons les differens raisonnemens à un fameux exemple qui est la couronne d'Hyeron.

On dit que Hyeron, Roy de Syracuse, voulant offrir une couronne d'or à ses dieux, donna à un ouvrier un certain poids d'or pour faire cette couronne. L'Orfevre ayant fini l'ouvrage le presenta au Roy, disant qu'il étoit d'or pur : mais Hyeron voulant s'en assurer, proposa de découvrir, sans endommager la couronne, s'il n'y avoit point d'argent mêlé; & supposé qu'il y en eut, quelle étoit la quantité de l'argent mêlé. Archimede le découvrit, on ne sçait par quel moyen. Voici comme il put trouver ce mêlange.

On peut supposer comme une chose connuë par experience, & dont on rend raison en Physique, que les corps durs plongez dans l'eau perdent de leur poids autant que pese un pareil volume d'eau : par exemple, si une masse de fer pese cent livres, & que le volume d'eau égal à celui du fer pese 12 livres, le fer ne pesera plus que 88 livres dans l'eau ; ainsi il aura perdu 12 livres de son poids. Il suit delà que si on prend des poids égaux de differens métaux, comme d'or, d'argent & de cuivre, & qu'on les plonge dans l'eau, les métaux les plus pesans perdront moins de leur poids que les autres, parce qu'ils auront un moindre volume ; ainsi l'or étant plus pesant que l'argent, le volume d'or perdra moins de son poids que celui d'argent, & le volume d'argent en perdra moins que celui de cuivre, parce que l'argent pese plus que le cuivre.

On pouvoit voir facilement par-là si la couronne étoit d'or pur, ou s'il y avoit de l'argent mêlé ; car il n'y avoit qu'à prendre un lingot d'or pur & un lingot d'argent chacun d'un poids égal à celui de la couronne ; ensuite plonger la couronne & les deux lingots dans l'eau : & si cette couronne perdoit plus de son poids que le lingot d'or & moins que lingot d'argent, c'étoit une marque qu'elle n'étoit ni d'or pur, ni d'argent pur doré, mais qu'elle étoit en partie d'or & en partie d'argent.

Pour découvrir en quelle quantité l'argent y étoit mêlé, il faut donner des noms aux differentes grandeurs qui entrent dans ce problême. Soit donc p le poids du lingot d'or, celui du lingot d'argent & celui de la couronne ; a la perte que fait de son poids le lingot d'argent plongé dans l'eau, b la perte que fait de son poids le lingot d'or ; c celle de la couronne ; x la quantité d'argent mêlé dans la couronne ; & y la quantité d'or. Cela posé, il faut réduire le problême en équations : il y en aura deux, parce qu'il y a deux inconnues x & y. La premiere est facile à trouver : car n'y ayant que de l'or & de l'argent dans la couronne, comme on l'a supposé, il est clair que la quantité d'or & celle de l'argent de la couronne égalent ensemble le poids de la couronne ; ainsi on aura l'équation $x + y = p$.

A present, afin d'avoir une autre équation, je raisonne ainsi : comme il n'y a que de l'or & de l'argent mêlez dans la couronne, il s'ensuit que la perte du poids que fait la couronne plongée dans l'eau est égale à celle de l'or & de plus à celle de l'argent qui font mêlez dans la couronne ; voici donc une seconde équation que l'on doit avoir dans l'esprit : la perte de poids que fait la couronne plongée dans l'eau, est égale aux pertes de poids que font l'or & l'argent de la couronne : mais la difficulté est d'exprimer ces pertes de poids que font l'or & l'argent de la couronne, sans introduire de nouvelles inconnues differentes de x & de y.

Pour cet effet il faut faire une proportion en disant : le lingot d'argent est à la quantité d'argent mêlé dans la couronne, comme la perte que fait le lingot d'argent plongé dans l'eau est à la perte que fait la quantité d'argent mêlé dans la couronne ; ensorte, par exemple, que si le lingot d'argent est double de la quantité d'argent de la couronne, la perte du poids du lingot sera double de celle du poids de l'argent de la couronne. Voici la proportion exprimée en lettres : $p . x :: a . \frac{a x}{p}$. Ce terme $\frac{a x}{p}$ marque la perte que fait la quantité d'argent de la couronne lorsqu'elle est dans l'eau : car nous venons de dire que cette perte étoit le quatriéme terme de la proportion. Or $\frac{a x}{p}$ est ce quatriéme terme, puisque pour avoir le quatriéme terme d'une proportion, il faut multiplier les deux moyens l'un par l'autre, & diviser le produit par l'extrême connu *. Ici les deux moyens sont x & a dont le produit est $a x$ qu'il faut diviser par l'extrême connu p : ce qui donne $\frac{a x}{p}$ pour l'expression de la perte de poids que fait l'argent de la couronne, lorsqu'elle est plongée dans l'eau.

* Liv. 2.
Art. 56.

Par la même raison on aura l'expression de la perte de l'or mêlé dans la couronne, en faisant la proportion suivante $p . y :: b . \frac{b y}{p}$; qui signifie que le lingot d'or marqué par p est à l'or mêlé dans la couronne, comme la perte du poids du lingot d'or est à la perte que fait l'or de la couronne ; ainsi $\frac{b y}{p}$ marque la perte du poids de l'or mêlé dans la couronne : & $\frac{a x}{p}$ est la perte de poids de l'argent mêlé dans la couronne. Or ces deux pertes jointes ensemble égalent celle de la couronne, comme nous l'avons dit ; nous aurons donc encore cette équation $\frac{a x}{p} + \frac{b y}{p} = c$ ou $\frac{a x + b y}{p} = c$: ainsi les deux équations qui expriment les conditions du problême sont $x + y = p$ & $\frac{a x + b y}{p} = c$.

On va faire l'application de la seconde & de la troisiéme regle en peu de mots. Il faut commencer par multiplier les deux membres de la seconde équation par le dénominateur p, afin de faire évanouir la fraction ; il vient $a x + b y = c p$: après quoi je laisse y seule dans le premier membre de la premiere équation, & je trouve que $p - x$ est la valeur de y : je substitue cette valeur à la place de y dans l'autre équation $a x + b y = c p$: mais comme y est multipliée par b dans cette équation, il faut aussi multiplier $p - x$ par b ; le produit est $b p - b x$ que je mets à la place de $b y$, & je trouve l'équation $a x + b p - b x = c p$, dans laquelle il n'y a plus qu'une espece d'inconnue qu'il faut laisser seule dans le premier membre ; je dis donc : puisque $a x + b p - b x = c p$, il faut que $a x - b x$

$= cp - bp$. Or le premier membre de cette derniere équation est le produit de x par $a - b$; donc en divisant les deux membres par $a - b$, il viendra $x = \frac{cp-bp}{a-b}$. On peut mettre cette valeur toute connue de x dans la premiere équation, afin de trouver la valeur de y; mais cela n'est pas necessaire, parce qu'en connoissant la quantité d'argent, l'on connoîtra facilement la quantité d'or.

Supposons que la couronne ne pesoit que 10 livres, & qu'elle perdoit deux tiers d'une livre de son poids, étant plongée dans l'eau; que le lingot d'argent pesant aussi 10 livres perdoit la dixiéme partie de son poids, c'est-à-dire une livre; & que le lingot d'or de même poids perdoit la dix-neuviéme partie de la pesanteur, c'est-à-dire $\frac{10}{19}$: dans ces suppositions, on aura $p = 10$, $a = 1$, $c = \frac{2}{3}$, $b = \frac{10}{19}$: & substituant ces valeurs particulieres à la place des lettres, on trouvera $cp - bp = \frac{20}{3} - \frac{100}{19}$, ou en réduisant ces fractions au même dénominateur, $cp - bp = \frac{380}{57} - \frac{300}{57} = \frac{80}{57}$. Pareillement $a - b = 1 - \frac{10}{19} = \frac{19}{19} - \frac{10}{19} = \frac{9}{19}$. Or dans l'équation $x = \frac{cp-bp}{a-b}$, le numerateur $cp - bp$ est divisé par $a - b$; par conséquent il faut diviser $\frac{80}{57}$ par $\frac{9}{19}$; & le quotient $\frac{1520}{513}$ marquera la valeur de x qui est la quantité d'argent mêlé dans la couronne : cette fraction $\frac{1520}{513}$ est presque égale à 3, parce que le numerateur contient presque trois fois le dénominateur; par conséquent selon les suppositions précedentes, il y avoit environ trois livres d'argent; ainsi puisque la couronne pesoit dix livres, il y avoit à peu près sept livres d'or.

PROBLEME VIII.

3.7. Une personne ayant rencontré des pauvres, a voulu donner à chacun quatre sols; mais elle a trouvé, en comptant son argent, qu'elle avoit deux sols de moins qu'il ne falloit; c'est pourquoi elle a donné trois sols seulement à chaque pauvre, & il lui en est resté cinq. On demande combien la personne avoit de sols, & combien il y avoit de pauvres.

J'appelle x le nombre des pauvres, & y celui des sols; & je dis : puisque, si cette personne avoit eu deux sols de plus qu'elle n'avoit, elle en auroit eu assez pour donner quatre sols à chacun des pauvres; il s'ensuit qu'en ajoutant 2 à y, la somme $y + 2$ sera quatre fois plus grande que x qui est le nombre des pauvres ; par conſequent $y + 2 = 4x$.

D'ailleurs par la ſeconde condition du problême, cette per-ſonne ayant donné trois ſols à chaque pauvre, il lui en eſt reſté cinq ; par conſequent en retranchant 5 de y, le reſte $y - 5$ ſera trois fois plus grand que x ; ainſi $y - 5 = 3x$. Les deux équations du problême ſont donc $y + 2 = 4x$ & $y - 5 = 3x$. Voilà l'application de la premiere regle, & voici celle de la ſeconde.

Puiſque $y + 2 = 4x$; donc $y = 4x - 2$: je ſubſtitue dans la ſeconde équation du problême la valeur de y, ſçavoir $4x - 2$; & je trouve $4x - 2 - 5 = 3x$, ou $4x - 7 = 3x$. Après cela j'applique tout de ſuite la troiſiéme regle : puiſ-que $4x - 7 = 3x$; donc $4x = 3x + 7$; donc $4x - 3x = 7$, donc $x = 7$; c'eſt-à-dire, qu'il y avoit ſept pauvres.

Pour connoître le nombre des ſols, je mets 7 à la place de x dans la premiere équation, & je trouve $y + 2 = 28$; donc $y = 28 - 2$, ou bien $y = 26$: ainſi la perſonne avoit 26 ſols : & d'ailleurs il y avoit ſept pauvres. Il eſt aiſé de voir que ces deux nombres ſatisfont aux deux conditions du problême.

PROBLEME IX.

38. *Un pere partage ſon bien à ſes enfans, en donnant au pre-mier 1000 livres & la neuviéme partie du bien qui reſte après en avoir ôté les 1000 livres ; il donne pareillement au ſecond 2000 livres & la neuviéme partie de ce qui reſte ; au troiſiéme 3000 li-vres & la neuviéme partie de ce qui reſte, & ainſi de ſuite : il ſe trouve qu'après le partage, les enfans ont des portions égales. On demande quel eſt le bien du pere, & quel eſt le nombre des enfans.*

J'appelle x le bien du pere, a les 1000 livres données au premier enfant, $2a$ les 2000 livres données au ſecond : puis faiſant réflexion que l'on aura la neuviéme partie des reſtes dont il eſt parlé dans le problême, en diviſant ces reſtes par 9, j'appelle d le diviſeur 9.

Cela poſé, je conſidere que ſi l'on connoiſſoit le bien du pere & la part d'un des enfans, il ſeroit facile de connoître le nombre des enfans : car il n'y auroit qu'à chercher com-bien de fois cette part ſeroit contenue dans le bien du pere : par exemple, ſi le bien du pere étoit 30000 livres, & que la part d'un des fils fut 5000 livres, il est facile de voir qu'il y auroit 6 enfans, parce que 5000 est contenu 6 fois dans 30000. Il ne s'agit donc que de trouver le bien du pere & la part d'un des fils. Mais il est encore évident que si on connoissoit le bien du pere, on pourroit trouver aisément la part du premier fils, puisque le pere lui donne 1000 livres & la neuviéme partie de ce qui reste : ainsi si le pere avoit 30000 livres, la part du premier fils seroit 1000 livres & la neuviéme partie du reste 29000 livres. Toute la question se réduit donc à trouver le bien du pere que l'on a nommé x.

Pour cela je fais attention que les enfans étant partagez également, on peut faire une équation dont un des membres soit la part du premier fils, & l'autre membre soit celle du second. Or la part du premier fils est 1000 liv. $= a$ & la neuviéme partie de ce qui reste : mais ce qui reste de x après en avoir retranché a, est $x - a$, dont la neuviéme partie est $\frac{x-a}{d}$; par conséquent la part du premier fils est $a + \frac{x-a}{d}$.

La part du second fils est 2000 livres ou $2a$ & de plus la neuviéme partie de ce qui reste. Or pour avoir ce reste, il faut retrancher premierement la part du premier fils que je nommerai m, & ensuite les $2a$ que le pere donne d'abord au second fils ; ce reste est donc $x - m - 2a$, & la neuviéme partie est $\frac{x-m-2a}{d}$; par conséquent la part du second fils est $2a + \frac{x-m-2a}{d}$ (j'ai mis une m pour marquer la part du premier fils, afin d'éviter l'embarras du calcul qu'il auroit fallu faire en mettant $a + \frac{x-a}{d}$) : ainsi l'équation de la part du premier fils & de celle du second est $a + \frac{x-a}{d} = 2a + \frac{x-m-2a}{d}$. Voilà le problême réduit en équation.

Pour resoudre cette équation j'ôte les fractions en multi- pliant tout par le dénominateur d; & je trouve * $ad + x - a = 2ad + x - m - 2a$; donc $ad = 2ad + x - x - m - 2a + a$; donc $ad = 2ad - m - a$; donc $m = 2ad - ad - a$; donc $m = ad - a$. Je remets à présent $a + \frac{x-a}{d}$ à la place de m qui n'avoit été mise que pour rendre le calcul moins embarassant; & je trouve $a + \frac{x-a}{d} = ad - a$: & multipliant tous les termes par le dénominateur d, afin de faire évanouir la fraction, il vient $ad + x - a = add - ad$; donc $x = add - ad - ad + a$; donc $x = add - 2ad + a$.

* 15.

En mettant les valeurs connues en nombres à la place des lettres du second membre, on trouvera que $x = 81000$ liv.

— 18000 livres + 1000 livres ; donc $x = 64000$ livres.

Pour avoir la part du premier fils, il faut prendre 1000 liv. sur 64000 liv. & diviser le reste 63000 par 9 ; le quotient sera 7000 ; ainsi la part de chacun des fils sera 8000 livres ; & comme 8000 est contenu 8 fois dans 64000, ainsi qu'il paroît en divisant 64000 par 8000, il s'ensuit qu'il y a huit enfans.

39. Quoi qu'il y ait deux inconnues dans ce problême, on n'a cependant fait qu'une équation pour le resoudre, parce que cette équation ne contient qu'une espece d'inconnue, sçavoir x qui est le bien du pere, & que d'ailleurs cette inconnue étant trouvée, il est facile de découvrir le nombre des enfans qui est la seconde chose inconnue dans le problême.

40. Remarquez que le second membre de l'équation $x = add - 2ad + a$, est le produit de a par $dd - 2d + 1$. Or $dd - 2d + 1$ est le quarré de $d - 1$; c'est-à-dire, du diviseur diminué d'une unité ; donc $add - 2ad + a$ est le produit de a par le quarré du diviseur diminué d'une unité : afin donc de trouver le bien du pere, il faut diminuer le diviseur d'une unité & prendre le quarré du reste ; ensuite multiplier ce que le pere donne d'abord au premier fils par ce quarré ; & le produit sera le bien du pere. Dans notre exemple je diminue le diviseur 9 d'une unité, & je prends le quarré du reste 8 ; c'est 64 : ensuite je multiplie 1000 livres que le pere donne d'abord au premier fils par 64 ; le produit 64000 liv. est le bien du pere.

41. On peut aussi trouver tout d'un coup le nombre des enfans, parce qu'il est toujours égal à $d - 1$; c'est-à-dire, au diviseur diminué d'une unité. Dans notre exemple le diviseur 9 étant diminué d'une unité, le reste 8 marque le nombre des enfans. On peut démontrer de la maniere suivante que $d - 1$ represente toujours le nombre des enfans : nous avons observé que pour avoir ce nombre, il faut chercher combien de fois la part d'un des fils est contenue dans le bien du pere ; c'est-à-dire, que le nombre des enfans est égal au quotient que l'on trouve en divisant le bien du pere par la part d'un des fils. Or le bien du pere est $add - 2ad + a$, & la part du premier fils est $a + \frac{x-a}{d}$: mais au lieu de x il faut mettre sa valeur, & on aura $a + \frac{add - 2ad + a - a}{d}$ ou $a + \frac{add - 2ad}{d}$: 　*Liv. 1. cette fraction $\frac{add - 2ad}{d}$ est égale à $ad - 2a$; ainsi $a + \frac{add - 2ad}{d} =$　Art. 166.

$a + ad - 2a$, ou $ad - 2a + a$, ou bien $ad - a$; donc $ad - a$ est la part du premier fils. Or si on divise le bien du pere qui est $add - 2ad + a$ par $ad - a$, le quotient sera $d - 1$; donc $d - 1$ marque le nombre des enfans.

42. Il seroit bien facile à present de resoudre un problême semblable à celui dont on vient d'expliquer la solution : en voici un exemple. Un pere partage également son bien entre ses fils, en donnant au premier 500 liv. & la onziéme partie de ce qui reste; au second 1000 liv. & la onziéme partie de ce qui reste, au troisiéme 1500 liv. & la onziéme partie de ce qui reste, &c. Quel est le bien du pere, & quel est le nombre des enfans.

Je diminue le diviseur 11 d'une unité, le reste est 10, dont je prends le quarré qui est 100 : ensuite je multiplie 500 liv. que le pere donne d'abord au premier fils par 100, le produit 50000 liv. est le bien du pere : & le nombre des enfans est 10, parce que 10 est le reste du diviseur 11 diminué d'une unité.

PROBLÈME X.

43. *Trouver deux nombres dont on connoît la somme & le produit :* Supposons, par exemple, que la somme est 34 & que le produit est 280 : il faut trouver quel est chacun des deux nombres.

J'appelle le premier x, & le second y; je nomme aussi $2a$ la somme des deux nombres, & b le produit. Cela posé, on aura les deux équations $x + y = 2a$ & $xy = b$. Voilà déja le problême mis en équations.

A present il faut, selon la seconde regle, réduire ces deux équations à une troisiéme qui ne contienne qu'une espece d'inconnue. Pour cela je prends la valeur de y dans la premiere équation, & je trouve $y = 2a - x$; je substitue ensuite cette valeur de y dans la seconde équation, en observant que y étant multipliée par x, la valeur de y, sçavoir $2a - x$, doit aussi être multipliée par x; par conséquent xy est égal à $2ax - xx$; donc la seconde équation se réduit à celle-ci $2ax - xx = b$. Or cette équation est du second degré, parce que l'inconnue x est élevée à son quarré : & d'ailleurs elle contient differentes puissances de l'inconnue, sçavoir xx & $2ax$; ainsi pour pouvoir trouver la solution de ce problême par le moyen de l'équation $2ax - xx = b$, il faut sçavoir resoudre les équations du second degré qui contiennent differentes puissances de l'inconnue.

Comme nous n'avons pas donné la methode de refoudre ces fortes d'equations du fecond degré, nous allons propofer une autre maniere de trouver la folution de ce problême : elle eft fondée fur ce que nous avons fait voir *, que quand deux quantitez font inégales, la plus grande eft égale à la moitié de la fomme plus la moitié de la difference ; & la plus petite eft égale à la moitié de la fomme moins la moitié de la dif-ference.

* 29.

Cela pofé, il eft évident qu'il ne s'agit que de connoître la moitié de la fomme & la moitié de la difference. Mais la moitié de la fomme eft connue, puifque la fomme entiere que nous avons appellée $2a$ eft connue par l'hypothefe : il n'y a donc qu'une inconnue à chercher, fçavoir la moitié de la difference ; & par confequent il ne faut faire qu'une équa-tion pour refoudre le problême.

Je nomme z la moitié de la difference des deux nombres : d'ailleurs a eft la moitié de la fomme ; par confequent le plus grand des deux nombres eft $a + z$, & le plus petit eft $a - z$. Or le produit de $a + z$ par $a - z$ eft $a^2 - zz$; ainfi, puif-que b marque le produit des nombres qu'on cherche, il s'en-fuit que $aa - zz = b$; donc $aa - b = zz$, ou bien $zz = aa - b$. Mettant donc à la place de aa & de b les nombres qui font défignez par ces lettres, je trouve $zz = 289 - 280$, ou bien $zz = 9$; par confequent en tirant la racine quarrée de cha-que membre, on aura $z = 3$; c'eft-à-dire, que la moitié de la difference eft 3 : mais d'ailleurs la fomme étant 34, la moitié de la fomme eft 17 ; donc le plus grand des deux nombres cherchez eft $17 + 3 = 20$, & le plus petit eft $17 - 3 = 14$. Il eft évident que ces deux nombres 20 & 14 font ceux que l'on cherchoit, puifque la fomme eft 34 & que le produit eft 280.

PROBLEME XI.

44. Trouver deux nombres dont on connoît la difference & le pro-duit de l'un par l'autre.

Ayant nommé x le plus grand des deux nombres, & y le plus petit : ayant auffi défigné la difference connue des deux nombres par $2d$, & le produit par b, je fais les deux équa-tions $x - y = 2d$ & $xy = b$, lefquelles renferment les con-

ditions du problême, puisque la différence des deux nombres x & y est égale à $2d$, & que le produit de ces deux nombres est aussi supposé égal à b.

Mais si je prends la valeur de x dans la première équation,
& que je substitue cette valeur, sçavoir $2d + y$, dans la seconde équation, il viendra $2dy + yy = b$, qui est une équation
du second degré qui contient différentes puissances de l'inconnue ; c'est pourquoi je me sers de la methode qui a été
employée dans le problême précedent.

Je nomme donc s la moitié de la somme des nombres cherchez ; & d'ailleurs d est la moitié de la différence ; par consequent $s + d$ est le plus grand nombre , & $s - d$ est le plus
petit* ; ainsi le produit des deux nombres est $ss - dd$. Or ce
produit est connu & designé par b ; donc $ss - dd = b$; donc
$ss = b + dd$.

Si on suppose que $2d$ différence des deux nombres est 6, &
que le produit b est 280, pour lors d sera égal à 3 & dd égal
à 9 ; ainsi mettant à la place de b & de dd les nombres que
ces lettres désignent, l'équation $ss = b + dd$ sera réduite à
celle-ci $ss = 280 + 9$, ou $ss = 289$; & tirant la racine
quarrée de chaque membre, on aura $s = 17$; c'est-à-dire ,
que la moitié de la somme est 17 ; ainsi le plus grand nombre est $17 + 3 = 20$, & le plus petit est $17 - 3 = 14$.
Ces deux nombres 20 & 14 satisfont aux conditions du problême , puisque la différence est 6, & que le produit est 280.

Il y a plusieurs problêmes que l'on peut résoudre facilement en employant la même methode dont on s'est servi
dans les deux problêmes précedens. En voici encore un dont
nous allons chercher la solution par cette methode.

PROBLÊME XII.

45. *La somme de deux nombres étant connue , la somme des
quarrez étant aussi connue , trouver les deux nombres.*

Puisque la somme des deux nombres est connue , il ne s'agit
que de trouver la différence.

J'appelle $2a$ la somme, & $2z$ la différence ; ainsi le plus
grand des deux nombres cherchez est $a + z$ & le plus petit
est $a - z$* ; par consequent le quarré du plus grand est aa
$+ 2az + zz$, & le quarré du plus petit est $aa - 2az + zz$;

LIVRE TROISIE'ME.   clxxxiij

ainsi la somme des quarrez est $aa + 2az + zz + aa - 2az + zz$, qui se réduit à $2aa + 2zz$. Or cette somme est supposée connue & designée par b; ainsi $2aa + 2zz = b$; donc $2zz$, $= b - 2aa$; puis divisant chaque membre par 2, je trouve $zz = \frac{b - 2aa}{2}$.

Si on suppose que la somme des nombres est 34 & que la somme de leurs quarrez est 596, l'équation $zz = \frac{b - 2aa}{2}$ se réduira à celle-ci $zz = \frac{596 - 578}{2}$, en mettant 596 & 578 à la place de b & de $2aa$. Or $\frac{596 - 578}{2} = \frac{18}{2}$; & $\frac{18}{2} = 9$; donc $zz = 9$; ainsi $z = 3$: d'ailleurs $2a = 34$; donc $a = 17$; donc $a + z = 17 + 3 = 20$, & $a - z = 17 - 3 = 14$; c'est-à-dire, que les deux nombres cherchez sont 20 & 14.

46. Remarquez que pour la solution des trois problêmes précedens, on a fait usage de la methode synthetique, aussi-bien que de l'analyse; parce que pour réduire ces problêmes en équations, on s'est servi d'un principe qui a été prouvé ail-leurs *, & qui est indépendant des questions proposées dans ces problêmes. On peut remarquer la même chose par rapport au sixiéme & au septiéme problême.

* 29:

Jusqu'ici on n'a apporté pour exemples que des problêmes dans lesquels il n'y a que deux ou une seule espece d'incon-nue : mais lorsqu'il y a plus de deux especes d'inconnues, & qu'il y a aussi plus de deux équations pour exprimer toutes les conditions du problême; pour lors l'application de la seconde regle est un peu plus difficile. Voici la methode.

47. On choisit une des équations (c'est ordinairement la plus simple) & on la met à part en laissant l'inconnue, que l'on veut faire évanouir, toute seule dans le premier membre: on substitue ensuite la valeur de cette inconnue dans toutes les autres équations où est l'inconnue; & pour lors on a de nouvelles équations que l'on peut appeller les *secondes*, dans lesquelles l'inconnue ne se trouve plus. On opere sur les se-condes équations comme sur les premieres. On choisit donc aussi une de ces secondes équations, & on la met à part, en laissant la seconde inconnue, que l'on veut faire évanouir, toute seule dans le premier membre : aprés cela on substitue la valeur de cette seconde inconnue dans les secondes équa-tions où est la seconde inconnue; & il vient d'autres équa-tions que l'on peut appeller les *troisiémes*, dans lesquelles la premiere ni la seconde inconnue ne se trouvent plus. On con-

tinue de même jusqu'à ce que l'on soit parvenu à une équation qui ne contienne plus qu'une espece d'inconnue.

48. Remarquez que si entre les premieres équations, il s'en trouve quelqu'une qui ne contienne pas la premiere inconnue ; c'est-à-dire, celle dont on a d'abord substitué la valeur, on doit mettre cette équation au nombre des secondes. Pareillement si entre les secondes équations, il s'en trouve quelqu'une qui ne contienne pas la seconde inconnue, on doit la mettre au nombre des troisiémes équations. Il faut entendre la même chose des équations suivantes.

49. Lorsqu'on est arrivé à une équation qui ne contient qu'une espece d'inconnue, on substitue la valeur de cette inconnue dans une des équations mises à part qui ne contient que cette inconnue avec une autre ; & après la substitution, l'équation mise à part ne contient plus qu'une espece d'inconnue, dont on peut avoir la valeur entierement connue, en la laissant toute seule dans le premier membre ; & pour lors on sçait les valeurs de deux inconnues : on substitue ces valeurs dans celle des équations mises à part qui contient ces deux inconnues avec une troisiéme qui par ce moyen devient connue. On fait de même à l'égard des autres équations mises à part, s'il y en a encore ; & on trouve de cette maniere la valeur de chacune des inconnues. L'exemple du problême suivant fera concevoir ce que l'on vient de dire.

PROBLÊME XIII.

50. *Trouver quatre nombres qui soient tels.* 1°. *Que la somme des trois premiers moins le quatriéme soit égale à un nombre connu marqué par a.* 2°. *Que la somme des deux premiers & du quatriéme moins le troisiéme soit égale à b.* 3°. *Que la somme du premier & des deux derniers moins le second soit égale à c.* 4°. *Que la somme des trois derniers moins le premier soit égale à d.*

J'appelle le premier de ces quatre nombres, v ; le second, x ; le troisiéme, y ; le quatriéme, z : & je dis : puisque par la premiere condition du problême, la somme des trois premiers nombres moins le 4e, doit être égale au nombre marqué par a, on aura l'équation $v + x + y - z = a$. La seconde condition du problême donnera pareillement $v + x + z - y = b$. La troisiéme condition donnera aussi $v + y + z - x = c$. En-

fin

fin la quatriéme donnera $x + y + z - v = d$. Voilà donc les
quatre équations qui expriment les conditions du problème.

Je mets une de ces équations à part ; c'est la premiere, &
je prends la valeur de v, en laissant l'inconnue toute seule
dans le premier membre, en cette maniere $v = a - x - y + z$:
je substitue ensuite le second membre $a - x - y + z$ qui est la
valeur de v dans les trois autres équations ; & je trouve après
les réductions faites, les secondes équations $a - 2y + 2z = b$;
$a - 2x + 2z = c$; $2x + 2y - a = d$.

Je mets aussi la derniere de ces équations à part, en laissant le terme $2y$ seul dans le premier membre, & il vient
$2y = d + a - 2x$: je substitue ensuite la valeur de $- 2y$ dans
la premiere des secondes équations ; & je trouve $a - d - a$
$+ 2x + 2z = b$, ou bien $2x + 2z = b + d$. A cette équation il faut joindre celle-ci $a - 2x + 2z = c$, dans laquelle ⁎ 48.
l'inconnue y ne se trouve pas ; ainsi les troisiémes équations
sont $2x + 2z = b + d$ & $a - 2x + 2z = c$, sur lesquelles je
dois operer comme sur les premieres & sur les secondes ; je mets
donc à part la premiere, en laissant $2z$ seul dans le premier
membre ; & il vient $2z = b + d - 2x$: je substitue ensuite la
valeur de $2z$ dans la seconde équation ; & je trouve $a - 2x$
$+ b + d - 2x = c$, ou bien $a + b + d - 4x = c$; donc
$a + b - c + d = 4x$, ou, en mettant l'inconnue dans le premier membre, comme on le fait ordinairement, $4x = a + b - c + d$;
donc $x = \frac{a+b-c+d}{4}$.

Ayant la valeur toute connue de x, j'ai aussi celle de $2x$ qui
est $\frac{a+b-c+d}{2}$; je substitue donc $\frac{a+b-c+d}{2}$ à la place de $- 2x$ dans ⁎ 49.
la troisiéme des équations mises à part ⁎, qui est $2z = b$
$+ d - 2x$, laquelle ne contient que l'inconnue x avec une
autre qui est z : cette substitution étant faite, je trouve
$2z = b + d - \frac{a+b-c+d}{2}$; & en ôtant la fraction, il vient $4z =$
$2b + 2d - a - b + c - d$, ou bien $4z = b + d - a + c$;
donc $z = \frac{-a+b+c+d}{4}$.

Je substitue aussi $\frac{a+b-c+d}{2}$ à la place de $- 2x$ dans l'équation
$2y = d + a - 2x$, qui est la seconde de celles qui sont à
part ; je trouve $2y = d + a - \frac{a+b-c+d}{2}$; d'où ôtant la fraction, il
vient $4y = 2d + 2a - a - b + c - d$, ou bien $4y = a - b + c + d$;
donc $y = \frac{a-b+c+d}{4}$.

Enfin mettant les valeurs toutes connues de x, de y
& de z dans l'équation $v = a - x - y + z$, il vient

$v = \frac{-a-b+c-d-a+b-c-d-a+b+c+d}{4}$; d'où ôtant la fraction, je trouve $4v = 4x - a - b + c - d - a + b - c - d - a + b + c + d$, ou bien $4v = a + b + c - d$; donc $v = \frac{a+b+c-d}{4}$.

Voici toutes les équations de ce problême. On a mis le signe* à côté de celles qui ont été prises pour les mettre à part.

Premieres Equations.	*Equations mises à part.*
* $v + x + y - z = a$	$v = a - x - y + z$
$v + x + z - y = b$	$2y = d + a - 2x$
$v + y + z - x = c$	$2z = b + d - 2x$
$x + y + z - v = d$	

Secondes Equations réduites.	*Troisiémes Equations réduites.*
$a - 2y + 2z = b$	* $2x + 2z = b + d$
$a - 2x + 2z = c$	$a - 2x + 2z = c$
* $2x + 2y - a = d$	

$v = \frac{a+b+c-d}{4}$, $x = \frac{a-b+c+d}{4}$, $y = \frac{a-b+c+d}{4}$, $z = \frac{-a+b+c+d}{4}$.

Si on suppose que a vaut 15, b 25, c 31, d 39, on trouvera que $v = 8$, $x = 12$, $y = 15$, $z = 20$.

51. Entre les problêmes précedens, il y en a qui ne contiennent qu'une espece d'inconnue ; & quoique les autres renferment plusieurs inconnues ; cependant par le moyen de la substitution prescrite par la seconde regle, on est parvenu à une ou à plusieurs équations qui ne contiennent chacune qu'une seule espece d'inconnue ; c'est pourquoi tous les problêmes précedens sont déterminez. Mais lorsqu'on ne peut, par le moyen de la substitution, parvenir à une équation qui ne contienne qu'une espece d'inconnue, pour lors le problême est indéterminé, parce qu'il peut avoir une infinité de solutions. Voici un exemple de ces sortes de problêmes.

PROBLÊME XIV.

52. *Trouver deux nombres dont le produit soit le double de la somme de ces nombres.*

Soient les deux nombres x & y ; le produit sera xy, & la somme $x + y$.

Puisque par l'hypothese le produit des deux nombres est le double de leur somme, on aura l'équation $xy = 2x + 2y$, qui contient deux inconnues differentes, & qui exprime seule parfaitement la nature du problême; ainsi il n'y a point de substitution à faire : c'est pourquoi on ne peut parvenir à une équation qui ne contienne qu'une espece d'inconnue.

Pour resoudre ces sortes d'équations dans lesquelles il y a differentes inconnues, il en faut regarder une comme si elle étoit connue, & faire passer dans le premier membre tous les termes qui contiennent l'autre inconnue, afin de laisser cette seconde inconnue seule dans le premier membre : ainsi dans l'équation $xy = 2x + 2y$, je regarde y comme si elle étoit connue, & je fais passer dans le premier membre tous les termes dans lesquels se trouve x; il vient $xy - 2x = 2y$. Or le premier membre est le produit de x par $y - 2$; par consequent en divisant toute l'équation par $y - 2$, x demeurera seule dans le premier membre, & on aura $x = \frac{2y}{y-2}$.

Si on suppose que y est 3, $\frac{2y}{y-2}$ sera égal à 6; ainsi on aura $x = 6$: si on suppose que y est 4, on aura $x = 4$: si on suppose que y est 5, pour lors on aura $x = \frac{10}{3} = 3\frac{1}{3}$. Il est visible que l'on peut substituer successivement une infinité de nombres à la place de y dans l'équation $x = \frac{2y}{y-2}$, & que toutes ces substitutions donneront des valeurs differentes de x, qui satisferont toutes au problême.

On auroit pû supposer que x est connue, & faire passer dans le premier membre tous les termes qui contiennent y, & on auroit eu $xy - 2y = 2x$; d'où l'on auroit tiré $y = \frac{2x}{x-2}$; & pour lors en substituant successivement plusieurs nombres à la place de x, on auroit trouvé differentes valeurs de l'inconnue y.

F I N.

TABLE
DE L'ARITHMETIQUE
ET DE L'ALGEBRE.

Des Fractions.

LIVRE TROISIEME.

Des Equations.

F I N.

rayons visuels C L & T L est rectangle, parce que le rayon
de la terre est perpendiculaire à la tangente HB qui represente
l'horison sensible; ainsi l'angle T est droit. D'ailleurs on con-
noît l'angle CLT mesuré par la parallaxe horisontale OB que
l'on trouve dans les Tables astronomiques. Mais on connoît
encore le côté CT qui est un rayon de la terre, que l'on sçait
être de 1432 lieuës communes de France, dont chacune contient 2282 toises; ainsi on pourra trouver par le premier
problême le côté CL qui est la distance de la Lune au centre de la terre.

* Liv. 1.
Art. 121.

La Lune n'est pas toujours également éloignée de la terre:
mais si on la prend dans sa moyenne distance, on trouve que
l'angle L est d'environ un degré, lorsque la Lune répond au
plan de l'horison; on aura donc la proportion suivante : le
sinus de l'angle d'un degré est au côté CT qui est un demi-
diametre de la terre, comme le sinus de l'angle droit est à
CL. Voici cette proportion : 1745 . 1 :: 100000. CL $=$
57$\frac{1175}{1745}$.

Ainsi le côté CL qui est la distance de la Lune au centre
de la terre est d'environ 57 demi-diametres de la terre; par
conséquent la moyenne distance de la Lune à la terre, marquée par D L, n'est que de 56 demi-diametres qui font environ 80000 lieuës.

72. Remarquez que la parallaxe d'une planete est d'autant plus petite que la planete est plus éloignée de la terre;
par exemple, la parallaxe de Jupiter supposé en I est moindre que celle de la Lune, comme on le voit sensiblement
dans la Figure 14 où la parallaxe de Jupiter est l'arc A B ou
l'angle C I T. Cet angle est même si petit qu'il devient insensible, & que l'angle T C I est presque droit aussi-bien que
l'angle C T I, ensorte que les deux rayons visuels C I & T I
sont sensiblement paralleles, à cause de la grande distance de
Jupiter ; c'est pourquoi on ne pourroit pas se servir de cette
methode pour connoître la distance de Jupiter à la terre.

73. On peut remarquer de même par rapport aux hauteurs que l'on veut mesurer sur la terre, qu'il faut être à une
distance médiocre de ces hauteurs, afin que l'erreur insensible qu'il n'est presque pas possible d'éviter, lorsqu'on prend
l'angle de hauteur, en le faisant un peu trop grand ou un peu
trop petit, ne cause pas une erreur trop considerable dans le

calcul de la hauteur qu'on cherche. Suppoſons, par exemple,
qu'il s'agiſſe de meſurer la hauteur A C: ſi on obſerve du
point D, & qu'au lieu de prendre l'angle A D C tel qu'il eſt,
on le faſſe un peu plus grand comme l'angle F D C; il eſt viſible que cette erreur fera la hauteur A C plus grande qu'elle
n'eſt de la quantité F A qui eſt plus du quart de A C: mais
ſi on meſure l'angle de hauteur au point B, & qu'au lieu de
prendre l'angle A B C tel qu'il eſt, on faſſe la même erreur
qu'auparavant, en prenant E B C, enſorte que l'angle E B A
ſoit égal à l'angle F D A; il eſt évident que cette derniere
erreur, quoi qu'égale à la premiere, ne fera la hauteur A C
plus grande qu'elle n'eſt effectivement, que de la quantité
E A qui eſt beaucoup moindre que F A. Il en ſeroit de même, ſi on étoit beaucoup plus près qu'il ne faut de la hauteur à meſurer. Ainſi il faut, afin de meſurer exactement une
hauteur, qu'il y ait de la proportion entre la diſtance de l'ob-
ſervateur à l'objet & à la hauteur de cet objet, & ſi cette
diſtance eſt égale à la hauteur, (ce qui arrive lorſque l'angle de hauteur eſt de 45 degrez) pour lors on eſt dans l'é-
loignement le plus favorable pour meſurer la hauteur.

74. Ce que l'on vient de dire touchant la meſure des hauteurs, doit auſſi s'entendre de la meſure de toute autre ligne,
ſoit qu'elle marque la largeur ou la diſtance des objets ; enſorte qu'il faut toujours que l'éloignement qui eſt entre l'ob-
ſervateur & la ligne à meſurer, ait quelque rapport ſenſible
avec cette ligne.

F I N.

ELEMENS
DE
GEOMETRIE.

LA Geometrie est une partie des Mathématiques qui traite de l'étenduë & de ses differents
rapports.

Cette Science ne considere pas l'étenduë en
tant qu'elle est revêtuë des qualitez sensibles,
telles que sont la dureté, la fluidité, la lumiere,
les couleurs, &c. Mais son veritable objet est l'étenduë considerée en tant qu'elle a trois dimensions, longueur, largeur
& profondeur.

2. L'étenduë en longueur considerée sans largeur & sans
profondeur, se nomme *Ligne*.

3. L'étenduë en longueur & en largeur considerées ensemble, indépendamment de la profondeur, se nomme *Surface*.

4. L'étenduë en longueur, en largeur & en profondeur considerées ensemble, se nomme *Solide*, & quelquefois *Corps*.

5. On appelle *Point* une partie d'étenduë si petite, qu'on la
considere comme n'ayant aucune étenduë : telle est l'extremité
d'une ligne.

6. Remarquez qu'il n'y a point d'étenduë qui n'ait les trois
dimensions ; sçavoir, longueur, largeur & profondeur, & qu'il
n'y a pas de point sans étenduë : mais cela n'empêche pas
qu'on ne puisse considerer quelques-unes de ces dimensions

A

fans les autres : par exemple, on peut confiderer la longueur fans la largeur & la profondeur ; & de même on peut confiderer la longueur & la largeur fans faire attention à la profondeur : enfin on peut confiderer le Point fans aucune dimenfion.

Il y a donc feulement trois efpeces d'étenduës, la ligne, la furface & le folide, ou corps ; c'eft pourquoi nous diviferons la Geometrie en trois Livres.

Dans le premier, nous traiterons des lignes.

Dans le fecond, nous parlerons des furfaces.

Dans le troifiéme, nous traiterons des folides.

Enfin, après ces trois Livres nous donnerons un Traité de Trigonometrie, qui fera connoître fenfiblement l'utilité de la Geometrie.

LIVRE PREMIER.

Nous fuppoferons dans ce Livre & dans le fuivant, que toutes les lignes & les furfaces dont nous parlerons, font fur le même plan. Un plan eft une furface unie, ou dont les points font également élevez ; telle eft fenfiblement la furface d'une glace bien polie, & celle d'une table bien unie.

Il y a trois fortes de lignes, la droite, la courbe & la mixte.

Figure 1.   7. La ligne droite eft celle dont tous les points font dans la même direction : telle eft la ligne A B.

8. La ligne courbe eft celle dont tous les points ne font pas dans la même direction : telles font les lignes A E B & A D B.

Fig. 2.   9. La ligne mixte eft celle qui eft en partie droite & en partie courbe : telle eft la ligne A B C D.

Après ces notions on peut regarder les trois propofitions fuivantes, comme des axiomes qui n'ont pas befoin de démonftration.

I.

10. On ne peut tirer qu'une feule ligne droite d'un point à un autre point, mais on en peut tirer une infinité de courbes : cela paroît par la première Figure, dans laquelle il eft évident qu'on ne peut tirer que la feule ligne droite A B, du point A au point B, quoiqu'on puiffe tirer du premier point au fecond plufieurs lignes courbes, comme A E B & A D B.

Fig. 1.

II.

11. La ligne droite est la plus courte que l'on puisse mener d'un point à un autre point : par exemple, la ligne A B, tirée du point A au point B, est plus courte que chacune des trois lignes A E B, A D B, & A C B; c'est pourquoi la ligne droite est la mesure exacte de la distance qui est entre deux points.

III.

12. La position d'une ligne droite ne dépend que de deux points ; ensorte que si on connoît la position de deux points, on connoît aussi celle de la ligne entiere : nous nous servirons souvent de cet axiome dans la suite ; c'est pourquoi il est à propos de l'expliquer en peu de mots pour le faire bien concevoir.

Il est évident que plusieurs lignes droites peuvent passer par un même point ; par exemple, la ligne C D & la ligne A B passent toutes les deux par le point E; on en peut même faire passer une infinité d'autres par ce point ; ainsi un seul point ne détermine pas la position ou la direction d'une ligne droite : mais si on prend deux points comme E & F , il n'est pas possible de faire passer par ces deux points d'autres lignes droites que C D ; car il est clair que toutes les lignes droites qui passeroient par les deux points E & F , seroient couchées sur la ligne C D ; & par conséquent elles ne seroient pas differentes de cette ligne : donc deux points suffisent pour déterminer la position d'une ligne droite.

Fig. 3.

AVERTISSEMENT.

Lors qu'on ne trouvera point de figure citée pour un article, il faudra regarder celle qui aura été citée en dernier lieu à la marge. Ainsi dans le corollaire suivant nous nous servirons de la troisiéme figure qui vient d'être citée.

13. Il suit du dernier axiome que deux lignes droites ne peuvent se couper que dans un seul point ; car si deux lignes telles que A B & C D se coupoient en un autre point qu'au point E, comme chaque point d'intersection est commun aux deux lignes , ces deux lignes auroient deux points communs ; & par conséquent la position d'une ligne droite ne dépendant que de deux points , les deux lignes auroient tous les autres points communs , & ne feroient qu'une seule ligne droite ; ce qui est contre la supposition ou l'hypothese ; ainsi

deux lignes droites ne peuvent se couper qu'en un seul point.

Ce Corollaire seroit évidemment faux, si on ne considé-roit pas les lignes sans largeur ; car si les lignes étoient re-gardées comme ayant de la largeur, il est clair que le point d'intersection auroit de l'étenduë, & pourroit par conséquent être divisé en deux autres points qui seroient communs aux deux lignes.

14. Il suit encore du même axiome, que si deux points, comme C & D, d'une ligne droite sont également éloignez de deux autres A & B, chaque point de la ligne C D sera à égale distance de ces deux points A & B ; ainsi E est également distant de A & de B ; c'est la même chose des autres points de la ligne C D. C'est une suite bien claire du troisiéme axiome.

15. Remarquez que quand on suppose que les deux points C & D sont également distans des deux autres points A & B, on ne veut pas dire que les points C & D sont également distans de A, & qu'ils le sont aussi également de B ; mais on veut dire que le point C en particulier est également éloigné de A & de B ; & pareillement que le point D est autant éloi-gné de A qu'il est éloigné de B.

Fig. 4.
16. Les deux points C & D de la ligne C D étant en-core supposés, chacun également éloignés de A & de B, non seulement tous les points de la ligne C D sont également distans des deux points A & B ; mais de plus, si elle est prolongée de part & d'autre, elle passera par tous les points également éloignés de A & de B ; ensorte qu'il ne peut y avoir aucun point à côté de la ligne C D qui soit également distant des points A & B : soit, par exemple, le point H qui est à côté de la ligne C D, je dis qu'il n'est point également distant de A & de B, ou, ce qui est la même chose, que les lignes H A & H B tirées du point H aux points A & B ne sont point égales ; car les deux lignes E A & E B sont égales, parce que tous les points de la ligne C D sont également éloi-gnés de A & de B ; par conséquent si on ajoute H E à cha-cune de ces deux lignes égales, on aura encore deux autres lignes égales ; sçavoir, H E A & H E B ou H B : or H A est
* 11. plus courte que H E A * ; donc H A est aussi plus courte que H B ; donc le point H n'est pas également distant des points A & B. On peut démontrer la même chose de tous les autres

points qui font à côté de la ligne C D ; par conféquent cette ligne étant prolongée paffera par tous les points également éloignés de A & de B.

AVERTISSEMENT.

Lorfque cette marque * fe trouve à la marge avec un nombre à côté, cela fignifie que la propofition qui répond à cette marque eft prouvée par l'Article defigné par le nombre. Ainfi après avoir dit dans l'article précedent que la ligne H A eft plus courte que H E A, on a mis le figne * tant après cette propofition que vis-à-vis à la marge, avec le nombre 11. pour faire connoître que la propofition eft prouvée par l'article 11.

DE LA LIGNE CIRCULAIRE.

Entre les lignes courbes nous ne confidererons dans ces élemens que la ligne circulaire qui n'eft autre chofe que la circonference entiere, ou quelque partie de la circonference d'un cercle.

17. On peut définir la circonference d'un cercle, une ligne courbe dont tous les points font également diftans d'un point qu'on nomme *centre*. Il y a cette difference entre le cercle & la circonference ; que le cercle eft l'efpace renfermé dans la circonference, & la circonference eft la ligne courbe qui termine cet efpace.

18. Toute partie de la circonference eft appellée *arc* : ainfi A D, E I F, G L H font des arcs.　　　　　　　Fig. 5.

19. Toute ligne droite, comme E F, terminée de part & d'autre par la circonference, eft appellée *corde*.

20. Si la corde paffe par le centre, on la nomme *diametre*, comme A B.

21. Une ligne tirée du centre à la circonference, eft appellée *rayon* ; comme C D, C A, C B.

22. Les Geometres divifent la circonference de tout cercle en 360. parties égales qu'ils appellent *degrez*.

Chaque degré fe divife en foixante parties égales qu'on appelle *minutes*, chaque minute fe divife en foixante parties égales qu'on nomme *fecondes*, & chaque feconde en foixante *tierces*, & ainfi de fuite à l'infini ; enforte que par degré il ne faut pas entendre une grandeur abfoluë ; mais feulement la trois cens foixantiéme partie de quelque circonference que ce foit grande ou petite; ainſi la plus petite circonference a autant de degrez que la plus grande; mais elle les a plus petits à proportion; de même que chaque grandeur telle qu'elle ſoit, grande ou petite a deux moitiez proportionnées à leur tout.

23. Si du même centre on décrit pluſieurs circonferences, elles ſont appellées *concentriques*, auſſi-bien que les cercles qu'elles renferment.

24. Tous les rayons d'un cercle ſont égaux; c'eſt une ſuite de ce que le centre eſt également diſtant de tous les points de la circonference.

25. Tous les diametres d'un cercle ſont égaux : car chaque diametre eſt évidemment compoſé de deux rayons; & par conſequent puiſque tous les rayons ſont égaux, tous les diametres le ſont auſſi.

26. Dans deux cercles égaux, les rayons & les diametres de l'un ſont égaux aux rayons & aux diametres de l'autre.

27. Tous les diametres diviſent le cercle & la circonference en deux parties égales; car tous les points de la circonference étant également diſtans du centre, la courbure de cette circonference eſt uniforme, c'eſt-à-dire, qu'elle eſt par tout égale; & par conſequent de quelque maniere que ſoit ſitué le diametre, il partage toujours le cercle & la circonference en deux parties égales.

28. Dans un cercle les cordes égales ſoutiennent des arcs égaux; & réciproquement les arcs égaux ſont ſoutenus par des cordes égales: par exemple, ſi les cordes E F & G H ſont égales, il faut que les arcs E I F & G L H qu'elles ſoutiennent, ſoient égaux: & ſi ces arcs ſont égaux, il faut que les cordes E F & G H ſoient égales; car puiſque la courbure de la circonference eſt uniforme ou égale dans toutes ſes parties, il eſt neceſſaire que les cordes égales ſoutiennent des arcs égaux, & que les arcs égaux ſoient ſoutenus par des cordes égales.

29. On peut dire pareillement que dans deux cercles égaux les cordes égales ſoutiennent des arcs égaux, & que les arcs égaux ſont ſoutenus par des cordes égales: par exemple, ſi les cordes E F & e f ſont égales, il faut que leurs arcs ſoient égaux, & ſi ces arcs ſont égaux, les cordes ſont égales. Cela paroîtra clairement ſi l'on conçoit que la premiere circonference ſoit poſée ſur la ſeconde, enſorte que la corde E F ſoit appliquée ſur l'autre corde e f: car il eſt évident que les arcs

seront posés exactement l'un sur l'autre, & qu'ils sont par conséquent égaux aussi-bien que les cordes.

30. Remarquez que quand on parle d'un arc soutenu par une corde, il faut toujours entendre celui qui est le plus petit : par exemple, si on parle de l'arc soutenu par la corde E F, il faut entendre l'arc E I F, & non pas l'arc E L F, à moins qu'on ne marque expressément ce dernier.

31. Dans un cercle les cordes égales sont également éloignées du centre ; & réciproquement les cordes également éloignées du centre sont égales. C'est encore une suite évidente de la parfaite uniformité de la circonference.

32. Pareillement dans deux cercles égaux les cordes égales sont également éloignées des centres ; & reciproquement les cordes également éloignées des centres sont égales.

Après avoir donné les notions des lignes tant droites que circulaires, & après avoir exposé plusieurs propositions évidentes, fondées sur la nature même de ces lignes, il est à propos de resoudre plusieurs problêmes sur cette matiere.

PROBLÊME I.

33. *D'un point donné, comme C, pour centre, & d'un intervalle*   Fig. 5.
aussi donné, comme C A, décrire une circonference.

Ouvrez le compas de l'intervalle donné C A, mettez une de ses pointes sur le point donné C, faites ensuite tourner l'autre pointe en tenant toujours la premiere immobile sur le point C, la ligne courbe que la seconde pointe décrira par ce mouvement, sera la circonference cherchée.

Il est évident par cette opération, que du même centre & du même intervalle, on ne peut décrire qu'un cercle, & que tous les cercles qui sont décrits du même intervalle, sont égaux.

PROBLÊME II.

34. *Trouver une ligne droite qui ait tous ses points également*
distants de deux autres points donnez, comme A & B.

Des deux points donnez A & B, & d'un même intervalle   Fig. 6.
pris à discretion, décrivez deux arcs qui se coupent en un point que nous appellerons C. Décrivez aussi des mêmes points donnez A & B, & de la même ouverture du compas deux autres arcs qui se coupent au-dessous en D ; tirez la li-

gne C D, chacun de ſes points ſera également éloigné des
deux points A & B; car ayant tiré les lignes A C & B C,
elles ſeront rayons de cercles égaux, puiſque C eſt le point
d'interſection de deux arcs qui ont pour centres les points
A & B, & qui ont été décrits de la même ouverture du
compas : donc ces lignes ſont égales; par conſequent le point
C eſt également éloigné de A & de B. Par la même raiſon le
point D eſt également éloigné de A & de B; ainſi la ligne C D
a deux points, ſçavoir C & D, également diſtants de A &
de B : donc tous les autres points de la ligne C D ſont auſſi *
également diſtants de A & de B.

* 14.

35. Quand nous avons dit qu'il falloit décrire les deux derniers arcs d'une même ouverture du compas, nous n'avons
pas prétendu dire qu'ils fuſſent décrits de la même ouverture
que les deux premiers; mais ſeulement que les deux derniers
arcs devoient être décrits l'un & l'autre d'une même ouverture du compas, laquelle peut être égale ou differente de
celle dont on s'eſt ſervi pour les deux premiers arcs.

On peut obſerver ici que les lignes ponctuées ſont celles
que l'on tire ſeulement pour la démonſtration : telles ſont les
lignes A C & B C; ou bien pour l'execution d'un problême :
tels ſont les arcs qui ont été décrits des points A & B.

PROBLÈME III.

36. *Couper une ligne droite comme* A B *en deux parties égales.*

Trouvez par le problême précedant, la ligne C D qui ait
tous ſes points également diſtans des deux extrêmitez A & B
de la ligne donnée A B; le point d'interſection M coupera la
ligne donnée en deux parties égales : car ce point M étant
un des points de la ligne C D, il doit être également éloigné de A & de B.

Fig. 7.

37. Il faut faire la même choſe pour couper un arc comme A B en deux parties égales.

* 180.

On enſeignera dans la ſuite * la méthode de couper une
ligne droite en pluſieurs parties égales.

PROBLÈME IV.

38. *Faire paſſer une circonference par trois points donnez, tels*

Figure 8.

que A, B, C.

Tirez la ligne droite E F dont les points ſoient également
diſtans

diſtans des deux points A & B *; enſuite tirez la ligne droite G H dont tous les points ſoient également diſtans des deux points C & B ; le point K dans lequel les deux lignes ſe cou-peront ſera le centre du cercle ; enſorte que ſi du point K & de l'intervalle K A on décrit une circonference , elle paſ-ſera par les trois points A , B , C.

Pour le démontrer il n'y a qu'à faire voir que le point K eſt également éloigné des trois points A , B , C ; ce qui eſt très-facile : car premierement, ce point K entant qu'il appar-tient à la ligne E F, eſt également éloigné de A & de B , puiſ-que par la conſtruction, c'eſt-à-dire, par la maniere dont on a ſuppoſé que la ligne E F a été tirée, tous les points de cette li-gne ſont également diſtans de A & de B : ſecondement, en-tant que le point K appartient à la ligne G H, il eſt également éloigné de B & de C ; parce que tous les points de G H ſont auſſi par la conſtruction également diſtans de B & de C ; par conſequent le point K eſt également éloigné des trois points donnez : donc le problème eſt réſolu.

39. Remarquez que ſi les trois points donnez étoient diſ-poſez en ligne droite, le problême ſeroit impoſſible ; parce qu'une ligne droite ne peut être coupée qu'en deux points par une circonference.

P R O B L Ê M E V.

40. *Trouver le centre d'une circonference ou d'un arc donné.*

Prenez les trois points A , B , C , dans cette circonference ou dans cet arc donné, cherchez par le problême précedent le centre d'un cercle qui paſſe par ces trois points A , B , C ; ce ſera celui de l'arc propoſé.

DES DIFFERENTES POSITIONS DES LIGNES.

41. Nous avons d'abord conſideré les lignes droites en elles-mêmes, ſans les regarder les unes par rapport aux au-tres ; preſentement nous allons les comparer enſemble. Lorſ-qu'on compare deux lignes droites l'une avec l'autre ; ou bien elles ſont tellement diſpoſées qu'elles ſe rencontrent, ou du moins qu'elles ſe rencontreroient ſi elles étoient prolongées ; ou bien elles ſont diſpoſées de maniere qu'elles ne ſe rencon-treroient jamais, quand même elles ſeroient prolongées à l'in-

fini ; auquel cas on les appelle *paralleles*. Lorsqu'elles se rencontrent, cela peut encore arriver en deux manieres : premierement, ensorte que l'une ne panche ni d'un côté ni d'autre de celle qu'elle rencontre, & pour lors on les appelle *perpendiculaires* : secondement, ensorte que l'une panche plus d'un
côté que de l'autre de celle qu'elle rencontre, & alors on les
appelle *obliques*.

Les lignes perpendiculaires & les obliques forment par leur
rencontre des *angles* dont nous parlerons d'abord, après quoi
nous traiterons des perpendiculaires & des obliques, & ensuite des paralleles.

DES ANGLES.

42. Un angle est l'ouverture de deux lignes qui se rencontrent en un point qu'on appelle le *sommet* ou la *pointe* de l'angle : telle est l'ouverture des deux lignes C A & C B.

Fig. 9.

43. Les deux lignes qui par leur rencontre forment l'angle,
s'appellent les *cotés* de l'angle : telles sont les lignes C A & C B.

Un angle peut se marquer par une seule lettre qui est au
sommet ; mais on le marque plus ordinairement par trois lettres, & pour lors on met toujours celle qui désigne le sommet
à la seconde place ; ainsi pour désigner l'angle de la Figure 9,
on dira l'angle A C B, ou l'angle B C A, en mettant à la seconde place la lettre C qui est au sommet : cela s'observe,
soit que l'on parle, soit que l'on écrive. Ce même angle peut
être désigné par la seule lettre C qui est au sommet.

On distingue trois sortes d'Angles, le *rectiligne*, le *curviligne*
& le *mixtiligne*.

44. L'angle rectiligne est celui dont les deux côtez sont
des lignes droites.

45. L'angle curviligne est celui dont les deux côtez sont
des lignes courbes.

46. L'angle mixtiligne est celui dont un des côtez est une
ligne droite, & l'autre une ligne courbe

Nous ne parlerons ici que des angles rectilignes, qui sont
les seuls dont la connoissance soit necessaire dans les Elemens
de Geometrie.

47. Remarquez que la grandeur d'un angle ne dépend point
de la longueur des côtez ; mais seulement de l'ouverture ou
inclinaison de ces côtez ; c'est pourquoi l'angle *a* C *b* est égal

à l'angle A C B ; ou plutôt c'est le même angle ; quoique les deux côtez C*a* & C*b* soient plus courts que les côtez C A & C B.

48. Un angle, comme A C B, qui a son sommet au centre du cercle, a pour mesure l'arc A B compris entre ses côtez ; car il est évident que cet arc devient plus grand ou plus petit à proportion que l'ouverture des côtez est plus grande ou plus petite. Or nous venons de dire que c'est de la seule ouverture des côtez que dépend la grandeur de l'angle.

Il est indifferent que l'arc qui doit servir de mesure à un angle, soit décrit à une plus grande ou à une moindre distance du sommet ; car soit que la circonference qui a pour centre le sommet de l'angle soit grande ou petite, l'arc compris entre les côtez de l'angle est toujours de la même grandeur relative ; c'est-à-dire, que cet arc contient le même nombre de degrez ; par exemple, l'arc *a b* contient autant de degrez que l'arc A B ; puisque si l'un est la huitiéme partie de sa circonference, il est clair que l'autre est aussi la huitiéme partie de la sienne.

49. Ces arcs de differens cercles qui contiennent un égal nombre de degrez, sont appellez *proportionnels* ou *semblables.*

50. Il suit de ce que nous venons de dire, que les angles sont égaux, quand ils ont pour mesure des arcs égaux du même cercle, ou de cercles égaux, ou des arcs proportionnels de differens cercles.

C'est par rapport aux arcs qui mesurent les angles, que outre les trois especes d'angles dont nous avons parlé, on distingue encore trois sortes d'angles, le droit, l'obtus & l'aigu.

51. L'angle droit est celui qui a pour mesure un arc qui contient 90. degrez, ou le quart de la circonference : tel est l'angle D C B.

52. L'Angle obtus est celui qui a pour mesure un arc qui contient plus de 90. degrez : tel est l'angle D C A.

53. L'angle aigu est celui qui a pour mesure moins de 90. degrez : tel est l'angle D C B.

54. On peut conclure de ces définitions que tous les angles droits sont égaux, puisqu'ils ont tous pour mesure 90. degrez ; mais tous les angles obtus ne sont pas égaux ; car, par exemple, un angle de 9 5. degrez, & un angle de 100. degrez sont obtus, parce que l'un & l'autre a plus de 90. degrez.

Or il est visible que ces deux angles ne font pas égaux : de même tous les angles aigus ne font pas égaux : par exemple, deux angles aigus dont l'un est de 30. degrez & l'autre de 50, ne font pas égaux.

55. Remarquez qu'un angle obtus ne peut avoir 180. degrez, ou la demi circonference pour fa mefure ; car fi on vouloit, par exemple, augmenter l'angle D C A ; enforte qu'il eut pour mefure la demi circonference, il faudroit appliquer le côté C D fur le rayon C B ; auquel cas il est visible qu'il n'y auroit plus d'angle, puifque les côtez A C & C D ne feroient plus que la ligne droite A C B.

A l'occasion des angles aigus & obtus, on diftingue des complemens & des fupplemens d'angles ou d'arcs.

56. Le complement d'un angle est ce qu'il faut ajouter à cet angle, afin que la fomme foit égale à un angle droit : par exemple, le complement de l'angle aigu E C B est l'angle D C E, qui, avec le premier, fait l'angle droit D C B. L'angle E C B est auffi complement de D C E.

57. Le fupplement d'un angle est ce qu'il faut ajouter à cet angle, afin que la fomme foit égale à deux angles droits : par exemple, le fupplement de l'angle E C B est l'angle E C A : de même l'angle E C B est fupplement de l'autre E C A.

58. On peut dire la même chofe des arcs ; ainfi l'arc D E est le complement de l'arc E B, & cet arc E B est auffi complement du premier ; parce que la fomme de ces deux arcs est égale à l'arc D E B, qui est le quart de la circonference ; mais l'arc E D A est le fupplement de l'arc E B, & l'arc E B est le fupplement de l'arc E D A, parce que la fomme de ces deux arcs est égale à la demi circonference. On confond affez fouvent ces deux termes de *complemens* & de *fupplemens* : nous nous en fervirons fuivant les notions que nous venons d'en donner.

59. Il paroît par ces définitions que les angles & les arcs qui ont des complemens ou des fupplemens égaux, font égaux : & réciproquement lorfque les angles ou les arcs font égaux, les complemens ou les fupplemens font égaux ; par exemple, fi les angles E C B & e c b font égaux, leurs complemens E C D & e c d font égaux ; il en est de même des fupplemens.

THEOREME I.

60. *Une ligne droite tombant fur une autre, forme deux angles,*

qui pris ensemble sont égaux à deux angles droits, c'est-à-dire, qu'ils ont pour mesure 180. degrez, ou la demi circonference. On suppose dans ce Theoreme que la premiere ligne ne tombe pas sur l'extrêmité de l'autre.

DEMONSTRATION.

Soit la ligne D C qui tombe sur la ligne A B : je dis que les deux angles D C A & D C B qu'elle forme, ont pour mesure la demi circonference; car si du point C comme centre, on décrit une circonference, la ligne A B qui contient le centre en sera diametre; & par consequent elle coupera la circonference en deux parties égales; ainsi la partie A D B est la demi circonference. Or l'arc A D est la mesure de l'angle D C A *; & l'arc D B, qui est le reste de la demi circonference, est la mesure de l'angle D C B *; donc ces deux angles pris ensemble ont pour mesure la demi circonference; par consequent ils valent deux angles droits. Ce qu'il falloit démontrer.

COROLLAIRE.

61. Puisque les angles D C A & D C B pris ensemble valent deux angles droits, il s'ensuit que si un des deux est droit, l'autre le sera aussi.

62. Remarquez que si la ligne qui tombe sur l'autre, n'incline ni d'un côté ni d'autre, comme la ligne D C, Fig. 10. Elle forme deux angles égaux entre eux, dont chacun est droit; mais si la ligne panche plus d'un côté que de l'autre, comme la ligne D C, Fig. 11. elle forme des angles inégaux, dont l'un est aigu & l'autre obtus, & qui pris ensemble valent toujours deux angles droits, comme on vient de le prouver.

63. On démontreroit de la même maniere que si plusieurs lignes tombent sur un même point d'une autre ligne & du même côté; tous les angles formez pris ensemble, sont égaux à deux angles droits: par exemple, les angles A C D, D C E, E C F & F C B, formez par les trois lignes D C, E C & F C qui tombent sur le point C de la ligne A B, ont pour mesure la demi circonference qui a été décrite du point C comme centre; par consequent tous ces angles pris ensemble valent deux angles droits.

64. Enfin on peut encore faire voir de la même maniere

que fi plufieurs lignes fe coupent au même point, tous les angles qu'elles forment pris enfemble, font égaux à quatre angles droits; c'eft-à-dire, qu'ils ont pour mefure la circonference entiere. Cela paroît par la figure 15, dans laquelle on
a décrit une circonference qui a pour centre le point C où
les lignes fe coupent, & qui eft la mefure de tous les angles
formez par les lignes qui fe rencontrent.

65. Nous allons expofer un theoreme qui fert à démontrer
un grand nombre de propofitions; c'eft fur les *angles oppofez
au fommet.* Les angles oppofez au fommet, font ceux qui font
formez par deux lignes qui fe coupent; enforte que l'un de
ces angles eft d'un côté du point d'interfection, & l'autre eft
du côté oppofé : tels font les angles B C E & A C D, ou les
angles A C E & B C D; on les appelle auffi les *angles oppofez par la pointe.* Il faut prendre garde que les angles B C E
& A C E ne font pas oppofez, non plus que les angles A C D
& B C D; c'eft pourquoi il ne s'agit pas de ces angles comparez de cette maniere.

T H E O R E M E I I.

66. *Les angles oppofez au fommet font égaux :* B C E, *par
exemple, eft égal à* A C D.

D E M O N S T R A T I O N.

Du point d'interfection des deux lignes qui forment ces
angles foit décrite une circonference, elle fera coupée en
deux parties égales par les lignes A B & D E, qui en font
des diametres; donc l'arc A E B & l'arc D A E feront chacun une demi circonference; & par confequent ils feront
égaux; fi donc on en retranche la partie commune A E, les
reftes feront encore égaux. Or le refte de la premiere demi
circonference eft E B, & le refte de la feconde eft D A; ainfi
ces deux arcs E B & D A font égaux; mais ces arcs font les
mefures des angles B C E & A C D *; donc ces angles font
égaux. Ce qu'il falloit démontrer.

On peut démontrer de même que les deux autres angles
A C E & B C D qui font auffi oppofez au fommet, font égaux
entre eux,

PROBLÈME I.

67. *Faire sur une ligne donnée, comme* AB, *un angle égal à un autre angle tel que* GEF.

Du sommet de l'angle donné GEF décrivez un arc entre ses deux côtez; ensuite de l'extrêmité A de la ligne donnée, & de la même ouverture du compas décrivez un arc indéfini tel que BD, sur lequel vous prendrez avec le compas la partie BC égale à l'arc FG: après quoi vous tirerez une ligne du point A au point C, elle formera l'angle CAB égal à l'angle donné: ce qui est évident, puisque ces angles ont pour mesures des arcs égaux.

Fig. 17.

PROBLÈME II.

68. *Couper un angle, comme* A, *en deux parties égales.*

Du point A comme centre & d'un intervalle pris à discretion, décrivez l'arc BC; ensuite des deux points B & C pris pour centres, décrivez deux arcs de la même ouverture du compas qui se coupent en un point, comme D; enfin tirez une ligne droite du point A au point D; elle coupera l'angle BAC en deux parties égales; car la ligne AD coupant l'arc BC en deux parties égales *, il faut aussi qu'elle coupe en deux parties égales l'angle BAC dont l'arc BC est la mesure.

Fig. 18.

* 37.

Nous parlerons dans la suite de la mesure des angles qui n'ont pas leur sommet au centre: mais on va voir lorsque nous traiterons des perpendiculaires, des obliques & sur tout des paralleles, qu'il étoit necessaire d'exposer les propositions précedentes touchant les angles avant de parler de ces lignes.

DES LIGNES PERPENDICULAIRES
& des Obliques.

69. Une ligne droite est perpendiculaire à l'égard d'une autre ligne droite, lorsqu'elle tombe sur cette seconde sans pancher ni d'un côté ni de l'autre; telle est la ligne AC. Il ne faut pas confondre la ligne droite avec la perpendiculaire, puisqu'une oblique est droite aussi-bien qu'une perpendiculaire.

Fig. 19.

70. Une ligne est oblique sur une autre lorsqu'elle panche plus d'un côté que de l'autre: telle est la ligne FK.

Fig. 20.

71. Puisque la ligne perpendiculaire ne panche ni d'un côté ni de l'autre, il s'ensuit selon ce que nous avons dit *qu'elle forme deux angles égaux & droits ; au contraire la ligne oblique étant plus inclinée d'un côté que de l'autre, elle forme deux angles inégaux qui sont supplemens l'un de l'autre.

72. On peut dire aussi réciproquement que si une ligne tombant sur un autre forme des angles droits, & par conséquent égaux, elle est nécessairement perpendiculaire sur cette seconde : car faisant des angles égaux, elle n'incline ni d'un côté ni de l'autre ; ainsi elle est perpendiculaire suivant la notion que nous venons de donner de cette ligne ; & si la ligne qui tombe sur une autre forme des angles inégaux, elle est oblique sur la seconde, parce que pour lors elle incline plus d'un côté que de l'autre.

73. Remarquez qu'une ligne ne peut être perpendiculaire à une autre que cette seconde ne soit aussi perpendiculaire à la premiere. Car si on prolonge la perpendiculaire, comme dans la figure 19, la perpendiculaire prolongée A C E faisant des angles droits sur la ligne B D, cette seconde ligne fait aussi nécessairement des angles droits sur la premiere A C E, & par conséquent elle lui est perpendiculaire. De même lorsqu'une ligne est oblique à une autre, cette seconde est aussi oblique à la premiere ; ce qui paroîtra évidemment si on prolonge la premiere au-delà du point de rencontre.

74. Une ligne étant perpendiculaire à une autre, si un des points de la premiere est également éloigné de deux points de la seconde, tous les autres points de la perpendiculaire sont également éloignez de ces deux points : par exemple, la ligne A C étant perpendiculaire sur B D, si le point A est également éloigné de B & de D, tous les autres points de la ligne A C sont aussi également éloignez de B & de D ; car si le point E ou tout autre point de la perpendiculaire n'étoit pas également éloigné de B & de D, il est évident que la ligne A C seroit plus inclinée d'un côté que de l'autre ; par conséquent elle ne seroit plus perpendiculaire sur B D ; ce qui est contre la supposition. Si au lieu du point A, on avoit supposé le point C également éloigné de B & de D, on auroit prouvé de la même maniere que le point A ou le point E est également éloigné des deux points B & D. Il en est de même de tous les autres points de la perpendiculaire.

75.

75. Il suit de-là que si une ligne, comme A C, est perpendiculaire à une autre telle que B D, & qu'un de ses points soit également éloigné des deux points B & D de cette autre ligne, la perpendiculaire prolongée passe par tous les points également éloignez de B & de D; car on vient de faire voir que pour lors tous les autres points de la perpendiculaire sont à égale distance de B & de D. Or cela posé, il faut qu'elle passe par tous les points également éloignez de B & de D*.   * 16.

76. Mais si une ligne, comme A C, n'étoit pas supposée perpendiculaire sur une autre, pour démontrer qu'elle est effectivement perpendiculaire, il ne suffiroit pas de faire voir qu'un de ses points, comme A, est également éloigné des deux points B & D de la seconde ligne B D; il faudroit démontrer que deux points, comme A & E, de la ligne A C sont chacun également éloignez des deux points B & D; auquel cas la ligne A C seroit certainement perpendiculaire sur la ligne B D, puisqu'ayant deux de ses points également éloignez de B & de D, tous les autres points seroient également distans des mêmes points B & D, & ainsi elle n'inclineroit ni d'un côté ni de l'autre; par conséquent elle seroit perpendiculaire.

THEOREME I.

77. On ne peut tirer qu'une seule perpendiculaire d'un même point, sur une ligne donnée, comme A B.

DEMONSTRATION.

Le point duquel on tire la perpendiculaire est ou hors de la ligne, ou dans la ligne même. Or dans l'un & dans l'autre cas on ne peut tirer qu'une seule perpendiculaire d'un point sur une même ligne.   Fig. 22.

Premier cas. Soit, par exemple, le point C hors de la ligne A B, je dis que de ce point on ne peut abbaisser que la seule perpendiculaire C D: pour le démontrer, je prens dans la ligne A B deux points, comme A & B, dont le point C soit également distant; cela posé, je raisonne ainsi; la ligne C D étant perpendiculaire sur A B, & son point C étant également éloigné de A & de B, tous les autres points de la perpendiculaire C D doivent aussi être également éloignez de A & de B*; donc le point D est également éloigné de A & de B. Or de-là il s'ensuit que nulle autre ligne, telle que C F tirée du point C ne peut être perpendi-   * 74.

G

diculaire fur A B; car fi C F étoit perpendiculaire fur A B, fon point C étant également diftant de A & de B, tout autre point de la ligne C F feroit également diftant de A & de B *. Or le point F n'eft point également diftant de ces deux points, parce que le point D étant également éloigné de A & de B, il faut que le point F qui eft entre D & B foit plus près de B que de A; donc la ligne C F n'eft pas perpendiculaire fur A B. Il en eft de même de toute autre ligne tirée du point C.

Second cas. Si l'on prend le point D dans la ligne A B, je démontre de même que de ce point on ne peut élever que la feule perpendiculaire D C fur A B: car fi du point D qui eft également éloigné de A & de B, on élevoit une autre ligne que D C, elle feroit à droite ou à gauche de la perpendiculaire D C; ainfi cette perpendiculaire D C paffant par tous les points également diftans de A & de B *, les points de cette autre ligne tirée du point D ne pourroient être à égale diftance de ces deux points A & B; par conféquent cette autre ligne ne pourroit être perpendiculaire fur A B. *

* 74.

* 75.

* 74.

COROLLAIRE.

78. Deux lignes qui font chacune perpendiculaires à une troifiéme, ne peuvent jamais fe rencontrer, quoique prolongées à l'infini : car fi ces deux lignes fe rencontroient, il y auroit deux perpendiculaires tirées du même point ; fçavoir, du point de rencontre, fur la troifiéme ligne : ce qui vient d'être démontré impoffible.

THEOREME II.

79. *La perpendiculaire eft plus courte que l'oblique tirée du même point fur la même ligne.*

DEMONSTRATION.

Fig. 22.

Soit la ligne C D perpendiculaire fur A B, & la ligne C F tirée du même point fur la ligne A B. Je dis que C D eft plus courte que C F : pour le démontrer il faut prolonger C D jufqu'au point H; enforte que H D foit égale à C D, & tirer l'oblique H F qui eft neceffairement égale à l'autre oblique C F; car la ligne C H étant perpendiculaire fur A B, cette ligne A B eft auffi perpendiculaire fur C H *. Or fon point D eft également diftant des deux points C & H, puifque H D eft

* 73.

égale à C D, par conséquent tout autre point, comme F, de la perpendiculaire A B * est également distant de C & de H ; donc H F est égale à C F. Cela posé, je raisonne ainsi ; la ligne droite C D H est plus courte que C F H * : donc la moitié de C D H est plus courte que la moitié de C F H. Or la moitié de CDH est CD, & la moitié de CFH est CF ; donc la perpendiculaire C D est plus courte que l'oblique C F. Ce qu'il falloit démontrer.

* 74.

* 11.

COROLLAIRE.

80. Puisque la perpendiculaire est la plus courte ligne que l'on puisse tirer d'un point sur une ligne ; il s'ensuit que la perpendiculaire est la mesure de la distance d'un point à une ligne: par exemple, la perpendiculaire CD est la mesure de la distance du point C à la ligne A B.

THEOREME III.

81. *De toutes les obliques tirées du même point sur une ligne, la plus éloignée de la perpendiculaire est la plus longue ; & celles qui sont également éloignées sont égales.*

DEMONSTRATION.

Du point C soient tirées sur la ligne A B les obliques C F & C G du même côté de la perpendiculaire, & de l'autre côté l'oblique C E, autant éloignée de la perpendiculaire que C F. 1°. l'oblique C G est plus longue que l'oblique C F. Pour le démontrer il faut prolonger la perpendiculaire C D jusqu'au point H, ensorte que HD soit égale à CD, & du point H tirer les lignes HF & HG ; il est facile de faire voir comme dans le Theorême précedent, que ces deux lignes sont égales aux obliques CF & CG ; ainsi CF est la moitié de CFH & CG est la moitié de CGH. Or il est évident que CGH est plus longue que CFH, parce qu'elle se détourne davantage de la voye la plus courte, qui est CDH * : donc l'oblique CG est aussi plus longue que l'oblique CF.

Fig. 22.

* 11.

2°. Les obliques également éloignées CF & CE sont égales; car ayant tiré la ligne H E, il est vident que les deux lignes CFH & CEH sont égales, puis qu'elles s'écartent également de la ligne droite CDH; par conséquent leurs moitiés C F & C E sont aussi égale. Ce qu'il fal. dem.

COROLLAIRE.

82. D'un même point, comme C, on ne peut tirer que deux lignes égales fur une autre ligne, telle que A B ; car il eft clair qu'on ne peut tirer que deux obliques également éloignées de la perpendiculaire, fçavoir, une de chaque côté.

83. On a fuppofé dans le Theorême précedent que les lignes obliques ont été tirées du même point ou de l'extremité de la même perpendiculaire ; mais il eft évident que fi les obliques étoient tirées de l'extremité de perpendiculaires égales, ce feroit la même chofe ; par exemple, les trois perpendiculaires A B, D E, G H étant égales, l'oblique G L qui eft plus éloignée de fa perpendiculaire que l'oblique D F ne l'eft de la fienne, eft plus longue que cette autre oblique ; & les deux obliques A C & D F que l'on fuppofe également éloignées de leurs perpendiculaires font égales. Si en en vouloit avoir une demonftration fenfible, il n'y auroit qu'à concevoir que les perpendiculaires égales, telles que D E & G H font appliquées l'une fur l'autre, enforte qu'elles ne foient plus qu'une même ligne ; & pour lors les deux obliques G L & D F feroient tirées du même point, & la premiere feroit plus éloignée de la perpendiculaire que la feconde, ce qui reviendroit au même cas que dans le Theoreme précedent. Pareillement en concevant les perpendiculaires égales A B & D E appliquées l'une fur l'autre, il paroîtra, comme dans le Theoreme, que les obliques A C & D F font égales.

84. La ligne H L comprife entre l'oblique G L & la perpendiculaire G H, laquelle mefure la diftance de l'extremité de l'oblique à la perpendiculaire, eft appellée *Eloignement de perpendicule.* De même B C eft l'éloignement de perpendicule par rapport à l'oblique A C & à la perpendiculaire A B.

THEOREME IV.

85. De ces trois chofes, fçavoir, la Perpendiculaire, l'Oblique & l'Eloignement de Perpendicule, fi deux d'une part font égales aux deux Correfpondantes d'une autre part, la troifiéme d'un côté. eft égale à la troifiéme de l'autre.

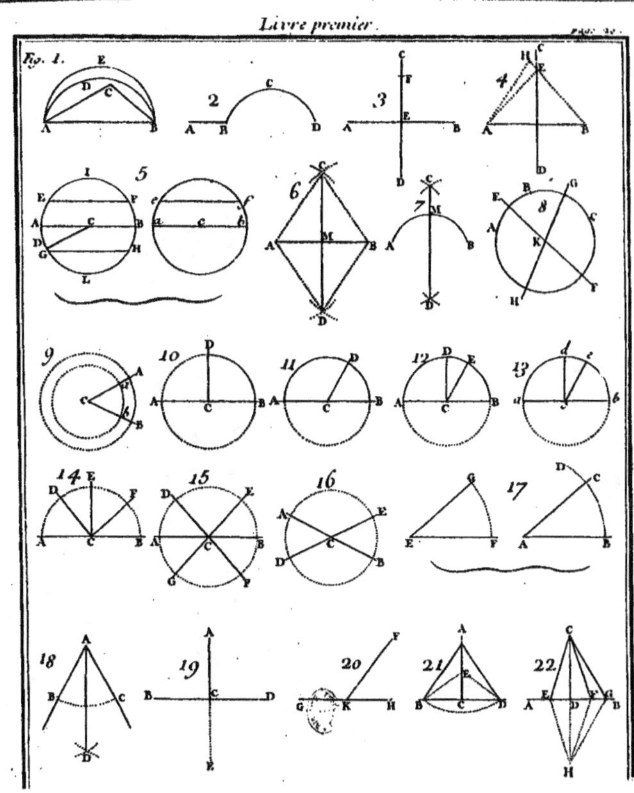
Fig. 1.
2
3
4
5
6
7
8
9
10
11
12
13
14
15
16
17
18
19
20
21
22

DEMONSTRATION.

1°. Si la perpendiculaire A B & l'éloignement de perpendicule B C sont égaux à la perpendiculaire D E & à l'éloignement de perpendicule E F, l'oblique A C est égale à l'oblique D F ; c'est ce que nous avons démontré *, en faisant voir que les obliques qui sont tirées des extrémitez de perpendiculaires égales, & qui en sont également éloignées, sont égales.

* 83.
Fig. 23.

2°. Si la perpendiculaire A B & l'oblique A C sont égales à la perpendiculaire D E & à l'oblique D F, les éloignemens de perpendicule B C & E F sont égaux ; car si un des éloignemens de perpendicule, par exemple B C, étoit plus grand que l'autre, l'oblique A C seroit aussi plus grande que l'oblique D F, puis qu'elle seroit plus éloignée de la perpendiculaire ; ainsi les obliques ayant été supposées égales, il faut aussi que les éloignemens de perpendicule soient égaux.

3°. Si l'éloignement de perpendicule & l'oblique d'une part sont égaux à l'éloignement de perpendicule & à l'oblique d'une autre part, les perpendiculaires sont égales ; car les éloignemens de perpendicule peuvent être considerez comme des perpendiculaires, & les perpendiculaires comme des éloignemens de perpendicule ; par exemple B C peut être regardé comme la perpendiculaire, & A C comme l'éloignement de perpendicule, en concevant que l'oblique A C est tirée du point C, extremité de la perpendiculaire au point A : par conséquent ce troisiéme cas se rapporte au second.

86. De ce que nous avons dit sur les perpendiculaires, il suit qu'il y a trois marques pour connoître si une ligne, comme C D, est perpendiculaire à une autre, telle que A B ; la première, lors qu'elle forme deux angles droits, & par conséquent égaux sur l'autre ligne * ; la seconde, quand elle a deux de ses points également éloignez chacun de deux points de la seconde ligne * ; & la troisiéme est quand elle est la plus courte que l'on puisse tirer du point C sur la ligne A B. Les deux premieres marques sont évidentes par la définition même de la perpendiculaire, & la troisiéme est fondée sur le second Theoreme.

Fig. 22.

* 72.

* 76.

PROBLÊME

87. *D'un point donné, comme C, tirer une perpendiculaire fur une ligne.*

Le point C peut être hors de la ligne, ou dans la ligne même ; c'eſt pourquoy ce Problême a deux cas.

Fig. 25. 1°. Si le point C eſt hors de la ligne, de ce point C comme centre, décrivez un arc qui coupe la ligne en deux points, tels que E & F ; enſuite du point E & du point F, décrivez deux arcs de cercle de la même ouverture du compas, qui ſe coupent en un point D ; enfin tirez une ligne droite qui paſſe par le point donné C, & par le point d'interſection des deux arcs, elle ſera perpendiculaire à la ligne donnée A B.

Fig. 25. 2°. Si le point C eſt dans la ligne même, de ce point comme centre décrivez une demi circonference qui coupe la ligne A B en deux points, deſquels pris pour centre il faut décrire des arcs de la même ouverture du compas, & faire le reſte comme dans le premier cas.

Fig. 27. Si dans le ſecond cas le point C, duquel il faut tirer une perpendiculaire, étoit à l'extrémité de la ligne donnée A B ; pour lors il faudroit prolonger cette ligne au-delà du point C, & décrire de ce point comme centre une demi circonference qui coupât la ligne prolongée : & le reſte comme cy-deſſus.

Il eſt indifferent que l'on tire les deux arcs au-deſſus ou au deſſous de la ligne donnée, pourvû qu'ils ne ſe coupent pas au point donné C ; ce qui pourroit arriver lorſque ce point eſt hors de la ligne.

Il eſt évident qu'en obſervant cette methode, la ligne tirée eſt perpendiculaire à la ligne donnée, puiſque deux de ces points, ſçavoir, le point donné & le point d'interſection des deux arcs, ſont également diſtants des deux points E & F de la ligne donnée.

DES LIGNES PARALLELES.

88. Les lignes *Paralleles* ſont celles qui ſont par tout également éloignées l'une de l'autre, ou, ce qui eſt la même choſe, qui ſont tellement diſpoſées que tous les points de l'une ſont
Fig. 28. également éloignez de l'autre : telles ſont les lignes C D & A B.

De cette notion des paralleles on peut conclure plusieurs propositions qui en sont des suites évidentes.

89. 1°. Les paralleles prolongées à l'infini ne peuvent jamais
se rencontrer, puis qu'elles sont par tout également éloignées
l'une de l'autre.

90. 2°. Deux lignes A B & C D étant paralleles, si une troisiéme comme X Y est parallele à une des deux, elle sera aussi
parallele à l'autre; car cette troisiéme ligne ne peut être par
tout également éloignée de l'une des deux paralleles, qu'elle
ne soit aussi par tout à même distance de l'autre. Cela est vrai,
lorsque X Y est entre les deux lignes A B & C D, & quand
elle est hors de ces deux lignes.

91. 3°. Les lignes, comme C A & D B, tirées d'une parallele
perpendiculairement sur l'autre, sont égales, puisque ces perpendiculaires mesurent la distance d'une parallele à l'autre, laquelle est par tout égale.

92. 4°. Les obliques, comme E G & H L, également incli Fig. 29.
nées entre paralleles, sont égales entre elles; car si on tire les
perpendiculaires E F & H K, elles seront égales: d'ailleurs les
obliques étant supposées également inclinées, les éloignemens
de perpendicule F G & K L sont égaux; par conséquent les
obliques elles-mêmes seront égales *. * 85.

93. 5°. Si plusieurs lignes paralleles également distantes sont
coupées par une ligne, telle que A E, les parties de cette li Fig. 30.
gne comprises entre ces paralleles; sçavoir, A B, B C, C D,
D E, sont égales entr'elles. Cela paroît parce que ces différentes parties sont autant de lignes également inclinées entre
des espaces paralleles égaux; ce qui est la même chose que
si elles étoient également inclinées dans le même espace parallele, auquel cas elles seroient égales.

94. Deux lignes paralleles, comme A B & C D, coupées par
une troisiéme ligne E F sont également inclinées vers le même
point E sur cette troisiéme; car si les deux paralleles A B & Fig. 31.
C D n'étoient pas également inclinées sur E F vers le point E,
ensorte que la parallele inferieure fut plus inclinée vers ce
point que l'autre parallele, ces deux lignes s'approcheroient
l'une de l'autre; & par conséquent elles ne seroient pas paralleles; ce qui est contre l'hypotese.

Nous appellerons *Secante* la ligne qui coupe les paralleles.

95. La secante forme avec les paralleles plusieurs angles qu'il

faut remarquer : les uns font entre les paralleles ; on les nomme *Interieurs* ou *internes* : tels font les angles I, L, M, N ; les autres font hors des paralleles, on les nomme *Exterieurs* ou *Externes* ; tels font les angles G & H au deſſus, & O & P au deſſous. En comparant les angles ſoit internes ſoit externes deux à deux, il y en a qu'on appelle *Alternes* ; ce font ceux dont l'un eſt dans la partie ſuperieure, & l'autre dans la partie inferieure, l'un à droite & l'autre à gauche de la ſecante ; par exemple, les angles I & N font alternes internes auſſi-bien que les deux autres L & M. Pareillement les deux angles H & O font alternes externes, de même que les deux autres G & P.

96. Deux angles formez par des paralleles, comme H & N, dont l'un eſt exterieur & l'autre interieur du même côté de la ſecante font égaux ; car la grandeur des angles dépend de l'inclinaiſon des lignes. Or les deux paralleles font également inclinées ſur la ſecante E F * ; par conſequent les angles H & N que les paralleles forment ſur E F font égaux. Par la même raiſon l'angle exterieur P & l'angle interieur L qui font au deſſous des paralleles du même côté de la ſecante font auſſi égaux. On peut faire voir de la même maniere que les angles G & M de l'autre côté de la ſecante font égaux entr'eux ; comme auſſi les angles O & I : c'eſt ſur cette propoſition qu'eſt fondée la démonſtration du theoreme ſuivant.

* 94.

T H E O R E M E I.

97. *Si deux lignes ſont paralleles* 1°. *Les angles alternes internes ſont égaux.* 2°. *Les angles alternes externes ſont égaux.* 3°. *Les deux angles interieurs du même côté de la ſecante pris enſemble valent deux angles droits.* 4°. *Les deux angles exterieurs du même côté de la ſecante pris enſemble valent auſſi deux angles droits.*

D E M O N S T R A T I O N.

Soient les deux paralleles A B & C D ; il faut prouver en premier lieu que les angles alternes I & N font égaux. L'angle I eſt égal à l'angle H, parce qu'ils font oppoſez au ſommet : l'angle N eſt auſſi égal à l'angle H, comme on vient de le faire voir ; par conſequent les angles I & N font égaux. On prouveroit de même que les deux autres angles alternes internes L & M font égaux, à cauſe que chacun des deux eſt égal à l'angle G.

2°. Les angles alternes externes G & P font égaux ; car l'angle

gle G est égal à l'angle L, parce qu'ils sont opposez au sommet. D'ailleurs l'angle P est aussi égal à l'angle L, puisque l'un est exterieur & l'autre interieur du même côté de la secante : donc les deux angles G & P sont égaux. On prouveroit de même que les deux autres angles alternes externes H & O sont égaux, parce que chacun d'eux est égal à l'angle I.

3°. Les deux angles interieurs N & L du même côté de la secante valent ensemble deux angles droits ; car les deux angles H & L pris ensemble valent deux droits * : donc si à la place de l'angle H on prend l'angle N qui luy est égal, la somme des angles N & L vaudra aussi deux angles droits. On prouveroit de même que les deux angles interieurs M & I valent ensemble deux angles droits, parce que les deux angles G & I valent deux droits.

* 60

4°. Les deux angles exterieurs H & P du même côté de la secante valent ensemble deux angles droits ; car les deux angles N & P pris ensemble valent deux angles droits*; donc si à la place de l'angle interieur N, on prend l'angle exterieur H qui lui est égal, la somme des angles H & P vaudra aussi deux angles droits. On peut prouver de même que les deux angles exterieurs G & O valent ensemble deux angles droits, parce que les deux angles M & O valent deux droits.

* 60.

COROLLAIRE.

98. Les lignes A B & C D étant supposées paralleles, si la ligne E F est perpendiculaire sur une parallele A B, elle est aussi perpendiculaire à l'autre; car la secante E F étant perpendiculaire sur A B, l'angle EFB est droit ; par consequent l'angle alterne F E C est aussi droit ; d'où il suit que la ligne E F est perpendiculaire sur CD. *Fig. 31.*

99. On a fait voir que si deux lignes, comme AB & CD, sont paralleles, l'angle exterieur H & l'angle interieur N, formez sur ces paralleles du même côté de la secante, sont égaux. Mais on peut dire reciproquement que si les deux angles H & N sont égaux, les deux lignes A B & C D sont paralleles. Car les angles ne peuvent être égaux que ces deux lignes ne soient également inclinées vers le même point E sur la secante E F. Or les deux lignes A B & C D ne peuvent être également inclinées vers le même point E sur la secante E F, sans être paralleles; c'est-à-dire, également distantes l'une de l'autre dans *Fig. 31.*

D

toute leur longueur; car il eſt évident qu'une de ces lignes: par exemple A B, ne peut s'approcher ou s'éloigner de C D par une de ſes extrêmitez, à moinsqu'elle ne ſoit plus ou moins inclinée ſur la ſecante que l'autre ligne C D: par la même raiſon ſi l'angle exterieur P & l'angle interieur L ſont égaux, les lignes A B & C D ſont paralleles. On peut faire voir de la même maniere que ſi les deux angles G & M ſont égaux entr'eux ou les deux autres O & I, les lignes A B & C D ſont paralleles.

100. Nous avons dit que les deux lignes A B & C D ne peuvent être également inclinées & vers le même point E ſur une troiſiéme E F ſans être paralleles: mais deux lignes peuvent être également inclinées vers differens points ſur une troiſiéme, ſans que ces deux lignes ſoient paralleles. Cela paroît par la Figure 33, où les deux lignes A B & C D peuvent être également inclinées ſur E F, quoiqu'elles ne ſoient pas paralleles, l'une étant inclinée vers E & l'autre vers F.

THEOREME II.

101. *Deux lignes ſont paralleles, 1°. Si les angles alternes internes ſont égaux. 2°. Si les angles alternes externes ſont égaux. 3°. Si les deux interieurs du même côté de la ſecante valent enſemble deux angles droits. 4°. Si les deux exterieurs du même côté de la ſecante valent enſemble deux angles droits.* Ce Theoreme eſt la propoſition inverſe ou réciproque du premier.

DEMONSTRATION.

Fig. 31. Soient les deux lignes A B & C D coupées par la ſecante E F. Il faut prouver en premier lieu, que ſi les angles alternes internes I & N ſont égaux, ces lignes ſont paralleles. L'angle H eſt toujours égal à l'angle I, à cauſe qu'ils ſont oppoſez au ſommet: donc ſi les angles I & N ſont égaux entr'eux, les deux angles H & N, dont l'un eſt exterieur & l'autre interieur du même côté de la ſecante, ſont auſſi égaux; & par conſequent les lignes A B & C D ſont paralleles *. On peut prouver la
* 99. même choſe par rapport aux autres angles alternes internes L & M qui ne peuvent être égaux, à moins que l'angle exterieur G ne ſoit égal à l'angle interieur M.

2°. Si les angles alternes externes G & P ſont égaux, les lignes A B & C D ſont paralleles; car l'angle L eſt neceſſairement égal à l'angle G: donc ſi les deux angles G & P ſont égaux, les deux angles L & P, dont l'un eſt interieur & l'autre exterieur du même côté de la ſecante, ſont auſſi égaux ; & par conſequent les lignes A B & C D ſont paralleles *. On peut prouver la même choſe par rapport aux deux angles alternes externes H & O qui ne peuvent être égaux, à moins que l'angle interieur I ne ſoit égal à l'angle exterieur O. ** 99.**

3°. Si les deux angles interieurs N & L du même côté de la ſecante valent enſemble deux angles droits, les lignes A B & C D ſont paralleles; car les angles H & L pris enſemble valent deux droits *: par conſequent ſi les angles N & L valent auſſi deux droits, il faut que les angles H & N, dont l'un eſt exterieur & l'autre interieur, ſoient égaux entr'eux ; ainſi les lignes A B & C D ſont paralleles. On peut prouver la même choſe par rapport aux deux autres angles interieurs M & I, qui ne peuvent valoir deux droits, à moins que l'angle exterieur G ne ſoit égal à l'angle interieur M. ** 60.**

4°. Si les deux angles exterieurs H & P du même côté de la ſecante valent enſemble deux angles droits, les lignes A B & C D ſont paralleles; car les deux angles N & P valent deux droits *; donc ſi les angles H & P valent auſſi deux droits, il faut que l'angle exterieur H ſoit égal à l'interieur N; par conſequent les deux lignes A B & C D ſont paralleles. On peut prouver la même choſe par rapport aux deux autres angles alternes externes G & O qui ne peuvent valoir deux angles droits, à moins que l'angle exterieur G ne ſoit égal à l'interieur M du même côté de la ſecante. ** 60.**

C O R O L L A I R E.

102. Si la ligne E F eſt perpendiculaire aux deux autres A B & C D, ces deux lignes ſont paralleles; car E F étant perpendiculaire ſur A B & ſur C D, les angles alternes internes E F B & F E C ſont chacun droits, & par conſequent égaux ; donc les lignes A B & C D ſont paralleles. *Fig. 32.*

La ligne E F ne peut pas être perpendiculaire ſur A B & ſur C D que ces deux lignes ne ſoient perpendiculaires ſur E F; on peut donc dire en general que ſi deux lignes ſont perpendiculaires ſur une troiſiéme, elles ſont paralleles entr'elles. Cette propoſition n'eſt pas differente du Corollaire précedent.

D ij

THEOREME III.

Fig. 34. 103. *Si deux lignes paralleles, telles que CD & AB, sont comprises entre deux autres lignes paralleles, comme AC & BD, les deux premieres sont égales, & les deux autres comprises entre les premieres sont aussi égales entr'elles ; & de plus les angles opposez comme A & D sont égaux.*

DEMONSTRATION.

I. PARTIE. Les deux lignes CD & AB sont égales ; car les li-
* 92. gnes également inclinées entre paralleles sont égales *. Or les
lignes CD & AB sont entre les paralleles AC & BD, &
* 54. d'ailleurs elles sont également inclinées entre ces paralleles * ;
puisqu'elles sont paralleles elles-mêmes ; par consequent elles
sont égales. On démontrera de la même maniere que les deux
paralleles AC & BD sont égales.

II. PARTIE. Les angles opposez, comme A & D, sont égaux
* 97. entr'eux ; car l'angle A joint à l'angle B vaut deux angles droits *,
parce que ce sont deux angles interieurs du même côté de la secante AB, entre les paralleles AC & BD. Pareillement l'angle
D joint à l'angle B, vaut aussi deux angles droits , à cause des
* 97. deux autres paralleles CD & AB* ; par consequent les deux
angles opposez A & D sont égaux entr'eux. On démontrera de
la même maniere que les deux autres angles opposez B & C
sont égaux, en les joignant chacun avec l'angle A ou D.

104. De ce que nous avons dit on peut conclure qu'il y a
plusieurs marques pour connoître si deux lignes sont paralleles.

1°. Si deux perpendiculaires comprises entre ces lignes sont
égales ; car dans ce cas il y aura deux points d'une ligne qui
seront également éloignez de l'autre ligne ; par consequent
tous les autres points de la premiere seront également distans
de la seconde ; ainsi ces deux lignes seront paralleles.

* 102. 2°. Si une même ligne est perpendiculaire à l'une & à l'autre *.
Fig. 31. 3°. Si les angles, tels que H & N, formez sur l'une & l'au-
* 99. tre ligne du même côté * par une troisiéme. sont égaux.

4°. Si les angles, soit alternes internes , soit alternes externes,
* 101. sont égaux *.

5°. Si les angles , soit interieurs , soit exterieurs du même
* 101. côté de la secante pris ensemble , sont égaux à deux droits *.

PROBLÈME.

105. *Par un point donné* C, *tirer une parallele à une ligne don-* Fig. 35.
née telle que AB.

Du point C & d'un intervalle pris à difcretion, tirez l'arc
indéfini B D : enfuite du point B & de la même ouverture du
compas décrivez l'autre arc A C, & prenez avec le compas fur
le premier arc qui eft indéfini, une partie B D égale à A C :
enfin tirez une ligne droite qui paffe par les deux points C & D;
elle fera parallele à AB.

Cela eft évident ; car ayant tiré la ligne C B, il paroît que
les angles alternes A B C & B C D font égaux, puifqu'ils ont
pour mefures les arcs égaux, A C & B D; & par conféquent
les deux lignes A B & C D font paralleles *.   * 101.

Nous avons confideré jufqu'ici les lignes droites, ou en elles-
mêmes, ou les unes par rapport aux autres, foit qu'elles fe rencontrent, foit qu'elles ne fe rencontrent jamais. Nous allons
les confiderer dans la fuite en tant qu'elles ont rapport à la circonference d'un cercle.

DES LIGNES DROITES,
confiderées par rapport au Cercle.

Les lignes droites qui ont rapport au cercle, font tirées ou
d'un point hors du cercle & de la circonference, ou d'un point
en dedans du cercle, ou d'un point de la circonference même.

106. Dans le premier cas, lorfqu'une ligne eft tirée d'un
point hors du cercle, fi elle coupe la circonference, elle eft
appellée *fecante exterieure :* mais fi elle touche la circonference
fans la couper, quoiqu'elle foit prolongée, on l'appelle *tangente.*

Les lignes A B & A D de la Figure 37. font des fecantes exte-   Fig. 37.
rieures: & la ligne A B D, Figure 43. eft une tangente.   & 43.

107. Dans le fecond cas, lorfque la ligne droite eft tirée d'un
point en dedans du cercle, elle eft appellée *fecante interieure ;*
telles font les lignes A B & A D de la figure 39; mais fi la ligne   Fig. 35.
eft tirée du centre même jufqu'à la circonference, elle prend
le nom de *rayon,* comme nous avons dit.

Dans le troifiéme cas, c'eft-à-dire, lorfque la ligne droite
eft tirée d'un point de la circonference, & qu'elle eft auffi terminée par la circonference, on la nomme *corde;* & fi la corde

paſſe par le centre, elle prend le nom de *diametre* : c'eſt ce que nous avons déja dit.

Il eſt à propos d'obſerver ici que tout arc eſt concave d'un côté ; ſçavoir, vers le centre, & convexe de l'autre ; c'eſt pourquoi ſi on prend un point hors du cercle, il eſt viſible que la partie de la circonference la plus proche de ce point eſt convexe à ſon égard, & que la plus éloignée eſt concave : par exemple, dans les Figures 54, 55 & 56, l'arc E F eſt convexe par rapport au point A, & l'arc B D eſt concave.

THEOREME I.

109. Une ligne qui coupe une corde, peut avoir trois conditions. 1° Paſſer par le centre. 2°. Couper la corde en deux parties égales. 3°. Etre perpendiculaire à la corde. Or deux de ces conditions étant poſées, la troiſiéme s'enſuit neceſſairement.

DEMONSTRATION.

Fig. 36. I. CAS. Si une ligne, comme E F, paſſe par le centre, & qu'elle coupe la corde A B en deux parties égales, elle eſt perpendiculaire à cette corde ; car ſi elle paſſe par le centre, ſon point C, qui eſt le centre même, eſt également éloigné des deux points de la circonference A & B qui ſont les extrêmitez de la corde : d'ailleurs, puiſque par l'hypotheſe la ligne E F coupe la corde en deux parties égales, le point d'interſection D eſt encore également diſtant des deux extrêmitez A & B ; il y a donc deux points dans la ligne E F également diſtans des deux extrêmitez de la corde ; & par conſequent cette ligne eſt

* 76. perpendiculaire à la corde *.

I I. CAS. Si la ligne E F paſſe par le centre, & qu'elle ſoit perpendiculaire à la corde, elle coupe la corde en deux parties égales ; car puiſque la ligne E F paſſe par le centre, ſon point C eſt également éloigné des deux points A & B de la circon-

* 74. ference ; ainſi cette ligne étant ſuppoſée perpendiculaire *, tous ſes autres points doivent être également éloignez des deux mêmes points ; par conſequent ſon point d'interſection D eſt auſſi également éloigné des deux extrêmitez A & B de la corde, c'eſt-à dire, que la corde eſt coupée en deux parties égales.

I I I. CAS. Enfin ſi la ligne E F coupe la corde en deux parties égales, & qu'elle ſoit perpendiculaire à la corde, elle paſſe par le centre ; car la ligne E F coupant la corde en deux parties égales, le point d'intersection D est également distant des deux extrêmitez A & B de la corde: mais d'ailleurs cette ligne est supposée perpendiculaire à la corde; donc étant prolongée, elle passe par tous les points du même plan également distant de A & de B.* Or le centre est également éloigné des deux points A & B qui sont dans la circonference; par conséquent la perpendiculaire E F passe par le centre. Ce qu'il falloit démontrer.

* 75.

110. Remarquez que dans ces trois cas, la ligne EF coupe le grand arc A E B & le petit arc AFB chacun par le milieu; car dans tous ces cas la ligne E F a deux points; sçavoir, C & D également éloignez des deux points A & B; ainsi tous ses autres points sont aussi également distans des deux mêmes points A & B; par conséquent le point E est également distant de A & de B; les cordes E A & E B sont donc égales; ainsi les arcs E A & E B qu'elles soutiennent sont aussi égaux; donc le grand arc A E B est coupé par le milieu : pareillement le point F est également distant de A & de B; par conséquent le petit arc AFB est aussi coupé par le milieu.

COROLLAIRE.

111. Il suit de ce Theoreme & de la remarque, que tout rayon, comme C F, perpendiculaire à une corde, coupe cette corde & son arc chacun en deux parties égales.

THEOREME II.

112. *Si on tire d'un même point* A *plusieurs lignes, comme* A B, AD, AE, *terminées à la circonference, la plus longue est celle qui passe par le centre; & la plus courte est celle qui est terminée à un point plus éloigné de l'extrêmité* B *de la ligne qui passe par le centre.*

Fig. 37.
38. & 39.

Le point A peut être ou hors le cercle, (Fig. 37.) ou dans la circonference (Fig. 38.) ou au dedans du cercle (Fig. 39). Il faut prouver dans ces trois cas que la ligne A B qui passe par le centre est la plus longue de toutes , & que la ligne A E est la plus courte. Pour cela il faut tirer des rayons au point D & au point E : une seule démonstration suffira pour les trois figures.

AVERTISSEMENT.

Lorsqu'une démonstration s'applique à plusieurs Figures, il

eſt bon , en la liſant, de n'en regarder d'abord qu'une : & après avoir bien conçu la démonſtration, on l'applique enſuite aux autres Figures : ainſi en liſant la démonſtration ſuivante, il eſt à propos de ne regarder d'abord que la Figure 37.

DEMONSTRATION.

* 11.
I. PARTIE. La ligne A C D eſt plus longue que A D * qui eſt une ligne droite tirée entre les deux points A & D. Or la ligne A B qui paſſe par le centre eſt égale à la ligne A C D, parce qu'elles ont la partie commune A C, & des reſtes égaux; ſçavoir, les rayons C B & C D; donc A B eſt plus longue que A D. On peut prouver pareillement que A B eſt plus longue que A E ; par conſéquent la ligne A B eſt la plus longue de toutes les lignes tirées du point A à la circonference.

* 11.
II. PARTIE. La ligne C O D eſt plus longue que le rayon C D*; donc elle eſt auſſi plus longue que l'autre rayon C E ; par conſequent ſi on ôte C O qui eſt une partie commune à la ligne C O D & au rayon C E, le reſte O D ſera plus grand que O E : donc ſi à ces deux reſtes on ajoute A O, la toute A O D ſera plus grande que l'autre toute A O E. Or cette derniere li-
* 11.
gne A O E eſt plus longue que la droite A E * ; par conſequent la ligne A O D eſt auſſi plus longue que A E. Ce qu'il falloit démontrer.

113. Remarquez que quand le point A eſt hors du cercle, le theoreme eſt toujours vrai, quoique les lignes A D & A E ſoient terminées à la partie convexe de la circonference, com-
Fig. 40.
me dans la Figure 40. ainſi A E eſt plus courte que A D, parce que la premiere eſt terminée à un point plus éloigné de B que la ſeconde : afin de le prouver, il faut tirer les deux rayons C D & C E, & prolonger la ligne A E juſqu'au point O où elle rencontre le rayon C D. Cela poſé, je raiſonne ainſi ; la ligne
* 11.
A D O eſt plus longue que la droite A O * ; donc en ajoutant C O de part & d'autre, la toute A D C ſera plus longue que la toute A O C. Pareillement la ligne C O E eſt plus longue que
* 11.
la droite C E * ; donc en ajoutant A E de part & d'autre , la toute A O C ſera plus longue que la toute A E C. J'ai donc prou-vé que A D C eſt plus longue que A O C ; & que A O C eſt plus longue que A E C ; par conſequent A D C eſt plus grande que A E C ; donc ſi on retranche les rayons C D & C E, le reſte A D ſera plus grand que le reſte A E.

COROLLAIRE

COROLLAIRE I.

114. Dans la Figure 38. la ligne A B est un diametre, &
les lignes A D & A E sont des cordes. Il suit donc de ce
Theoreme que le diametre est plus grand qu'aucune des cordes. De plus il est évident que la corde A D soutient un plus
grand arc que la corde A E. Il suit donc aussi que dans un
même cercle, ou dans des cercles égaux les plus grandes cordes soutiennent de plus grands arcs : réciproquement l'arc
A E D étant plus grand que l'arc A E, il faut que la corde
A D soit plus grande que la corde A E, puisque le premier de
ces arcs étant plus grand que le second, le point D est plus
proche du point B que le point E : par conséquent dans le
même cercle ou dans des cercles égaux, les plus grands arcs
sont soutenus par des cordes plus grandes.

COROLLAIRE II.

115. Les lignes tirées du point A à la circonference sont
des secantes exterieures dans la Figure 37 ; & ce sont des secantes interieures dans la Figure 39. Il suit donc de ce Theoreme que de toutes les secantes exterieures tirées du même
point, la plus longue est celle qui passe par le centre ; & pareillement, que de toutes les secantes interieures tirées du
même point, la plus longue est aussi celle qui passe par le
centre.

THEOREME III.

116. *De toutes les secantes exterieures tirées du même point à
la circonference, celle qui prolongée passeroit par le centre, est
la plus courte. Pareillement de toutes les secantes interieures tirées
du même point à la circonference, celle qui prolongée passeroit par le
centre, est la plus courte.*

Ce theoreme auroit pû être déduit du précedent comme
un corollaire. En voici une démonstration particuliere.

DEMONSTRATION.

I. PARTIE. Il faut prouver que des deux secantes
exterieures A F & A E, la premiere qui est celle qui passeroit par le centre, est la plus courte. Que l'on prolonge la   Fig. 41.

E

fecante A F jufqu'au centre C ; & qu'on tire de ce centre le rayon C E, on aura la ligne droite A F C plus courte que la

* 11. ligne A E C * ; donc en retranchant de l'une & de l'autre, des parties égales, fçavoir les rayons C F & C E, les reftes feront encore inégaux. Or le refte de la premiere eft la fecante A F, & le refte de la feconde eft A E ; donc la fecante A F eft plus courte que l'autre.

I I. PARTIE. Les fecantes interieures A F & A E font

Fig. 42. tirées du même point ; je dis que la fecante A F qui prolongée pafferoit par le centre C, eft plus courte que la fecante A E ; car fi on prolonge A F jufqu'au centre C, & qu'on tire le rayon C E, on aura les deux rayons C F & C E égaux. Or C E qui eft une ligne droite tirée du point C au point E eft plus courte que C A E ; donc l'autre rayon C F eft auffi plus court que C A E ; donc fi on retranche C A qui eft une partie commune au rayon C F & à la ligne C A E, le refte A F fera plus court que le refte A E. Ce qu'il falloit démontrer.

THEOREME IV.

117. *Une ligne perpendiculaire à l'extrémité d'un rayon ne touche la circonference que dans un feul point.*

DEMONSTRATION.

Soit la ligne A B D perpendiculaire à l'extrèmité du rayon ;

Fig. 43. je dis qu'elle ne touche le cercle qu'au feul point B ; car fi on tire les deux lignes C E & C F, elles feront obliques fur la li-

* 77. gne A B D *, parce qu'elles font tirées du même point que le rayon perpendiculaire C B : donc ces obliques feront plus longues que le rayon perpendiculaire ; par confequent elles ont leurs extrêmitez E & F au-delà du cercle & de la circonference : donc ces points E & F ne touchent pas la circonference. On peut dire la même chofe de tout autre point diftingué de B ; & par confequent la ligne A B D ne touche le cercle qu'au feul point B.

COROLLAIRE.

118. Toute ligne perpendiculaire à l'extrêmité du rayon eft donc une tangente, puifque ne touchant le cercle que dans un feul point, elle ne peut couper la circonference.

THEOREME V.

119. *La tangente est perpendiculaire au rayon qui est tiré au point de contingence.* Ce theoreme est la proposition inverse ou réciproque du corollaire précedent.

DEMONSTRATION.

Soit la tangente A B D qui touche le cercle au point B auquel on a tiré le rayon C B : il faut démontrer que la tangente est perpendiculaire au rayon.

Puisque la tangente ne coupe pas la circonference, elle n'entre pas dans le cercle, & par consequent il est impossible de tirer du centre à la tangente une ligne plus courte que le rayon C B : donc ce rayon est perpendiculaire à la tangente *; & réciproquement la tangente est perpendiculaire au rayon.

* 79.

COROLLAIRE I.

120. La tangente ne touche le cercle qu'en un seul point : car le rayon C B étant perpendiculaire, toute autre ligne tirée du centre C sur la tangente est oblique, & par consequent plus longue que ce rayon : ainsi elle aura son extrêmité hors de la circonference : donc le point de la tangente auquel elle aboutira, ne touchera pas la circonference. On peut démontrer la même chose de tout autre point different du point B : donc la tangente ne touche la circonference qu'en ce point.

COROLLAIRE II.

121. Il paroît par la démonstration du theoreme, que tout rayon tiré au point de contingence, ou, ce qui revient au même, toute ligne qui passe par le centre, & qui aboutit au point de contingence est perpendiculaire à la tangente : d'où il suit que si une ligne passe par le centre, & qu'elle soit perpendiculaire à la tangente, il faut qu'elle aboutisse au point de contingence : car cette seconde ligne ne peut être differente de la premiere : autrement on pourroit tirer du centre deux perpendiculaires sur la tangente. Il suit aussi que si une ligne aboutit au point de contingence, & qu'elle soit perpendiculaire à la tangente, il faut qu'elle passe par le centre ; car cette troisiéme ligne ne peut être differente de la pre-

miere ou de la seconde : autrement on pourroit tirer du point de contingence deux perpendiculaires sur la tangente. Ainsi de ces trois conditions : sçavoir, passer par le centre, aboutir au point de contingence, & être perpendiculaire à la tangente ; deux étant posées la troisiéme s'ensuit necessairement.

COROLLAIRE III.

122. On ne peut mener qu'une tangente au même point de la circonference ; car toute tangente est perpendiculaire à l'extrêmité du rayon tiré au point de contingence. Or il ne peut y avoir qu'une perpendiculaire sur l'extrêmité * d'une ligne : par consequent il est impossible de mener deux tangentes au même point de la circonference.

77.

THEOREME VI.

123. *On ne peut tirer au point de contingence aucune ligne droite qui passe entre la circonference & la tangente ; mais on y peut faire passer une infinité de lignes circulaires.*

DEMONSTRATION.

Fig. 43   I. PARTIE. Que l'on tire la ligne droite G B au point de contingence : il faut démontrer qu'elle ne peut passer entre la circonference & la tangente A B D.

Cette tangente étant perpendiculaire à l'extrêmité du rayon C B, il est necessaire que la ligne G B soit oblique * au même rayon : par consequent ce rayon est aussi oblique sur la ligne G B : donc si du centre C on tire la perpendiculaire C H sur cette ligne, elle sera plus courte que le rayon C B qui est oblique : donc son extrêmité H sera au dedans du cercle : donc la ligne G H B coupe le cercle, & ainsi elle ne passe pas entre la circonference & la tangente.

77.

On peut concevoir que la ligne G B s'approche de la tangente, en faisant descendre le point G ; mais la même démonstration subsistera toujours jusqu'à ce que la ligne G B soit appliquée sur la tangente, & qu'elle ne fasse plus qu'une même ligne avec elle : ce qui fait voir que quand on tireroit au point de contingence une ligne droite qui seroit plus proche de la tangente, elle couperoit toujours le cercle.

Fig. 44   II. PARTIE. On peut faire passer une infinité de lignes circulaires par le point de contingence, entre la tangente

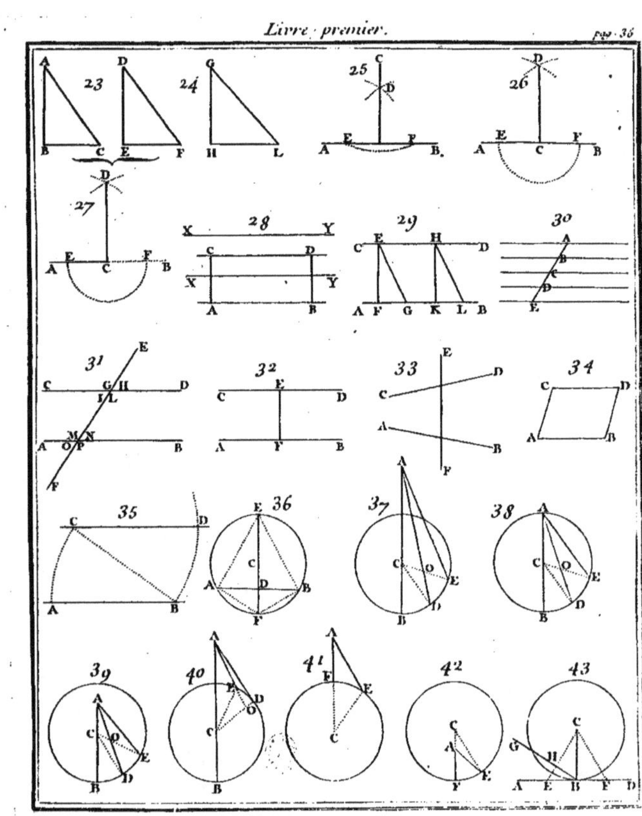

ABD & la petite circonference dont le rayon est CB : car soit prolongé le rayon CB jusqu'au point G , & que de ce point comme centre , & de l'intervalle GB on décrive la grande circonference ; il faut démontrer qu'elle passe entre la tangente & la petite circonference , ensorte qu'elle ne coupe ni la tangente , ni la petite circonference.

1°. La grande circonference ne coupe pas la tangente du petit cercle ; car son rayon GB est terminé au même point B que le rayon du petit cercle : ainsi la ligne ABD n'est pas coupée par la grande circonference ; mais elle est tangente par rapport au grand & au petit cercle.

2°. La grande circonference ne coupe pas la petite : pour le faire voir, il n'y a qu'à démontrer que les deux circonferences n'ont pas d'autre point commun que le point B. Or il est aisé de montrer que tout autre point de la grande circonference est different du point B : par exemple, le point F, n'est pas commun à la petite : car soit tirée la ligne CF, cette ligne CF est secante interieure par rapport au grand cercle, laquelle ne passeroit pas par le centre , & la ligne CB est aussi une secante interieure du même cercle, qui prolongée passe-roit par le centre : donc la ligne CF est plus longue que CB *.   * 116. Or les deux lignes CB & CE qui sont rayons du petit cercle sont égales : par consequent CF étant plus longue que CB , elle est aussi plus longue que CE : donc le point F n'est pas le même que le point E qui appartient à la petite circonfe-rence. On démontrera la même chose de tout autre point de la grande circonference par rapport à tous ceux de la pe-tite , excepté le point B : par consequent les deux circonfe-rences n'ont d'autre point commun que le point B : donc la grande ne coupe pas la petite : d'ailleurs elle ne coupe pas la tangente ; elle passe donc par le point de contingence en-tre la petite circonference & la tangente. Ce qu'il falloit démontrer.

Si on prolongeoit le rayon GB au-delà de G, on pourroit décrire de nouvelles circonferences qui passeroient toutes entre la tangente & la moindre circonference qu'on auroit décrite auparavant.

124. Il paroît d'abord surprenant que l'on puisse faire pas-ser une ligne circulaire entre la tangente & une moindre cir-conference, quoique l'on n'y puisse pas faire passer une ligne

droite, puisque celle-ci n'a pas plus de largeur que la ligne circulaire, ou plutôt on les regarde l'une & l'autre comme n'en ayant aucune : mais ce qui fait la différence entre l'une & l'autre ligne, c'est que la droite va toujours selon la même direction ; & delà vient qu'elle ne peut parvenir jusqu'au point de contingence, sans couper la circonference : au contraire la ligne circulaire se détourne, & renferme la moindre circonference : c'est ce qui fait qu'elle arrive au point de contingence sans la couper.

125. On peut encore remarquer sur ce theoreme que l'espace compris entre la circonference & la tangente à côté du point de contingence, peut être divisé en une infinité de parties, puisqu'on peut décrire une infinité de circonferences qui passeront toutes par differens points de cet espace, & qui n'auront d'autre point commun que le point de contingence, comme on vient de le démontrer : d'où il faut conclure que la matiere est divisible à l'infini, & qu'elle n'est pas composée de points inétendus. Mais si d'un côté la Geometrie démontre que les points de la matiere ne sont pas inétendus ; elle fournit d'ailleurs les deux difficultés suivantes, qui semblent prouver que le point de contingence n'est pas étendu.

La premiere est prise du premier corollaire du cinquiéme theoreme ; car, dira-t-on, supposons un globe parfait, posé sur un plan parfait : il est facile de faire voir, comme dans ce corollaire, que le plan ne touche le globe que dans un seul point, qui par conséquent doit être inétendu ; car si le point du plan, ou plutôt celui du globe, qui lui répond étoit étendu, il pourroit être divisé en plusieurs autres points ; ainsi le globe toucheroit le plan en plusieurs points : ce qui est impossible selon le corollaire.

Voici la seconde difficulté. Si le point de contact du globe étoit étendu, sa surface qui touche le plan seroit ou courbe comme une petite calote, ou plate. Or l'un & l'autre paroît impossible.

1°. Cette surface ne peut être courbe, parce qu'une surface qui touche un plan, doit correspondre au plan, & par conséquent doit être plate elle-même dans l'endroit qu'il touche. 2°. Cette surface du point de contact ne peut être plate, autrement le globe ne seroit pas rond : ce qui est contre l'hypothese : par conséquent le point de contact est inétendu.

On peut répondre que cette surface du point de contingence dans le globe est plate ; mais qu'elle est infiniment petite : ce qui n'empêche pas la rondeur du globe, parce que deux rayons du globe, dont l'un est tiré au centre de cette surface, & l'autre à la circonference, ne peuvent differer que d'une quantité infiniment petite. Or deux lignes qui ne different que d'une quantité infiniment petite, sont considerées comme égales ; par consequent cette surface plate n'empêche pas que les rayons du globe ne soient consideréz comme égaux : ainsi de même que le cercle n'est qu'un polygone regulier d'une infinité de côtez infiniment petits, pareillement un globe n'est qu'un corps qui est terminé par des surfaces planes infiniment petites ; ensorte qu'il ne peut y avoir de cercles qui ne soient pas terminez par des lignes droites infiniment petites, ni de globes qui ne soient pas terminez par des surfaces planes infiniment petites. Voyez l'Histoire de l'Academie des Sciences de 1722. page 74.

On peut aussi répondre à la premiere difficulté tirée du corollaire du cinquiéme theoreme, que quand on démontre qu'il est impossible de tirer plusieurs lignes du centre au point de contingence, on considere pour lors le centre & le point de contingence comme deux points sans étenduë ; mais si on regarde ces points en eux-mêmes & tels qu'ils sont, il est certain qu'ils ont de l'étenduë : car le centre fait partie du cercle, & le point de contingence fait aussi partie de la tangente & de la circonference. Or il est évident que des choses étenduës telles que sont le cercle, la circonference & la tangente ne peuvent être composées de points inétendus : ainsi le centre & le point de contingence ont de l'étenduë.

Nous donnerons les problêmes sur les tangentes après avoir parlé de la mesure des angles, d'où dépend la méthode dont nous nous servirons pour tirer une tangente d'un point donné hors la circonference du cercle.

DE LA MESURE DES ANGLES,
qui n'ont pas leurs sommets au centre du cercle.

Nous avons dit qu'un angle dont le sommet est au centre a pour mesure l'arc compris entre ses côtés : mais il y a des angles dont le sommet est à la circonference ; il y en a d'autres qui ont leur sommet hors du cercle : enfin, il y en a dont le sommet est dans le cercle entre le centre & la circonference.

126. Ceux qui ont leur sommet à la circonference & qui sont formez par des cordes, sont appellez *angles inscrits* : tel est l'angle B A D Figure 47 : ceux qui ont aussi leur sommet à la circonference, & qui sont formez par une corde & par une tangente, comme B A D & G A D, sont appellez *angles du segment.*

Fig. 52.

127. On entend par *segment* la partie du cercle terminée par une corde & par l'arc soutenu par cette corde : tel est l'espace A D F contenu entre la corde A D & l'arc A F D. Or toute corde qui ne passe pas par le centre, divise le cercle en deux segmens inégaux dont l'un est nommé *le petit segment,* comme A D F, & l'autre *le grand segment,* comme A D E ; c'est pour cela que l'angle B A D est appellé *l'angle du petit segment ;* & l'autre G A D, qui est supplement du premier, est appellé *l'angle du grand segment.*

L'angle qu'on nomme inscrit, comme B A D Figure 47, est aussi appellé *angle dans le segment,* parce que si on conçoit une corde B D qui joigne les extrêmitez des deux côtez de l'angle inscrit, elle partagera le cercle en deux segmens, dans l'un desquels est renfermé l'angle inscrit.

128. L'angle qui a son sommet hors du cercle, & qui est formé par deux tangentes, est appellé *circonscrit* : tel est l'angle B A D Figure 56. Les autres angles qui n'ont pas leur sommet au centre, n'ont pas de noms particuliers.

Il s'agit de sçavoir quelle est la mesure de tous ces angles qui n'ont pas leur sommet au centre. Avant de le déterminer, il faut établir la verité du lemme suivant, dont nous nous servirons dans la démonstration des propositions sur cette matiere.

LEMME.

129. *Lorsque deux paralleles coupent ou touchent une circonference, les arcs compris de part & d'autre sont égaux.*

Il peut arriver trois cas, 1°. Que les deux paralleles coupent la circonference. 2°. Qu'une des paralleles coupe la circonference, & que l'autre la touche. 3°. Que les deux paralleles touchent la circonference sans la couper. Or dans ces trois cas les arcs compris de part & d'autre entre les deux circonferences sont égaux.

DEMONS-

DEMONSTRATION.

1°. Si les deux paralleles, comme G H & I K, coupent le cercle, les arcs G I & H K font égaux : car tirant la ligne E F qui paſſe par le centre O, & qui ſoit perpendiculaire aux deux cordes paralleles, le grand arc I E K eſt coupé en deux parties égales E I & E K *. Par la même raiſon l'arc G E H eſt coupé en deux parties égales E G & E H ; par conſequent ſi on ôte ces deux dernieres parties des deux premieres, ſçavoir E G de E I, & E H de E K, les reſtes G I & H K ſeront égaux. Ce qu'il falloit démontrer.

2°. Si une des paralleles, comme C D, touche le cercle & que l'autre I K le coupe, les deux arcs F I & F K compris entre ces paralleles ſont égaux : car ſi la ligne E F paſſe par le centre & qu'elle ſoit tirée au point de contingence F, elle ſera neceſſairement * perpendiculaire à la tangente : par conſequent cette ligne E F ſera auſſi perpendiculaire à l'autre parallele I K * ; donc cette parallele I K étant une corde, l'arc I F K qu'elle ſoutient eſt coupé * en deux parties égales qui ſont les arcs F I & F K compris entre les paralleles.

3°. Si les deux paralleles, comme A B & C D, touchent le cercle, les deux arcs E G I F & E H K F ſont auſſi égaux. Pour le démontrer, je tire la ligne E F qui paſſe par le centre, & qui aille aboutir au point de contingence F, elle ſera perpendiculaire à la tangente C D * ; par conſequent elle ſera auſſi perpendiculaire à l'autre tangente parallele A B *. Or la ligne E F paſſant par le centre, & de plus étant perpendiculaire à la tangente A B, il faut qu'elle vienne aboutir au point de contingence E de cette tangente * : ainſi la ligne E F qui paſſe par le centre, & qui par conſequent eſt un diametre, aboutit de part & d'autre au point de contingence ; donc les deux arcs compris de part & d'autre entre les paralleles ſont des demi circonferences ; donc ces arcs ſont égaux. Ce qu'il falloit démontrer.

THEOREME I. ET FONDAMENTAL.

130. *L'angle qui a ſon ſommet à la circonference, & qui eſt formé par deux cordes, a pour meſure la moitié de l'arc compris entre ſes côtez.*

Ce theoreme a trois cas, parce qu'il peut arriver ou qu'un

F

des côtez paſſe par le centre : tel eſt l'angle B A D Figure 46, ou que le centre ſe trouve entre les deux côtez, comme dans la Figure 47, ou enfin que le centre ſoit hors des deux côtez, comme dans la Figure 48. Il faut faire voir que dans ces trois cas, l'angle a pour meſure la moitié de l'arc B D ſur lequel il eſt appuyé.

DEMONSTRATION.

Fig. 46.

I. CAS. Si le côté A B de l'angle B A D paſſe par le centre C, tirez par ce centre la ligne E F parallele à l'autre

* 96.

côté A D, vous aurez les deux angles B C F & B A D égaux *, parce que les lignes E F & A D ſont paralleles, & que ces deux angles ſont du même côté de la ſecante A B, le premier exterieur & l'autre interieur. Or l'angle B C F ayant ſon ſommet

* 48.

au centre, a pour meſure l'arc B F * compris entre ſes côtez : donc l'angle B A D qui lui eſt égal a auſſi pour ſa meſure le même arc B F. Il reſte à faire voir que cet arc B F eſt la moitié de l'arc B F D ; en voici la démonſtration : l'arc B F eſt égal à l'arc A E, parce que ces deux arcs ſont meſures d'angles

* 66.

égaux *, ſçavoir B C F & A C E qui ſont oppoſez au ſommet. Pareillement l'arc D F eſt égal au même arc A E, puiſqu'ils ſont compris entre paralleles : donc les deux arcs B F & D F ſont égaux ; donc ils ſont chacun la moitié de l'arc entier B F D. Or on vient de démontrer que l'arc B F eſt la meſure de l'angle B A D ; ainſi cet angle a pour meſure la moitié de l'arc ſur lequel il eſt appuyé.

Fig. 47

II. CAS. Si le centre eſt entre les deux côtez de l'angle B A D, il faut tirer une ligne du ſommet A qui paſſe par le centre, elle diviſera l'angle B A D en deux autres ; ſçavoir, B A F & F A D. Or le premier de ces angles a pour meſure la moitié de l'arc B F, à cauſe de ſon côté A F qui paſſe par le centre : par la même raiſon l'autre angle F A D a pour meſure la moitié de l'arc F D ; donc l'angle total B A D a pour meſure la moitié de B F & la moitié de F D ; c'eſt-à-dire, la moitié de l'arc B D compris entre ſes côtez.

Fig. 48.

III. CAS. Si le centre eſt hors des deux côtez, il faut tirer du ſommet une ligne telle que A F qui paſſe par le centre ; cette ligne formera l'angle D A F qui a pour ſa meſure la moitié de l'arc F D, ou, ce qui eſt la même choſe, la moitié de l'arc F B, plus la moitié de l'arc B D. Or l'angle F A B qui eſt une partie de l'angle total D A F, a pour meſure la moitié de l'arc F B, à cauſe du côté A F qui paſſe par le centre; par conſéquent l'angle B A D qui eſt l'autre partie de l'angle total a pour meſure la moitié de B D; autrement l'angle total D A F n'auroit pas pour meſure la moitié de F B plus la moitié de B D.

COROLLAIRE I.

131. Tous les angles inſcrits, comme B A D, B E D, B F D, appuyez ſur le même arc B D ſont égaux, parce qu'ils ont tous pour meſure la moitié de cet arc ſur lequel ils ſont appuyez.

Fig. 49.

COROLLAIRE II.

132. Un angle, comme B C D, qui a ſon ſommet au centre & qui eſt appuyé ſur le même arc que l'angle inſcrit B A D, eſt le double de cet angle inſcrit : cela paroît évidemment, parce que l'angle qui a ſon ſommet au centre, a pour meſure l'arc entier B D ſur lequel il eſt appuyé ; au lieu que l'angle inſcrit n'a pour meſure que la moitié du même arc.

Fig. 50.

On ne doit pas être ſurpris ſi l'angle B C D eſt plus grand que l'angle B A D, quoi qu'ils ſoient tous les deux appuyez ſur le même arc : car la grandeur d'un angle dépend de l'ouverture de ſes côtez *. Or il eſt viſible que l'ouverture qui eſt entre les côtez du premier angle eſt plus grande que celle qui eſt entre les côtez du ſecond.

** 47.*

COROLLAIRE III.

133. Un angle inſcrit, comme B A D, qui eſt appuyé ſur le diametre B D, eſt droit : car l'angle ne peut être appuyé ſur le diametre B D, qu'il ne le ſoit auſſi ſur la demi-circonference. Or tout angle inſcrit appuyé ſur la demi-circonference eſt droit, parce qu'il a pour meſure la moité de la demi circonference, ou le quart de la circonference.

Fig. 51.

COROLLAIRE IV.

134. L'angle inſcrit B A E appuyé ſur un arc plus grand que la demi-circonference, eſt obtus: & au contraire l'angle B A F appuyé ſur un arc moindre que la demi-circonference, eſt aigu: cela eſt évident.

F ij

THEOREME II.

Fig. 52.

135. *Un angle du segment, comme* BAD, *a pour mesure la moitié de l'arc* AFD *soutenu par la corde* AD.

DEMONSTRATION.

Soit tirée la ligne DE parallele à la tangente GAB : les deux angles alternes BAD & ADE sont égaux. Or l'angle

* 130.

inscrit ADE a pour mesure la moitié de l'arc AE*; donc l'angle BAD a aussi pour mesure la moitié du même arc AE.

* 129.

Or les deux arcs AFD & AE sont égaux * à cause des paralleles GAB & DE : donc l'angle BAD a pour mesure la moitié de l'arc AFD.

L'angle du grand segment GAD qui est supplement du premier, a aussi pour mesure la moitié de l'arc AED soutenu de l'autre côté par la corde AD : car ces deux angles pris

* 60.

ensemble étant égaux à deux angles droits *, ils ont pour mesure la moitié de la circonference. Or la mesure du premier angle BAD est la moitié de l'arc AFD ; par consequent l'autre angle GAD a pour mesure la moitié du reste de la circonference ; c'est-à-dire, la moitié de l'arc AED.

THEOREME III.

Fig. 53.

136. *Un angle, comme* BAD, *formé par la corde* AD *& par le côté* AB *qui est la partie de la corde* EA *prolongée hors du cercle, a pour mesure la moitié de la somme des arcs* AD *&* AE *soutenus par les deux cordes.*

DEMONSTRATION.

L'angle inscrit EAD & l'angle BAD pris ensemble sont

* 60.

égaux à deux angles droits* ; par consequent ils ont pour mesure la moitié de la circonference. Or l'angle inscrit EAD a

* 130.

pour mesure la moitié de l'arc ED* ; donc son supplement BAD a pour mesure la moitié du reste de la circonference, c'est-à-dire, la moitié de la somme des arcs AD & AE.

THEOREME IV.

Fig. 54. 55. & 56.

137. *Un angle, comme* BAD, *qui a son sommet hors du cercle, & dont les côtez coupent le cercle ou le touchent en un point, a pour mesure la moitié de la difference qui est entre l'arc concave* BD *&*

l'arc convexe E F *compris entre les côtez de l'angle* : par exemple,
si l'arc concave B D est de 100. degrez, & que l'arc convexe
E F soit de 40, la différence ou l'excès de l'un sur l'autre sera
de 60 degrez, dont la moitié est 30 : ainsi l'angle B A D
aura pour mesure un arc de 30. degrez.

Ce theoreme a trois cas : le premier, est lorsque les deux
côtez de l'angle coupent le cercle, comme B A D, Figure 54.
le second, quand un des côtez coupe le cercle & que l'autre
le touche, comme B A D, Figure 55. le troisiéme, lorsque
les deux côtez touchent le cercle & forment un angle circonscrit : tel est l'angle B A D, Figure 56. Une seule démonstration suffit pour les trois cas.

D E M O N S T R A T I O N.

Du point F ou le côté A D coupe ou touche la circonference, tirez la ligne F G parallele à l'autre côté A B ; l'arc
G D sera la différence, c'est-à-dire, l'excès de l'arc concave
B D sur l'arc convexe E F ; car l'arc convexe E F est égal à
l'arc B G, à cause des paralleles. Or G D est l'excès de l'arc
concave B D sur la partie B G : donc G D est aussi la difference ou l'excès de l'arc concave sur l'arc convexe E F. Reste
donc à faire voir que l'angle B A D a pour mesure la moitié
de l'arc G D : ce que je demontre en cette maniere ; l'angle
A est égal à l'angle F à cause des paralleles A B & F G. Or
l'angle F ou G F P a pour mesure la moitié de l'arc G D ; ainsi
la moitié de cet arc est aussi la mesure de l'angle A ou B A D.

En considerant les angles qui n'ont pas leur sommet au
centre, nous avons parlé jusqu'ici, 1°. De ceux qui ont leur
sommet à la circonference. 2°. De ceux qui ont leur sommet
hors du cercle : il nous reste à parler de ceux qui ont leur
sommet en un point qui est au dedans du cercle, & different
du centre. C'est ce que nous ferons dans le theoreme suivant.

T H E O R E M E V.

138. *Un angle, comme* B A D, *dont le sommet est entre le cen-*
tre & la circonference, a pour mesure la moitié de la somme des arcs
B D *&* E F *compris de part & d'autre entre ses côtez prolongez au*
delà du sommet.

Fig. 57.
58. & 59.

Tirez du point F la ligne F G P parallele au côté A D. Il

peut arriver trois cas ; le premier, est lorsque cette parallele coupe la circonference, ensorte que le point d'intersection G est vers le point D, comme dans la Figure 57. le second, quand la parallele F G P est tangente, comme dans la Fig. 58. le troisiéme, lorsqu'elle coupe la circonference, ensorte que le point d'intersection G est du côté du point E, comme dans la Figure 59. Il faut prouver que dans ces trois cas l'angle B A D a pour mesure la moitié de la somme des arcs B D & E F compris de part & d'autre entre ses côtez prolongez au-delà du sommet.

DEMONSTRATION.

Fig. 57.

I. CAS. Il est évident que l'angle B A D est égal à l'angle B F P ou B F G à cause des parallèles A D & F G. Or

* 130. l'angle B F G a pour mesure la moitié de l'arc B D G *, ou, ce qui est la même chose, la moitié de la somme des arcs B D & D G : donc l'angle B A D a aussi pour mesure la moitié de

* 127. ces mêmes arcs B D & G D : mais E F est égal à D G *, parce que ces deux arcs sont entre parallèles ; par conséquent l'angle B A D a pour sa mesure la moitié de la somme des arcs B D & E F.

II. CAS. La démonstration est la même que dans le pre-

Fig. 58. mier, puisque l'angle B F P égal à l'angle B A D a toujours

* 135. pour mesure la moitié de la somme des arcs B D & D G *,

* 127. & que l'arc E F est encore égal à D G *, comme dans le premier cas.

III. CAS. Les deux angles B A D & B A E pris ensem-

* 60. ble sont égaux à deux angles droits *, & par conséquent ils ont pour mesure la moitié de la circonference. Or l'angle

Fig. 59. B A E a pour mesure la moitié de la somme des arcs B E & D F, compris de part & d'autre entre ses côtez prolongez, comme il paroît par le premier cas : donc son supplement B A D a pour mesure la moitié du reste de la circonference, c'est-à-dire, la moitié de la somme des arcs B D & E F.

PROBLEME I.

139. D'un point donné, comme B, dans la circonference tirer une tangente.

Fig. 60.

Tirez un rayon au point B ; ensuite élevez sur l'extrêmité

* 118. de ce rayon la perpendiculaire A B, elle sera tangente au point B *.

PROBLEME II.

140. D'un point donné, comme A, hors de la circonfe-rence, tirer une tangente au cercle.

Tirez une ligne du point A au centre du cercle ; coupez cette ligne par le milieu, que je suppose être le point O ; après quoi du point O comme centre, & de l'intervalle O A décri-vez une circonference, elle coupera la premiere en deux points : si du point A on tire une ligne à un des points d'inter-section, telle que la ligne A B, elle sera tangente au cercle donné.

La raison en est, que si on tire le rayon CB au point d'in-tersection, on aura l'angle A B C appuyé sur le diametre du cercle qu'on vient de décrire ; par conséquent cet angle est droit : donc la ligne A B est perpendiculaire sur l'extrêmité du rayon ; donc elle est tangente *.   * 18.

DES LIGNES PROPORTIONNELLES.

Il ne sera peut-être pas inutile de répeter quelque chose de ce que nous avons dit dans le traité des raisons & des pro-portions, afin d'entendre plus facilement les propositions sui-vantes sur les lignes proportionnelles.

141. Une raison ou un rapport (il s'agit ici de la raison geo-metrique) est la maniere dont une grandeur en contient une autre : par exemple, la raison d'une ligne de 12. pieds à une ligne de 4 pieds est exprimée par 3, parce que la premiere li-gne contient 3 fois la seconde.

142. Il est évident que plus l'antecedent d'une raison est grand, le consequent demeurant le même, plus aussi la raison est grande : par exemple, la raison d'une ligne de 12. pieds à une ligne de 4 pieds est plus grande que la raison d'une ligne de 8 pieds à la même ligne de 4 pieds, parce 12 contient plus de fois 4, que 8 ne contient la même grandeur 4 : au con-traire l'antécedent demeurant le même, la raison est d'autant plus petite que le consequent est grand : par exemple, la rai-son de 15 à 5 est moindre que la raison de 15 à 3, parce que 15 contient moins de fois 5 qu'il ne contient 3.

143. Lorsque deux raisons sont égales, elles forment une proportion : par exemple, la raison de 12 à 4 & celle de 15 à 5 forment une proportion, parce que ces deux raisons sont

égales. Or nous avons dit qu'il y avoit trois cas où les raisons font égales : le premier, quand chacun des antécedens contient son conféquent exactement ou fans refte & le même nombre de fois, comme dans l'exemple qu'on vient de rapporter : le fecond, quand chacun des antécedens contient l'aliquote pareille de fon conféquent fans refte & le même nombre de fois : par exemple, la raifon de 18 à 24 eft égale à celle de 9 à 12, parce que 18 contient autant de fois 6 que 9 contient 3. Or 6 & 3 font des aliquotes pareilles des conféquens 24. & 12 : le troifiéme, quand chacun des antécedens contient l'aliquote pareille de fon conféquent, & qu'il y a des reftes des antécedens qui font entr'eux comme les aliquotes pareilles : par exemple, la raifon de 20 à 24 eft égale à celle de 10 à 12, parce que 20 contient autant de fois 6, que 10 contient 3 ; & d'ailleurs les reftes des antécedens, fçavoir 2 & 1, font entr'eux comme les aliquotes pareilles 6 & 3.

144. Lorfqu'on dit que plufieurs grandeurs, comme A, B, C, D, font proportionnelles à autant d'autres, telles que a, b, c, d ; cela fignifie que les premieres font les antécedens, & les autres conféquens de raifons égales ; enforte que A.a :: B.b :: C.c :: D.d.

S'il n'y a que deux grandeurs de part & d'autre, comme A & B d'un côté, & a & b de l'autre, & qu'on dife que les deux premieres font proportionnelles aux deux fecondes, on entend ordinairement que la raifon des deux premieres eft égale à celle des deux fecondes, c'eft-à-dire, que A.B :: a.b : mais on peut auffi concevoir que les deux premieres grandeurs font les antécedens ; enforte que A.a :: Bb ; puifque cette feconde proportion n'eft que l'alterne de la premiere.

145. Il faut encore fe fouvenir que deux lignes font réciproques à deux autres, lorfque les deux premieres font les extrêmes d'une proportion dont les deux autres font les moyens.

Fig. 74. 146. Une ligne, comme A B, eft dite divifée en moyenne & extrême raifon, lorfque la ligne entiere A B eft à la grande partie B E, comme cette grande partie B E eft à la petite E A ; enforte qu'on a la proportion A B . B E :: B E . E A.

147. Une ligne eft multiplié par une autre, lorfque l'on prend la premiere autant de fois qu'il y a de points dans l'autre : par exemple, pour multiplier A C par C D (Liv. 2, Fig. 20)

Il

Il faut prendre la ligne AC autant de fois qu'il y a de points dans la ligne CD; c'est-à-dire, que pour avoir le produit de AC par CD, il faut concevoir qu'à chaque point de la ligne CD, on a élevé des lignes égales & paralleles à AC: ce qui rempliroit l'espace ACDB; c'est pourquoi le produit d'une ligne par une autre forme un rectangle, & si ces deux lignes sont égales, le rectangle est un quarré; comme dans la Figure 21. Livre 2. où le côté AB est égal à la base BC. On donnera dans le second Livre * les definitions de rectangle & de quarré.

* L. 2.
Art. 42.

148. Remarquez que quand on conçoit qu'une ligne est multipliée par une autre, on suppose que la premiere est perpendiculaire à la seconde.

149. Il faut observer pour le theoreme suivant, que si deux lignes, comme EF & GH comprises dans un espace parallele sont coupées par des paralleles, il est évident qu'une de ces lignes sera divisée en autant de parties que l'autre; & si une des lignes est divisée en parties égales entr'elles, l'autre sera aussi divisée en autant de parties égales entr'elles: par exemple, si EF est divisée en quatre parties égales qu'on peut nommer P, l'autre, sçavoir GH, sera pareillement coupée en quatre parties égales entr'elles qu'on peut nommer S; ainsi dans cette hypotese EF = 4 P, & GH = 4 S. De même les deux lignes AB & CD étant renfermées dans un espace parallele, si AB est coupée par des paralleles en trois parties égales, l'autre ligne CD sera aussi coupée en trois parties égales entr'elles.

Fig. 61.

THEOREME I. ET FONDAMENTAL.

150. *Lorsque deux lignes comprises dans un espace parallele, sont autant inclinées que deux autres lignes enfermées dans un autre espace parallele, les quatre lignes sont proportionnelles.*

Soient les deux lignes AB & CD autant inclinées dans leur espace parallele que les deux lignes EF & GH dans le leur; ensorte que AB & EF soient également inclinées, & que CD & GH soient aussi également inclinées: il faut prouver que AB.EF :: CD.GH ou *alternando* AB.CD :: EF.GH.

Fig. 61.

G

DEMONSTRATION.

Qu'on suppose la ligne E F divisée en parties égales ; par
exemple, en quatre, dont chacune soit nommée P : ensuite
qu'on tire des paralleles par les points de division ; elles cou-
peront la ligne G H en autant de parties égales entr'elles*,
quoiqu'inégales aux parties de la ligne E F : chacune des parties de G H soit nommée S ; ainsi de même que la ligne E F
sera égale à quatre P ; la ligne GH sera aussi égale à quatre S.

Enfin qu'on prenne une des parties P du conséquent E F, &
qu'on voye combien de fois elle est contenuë dans l'antécedent entier A B ; alors on connoîtra qu'elle y est contenuë
exactement un certain nombre de fois sans reste, ou bien il y
aura quelque reste.

Supposons 1°. qu'elle y est contenuë exactement, par exemple, trois fois sans reste ; alors en tirant des paralleles par les
points de division de A B, la ligne C D sera pareillement divisée en parties égales entr'elles, & aux parties de la ligne
G H, puisque comme A B & E F sont également inclinées ;
de même ces deux lignes C D & G H sont supposées également inclinées ; donc la ligne A B sera égale à 3 P, & la ligne
C D égale à 3 S : ainsi au lieu des quatre lignes A B, E F,
C D, G H, on aura 3 P, 4 P, 3 S, 4 S. Or il est évident que
la proportion 3 P . 4 P : : 3 S . 4 S est vraye, puisque les aliquotes pareilles des conséquens, sçavoir P & S, sont contenuës trois fois chacune dans leur antécedent : ainsi dans ce
premier cas A B . E F : : C D . G H.

2°. Si P aliquote de E F, quelque petite qu'elle soit, n'est
pas contenuë exactement dans l'antécedent A B ; & que par
conséquent S aliquote pareille de G H ne soit pas contenuë
exactement dans l'antécedent C D ; il ne laisse pas que d'y
avoir proportion, comme dans le premier cas ; ensorte que
la raison de A B à E F est égale à la raison de C D à G H : car
si la premiere raison n'étoit pas égale à la seconde, elle seroit plus petite ou plus grande. Or l'un & l'autre est impossible.

Premierement, la raison de A B à E F n'est pas moindre
que celle de C D à G H ; car si elle étoit moindre, en ajoutant quelque chose à l'antécedent A B (ce qui augmenteroit
la raison*,) on pourroit la rendre égale à celle de C D à G H ;
or quelque petite partie qu'on ajoute à l'antécedent A B, elle

rendra la raison de A B à E F plus grande que celle de C D
à G H. Pour le démontrer, soit nommée X la partie ajoutée
à l'antécedent A B, & soit supposée l'aliquote P moindre que
X, ce qui est toujours possible, parce que l'on peut concevoir que la ligne E F est divisée en autant de parties aliquotes
que l'on voudra, & qu'ainsi chacune de ces aliquotes est aussi
petite que l'on peut souhaiter. Cela posé, je démontre que
la raison de A B + X à E F est plus grande que celle de C D à
G H. Supposons que P soit contenuë 80 fois dans E F, &
qu'ainsi l'aliquote pareille S soit contenuë 80 fois dans G H;
il faudra que P soit aussi contenuë un certain nombre de fois
dans A B; par exemple, 60 fois avec un petit reste moindre
que P, & que S soit aussi contenuë 60 fois dans C D avec un
petit reste moindre que S : mais comme on a ajouté X plus
grande que P à la ligne A B; l'aliquote P de E F sera contenuë au moins 61 fois dans l'antécedent A B + X; au lieu que
l'aliquote pareille S de G H n'est pas contenuë 61 fois dans
l'autre antécedent C D; ainsi la raison de A B + X à E F est
plus grande que celle de C D à G H. On ne peut donc augmenter la premiere raison sans la rendre plus grande que la
seconde; & par conséquent elle n'est pas moindre que la seconde.

On démontrera de la même maniere qu'on ne peut ôter
aucune partie de A B sans rendre la raison de A B à E F moindre que celle de C D à G H; donc la premiere raison n'est
pas plus grande que la seconde: d'ailleurs elle n'est pas moindre, comme on vient de le prouver; par conséquent elle lui
est égale : ainsi on a la proportion comme dans le premier cas,
A B . E F :: C D . G H ou *alternando*. A B . C D :: E F . G H.
Ce qu'il falloit démontrer.

Remarquez que cette démonstration a lieu, soit que les lignes A B & E F soient perpendiculaires dans leurs espaces, ou
qu'elles soient obliques, pourvû qu'elles le soient également.

COROLLAIRE I.

151. Il suit de ce theoreme que le produit des extrêmes
A B & G H est égal au produit des moyens E F & C D : ce
n'est qu'une application du theoreme fondamental de l'égalité du produit des extrêmes & des moyens qui a toujours
lieu toutes les fois que quatre lignes sont proportionnelles. Il

fuffira d'en avoir averti ici, fans qu'il foit neceffaire de le re-
peter ailleurs.

COROLLAIRE II.

152. Si deux lignes, comme A B & C D, comprifes entre
deux lignes paralleles, font coupées toutes deux par une troifiéme parallele E F, elles feront divifées en parties proportionnelles; c'eft-à-dire, que A E . E B :: C F . F D. Car l'efpace
parallele total eft divifé en deux autres par la ligne E F. Or
la ligne A E eft autant inclinée dans l'efpace fuperieur que la
ligne E B l'eft dans l'inferieur, parce que c'eft la même ligne continuée. Par la même raifon les deux parties C F & F D
font auffi également inclinées chacune dans fon efpace; par
conféquent felon le theoreme précedent A E . E B :: C F . F D
ou *alternando* A E . C F :: E B . F D.

153. On pourroit auffi dire que les deux lignes entieres
A B & C D font proportionnelles aux parties fuperieures A E
& C F, & aux parties inferieures E B & F D. Cela fuit évi-
demment du theoreme, puifque les deux lignes entieres A B
& C D font autant inclinées dans leur efpace que les deux
parties, foit fuperieures, foit inferieures, le font dans le leur.
On a donc les proportions A B . A E :: C D . C F & A B . E B ::
C D . F D ou bien leurs alternes.

COROLLAIRE III.

154. Si les deux côtez d'un angle, comme B A D, font
coupez par une ligne, telle que E F parallele à la bafe, c'eft-
à-dire, à la ligne B D tirée d'un côté à l'autre, les deux parties d'un côté font proportionnelles aux parties de l'autre; enforte que A E . E B :: A F . F D : car ayant mené par le point
A une parallele à la bafe B D, il eft clair que les deux lignes
A E & A F font autant inclinées dans leur efpace que E B &
F D le font dans le leur : d'où s'enfuit la proportion A E . E B ::
A F . F D, ou *alternando* A E . A F :: E B . F D.

155. On peut auffi, comme dans le corollaire précedent,
faire voir que les deux côtez A B & A D font proportionnels
aux parties A E & A F, & aux parties E B & F D; enforte qu'on
a les proportions A B . A E :: A D . A F . & A B . E B :: A D . F D,
& leurs alternes.

156. Dans la Figure 64. on a auffi la proportion A B . A E ::

AD. AF: & encore BE. AB :: DF. AD, ou bien BE. AE ::
DF. AF ; & les alternes de ces trois proportions. Tout cela
se démontre comme dans la Figure 63.

COROLLAIRE IV.

157. Si les deux côtez d'un angle, comme BAC, sont autant inclinez sur leur base BC que les deux cotez DE & DF
de l'angle EDF le sont sur la base EF ; on aura la proportion
AB. DE :: AC. DF : car si on conçoit par les points A & D
des lignes tirées parallelement aux bases, on aura deux espaces
paralleles ; & les deux lignes AB & AC seront autant inclinées dans le premier espace, que les deux lignes DE & DF
le sont dans le second ; & par consequent ces quatre lignes seront proportionnelles. C'est par ce corollaire qu'on démontrera dans la suite que quand les angles d'un triangle sont
égaux aux angles d'un autre, les côtez du premier triangle
sont proportionnels aux côtez du second. C'est un des plus
beaux theoremes de toute la Geometrie.

Fig. 65.

COROLLAIRE V.

158. Si un angle, comme BAC, a deux bases paralleles
BC & EF, elles seront proportionnelles au côté entier AB
& à la partie AE ; ensorte qu'on aura la proportion BC. EF ::
AB. AE. Pour le démontrer il n'y a qu'à concevoir des lignes
tirées par le point B & par le point E qui soient paralleles au
côté AC ; ces lignes formeront deux espaces paralleles, un
grand & un petit : le grand compris entre AC & la ligne ponctuée B, renferme les lignes AB & BC ; & le petit compris
entre AC & la ligne ponctuée E, renferme les lignes AE &
EF. Or la base BC est autant inclinée dans le grand espace
que EF dans le petit, puisque ces deux bases sont paralleles :
de même AB est autant inclinée dans le premier espace que
AE dans le second, parce que c'est la même ligne continuée ;
d'où suit la proportion BC. EF :: AB. AE, ou bien, en commençant par le côté AB & la partie AE, AB. AE :: BC. EF,
& *invertendo* AE. AB :: EF. BC.

Fig. 66.

159. On démontreroit de la même maniere que les bases
sont proportionnelles au côté AC & à sa partie AF, en concevant des paralleles au côté AB tirées par le point C & par
le point F.

Fig. 67.　160. On trouve les mêmes proportions dans la Figure 67, qui n'est différente de la précedente qu'en ce que les deux bases paralleles ne font pas du même coté du point A, l'une étant au deſſus & l'autre au deſſous de ce point.

COROLLAIRE VI.

Fig. 68.　161. Si un angle, comme B A D, a deux bases paralleles B D & E G, & que du ſommet de l'angle on tire une ligne qui coupe les deux bases ; les parties de l'une ſeront proportionnelles aux parties de l'autre ; c'eſt-à-dire, qu'on aura la proportion B C . E F :: C D . F G. Car par le corollaire précedent B C . E F :: A C . A F : & de même C D . F G :: A C . A F. Voilà donc deux raiſons, ſçavoir celle de B C à E F, & celle de C D à F G qui ſont égales chacune à la raiſon de A C à A F ; donc ces deux raiſons ſont égales entr'elles : ce qui fait la proportion B C . E F :: C D . F G, & *alternando* B C . C D :: E F . F G ; d'où il ſuit que ſi une baſe eſt coupée en parties égales, l'autre l'eſt pareillement.

162. Ce que nous avons dit ſur la Figure 68 peut être Fig. 69.　appliqué à la Figure 69 qui ne diffère de la précedente qu'en ce que les deux baſes paralleles ne ſont pas du même coté du point A.

163. Si du ſommet de l'angle qui a deux baſes paralleles, on tiroit pluſieurs lignes qui coupaſſent les baſes, toutes les parties de l'une ſeroient proportionnelles aux parties correſpondantes de l'autre : par exemple, dans la Figure 77 C E eſt à a g, comme E F eſt à g h, & comme F D eſt à h b.

164. Remarquez que ſi deux angles qui ſont ſur une baſe ſont égaux à deux angles qui ſont ſur une autre baſe chacun à chacun, les cótez de la premiere baſe ſeront autant inclinez ſur elle que les deux autres cótez le ſont ſur la ſeconde Fig. 65.　baſe: par exemple, dans la Figure 65, ſi les angles B & C formez ſur la baſe B C ſont égaux aux deux angles E & F formez ſur la baſe E F, chacun à chacun ; c'eſt-à-dire, l'angle B égal à l'angle E, & l'angle C égal à l'angle F, pour lors les cótez A B & A C ſeront autant inclinez ſur la baſe B C que les lignes D E & D F le ſont ſur la baſe E F. Cela vient de ce que la grandeur des angles dépend de l'inclinaiſon des lignes. Cette remarque ſera d'uſage dans la ſuite.

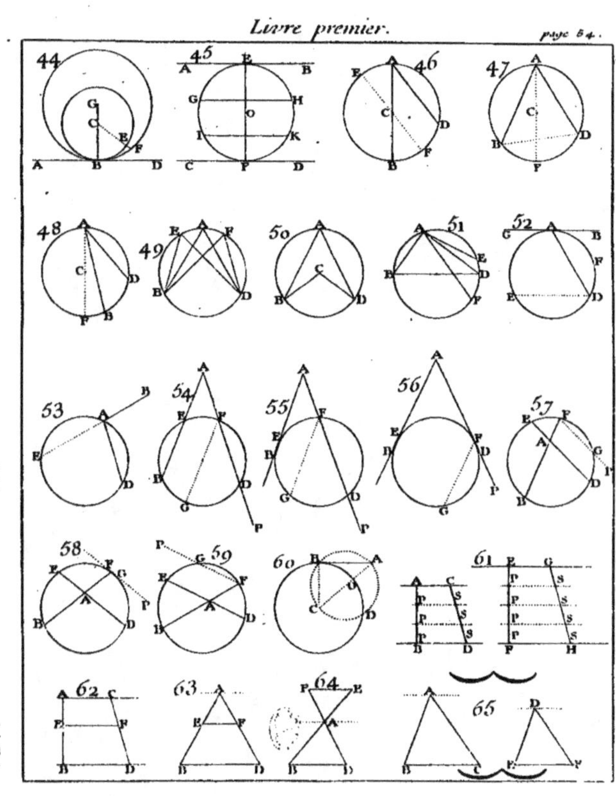

COROLLAIRE. VII.

165. Si un angle, comme B A D, est divisé en deux parties égales par la ligne A C, elle coupera la base B D en deux parties proportionnelles aux côtez de l'angle ; ensorte qu'on aura la proportion B C . D C :: B A . D A : car si on conçoit des lignes tirées par le point B & par le point D paralleles à la ligne A C, on aura deux espaces paralleles dans un desquels sont renfermées les lignes B C & B A, & dans l'autre D C & D A. Or la ligne B C est autant inclinée dans son espace que la ligne D C dans le sien, puisque c'est la même ligne continuée ; pareillement la ligne B A est autant inclinée dans le premier espace que la ligne D A dans le second, parce que l'angle B A C est égal par l'hypothese à l'angle D A C ; on aura donc par le theoreme fondamental, la proportion B C . D C :: B A . D A, ou en commençant la proportion par les côtez, B A . D A :: B C . D C.

166. Remarquez que si les deux côtez B A, D A de l'angle B A D sont égaux, les deux parties de la base coupée par la ligne A C sont égales. Cela suit de la proportion B A . D A :: B C . D C, qu'on vient de prouver dans ce corollaire. En general, lorsque les deux premiers termes d'une proportion sont égaux, les deux derniers sont aussi égaux entr'eux. Pareillement si les deux antécedens sont égaux, les deux consequens sont égaux entr'eux ; & réciproquement si les deux consequens sont égaux, les antécedens le sont aussi : car sans cela le premier terme ne seroit pas au second comme le troisiéme est au quatriéme ; ainsi il n'y auroit pas de proportion. On peut appliquer cette remarque au second, troisiéme, quatriéme, cinquiéme & sixiéme corollaire.

THEOREME II.

167. *Lorsque deux cordes d'un cercle se coupent, les parties de l'une sont réciproques aux parties de l'autre.*

Soient les deux cordes B F & D E qui se coupent au point A ; les deux parties A B & A F de la premiere sont réciproques aux parties A E & A D de la seconde ; c'est-à-dire, que A B . A E :: A D . A F.

DEMONSTRATION.

Si l'on tire les deux lignes B D & E F, les angles D B F & D E F seront égaux, parce qu'ils sont appuyez sur le même arc D F : de même les angles B D E & B F E sont aussi égaux, étant appuyez sur le même arc B E ; ainsi, en nommant les angles par une seule lettre , les deux angles B & D qui sont sur la base B D sont égaux aux deux autres E & F qui sont sur la base E F , chacun à chacun. Or la grandeur des angles dépend de l'inclinaison des lignes * ; par conséquent les deux côtez A B & A D de l'angle B A D sont autant inclinez sur leur base B D que les deux côtez A E & A F de l'angle E A F le sont sur la base E F : on aura donc, suivant le quatriéme corollaire*, la proportion A B . A E :: A D . A F. Ce qu'il falloit démontrer.

* 164.

* 157.

COROLLAIRE I.

168. Si une des cordes, comme B F, étoit diametre & qu'elle fut perpendiculaire à l'autre corde , la partie A E ou A D de cette seconde corde seroit moyenne proportionnelle entre les parties A B & A F du diametre ; car par le theoreme A B . A E :: A D . A F. Or par l'hypotese la ligne B F passe par le centre , & de plus elle est perpendiculaire à la corde D E ; par conséquent cette corde est coupée en deux parties égales * , sçavoir, A E & A D ; donc on peut mettre A E à la place de A D dans la proportion précedente, & on aura A B . A E :: A E . A F.

Fig. 71.

* 109.

COROLLAIRE II.

169. On peut conclure delà que si d'un point de la circonference d'un cercle, on tire une perpendiculaire, comme E A , sur le diametre B F, elle sera moyenne proportionnelle entre les deux parties A B, A F du diametre. C'est une propriété remarquable du cercle.

THEOREME III.

170. *Deux secantes exterieures étant tirées du même point* **A**, *& prolongées jusqu'à la partie concave de la circonference , une secante entiere & sa partie hors du cercle sont réciproques à l'autre secante entiere & à sa partie hors du cercle.*

Soient

Soient les secantes exterieures A B & A D tirées du même
point A , & prolongées jusqu'en B & D : il faut prouver que
la secante A B & sa partie exterieure A E sont réciproques à
l'autre secante A D & à sa partie exterieure A F ; c'est-à-dire,
que A B . A D : : A F . A E.

Fig. 73.

DEMONSTRATION.

Ayant mené les cordes B F & D E, les angles B F D & B E D
sont égaux , parce qu'ils sont appuyez sur le même arc B D ;
il faut donc que leurs supplemens A F B & A E D soient aussi
égaux. Pareillement les angles B & D sont égaux , puisqu'ils
sont appuyez sur le même arc E F ; ainsi les angles B & A F B
formez sur la base B F sont égaux aux angles D & A E D
formez sur la base D E ; donc les côtez A B & A F de l'angle
B A F sont autant inclinez sur la base B F que les côtez A D
& A E de l'angle D A E le sont sur la base D E* ; donc par le
quatriéme corollaire du premier theoreme , on aura la proportion A B . A D : : A F . A E. Ce qu'il falloit démontrer.

* 164.

COROLLAIRE I.

171. Si une tangente, comme A D, & la secante A B sont
tirez du même point A , la tangente sera moyenne proportionnelle entre la secante A B & sa partie exterieure A E. Pour
entendre la raison de ce corollaire , il faut recourir à la Figure du theoreme , & concevoir que la ligne A B demeurant
immobile , on en éloigne le côté A D en le faisant tourner
autour du point A : il est facile d'appercevoir que dans cette
hypotese les points D & F s'approchent l'un de l'autre , la proportion du theoreme demeurant toujours vraye. Or dans
l'instant que la ligne A D devient tangente, le point D & le
point F se confondent , & la ligne A F devient égale à A D ;
on a donc pour lors cette proportion A B . A D : : A F ou
A D . A E.

Fig. 74.

Voici une seconde démonstration plus geometrique & toute
semblable à celle du theoreme.

Ayant tiré les cordes B F & D E, l'angle du grand segment A D B ou A F B a pour mesure la moitié de l'arc D E B
soutenu par la corde B D*. Or l'angle A E D a aussi pour sa
mesure la moitié du même arc D E B * ; ainsi les deux angles
A F B & A E D sont égaux entr'eux. Pareillement l'angle B

* 135.
* 135.

H

& l'angle du petit fegment A D E font égaux, parce qu'ils ont
pour mefure la moitié de l'arc DE ou FE; ainfi, comme
dans la démonftration du theoreme, les deux angles B & A F B
formez fur la bafe BF font égaux aux angles A D E & A E D
formez fur la bafe D E ; donc les cótez A B & A F ou A D
de l'angle B A F font autant inclinez fur la bafe B F, que les
cótez A D & A E de l'angle D A E le font fur la bafe D E ;
par conféquent on aura la proportion AB.AD::AF ou
AD.AE. Ce qu'il falloit démontrer.

C O R O L L A I R E   I I.

172. Si la partie interieure E B de la fecante A B eft égale
à la tangente ; cette fecante fera divifée en moyenne & extrême raifon au point E : car par le corollaire précedent on
a la proportion A B.A D::A D.A E: donc mettant E B à la
place de A D qui lui eft fuppofée égale, la proportion fera
A B.E B::E B.A E: donc la fecante fera divifée en moyenne
& extrême raifon au point E.

C O R O L L A I R E   I I I.

173. E B étant toujours fuppofée égale à la tangente A D,
fi on tire la ligne E G parallele à B D, la tangente fera divifée
en moyenne & extrême raifon au point G ; c'eft-à-dire, qu'on
aura la proportion A D.G D::G D.A G. Car à caufe des
parallcles B D & E G, on aura les deux proportions * A B.E B::
A D.G D, & * E B.A E::G D.A G. Or par le fecond corollaire les deux premieres raifons de ces proportions font
égales, ainfi les deux dernieres le font auffi ; c'eft-à-dire, que
A D.G D::G D.A G.

174. Remarquez que la grande partie G D de la tangente
coupée par la parallele E G, eft égale à la partie exterieure
A E de la fecante : car par le premier corollaire A B.A D::
A D.A E. D'ailleurs à caufe des paralleles B D & E G on a
encore la proportion A B.A D::E B.G D. Or les deux premieres raifons de ces proportions font égales ; par conféquent
les deux dernieres le font auffi : on a donc la troifiéme proportion A D.A E::E B.G D : mais par l'hypotefe les deux
antécedens A D & E B font égaux ; donc les deux conféquens
A E & G D le font auffi *.

175. Delà il fuit que E B étant égale à la tangente A D,

comme on l'a fuppofé dans le troifiéme corollaire, fi on prend fur A D la partie G D égale à A E, la tangente fera coupée en moyenne & extrême raifon, parce que pour lors elle fera divifée de la même maniere qu'elle l'eft dans la Figure par la parallele E G.

PROBLÉME I.

176. *Trois lignes, comme* A, B, C, *étant données, trouver une* Fig. 75. *quatriéme proportionnelle* D.

Tirez deux lignes indéfinies telles que E H & E K qui faffent tel angle qu'il vous plaira ; prenez fur une de ces lignes la partie E F égale à la ligne donnée A, & fur l'autre la partie E G égale à la feconde ligne B; tirez la ligne F G, prenez enfuite fur la ligne E F prolongée tant qu'il fera befoin, la partie F H égale à la troifiéme ligne C qui eft donnée, & tirez H K parallele à F G, la ligne G K renfermée entre les deux paralleles F G & H K, fera la quatriéme proportionnelle cherchée ; car à caufe des paralleles F G & H K, on a la proportion * E F . E G :: F H . G K, ou bien A . B :: C . D. * 151.

PROBLÉME II.

177. *Deux lignes, comme* A & B, *étant données, trouver une troifiéme proportionnelle que nous nommerons encore* D ; *enfuite qu'on ait la proportion* A . B :: B . D.

Ce problème fe réfout de la même maniere que le premier, avec cette difference que la troifiéme ligne F H de la Figure 75, doit être égale à la feconde E G ; & alors la ligne G K comprife entre les deux paralleles eft la troifiéme proportionnelle cherchée.

PROBLÉME III.

178. *Deux lignes, comme* A & C, *étant données, trouver une* Fig. 76. *moyenne proportionnelle entre ces deux lignes données.*

Tirez une ligne indéfinie telle que D F, fur laquelle prenez D G égale à la ligne donnée A, & la ligne G F égale à la ligne donnée C ; divifez la fomme D F en deux également au point O ; & de ce même point comme centre, & de l'intervalle O D, décrivez un cercle ; ensuite du point G élevez la perpendiculaire GE jusqu'à la circonference ; elle sera la moyenne proportionnelle cherchée entre les deux lignes A & C.

* 169.   C'est une suite évidente du second corollaire * du theoreme second.

PROBLÊME IV.

179. *Divisez une ligne donnée en des parties semblables ou proportionnelles à celles d'une autre ligne donnée.*

Fig. 77.   Soit la ligne C D divisée en trois parties : sçavoir, C E, E F, F D ; soit aussi donnée la ligne droite A B qu'il faut diviser en parties semblables à celles de C D. Tirez la ligne *a b* égale à A B & parallele à C D ; ensuite par les extrêmitez de la ligne donnée C D, & celles de la parallele *a b*, tirez deux lignes, lesquelles iront se rencontrer dans un point comme K : enfin menez de ce point K des lignes droites au point de division de la ligne donnée C D ; elles couperont la parallele égale à A B en parties proportionnelles ou semblables à celles de la ligne donnée C D.

* 163.   Cette pratique a été démontrée dans le sixiéme corollaire * du premier theoreme.

180. On peut par ce problême diviser une ligne donnée en tant de parties égales qu'on voudra : supposons, par exemple, qu'on veuille diviser la ligne A B en cinq parties égales, Fig. 78. il faut tirer une ligne droite indéfinie, telle que M N sur laquelle vous prendrez avec le compas cinq parties égales de quelle grandeur vous voudrez, telles que M C, C D, D E, E F, F G ; ensuite vous tirerez la ligne *a b* égale à A B qui soit parallele à la ligne indéfinie M N ; & faites le reste comme dans le problême. Il est évident que la ligne *a b* sera partagée en cinq parties égales.

PROBLÊME V.

Fig. 79.   181. *Couper une ligne, comme A D en moyenne & extrême raison.*

Sur une extrêmité de la ligne donnée A D, par exemple, sur l'extrêmité D, élevez la perpendiculaire C D égale à la moitié de la ligne A D : ensuite du point C comme centre &

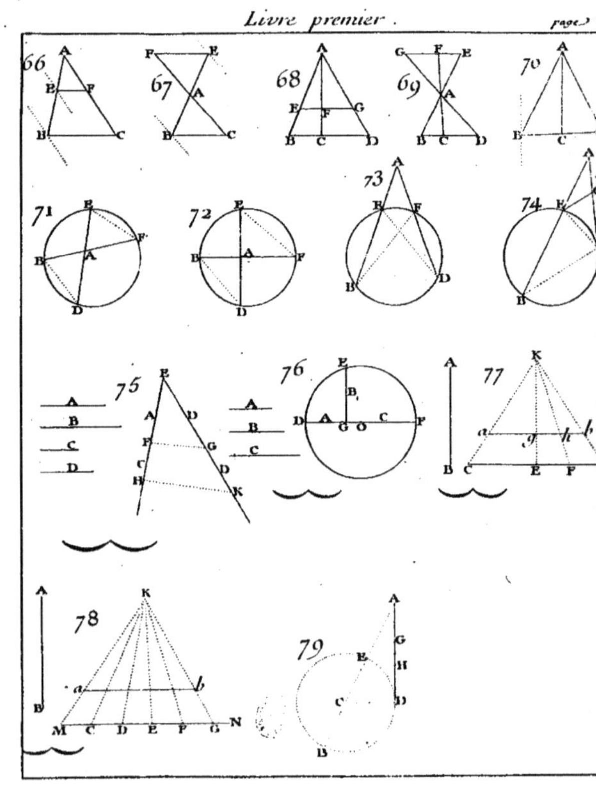

66
67
68
69
70
71
72
73
74
75
76
77
78
79

de l'intervalle CD, décrivez une circonference ; & puis de l'autre extrêmité A de la ligne donnée A D, tirez la fecante A B qui paffe par le centre du cercle, & coupe la circonfe-rence au point E ; prenez G D égale à la partie exterieure A E de la fecante. Je dis que la ligne A D fera coupée en moyenne & extrème raifon au point G ; c'eft-à-dire , qu'on aura la proportion A D . G D :: G D . A G.

Pour démontrer cette proportion , il faut remarquer que la fecante A B paffant par le centre , E B eft un diametre, & par conféquent double du rayon CD. Or par la conftruction la tangente A D eft auffi double de la perpendiculaire CD ; donc la partie interieure E B de la fecante eft égale à la tangente A D ; d'où il faut conclure, fuivant ce que nous avons dit *,   *175. que la tangente A D eft coupée en moyenne & extrême rai-fon au point G.

182. On auroit encore pû couper d'une autre maniere la ligne A D en moyenne & extrême raifon , en prenant A H égale à la partie exterieure de la fecante ; auquel cas il eft évident que H D auroit été égale à A G : ainfi au lieu de la propor-tion A D . G D :: G D . A G, on auroit eu la fuivante, A D . A H :: A H . H D , en mettant A H & H D à la place de G D & de A G ; & par conféquent la ligne A D auroit été coupée en moyenne & extrême raifon au point H.

LIVRE SECOND.
DES SURFACES,
& des Figures planes.

Art. I. FIGURE en general eſt un eſpace renfermé de tous côtez. Il y en a de deux ſortes; les unes ſont terminées par des lignes; les autres ſont terminées par des ſurfaces; celles-ci ſont des *ſolides* dont nous parlerons dans le troiſiéme Livre; les autres qui ſont terminées par des lignes ſont des *ſurfaces* dont nous devons traiter ici. Or on diſtingue trois eſpeces de ces figures, les *planes*, les *courbes*, & les *mixtes*.

2. Les figures planes ſont celles dont tous les points ne ſont ni plus élevez, ni plus enfoncez les uns que les autres : telle eſt ſenſiblement la ſurface des miroirs ordinaires.

3. Les figures courbes ſont celles dont les points ſont inégalement élevez ou enfoncez : telle eſt la ſurface d'une boule.

4. Les figures mixtes, ſont celles qui ſont en partie planes, & en partie courbes.

5. Les figures planes qui ſont les ſeules dont nous parlerons dans ce ſecond Livre, ſont encore de trois ſortes, les rectilignes qui ſont terminées par des lignes droites, les curvilignes qui ſont terminées par des lignes courbes, & enfin les mixtilignes qui ſont terminées par des lignes dont les unes ſont droites & les autres courbes.

6. Remarquez donc qu'il y a de la difference entre une ſurface ou ſuperficie courbe, & une ſuperficie curviligne ; puiſqu'une ſurface plane peut être curviligne, quoi qu'elle ne puiſſe être courbe : un cercle, par exemple, eſt une ſurface curviligne, quoi qu'elle ne ſoit pas courbe.

Dans les figures rectilignes auſquelles on peut rapporter les deux autres eſpeces de figures planes, il y a trois choſes principales à conſiderer, les côtez, les angles & la ſurface. Nous conſidererons d'abord les figures par rapport aux côtez & aux angles qu'ils forment, & enſuite par rapport aux ſurfaces que ces côtez renferment.

DES FIGURES PLANES,
considerées selon leurs côtez & leurs angles.

Si une Figure n'est terminée que par des lignes droites, il faut qu'il y en ait au moins trois ; c'est pourquoi l'angle n'est pas une figure.

7. On a donné aux figures rectilignes les plus simples certains noms qu'il ne faut pas ignorer, la figure des trois côtez s'appelle *triangle*, celle de quatre s'appelle *quadrilatere*, celle de cinq s'appelle *pentagone*, celle de six, *exagone*, celle de sept, *eptagone*, celle de huit, *octogone*, celle de neuf, *enneagone*, celle de dix, *decagone*, celle de onze, *endecagone*, celle de douze, *dodecagone*, celle de mille, *kiliogone*, celle de dix mille, *miriogone*, celle de plusieurs côtez se nomme indéfiniment *polygone*.

8. Une Figure est *reguliere* ou *irreguliere*. La reguliere, est celle dont tous les côtez & les angles sont égaux. La Figure irreguliere est celle dont tous les angles & tous les côtez ne sont pas égaux.

9. Quand on compare deux Figures ensemble, si les angles de l'une sont égaux aux angles de l'autre, & que les côtez homologues ou correspondans soient proportionnels, on les appelle *semblables* ; & si les côtez comparez sont égaux aussi-bien que les angles, les figures sont appellées *toutes égales*, ou *égales en tout*, ou *parfaitement égales*.

10. De toutes les figures curvilignes, nous ne considererons dans ces Elemens de Geometrie que le cercle ; & des figures mixtilignes, nous ne parlerons que de celles qui ont rapport au cercle : telle est celle qu'on nomme *segment* dont nous avons donné la notion *, & celle qu'on appelle *secteur* de cercle.

* Liv. 1. Art. 127.

11. Un secteur de cercle est une certaine portion de cercle comprise entre deux rayons, & l'arc terminé par deux rayons : par exemple, l'espace marqué par A.

Fig. 1.

AVERTISSEMENT.

Lorsque dans ce second Livre, on citera quelque Article du premier, on écrira à la marge * Liv. 1. Art. & ensuite le nombre de l'Article cité : par exemple, pour citer l'Article 150. du premier Livre, on mettra à la marge * Liv. 1. Art. 150. Mais quand on voudra citer un Article de ce second Livre, on mettra seulement le signe * avec le nombre de l'Article cité, comme on l'a fait dans le premier Livre. On observera la même chose dans le troisiéme Livre ; c'est-à-dire, que quand on voudra citer un Article du premier ou du second Livre, on mettra à la marge * Liv. 1. Art. ou * Liv. 2. Art. mais lorsqu'il s'agira de citer un Article du troisiéme Livre, on marquera seulement le signe * avec le nombre de l'Article cité.

DES TRIANGLES.

12. Dans tout triangle, il y a trois côtez & trois angles. On prend ordinairement pour *base* du triangle le côté inferieur ; mais on peut prendre pour base tout autre côté du triangle : par exemple, le côté A C est la base du triangle A B C : mais cela n'empêche pas que l'on ne puisse aussi considerer le côté A B ou le côté B C comme base.

13. La ligne perpendiculaire qu'on mene de la pointe d'un angle sur la base se nomme la hauteur du triangle : telle est la ligne B H. Il peut arriver que cette perpendiculaire tombe en dehors du triangle ; & pour lors, afin d'avoir la hauteur, il faut prolonger la base du côté où tombe la perpendiculaire : par exemple, si du point E du triangle D E F, on abaissoit la perpendiculaire E H sur la base D F ; il est clair qu'elle tomberoit en dehors du triangle, & qu'il faudroit prolonger cette base au-delà du point D, afin que la perpendiculaire la rencontrat.

14. Le triangle peut être consideré ou par rapport à ses côtez, ou par rapport à ses angles : si on le considere par rapport à ses côtez, il y en a de trois especes : car ou ses trois côtez sont égaux, & on l'appelle *equilateral* ; tel est le triangle A B C Figure 2 ; où il n'a que deux côtez égaux, comme dans la Figure 4, & on l'appelle *isocele* ; ou bien enfin ses trois côtez sont inégaux, comme dans la Figure 5, & on l'appelle *scalene*.

15. Lorsque le triangle est consideré par rapport aux angles, on en distingue encore de trois sortes ; le triangle *rectangle* qui a un angle droit ; tel est le triangle N M O Figure 5 ; *l'ambligone* qui a un angle obtus ; tel est le triangle E D F Figure 3 ; & *l'oxigone* qui a ses trois angles aigus, comme dans la Figure 2. ou dans la Figure 4.

Nou

Nous démontrerons dans la suite, qu'il est impossible qu'il y ait dans un triangle deux angles qui soient ou tous deux droits, ou tous deux obtus, ou un droit & un obtus.

Nous supposons 1°. qu'il se peut toujours faire qu'une circonference passe par les sommets des trois angles de chaque triangle : cela suit évidemment de ce qu'on peut décrire une circonference qui passe par trois points donnez, pourvû qu'ils ne soient pas en ligne droite *.

* Liv. 1.
Art. 38.

Nous supposons 2°. qu'on peut considerer les deux côtez de chaque triangle comme renfermez dans un espace parallele, en tirant par le sommet une ligne parallele à la base, comme dans la Figure 7. Cela posé, l'on démontre facilement le theoreme suivant, qui est un des plus beaux & des plus utiles de toute la Geometrie.

THEOREME I. ET FONDAMENTAL.

16. *Les trois angles d'un triangle pris ensemble sont égaux à deux angles droits*, ou, ce qui est la même chose, *ces trois angles ont pour mesure la demi-circonference.*

DEMONSTRATION.

Par la premiere supposition, tout triangle comme A B C, peut être conçu inscrit dans un cercle ; alors l'angle A aura pour mesure la moitié de l'arc B C, l'angle B aura pour mesure la moitié de l'arc C A, & l'angle C aura pour mesure la moitié de l'arc A B*. Or ces trois arcs font la circonference entiere ; donc les trois moitiez de ces trois arcs, font la demi-circonference ; par conséquent les trois angles du triangle pris ensemble, ont pour mesure la demi-circonference ; ils sont donc égaux à deux angles droits. Ce qu'il falloit demontrer.

Fig. 6.

* Liv. 1.
Art. 130.

On peut encore demontrer ce theoreme de la maniere suivante.

Tirez par le point C une ligne D E parallele à la base A B ; alors les deux angles alternes a & A formez par l'oblique C A, entre les paralleles seront égaux : pareillement les deux angles alternes b & B formez par l'oblique C B, seront aussi égaux. Or les trois angles a, C, b pris ensemble sont égaux à deux angles droits * : par conséquent, si à la place des deux angles a & a b, on prend les deux autres A & B qui leur sont égaux,

Fig. 7.

*Liv.1.art.
63.

I

les trois angles A , C, B pris enfemble , valent auffi deux an:
gles droits.

Ce theoreme eft la fameufe trente-deuxiéme propofition du
premier Livre d'Euclide.

COROLLAIRE I.

17. Si on prolonge un des côtez, comme A B , d'un triangle , l'angle exterieur C B D ou G fera égal aux deux intérieurs oppofez *m* & *o* pris enfemble ; car l'angle extérieur G
joint à l'angle *n* vaut deux angles droits *. De même les angles *m* & *o* joints au même angle *n* , valent auffi deux angles
droits *. Par conféquent l'angle exterieur G eft égal aux angles interieurs oppofés *m* & *o* pris enfemble. On peut prouver de la même maniere, qu'en prolongeant le coté B C,
l'angle exterieur A C E ou *h* eft égal aux deux intérieurs oppofés *n* & *m* pris enfemble. Pareillement, fi on prolonge le
côté C A, l'angle extérieur B A F ou *k* , fera égal aux deux
interieurs *o* & *n*.

COROLLAIRE II.

18. Dans chaque triangle , dès que l'on connoît deux angles , on peut facilement connoître le troifième ; car le troifième eft toujours le fupplément à 180 degrez ; par exemple,
fi l'on connoit deux angles , dont l'un foit de 40. degrez, &
l'autre de 80 , on eft affuré que le troifiéme eft de 60 degrez,
parce que les deux premiers pris enfemble , valent 120 degrez : or le fupplément de 120 degrez à 180 eft 60.

19. Si dans un triangle on ne connoît que la valeur d'un
angle , on pourra bien connoître la fomme des deux autres
angles ; mais on ne pourra connoître la valeur de chacun
en particulier ; ainfi fi l'angle connu étoit de 50 degrez , on
fçauroit bien que la fomme des deux autres eft de 130. degrez;
mais on ne connoîtroit pas de combien de degrez feroient l'un
& l'autre de ces deux angles féparément.

COROLLAIRE III.

20. Chaque triangle ne peut avoir qu'un angle droit , ou
un feul obtus ; deforte que fi un angle eft droit ou obtus , les
deux autres font néceffairement aigus : autrement les trois angles pris enfemble, feroient plus grands que deux angles droits,

THEOREME II.

21. Lorsque dans un triangle il y a des côtés égaux, les angles opposés à ces côtés sont aussi égaux; & reciproquement s'il y a des angles égaux, les bases ou côtés opposez sont égaux.

DEMONSTRATION.

Soit le triangle A C B, dont le côté A C soit supposé égal au côté B C; je dis 1°. que l'angle en B opposé au côté A C est égal à l'angle en A opposé au côté B C : car les côtés A C & B C étant égaux, les arcs A C & B C qui sont soutenus par ces côtés, seront égaux, parce que les cordes égales soûtiennent des arcs égaux; donc la moitié de l'arc A C, est égal à la moitié de l'arc B C; or ces moitiés sont les mesures des angles en B & en A *; donc ces angles sont égaux. Ce qu'il falloit démontrer en premier lieu.

Fig. 6.

*Liv. 1. Art. 130.

I I. PARTIE. Si l'angle en B est égal à l'angle en A, les côtez opposez A C & B C sont égaux ; car si les deux angles en B & en A sont égaux, leurs mesures, c'est-à-dire, la moitié de l'arc A C, & la moitié de l'arc B C sont égales; donc les arcs entiers A C & B C sont aussi égaux. Or les arcs égaux sont soûtenus par des cordes égales; donc les cordes ou côtés A C & B C sont égaux. Ce qu'il falloit démontrer.

22. Il est évident, que si les trois côtez d'un triangle étoient égaux, les trois angles seroient aussi égaux ; & que si les trois angles étoient égaux, les trois côtez le seroient aussi.

THEOREME III.

23. Lorsque dans un triangle il y a des côtez inégaux, le plus grand angle est opposé au plus grand côté, & le plus petit angle est opposé au moindre côté.

DEMONSTRATION.

Si dans le triangle A C B l'angle en A est plus grand que chacun des deux autres, le côté B C qui lui est opposé, est le plus grand de tous : car si l'angle en A est plus grand, il faut que l'arc B C dont il a la moitié pour mesure, soit aussi plus grand que chacun des arcs A B & A C; & par consequent la corde ou le côté B C sera plus grand que les autres côtés. Ce qu'il falloit demontrer.

Fig. 6.

I ij

On prouvera de même, que si l'angle en C est le plus petit, le coté opposé A B est aussi moindre que chacun des côtez A C & B C.

THEOREME IV.

*24. Lorsqu'un triangle est isocele, si du sommet de l'angle compris
entre les côtez egaux, on abbaisse une perpendiculaire sur la base.
1°. Cette base sera coupée en deux parties égales. 2°. L'angle compris entre les côtez égaux, sera aussi partagé également.*

Soit le triangle isocele A C B, & que du sommet de l'angle C, on tire la perpendiculaire C D sur la base A B; je dis
1°. que cette perpendiculaire coupe la base en deux parties.
égales. 2°. Qu'elle partage aussi l'angle C en parties égales.
Pour le démontrer, il faut du point C comme centre & de
l'intervalle C A ou C B décrire une circonference, & prolonger la perpendiculaire C D jusqu'à la rencontre de la circonference en E : cela posé, le Theoreme est facile à prouver.

DEMONSTRATION.

I. PARTIE. La base A B est une corde du cercle dont
le point C est le centre, & par consequent la ligne C D qui
est supposée perpendiculaire à la corde, la coupe necessairement
en deux parties égales *.

II. PARTIE. La perpendiculaire C D E étant tirée du
centre, & coupant la corde A B en deux parties égales,
coupe aussi * l'arc A E B, soutenu par la corde en deux parties égales, sçavoir A E & B E. Or A E est la mesure de l'angle
A C E, & B E est la mesure de l'angle B C E ; donc ces angles sont égaux : ainsi la perpendiculaire coupe l'angle C en
deux parties égales. Ce qu'il falloit demontrer.

COROLLAIRE.

25. Si on tire du point C une ligne qui divise l'angle C en
deux parties égales, il est clair qu'elle ne differera pas de la
perpendiculaire C D ; par consequent si une ligne divise en
parties égales l'angle compris entre les côtez égaux d'un
triangle isocele, elle sera perpendiculaire à la base, il est évident par la même raison, que si une ligne tirée de cet angle coupe la base en parties égales, elle sera perpendiculaire à la base.

26. On peut distinguer six choses dans un triangle ; sça-

voir trois côtez & trois angles: mais parce que deux angles étant donnez & déterminez, le troisieme l'est aussi; il suffira de considerer ici cinq choses; sçavoir, trois côtez & deux angles. Or si dans un triangle, trois de ces cinq choses sont égales aux trois correspondantes dans un autre triangle, les deux triangles sont égaux en tout.

Il y a quatre cas. 1º. Ou bien un des côtez d'un triangle, & les deux angles sur ce côté sont égaux à un côté d'un autre triangle, & aux deux angles sur ce côté. 2º. Ou deux côtez & un angle compris entre ces côtez du premier triangle, sont égaux à deux côtez & à un angle compris entre ces côtez du second. 3º. Ou bien deux côtez & un angle opposé à un de ces côtez dans le premier triangle, sont supposez égaux à deux côtez & à un angle opposé à un de ces côtez dans le second triangle. 4º. Enfin il peut arriver que les trois côtez du premier triangle soient égaux aux trois côtez d'un autre triangle, chacun à chacun.

Nous allons demontrer dans les quatre Theoremes suivans, qu'en tous ces cas, les deux triangles sont égaux, en observant neanmoins que dans le troisiéme cas, il faut encore supposer, que l'autre angle sur la base du premier triangle, est de même espece que son correspondant dans le second triangle, comme on le verra dans le sixiéme theoreme.

THEOREME V.

27. *Si un côté comme* b c *du triang'e* b a c *est égal au côté* B C *du triangle* B A C, & *que les deux angles* b & c, *sur le premier côté, soient égaux aux angles* B & C *sur l'autre côté, les deux triangles seront égaux en tout.*

Fig. 10.

DEMONSTRATION.

Qu'on conçoive le côté b c appliqué sur le côté B C, le point b sur le point B, & le point c sur le point C. Puisque les angles b & B sont égaux, le côté b a sera posé sur le côté B A; & de même le côté c a sera appliqué sur le côté C A, parce que les angles c & C sont égaux; par consequent les deux côté b a & c a iront se réunir au même point que les deux autres côtez B A & C A; donc les deux triangles conviendront entierement; ainsi ils seront parfaitement égaux ou égaux en tout, c'est-à-dire, quant aux angles, aux côtez & aux espaces.

Les deux côtez *b c* & B C étant toujours supposez égaux, si les deux angles *b* & *a* étoient égaux aux angles correspondans B & A , les triangles seroient parfaitement égaux ; parce que pour l ors l'angle *c* seroit égal à l'autre angle C : ainsi les deux angles sur le côté *b c* seroient égaux aux deux angles sur le côté B C : ce qui reviendroit au cinquiéme theoreme.

Fig. 11.   28. Remarquez qu'il peut arriver que deux triangles soient inégaux , quoiqu'un côté du premier soit égal à un côté du second , & que les trois angles de l'un , soient égaux aux trois angles de l'autre, si ces angles égaux ne sont pas correspondans : par exemple, dans les deux triangles BAC & BDC , le coté B C est commun aux deux triangles , & par conse. quent il est égal de part & d'autre : il en est de même de l'angle C : d'ailleurs, il se peut faire que l'angle A du grand triangle soit égal à l'angle D B C du petit , & que par consequent l'angle A B C du grand , soit égal à l'angle B D C du petit.

T H E O R E M E   VI.

Fig. 10.   29. Si deux côtez comme *a b* & *a c*, du triangle *a b c* , sont égaux aux côtez A B & A C du triangle A B C, & que de plus l'angle *a* , compris entre les deux premiers côtez , soit égal à l'angle A compris entre les deux autres côtez , les deux triangles seront égaux en tout.

D E M O N S T R A T I O N.

Qu'on conçoive le côté *a b* du premier triangle appliqué sur le côté A B de l'autre ; ensorte que le point *a* soit sur le point A ; il faut, à cause de l'égalité des deux angles *a* & A , que le côté *a c* soit posé sur le côté A C : dans cette hypothese le point *b* tombera sur le point B & le point *c* sur le point C, parce que les deux côtez *a b* & *a c* sont égaux aux côtez A B & A C ; par consequent la base *a b* conviendra avec la base A B & les deux triangles conviendront entierement ; donc ils seront égaux en tout. Ce qu'il falloit demontrer.

T H E O R E M E   VII.

Fig. 12.   30. Si les deux côtez *a b* & *a c* du triangle *a b c* sont encore égaux aux côtez A B & A C du triangle A B C, & que l'angle *b opposé au côté ac, soit égal à l'angle B opposé au côté A C; si de plus, les angles c & C opposez aux autres côtez ab & AB sont de même espece, c'est-à-dire, ou tous deux aigus ou tous deux obtus, sans les supposer égaux; pour lors les deux triangles seront égaux en tout.*

· D E M O N S T R A T I O N .

Qu'on conçoive le côté *b a* posé sur le côté B A, ensorte que le point *b* soit sur le point B, & le point *a* sur le point A; pour lors la base *b c* sera appliquée sur la base B C, à cause de l'égalité des angles *b* & B; mais comme les bases n'ont point été supposées égales, il faut demontrer que le point *c* tombera sur le point C : pour cela, il faut tirer du point A la perpendiculaire A D sur la base B C prolongée s'il est necessaire; cela posé, je raisonne ainsi : les lignes *a c* & A C seront toutes les deux du même côté de la perpendiculaire, ou la premiere d'un côté, & la seconde d'un autre. Or ce second cas est impossible : car si la ligne *a c* tomboit, par exemple, à la gauche de la perpendiculaire, ensorte que son extremité *c* fut sur le point E, tandis que la ligne A C est à la droite, il est visible que l'angle *a c b* ou A E B seroit obtus, & l'angle A C B aigu : ce qui est contre l'hypotese, puisque ces deux angles sont supposez de même espece; par conséquent il est necessaire que les deux lignes *a c* & A C soient du même côté de la perpendiculaire. Mais d'ailleurs ces deux lignes sont des obliques égales, ainsi elles doivent être également éloignées de la perpendiculaire : donc *a c* tombera sur A C, & le point *c* sur le point C; ainsi les deux triangles conviendront parfaitement ; par conséquent ils seront égaux en tout. Ce qu'il falloit demontrer.

31. Remarquez que si les deux angles *b* & B que l'on a supposez égaux, étoient droits ou obtus, pour lors les deux angles *c* & C seroient aigus, & par conséquent de même espece : c'est pourquoi si les angles égaux sont droits ou obtus, on n'a pas besoin de supposer la quatriéme condition marquée dans l'énoncé du theoreme, pour que deux triangles soient égaux dans le troisiéme cas.

32. Remarquez encore, que si on compare deux triangles rectangles, l'angle droit de l'un est necessairement égal à l'angle droit de l'autre, & par conséquent ces triangles seront

éga ux , si un autre angle & un côté du premier triangle sont
égaux à un angle & au côté correspondant à celui du second,
ou si deux côtez du premier triangle sont égaux à deux côtez
correspondans du second. Cela suit des theoremes précedens ;
car pour lors il y aura trois choses dans un des triangles rectangles, égales aux trois correspondantes de l'autre ; ainsi
ces triangles seront égaux.

THEOREME VIII.

33. *Si les trois côtez d'un triangle, comme a b c, sont égaux aux
trois côtez d'un autre triangle A B C, les deux triangles seront parfaitement égaux.*

DEMONSTRATION.

Fig. 13.

Pour demontrer ce theoreme , il faut du point C comme
centre , & de l'intervalle C B, décrire une circonference, &
ensuite prolonger le côté A C jusqu'à la rencontre de la circonference au point H. Nous avons demontré *, qu'entre les
autres lignes qu'on peut tirer du point A à la circonference,
celle qui est terminée à un point plus éloigné du point H, est
la plus courte. Cela posé, concevez le côté *a c* appliqué sur
le côté A C, le point *a* sur le point A, & le point *c* sur le
point C : il est visible que si le point *b* tombe sur le point B, les
deux triangles conviendront entierement , & par consequent
ils seront égaux en tout. Or il est necessaire que le point *b*
tombe sur le point B ; car le côté *c b* est égal au côté C B ;
donc il est rayon de la circonference décrite ; par consequent
son extremité *b* doit tomber sur un point de cette circonference ; il faut donc prouver qu'il ne peut tomber sur un point
différent du point B, par exemple , sur les points E ou F : ce
que je fais voir en cette maniere, après avoir tiré les lignes
A E & A F : si le point *b* tomboit sur le point E , le côté *a b*
seroit égal à la ligne A E : mais A E est plus petit que A B * ;
donc le côté *a b* seroit aussi plus petit que le côté A B ; ce
qui est contre l'hypotese. Au contraire si le point *b* tomboit
sur le point F , le côté *a b* seroit égal à la ligne A F , & par
consequent il seroit plus grand que le côté A B * : ce qui est encore contre l'hypotese. Par consequent le côté *a c*, étant appliqué sur le côté A C, il faut que le point *b* tombe sur le
point B : donc les deux triangles conviendront entierement ;

* Liv. 1.
Art 112.

* L. 1.
Art. 112.

* L. 1.
Art 112.

donc

donc ils font égaux en tout. Ce qu'il falloit demontrer.

34. Remarquez que si deux côtez, comme A B & A C, du Fig. 14.
triangle B A C sont égaux aux deux côtez *a b* & *a c* d'un autre triangle *b a c*, & que l'angle en A soit plus grand que l'angle en *a*, la base B C du premier sera plus grande que la base
b c du second ; car l'angle A étant plus grand que l'angle *a*,
l'ouverture des deux premiers côtez sera plus grande, & par
consequent la base sera plus grande que l'autre base. Réciproquement les deux côtez étant toujours supposez égaux de
part & d'autre, chacun à chacun, il est évident que si la base
B C est plus grande que la base *b c*, l'angle A sera plus grand
que l'angle *a* du second triangle.

PROBLÉME I.

35. *Faire un triangle qui ait un côté égal à la ligne donnée* N,
& les deux angles sur ce côté égaux aux angles donnez H *&* G.

Tirez B C égale à la ligne donnée N ; ensuite tirez aux Fig. 15.
points B & C des lignes qui fassent sur B C des angles égaux & 16.
aux angles donnez H & G : ces deux lignes prolongées se
rencontreront en un point, comme A, & formeront le triangle B A C avec les conditions proposées.

PROBLÉME II.

36. *Faire un triangle qui ait deux côtez égaux aux lignes données*
L *&* M, *& l'angle compris entre ces côtez égal à l'angle donné* K.

Tirez une ligne A B égale à une des proposées L ; & de l'extrêmité A, tirez la ligne A C que vous prendrez égale à l'autre proposée M, & qui fasse l'angle B A C égal à l'angle K ;
ensuite menez une ligne du point B au point C ; elle formera
le triangle cherché A B C.

PROBLÉME III.

37. *Faire un triangle qui ait deux côtez égaux à deux lignes*
données L *&* M, *& l'angle opposé à l'une de ces lignes* M, *égal à*
l'angle donné H.

Tirez l'indéterminée B Z, puis à une de ses extrêmitez, Fig. 15.
comme B, tirez la ligne A B qui soit égale à L, & qui fasse & 17.

K

avec B Z un angle égal à l'angle donné H ; enſuite du point A pris pour centre & d'un intervalle égal à l'autre ligne M, décrivez un arc de cercle qui coupera la ligne B Z dans un ſeul point, ſi la ligne M eſt plus grande ou égale à la premiere ligne L ; c'eſt pourquoi tirant une ligne du point A au point d'interſection de l'arc & de l'indéterminée B Z , on aura le triangle B A C fait ſelon les conditions propoſées.

Mais ſi la ligne M étoit plus petite que L , comme on le ſuppoſe dans la Figure 15 , & que cependant elle fut plus grande que la perpendiculaire A D ; alors l'arc décrit du point A & de l'intervalle de la ligne M , couperoit B Z en deux points: c'eſt pourquoi afin de déterminer le triangle, il faut ſçavoir ſi l'angle oppoſé au coté A B doit être obtus ou aigu ; s'il eſt obtus, tirez A E ; s'il eſt aigu, tirez A C ; & vous aurez le triangle cherché B A E dans le premier cas, & B A C dans le ſecond.

Si la ligne M étoit égale à la perpendiculaire , pour lors l'arc toucheroit B Z ſeulement au point D : ainſi la ligne qu'il faudroit tirer du point A pour achever le triangle, ſeroit la perpendiculaire même.

Enfin ſi la ligne M étoit plus courte que la perpendiculaire, le problême ſeroit impoſſible , parce qu'une ligne tirée du point A & égale à M , ne rencontreroit pas l'indéterminée B Z.

PROBLÈME IV.

38. *Faire un triangle qui ait les trois côtez égaux aux trois lignes données* L, M, N.

Tirez une ligne B C égale à une des lignes propoſées N : enſuite de l'une de ſes extrêmitez B comme centre , & de l'intervalle de la ligne donnée L , décrivez un arc ; & de l'autre extrêmité C , & de l'intervalle de la ligne donnée M , décrivez un ſecond arc qui coupe le premier au point A : enfin menez des lignes des points B & C au point d'interſection A , & vous aurez le triangle cherché B A C.

39. Il faut remarquer que deux des lignes données priſes enſemble doivent être plus grandes que la troiſiéme : par exemple, dans la Figure 16. les deux côtez A C & B C pris enſemble , ſont neceſſairement plus grands que le troiſiéme

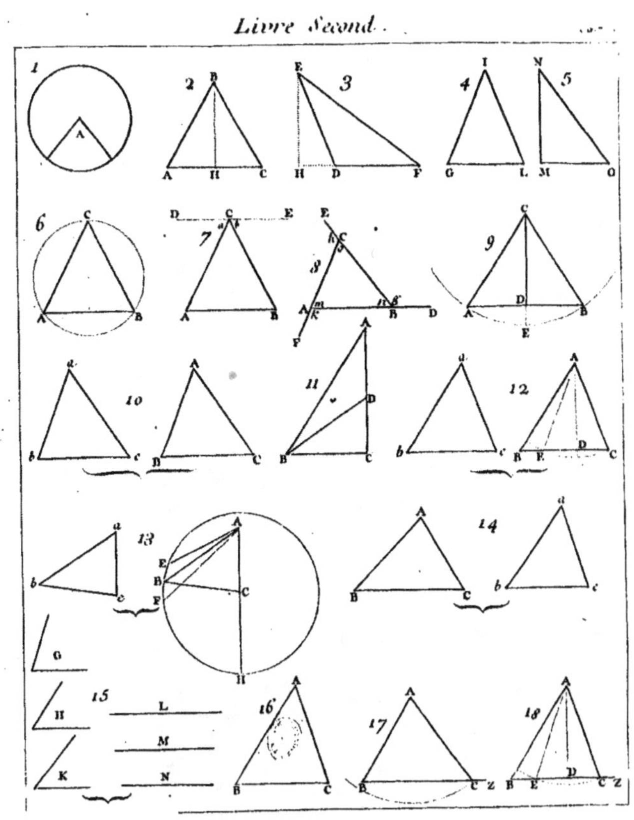

côté A B, parce que A B étant une ligne droite tirée du point
A au point B, il faut qu'elle soit plus courte que A C B *.   * Liv. I.
                                           Art. 11.

DU PERIMETRE ET DES ANGLES
du Quadrilatere.

Le *quadrilatere*, comme nous avons dit, est une Figure terminée par quatre lignes droites; la ligne droite qui est tirée
d'un angle du quadrilatere à l'angle opposé, comme AD dans
la Figure 19, se nomme *diagonale*.

40. Si un quadrilatere n'a aucun de ses côtez paralleles,
ou s'il n'en a que deux, on le nomme *trapeze*; tel est le quadrilatere de la Figure 19. mais lorsque chaque côté est parallele au côté opposé, le quadrilatere est appellé *parallelogramme*, comme CABD Figure 23. Si les angles du parallelogramme sont droits, il est appellé *rectangle*, comme dans
la Figure 20; & si les côtez du rectangle sont égaux, on le
nomme *quarré*, comme ABCD, Figure 21. Il y a une espece particuliere de parallelogramme que l'on nomme *rhombe*;
c'est celui dont les côtez sont égaux, & les angles inégaux,
comme ABDC Figure 22.

On peut donc définir 1°. le parallelogramme, un quadrilatere dont les côtez opposés sont paralleles. 2°. Le rectangle, un parallelogramme dont les angles sont droits, & par
conséquent égaux. 3°. le quarré, un rectangle dont les côtez sont égaux.

Il suit des notions qu'on vient de donner que tout parallelogramme est quadrilatere; mais tout quadrilatere n'est pas
parallelogramme: de même tout rectangle est parallelogramme; mais tout parallelogramme n'est pas rectangle : enfin
tout quarré est rectangle; mais tout rectangle n'est pas quarré.

41. Nous observerons ici trois choses. 1°. Un quadrilatere
peut être désigné ou par quatre lettres placées aux sommets
des angles, ou seulement par deux lettres qui sont aux sommets des angles opposés: ainsi le quadrilatere de la Figure 19.
peut être désigné par les quatre lettres A, C, D, B, ou par
les deux A, D, ou enfin par les deux autres B, C. 2°. Quand
on dit le quarré d'une ligne, on entend un quarré dont chacun des côtez est égal à la ligne: par exemple, le quarré de
la ligne EF (Fig. 21) est un quarré, comme ABCD, dont
chaque côté est égal à EF. 3°. Lorsqu'on veut désigner le

quarré d'une ligne, telle que E F, on écrit $\overline{EF}^2$: ainsi cette expression $\overline{EF}^2$ signifie le quarré de la ligne E F.

Fig. 19. 42. Il faut remarquer que dans tout quadrilatere, comme A C D B, la somme des quatre angles est toujours égale à quatre angles droits ; car si on tire la diagonale A D, elle divisera le quadrilatere en deux triangles, dont les angles seront formez des angles même d'u quadrilatere. Or, comme nous avons démontré ci-dessus, les trois angles d'un triangle sont égaux à deux angles droits ; donc tous les angles des deux triangles sont égaux à quatre angles droits ; & par conséquent tous les angles du quadrilatere pris ensemble, valent quatre angles droits.

Fig. 23. 43. Dans tout parallelogramme, comme C A B D, les côtez opposés A B & C D, ou A C & B D sont égaux entr'eux; de plus les deux angles sur le même côté, comme A & B ou A & C pris ensemble, sont égaux à deux angles droits ; enfin les angles opposez, comme A & D, ou C & B sont égaux entr'eux. Tout cela a été démontré en parlant des paralleles*.

*** Liv. 1.**
'Art. 103. 44. Delà il suit 1°. que si on tire une diagonale, comme A D, dans un parallelogramme, elle le divisera en deux parties égales qui sont les triangles A C D & D B A * ; car les trois côtez du premier, sçavoir A C, C D & A D sont égaux aux trois côtez B D, A B & A D du second.

*** 33.** 2°. Que dans tout parallelogramme un angle, comme A, ne peut être droit que tous les autres angles ne le soient aussi : car si l'angle A est droit, son opposé D le sera aussi : de même l'angle B sera droit, parce que les deux angles A & B valent ensemble deux angles droits : donc l'angle C opposé à B sera aussi droit.

3°. Que si deux côtez, comme A C & A B qui forment l'angle C A B, sont égaux, les deux autres côtez sont aussi égaux ; parce que B D est égal à A C, & C D est égal à A B.

PROBLEME.

45. Faire un parallelogramme qui ait ses côtez égaux aux lignes données M & N, & un angle égal à l'angle donné O.

Fig. 23. Faites l'angle en A égal à l'angle donné O ; & sur les côtez prenez A B & A C égaux aux lignes données M & N ; ensuite du point C & de l'intervalle A B, décrivez un arc de cercle; & du point B & de l'intervalle A C décrivez un autre arc qui coupe le précedent en D; tirez les lignes C D & B D, & vous aurez le parallelogramme proposé.

Il est aisé de concevoir que le quadrilatere C A B D aura ses côtez égaux aux lignes données M & N, puisque les deux côtez A B & A C ont été pris égaux à ces lignes, & que d'ailleurs les arcs ont été décrits de l'intervalle de ces mêmes lignes M & N; ce qui fait voir que les autres côtez C D & B D sont égaux aux premiers. Or les côtez opposés ne peuvent être égaux sans qu'ils soient paralleles : car que l'on conçoive une diagonale tirée du point A au point D, le quadrilatere sera divisé en deux triangles parfaitement égaux *, puisque les trois côtez de l'un seront égaux aux trois côtez de l'autre; ainsi l'angle A D C du triangle superieur est égal à l'angle correspondant D A B du triangle inferieur; & par conséquent ces deux angles égaux étant alternes, les deux côtez C D & A B sont paralleles *. Par la même raison, les deux côtez A C & B D sont paralleles, puisque les angles alternes D A C & A D B, qui sont des angles correspondans dans les deux triangles, sont égaux; donc le quadrilatere C A B D est un parallelogramme.

* 33.

* Liv. 1.
Art. 101.

Si on propose seulement de faire un parallelogramme, en-sorte que l'angle O ne soit pas donné, ni les côtez M & N, on fera l'angle en A à discretion; & on prendra les côtez A B & A C de quelle longueur on voudra; ainsi le problême en sera plus facile.

46. On peut se servir de la même methode pour faire un quarré, pourvû qu'on tire la ligne A C perpendiculaire & égale au côté A B.

Après avoir traité des triangles & des quadrilateres, considerez selon leur côtez & leurs angles, qui sont les deux especes de figures les plus simples, nous allons parler 1°. des polygones en general. 2°. Des polygones semblables. 3°. Des polygones reguliers.

DES POLYGONES EN GENERAL.

Nous avons donné ci-dessus * la définition du polygone en general & celle d'un polygone regulier. * 7. & 8.

THEOREME.

47. Tous les angles d'un polygone quelconque font égaux à deux fois autant d'angles droits moins quatre, que le polygone a de côtez: Par exemple, si le polygone a cinq côtez; pour connoître combien d'angles droits valent tous les angles de ce polygone, il n'y a qu'à prendre le double de cinq, & l'on aura dix, dont il faut ôter quatre, & il reste six; ainsi tous les angles du pentagone pris ensemble valent six angles droits. De même si l'on veut connoître combien d'angles droits valent tous les angles d'un polygone de 1000 côtez, il n'y a qu'à doubler 1000, & l'on aura 2000, dont il faut ôter quatre, il reste 1996; ce qui marque que tous les angles d'un polygone de 1000 côtez valent 1996 angles droits.

DEMONSTRATION.

Fig. 24. Du point A sommet d'un des angles de la Figure, il faut tirer des lignes à tous les autres angles, excepté aux deux plus proches qui sont B & E; ces lignes formeront autant de triangles, moins deux, qu'il y a de côtez ou d'angles dans le polygone; ensorte que s'il y a cinq côtez, il y aura cinq triangles moins deux, c'est-à-dire, trois; de plus les angles de ces triangles ne sont formez que des angles du polygone. Cela posé, je raisonne ainsi : s'il y avoit autant de triangles qu'il y a de côtez dans le polygone, comme les angles de chaque triangle valent deux angles droits, les angles des triangles formez dans le polygone vaudroient autant de fois deux angles droits, qu'il y a de côtez dans le polygone; c'est-à-dire, que les angles du polygone pris ensemble seroient égaux à deux fois autant d'angles droits, qu'il y a de côtez: mais il n'y a pas autant de triangles qu'il y a de côtez, il s'en faut deux; & les angles de deux triangles valent quatre angles droits: par conséquent les angles du polygone valent deux fois autant d'angles droits moins quatre, qu'il y a de côtez dans un polygone. Ce qu'il falloit démontrer.

On peut énoncer ce theoreme autrement, en cette maniere; tous les angles d'un poligone quelconque sont egaux à deux fois autant d'angles droits, que le polygone a de côtez moins deux; par exemple, le pentagone ayant cinq côtez, il faut en ôter deux, il en restera trois, dont le double qui est six, mar que que les angles du pentagone valent six angles droits.

COROLLAIRE I.

48. Si on prolonge d'un côté chacune des lignes qui font *Fig. 25.* le perimetre d'un polygone, tous les angles externes qui font ici F A B, G B C, H C D, K D E, L E A pris enfemble feront égaux à quatre angles droits ; car chaque angle interne, comme E A B & l'angle externe F A B, qui eft fon fupplément, valent enfemble deux angles droits *, & par confe * Liv. 1 quent, en prenant conjointement les angles tant internes, qu'externes du polygone, on aura autant de fois la valeur de deux angles droits, qu'il y a d'angles internes ou de côtez dans le polygone ; c'eft-à-dire, que les angles internes & externes pris enfemble font égaux à deux fois autant d'angles droits, qu'il y a de côtez dans le polygone. Or les feuls angles internes valent deux fois autant d'angles droits moins quatre qu'il y a de côtez ; donc la fomme de tous les angles externes d'un polygone, ne vaut que quatre angles droits.

COROLLAIRE II.

49. La fomme des angles externes d'un polygone, eft égale à la fomme des angles externes d'un autre polygone, foit que les polygones ayent le même nombre de côtez, foit que l'un en ait plus que l'autre. Cela fuit évidemment du premier corollaire, puifque l'une & l'autre fomme eft égale à quatre angles droits.

COROLLAIRE III.

50. Lorfque deux polygones réguliers ont chacun le même nombre de côtez, les angles de l'un font égaux aux angles de l'autre : par exemple, foient deux pentagones réguliers ; je dis que les angles de l'un font égaux aux angles de l'autre, chacun à chacun ; car les cinq angles d'un pentagone font égaux à fix angles droits par le theoreme. Or ces cinq angles font égaux entr'eux, puifque l'un & l'autre pentagone eft régulier ; donc chacun des angles eft la cinquiéme partie de fix angles droits dans l'un & l'autre pentagone ; ainfi les angles de l'un font égaux aux angles de l'autre.

DES POLYGONES OU FIGURES SEMBLABLES.

*9. 51. Nous avons dit * que deux Figures font femblables, lorſque chaque angle de l'une eſt égal à chaque angle de l'autre dans le même ordre, & que les côtez de la premiere font Fig. 31. proportionnels aux côtez correſpondans de la ſeconde. Ces côtez correſpondans comme *a b* & A B, *b c* & B C, *c d* & C D, *d e* & D E, *e f* & E F, &c. font appellez *homologues*.

Dans deux triangles ſemblables, les côtez homologues ou correſpondans, font ceux qui font oppoſez à des angles égaux : ainſi dans la Figure 28, les côtez *a b* & A B font homologues, parce que les angles *c* & C oppoſez à ces côtez font égaux, de même les côtez *a c* & A C font homologues, parce que les angles *b* & B qui leur font oppoſez font égaux ; il en eſt de même des deux autres côtez *c b* & C B.

Fig. 25. 52. Remarquez que les angles d'un polygone, peuvent être égaux aux angles d'un autre polygone, chacun à chacun, quoique les côtez de l'un ne ſoient pas proportionnels à ceux de l'autre : car ſoient, par exemple, deux exagones ſemblables, le premier *a b c d e f*, & le ſecond A B C D E F : ſi vous prolongez deux côtez du ſecond, comme B C & E D, (il en faut choiſir deux qui ſoient ſeparez l'un de l'autre par un troiſiéme qui eſt ici C D,) & ſi vous tirez la ligne G H parallele au côté C D, vous aurez un troiſiéme exagone A B G H E F, dont les angles font égaux à ceux du ſecond, à cauſe des paralleles G H & C D ; par conſequent les angles de ce troiſiéme exagone font auſſi égaux à ceux du premier. Cependant les côtez du troiſiéme exagone ne font pas proportionnels à ceux du premier ; car les côtez de l'exagone A B C D E F étant par l'hypotheſe, proportionnels à ceux du premier, il eſt impoſſible que les côtez du troiſiéme exagone, ſoient auſſi proportionnels aux côtez du premier.

Reciproquement les côtez d'un polygone peuvent être proportionnels aux côtez d'un autre polygone, quoique les angles de l'un ne ſoient pas égaux aux angles de l'autre : car ſoient encore deux exagones ſemblables, le premier *a b c d e f*, & le ſecond A B C D E F ; tirez des deux angles B & F les deux lignes B G & F L égales aux deux côtez B C & F E, (il faut choiſir deux angles qui ſoient ſéparez par trois autres qui font ici C, D, E :) enſuite du point G & de l'intervalle C D,

décrivez

décrivez un arc vers le point D : pareillement du point L &
de l'intervalle E D , décrivez un autre arc qui coupe le premier
en un point comme H : enfin tirez les lignes G H & L H ,
vous aurez un troisiéme exagone A B G H L F dont les cotez
sont égaux , par la construction à ceux du second , & par conséquent proportionnels à ceux du premier : cependant il est
visible que les angles du troisiéme exagone ne sont pas égaux
aux angles du second , ni par conséquent à ceux du premier.

Il faut conclure de-là, qu'afin de pouvoir assurer que deux
polygones sont semblables , il est nécessaire de sçavoir que les
angles de l'un sont égaux aux angles de l'autre , & de plus que
les côtez du premier sont proportionnels à ceux du second. Il
faut néanmoins excepter les triangles de cette remarque, parce
que nous allons faire voir dans le theoreme suivant , que
quand deux triangles ont les angles égaux, c'est-à-dire, que les
angles de l'un sont égaux aux angles de l'autre , les côtez sont
proportionnels : & reciproquement lorsque les côtez d'un triangle sont proportionnels aux côtez de l'autre, les angles du premier sont égaux à ceux du second chacun à chacun * ; ainsi il   * 59.
suffit de sçavoir que deux triangles ont une de ces conditions ,
pour pouvoir assurer qu'ils sont semblables.

THEOREME I. ET FONDAMENTAL.

53. *Lorsque deux angles d'un triangle sont égaux à deux angles d'un autre triangle, chacun à chacun , les côtez du premier sont
proportionnels aux côtez homologues du second, ainsi les deux triangles sont semblables.*

Soient les deux triangles *a b c* & A B C , ensorte que   Fig. 28.
l'angle *a* du premier soit égal à l'angle A du second & l'angle *b*,
égal à l'angle B ; je dis que les côtez de l'un sont proportionnels
aux côtez homologues de l'autre ; c'est-à-dire, que l'on a les
trois proportions. 1°. *c a* . CA : : *c b* . CB. 2°. *b c* . BC : : *b a* . BA.
3°. *a b* . AB : : *a c* . AC. Avant que de le demontrer , il
faut remarquer que les angles *c* & C sont necessairement
égaux , parceque deux angles d'un triangle ne peuvent être
égaux à deux angles d'un autre triangle, que le troisiéme angle du premier ne soit égal au troisiéme du second *.

* 13.

L

DEMONSTRATION.

1°. $ca.CA::cb.CB$: Car nous avons demontré *, que si les deux côtez d'un angle sont autant inclinez sur sa base, que les deux côtes d'un autre angle le sont sur la sienne, alors les deux côtez du premier angle sont proportionnels aux deux côtez du second. Or les deux côtez ca & cb de l'angle c sont autant inclinez sur la base ab, que les deux côtez CA & CB de l'angle C le sont sur la base AB *; puisque les deux angles a & b sont égaux aux deux angles A & B; par conséquent on a la proportion $ca.CA::cb.CB$.

*L. 1. Art 157.

* L. 1. Art. 164.

2°. $bc.BC::ba.BA$: car les deux angles a & c étant égaux aux deux autres A & C, les deux côtez bc & ba de l'angle b, sont autant inclinez sur la base ac, que les deux côtez BC & BA de l'angle B le sont sur la base AC; par conséquent on a la proportion $bc.BC::ba.BA$.

3°. $ab.AB::ac.AC$. Cette proportion peut être demontrée de la même maniere que les deux autres, en considerant les lignes bc & BC, comme bases. Au lieu de ces trois proportions, on auroit pû mettre leurs alternes.

54. Remarquez qu'afin d'être assuré que deux triangles isoceles sont semblables, il suffit de sçavoir qu'un angle du premier triangle est égal à l'angle correspondant du second : par exemple, les deux côtez ca & cb du triangle acb étant supposez égaux; & les deux côtez CA & CB du triangle ACB étant aussi égaux entr'eux; si les deux angles c & C sont chacun de 50 degrez; il est necessaire que les deux angles égaux a & b du premier triangle ayent chacun 65. degrez, & que les deux angles A & B du second qui sont aussi égaux entr'eux, ayent pareillement chacun 65 degrez. Par conséquent les deux triangles sont semblables.

Les trois theoremes suivans repondent au sixiéme, septiéme, huitiéme * qu'on a demontrez sur les triangles égaux.

* 29. 30. & 33.

THEOREME II.

Fig. 29.

55. *Si les deux côtez ab & ac d'un triangle sont proportionnels aux côtez AB & AC d'un autre triangle, & que les angles compris a & A soient égaux, les deux triangles sont semblables.*

DEMONSTRATION.

Prenez sur A B la ligne *a d* égale au côté *a b* du petit triangle, & tirez *df* parallele à B C. Cela posé, je demontre ainsi le theoreme : puisque *df* est parallele à B C, les angles *d* & *f* sont égaux aux angles B & C ; & par conséquent les deux triangles *d* A *f* & B A C sont semblables ; ainsi on a la proportion A *d*. A *f* :: A B. A C. Mais par l'hypothese *a b*. *a c* :: A B. A C : de plus la seconde raison est la même dans ces deux proportions ; donc les deux premieres raisons sont égales, c'est-à-dire, que A *d*. A *f* :: *a b*. *a c*, & *alternando* A *d*. *a b* :: A *f*. *a c*. Or dans cette derniere proportion, les deux termes de la premiere raison sont égaux, parce que l'on a pris A *d* égale à *a b* ; donc les deux termes de la seconde raison sont aussi égaux ; ainsi les deux côtez A *d* & A *f* du triangle *d* A *f* sont égaux aux côtez *a b* & *a c* du triangle *b a c*. Mais d'ailleurs les angles compris A & *a* sont supposez égaux ; donc les deux triangles *d* A *f* & *b a c* sont égaux en tout *. Or le triangle *d* A *f* est semblable au triangle B A C ; par conséquent le petit triangle *b a c* est aussi semblable au grand triangle B A C. Ce qu'il falloit demontrer.

* 29.

THEOREME III.

56. Si les deux côtez ab & ac d'un triangle sont proportionnels aux côtez A B & A C d'un autre triangle, & que les angles b & B opposez aux côtez ac & A C, soient égaux ; si de plus les angles c & C sont de même espece ; pour lors les deux triangles sont semblables.

Fig. 13.

DEMONSTRATION.

Prenez A *d* égal à *a b*, & tirez *df* parallele à B C : il est évident que les angles *d* & *f* seront égaux aux angles B & C, & que les triangles *d* A *f* & B A D seront semblables : par conséquent on aura la proportion A *d*. A *f* :: A B. A C. Mais d'ailleurs par l'hypothese *a b*. *a c* :: A B. A C ; donc A *d*. A *f* :: *a b*. *a c* ; & *alternando* A *d*. *a b* :: A *f*. *a c*. Or dans cette derniere proportion les deux termes de la premiere raison sont égaux ; donc ceux de la seconde le sont aussi ; les deux côtez A *d* & A *f* sont donc égaux aux côtez *a b* & *a c* du triangle *b a c* ; & d'ailleurs l'angle *d* étant égal à l'angle B, il est aussi égal à l'angle *b*. Pareillement l'angle *f* étant égal à l'angle C, il est de même espece que l'angle *c* ; par conséquent les deux triangles *d* A *f* & *b a c* sont égaux en tout *. Or le triangle *d* A *f* est semblable au triangle B A C : donc le triangle *b a c* est aussi semblable au triangle B A C. Ce qu'il falloit démontrer.

57. Remarquez que si les deux angles égaux *b* & B étoient droits ou obtus, il ne seroit pas necessaire de supposer que les deux angles *c* & C sont de même espece, parce que cela s'ensuivroit necessairement ; puisque les deux angles *b* & B étant droits ou obtus, il faut que les angles *c* & C soient aigus *.

58. Remarquez encore que si on compare deux triangles rectangles, l'angle droit de l'un est necessairement égal à l'angle droit de l'autre ; & par conséquent ces triangles seront semblables, si un autre angle du premier est égal à un autre angle du second, ou si deux côtez du premier triangle sont proportionnels à deux côtez correspondans du second ; car pour lors ces deux triangles auront les conditions marquées dans les theoremes précedens, afin que deux triangles soient semblables.

T H E O R E M E　IV.

59. *Si les trois côtez a b, a c, & b c d'un triangle, sont proportionnels aux trois côtez AB, AC & BC d'un autre triangle, les angles du premier sont égaux aux angles du second, chacun à chacun ; ainsi les triangles sont semblables. Ce theoreme est la proposition inverse du theoreme fondamental.*

D E M O N S T R A T I O N.

Prenez sur le côté A B, la ligne A *d* égale à *a b*, & tirez *d f* parallele à B C ; il est évident que le triangle *d* A *f* est semblable au triangle B A C ; par consequent A *d* . A *f* : : A B . A C ; de même A *d* . *d f* : : A B . B C : mais d'ailleurs les côtez du triangle *b a c* étant par l'hypotese proportionnels aux côtez du triangle B A C, on aura aussi les proportions *a b* . *a c* : : A B . A C & *a b* . *b c* : : A B . B C. Or dans la premiere & la troisiéme proportion, la seconde raison est la même ; par conséquent les premieres raisons sont égales, c'est-à-dire, que A *d* . A *f* : : *a b* . *a c*, & *alternando* A *d* . *a b* : : A *f* . *a c* : ainsi puisque A *d* $=$ *a b* ;

il s'enfuit que Af = ac. On conclura pareillement de la seconde & de la quatriéme proportion que df = bc. Les trois côtez du triangle dAf font donc égaux aux trois côtez du triangle bac; par conféquent ces deux triangles font égaux en tout *. Or les angles du triangle dAf font égaux aux angles du triangle B A C; donc les angles du triangle bac font aussi égaux aux angles du triangle B A C; par conféquent ces deux triangles font femblables. Ce qu'il falloit démontrer.

* 33.

60. On peut remarquer ici que quand deux triangles font femblables, les quarrez des côtez homologues font proportionnels: par exemple, dans la Fig. 28, $\overline{ca}.\overline{CA}::\overline{cb}.\overline{CB}$: car les deux triangles étant femblables, on a la proportion $ca.CA::cb.CB$; & par conféquent les quarrez de ces côtez font aussi proportionnels. Cette remarque a lieu toutes les fois que quatre lignes font proportionnelles, parce qu'on a démontré dans le traité des proportions, que lorfque quatre grandeurs font proportionnelles, leurs quarrez le font aussi. Il en est de même des cubes & des autres puissances femblables.

Voyez
l'Art. 40.

C O R O L L A I R E.

61. Il paroît évidemment par les démonftrations des trois précedens theoremes, que fi un triangle est femblable à un autre, & que l'un des côtez du premier foit égal au côté homologue du fecond, les deux triangles font égaux en tout. Cela a été déja démontré *.

* 27.

Ces quatre theoremes fervent à trouver les côtez & les angles d'un triangle dont on connoît déja trois chofes : fçavoir, ou deux angles & un côté, ou deux côtez & un angle, ou les trois côtez. Nous ferons voir dans la trigonometrie comment il faut s'y prendre pour trouver le refte d'un triangle dont on connoît les trois chofes que nous venons de marquer.

Lorfqu'un triangle est rectangle, le côté oppofé à l'angle droit est nommé *hypotenufe* : par exemple, dans la Figure 30. le côté BC oppofé à l'angle droit est l'hypotenufe de ce triangle.

T H E O R E M E V.

62. *Si du fommet de l'angle droit d'un triangle rectangle, on abbaiffe une perpendiculaire fur l'hypotenufe, le triangle fera divifé en deux autres femblables chacun au grand triangle, & on aura trois moyennes proportionnelles.*

Fig. 30 Soit le triangle B A C rectangle en A : je dis que si du fommet de l'angle droit A, on abbaiffe la perpendiculaire A D
fur l'hypotenufe, le triangle total B A C fera divifé en deux
triangles ; fçavoir, A D B & A D C qui font chacun femblab-
blables au grand triangle ; & de plus on aura trois moyennes
proportionnelles. 1°. A B moyenne entre la bafe B C & la
partie B D. 2°. A C moyenne entre la même bafe B C & fon
autre partie D C. 3°. La perpendiculaire A D moyenne entre
les deux parties B D & D C de la bafe.

DEMONSTRATION.

1°. Le triangle partiel A D B eft femblable au triangle total B A C : car l'angle *m* du triangle partiel eft droit à caufe
de la perpendiculaire A D ; cet angle eft donc égal à l'angle
A du grand triangle qui eft auffi droit. D'ailleurs l'angle B
eft commun à ces deux triangles ; il y a donc deux angles du
petit triangle égaux à deux angles du grand ; donc le troifiéme angle *o* du petit eft égal à l'angle C qui eft le troifiéme
du grand ; & les triangles font femblables ; par confequent
les cotez homologues font proportionnels. Or B D côté du
petit triangle eft homologue à A B côté du grand, puifque
les deux angles *o* & C oppofez à ces deux cotez font égaux :
de même A B confideré comme côté du petit triangle, eft
homologue à B C côté du grand ; parce que les angles oppofez M & A font égaux : ainfi on a la proportion B D . A B ::
A B . B C ; ou en faifant changer de place aux extrêmes,
B C . A B :: A B . B D. Donc le côté A B eft moyen proportionnel entre B C bafe du grand triangle & fa partie B D.

2°. L'autre triangle partiel A D C eft auffi femblable au
triangle total B A C : car l'angle *n* du triangle partiel eft droit,
& par confequent égal à l'angle droit A du grand triangle.
D'ailleurs l'angle C eft commun à ces deux triangles ; donc
le troifiéme angle *p* du petit eft égal à l'angle B qui eft le troifiéme du grand ; & les deux triangles font femblables ; par
confequent les cotez homologues font proportionnels. Or
D C côté du petit triangle eft homologue à A C côté du
grand, parce que les angles oppofez *p* & B font égaux : de
même A C confideré comme coté du petit triangle eft homologue à B C côté du grand ; parce que les angles *n* & A qui
font oppofez à ces cotez font égaux. On a donc la propor-

tion D C . A C :: A C . B C, ou en faisant changer de place aux extrêmes, B C . A C :: A C . D C : ainsi le côté A C du grand triangle est moyen proportionnel entre la base B C & l'autre partie D C.

3°. Les deux triangles partiels A D B & A D C sont semblables entr'eux : car puisqu'ils sont chacun semblables au grand triangle, il faut qu'ils soient semblables entr'eux. L'angle *o* du premier est donc égal à l'angle C du second ; par conséquent les côtez opposez à ces angles : sçavoir, B D dans le premier, & A D dans le second sont homologues : pareillement l'angle B du premier triangle est égal à l'angle *p* du second ; par conséquent les côtez opposez à ces angles : sçavoir, A D dans le premier & D C dans le second sont homologues ; ainsi on a la proportion B D . A D :: A D . D C ; donc la perpendiculaire A D est moyenne proportionnelle entre les deux parties de la base.

THEOREME VI.

63. *Lorsque deux Figures sont semblables, leurs contours ou périmetres sont entr'eux comme les côtez homologues des Figures.*

Soient les deux Figures *abcdefg* & A B C D E F G que l'on suppose semblables. Je dis que le perimetre de la premiere est au perimetre de la seconde, comme le côté *ab* de la premiere est au côté homologue A B de la seconde.

Fig. 31.

DEMONSTRATION.

Ces deux Figures étant supposées semblables, les côtez de l'une sont proportionnels aux côtez homologues de l'autre ; c'est-à-dire, que *ab* . A B :: *bc* . B C :: *cd* . C D :: *de* . D E :: *ef* . E F :: *fg* . F G :: *ga* . G A. Voilà donc plusieurs raisons égales ; par conséquent la somme des antécedens est à la somme des consequens, comme un seul antécedent est à son consequent. Or la somme des antécedens est le perimetre de la premiere Figure ; c'est-à-dire, tous ses côtez pris ensemble, & la somme des consequens est aussi le perimetre de la seconde Figure ; donc le perimetre de la premiere Figure est au perimetre de la seconde comme *ab* est à A B ou comme *bc* est à B C. Ce qu'il falloit démontrer.

* 9.

64. On peut remarquer que dans deux Figures semblables, les lignes correspondantes, telles que *ad* & A D sont propor-

tionnelles aux côtez homologues *ab* & A B, ou *bc* & B C ; ou *cd* & C D , &c. car ayant tiré les deux autres lignes cor-respondantes *ac* & A C, on a deux triangles *abc* & A B C qui

*   *55.*   sont semblables * , parce que les côtez *ab* & *bc* du premier sont proportionnels aux côtez A B & B C du second ; & que d'ailleurs les angles *cba* & C B A sont égaux. Or ces trian-gles étant semblables, il s'ensuit 1°. que *ac*.A C :: *ab*.A B , ou bien *ac*.A C :: *cd*.C D , & *alternando ac*.*cd* .. A C.C D. 2°. Que les deux angles *bca* & B C A sont égaux ; & par conséquent les deux autres angles *dca* & D C A sont aussi égaux, à cause que l'angle total *bcd* est égal à l'angle total B C D ; ainsi les deux triangles *acd* & A C D sont semblables par la même raison que les deux premiers le sont entr'eux ; donc les côtez *ad* & A D sont proportionnels aux côtez *cd* & C D ou *ab* & A B. En continuant de la même maniere , on prouveroit que les deux côtez *ae* & A E sont proportionnels aux côtez *de* & D E.

On peut se convaincre de la même chose indépendamment des triangles semblables : car il est évident que si le côté *ab* , par exemple, est la moitié ou le tiers du côté homologue A B, il faut aussi que la ligne *ad* soit la moitié ou le tiers de la li-gne correspondante A D , parce qu'autrement les Figures ne seroient pas semblables : on peut donc assurer en general que dans deux Figures semblables , les lignes correspondantes ou semblablement tirées sont proportionnelles aux côtez homo-logues.

65. Il suit de cette remarque que deux ou plusieurs lignes, telles que *ac* , *ad* , *ae* , &c. d'une Figure sont proportionel-les aux lignes correspondantes A C , A D , A E , &c. d'une au-tre Figure semblable : ensorte que *ac*.A C :: *ad*.A D :: *ae*.A E. Cela est évident ; car suivant la remarque, chacune de ces raisons est égale à celle de *ab* à A B ; ainsi elles sont toutes égales entr'elles.

Nous avons démontré jusqu'ici quelques proprietez des polygones semblables : nous allons parler des polygones regu-liers ; mais avant il faut sçavoir ce que c'est qu'un polygone *inscrit* & un polygone *circonscrit*.

66. Le polygone inscrit est celui dont chaque angle a le sommet dans la circonference d'un cercle : ainsi le pentagone de la Figure 35 est inscrit dans le grand cercle dont le rayon est C A.

67.

67. Le polygone circonscrit est celui dont tous les côtez sont des tangentes d'un cercle : ainsi le pentagone de la Figure 35 est circonscrit au petit cercle dont le rayon est C G.

Remarquez que quand un polygone est inscrit à un cercle, ce cercle est appellé *circonscrit* ; & lorsque le polygone est circonscrit, le cercle est appellé *inscrit*.

DES POLYGONES REGULIERS.

Une figure ou un polygone est regulier, comme on l'a déja dit, lorsque tous les angles & tous les côtez sont égaux.

68. Remarquez que les angles d'un polygone peuvent être égaux, quoique les côtez ne le soient pas. Cela paroît par l'exagone ABGHEF dont les angles sont égaux à ceux de l'exagone regulier ABCDEF. Réciproquement les côtez d'un polygone peuvent être égaux, quoique les angles ne le soient pas, comme on peut le voir par l'exagone ABGHLF dont les côtez sont égaux à ceux de l'exagone regulier ABCDEF. Cette remarque est pareille à celle que nous avons faite * sur les polygones semblables, & se démontre de la même maniere.

Il suit delà qu'afin qu'on puisse dire qu'un polygone est regulier, il faut être assuré que non seulement ses angles, mais aussi ses côtez sont egaux. Il en faut excepter le triangle, parce que nous avons fait voir * que quand les trois angles d'un triangle sont égaux, les côtez le sont aussi ; & de même lorsque les trois côtez d'un triangle sont égaux, les angles sont égaux, comme on l'a démontré.

Dans un polygone regulier on distingue deux sortes de rayons, *l'oblique* & le *droit*.

69. Le rayon oblique est une ligne tirée du centre du polygone à un des angles de la Figure : telle est la ligne CA de la Figure 35.

70. Le rayon droit est une ligne tirée du centre perpendiculairement sur un des côtez : telle est la ligne CG dans la Figure 35.

THEOREME I.

71. *Si dans un polygone regulier on tire du sommet de deux angles voisins, des lignes qui partagent chacun de ces angles en deux parties égales, ces lignes prises du sommet des angles jusqu'au point de rencontre sont égales ; & toutes les autres lignes tirées de ce point aux angles du polygone sont aussi égales aux premieres.*

M

Fig. 32.

Fig. 33.

* 52.

* 22.

Fig. 34 Soit le pentagone regulier ABCDE : si des deux angles voisins A & B on tire les lignes A F & B F qui partagent les angles A & B chacun en parties égales, & qui se rencontrent au point F; je dis que les lignes A F & B F sont égales, & que toutes les autres lignes tirées du point F aux angles de la Figure, sont aussi égales à ces deux.

DEMONSTRATION.

I. PARTIE. L'angle total en A est égal à l'angle total en B, puisque la Figure est supposée reguliere: donc l'angle FAB qui est la moitié du premier est égal à l'angle FBA qui est * 21. la moitié du second; donc le triangle AFB est isocele * & les deux côtez F A & F B sont égaux.

II. PARTIE. La ligne F C est égale à la ligne FA : ce qui se démontre par la comparaison des deux triangles BFA & BFC qui sont égaux : car les côtez B A & B F du premier sont égaux aux côtez BC & BF du second. D'ailleurs par l'hypotese l'angle ABF compris entre les deux côtez du premier triangle est égal à l'angle C B F , compris entre les côtez du * 29. second ; donc les deux triangles sont égaux en tout *; par consequent le côté FC est égal au côté F A, ou au côté F B.

On démontrera de la même maniere que les lignes F D & F E sont égales aux precedentes.

COROLLAIRE I.

72. Le point F est appellé le centre, & les lignes tirées de ce point au sommet des angles du polygone, sont les rayons obliques qui sont tous égaux entr'eux, comme on vient de le démontrer. De même les rayons droits, comme F G, sont aussi égaux entr'eux; puisque les triangles étant égaux en tout, leurs hauteurs qui sont les rayons droits sont égales.

COROLLAIRE II.

73. On peut toujours circonscrire un cercle à un polygone regulier donné : car le centre du polygone étant également Fig. 35. éloigné de chacun des angles , si de ce centre & de l'intervalle d'un rayon oblique, comme CA , on décrit une circonference, elle passera par tous les sommets des angles ; par consequent le cercle sera circonscrit au polygone.

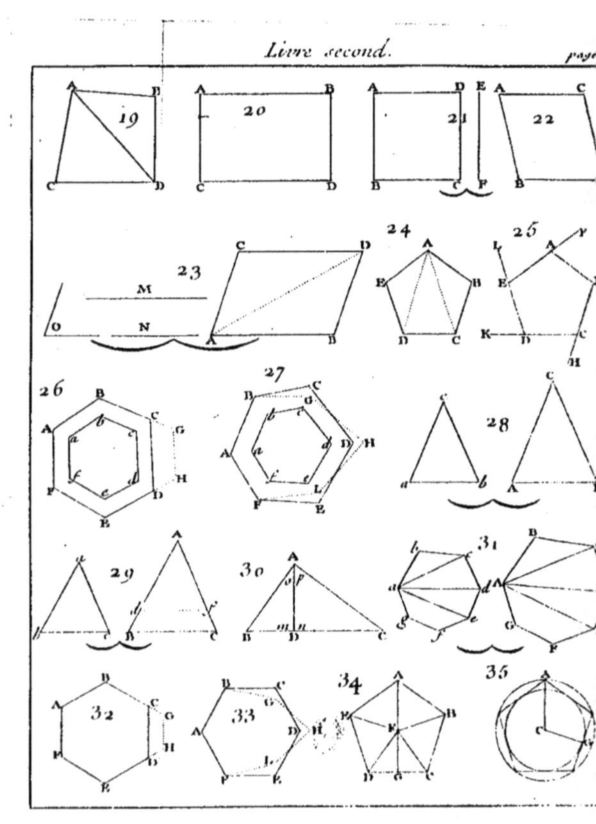

COROLLAIRE III.

74. On peut toujours inscrire un cercle à un polygone regulier donné : car tous les rayons droits étant égaux, si du centre du polygone & de l'intervalle d'un rayon droit, comme CG, on décrit une circonference, elle touchera tous les côtez du polygone, sans passer au-delà ; par consequent le cercle sera inscrit.

75. Il suit du second & du troisiéme corollaire qu'on peut toujours supposer qu'un polygone regulier est inscrit, ou circonscrit à un cercle.

76. Remarquez que le rayon droit d'un polygone regulier, coupe le côté du polygone en deux parties égales : car ce polygone peut être inscrit à un cercle, comme on vient de le dire ; par consequent chaque côté peut être consideré comme une corde. Or nous avons démontré * que quand une ligne passe par le centre, & qu'elle est perpendiculaire à la corde, elle coupe cette corde en deux parties égales ; ainsi le rayon droit ayant ces deux conditions, il coupe le côté du polygone en deux parties égales..

*Liv. 1.
Art. 107.

77. Remarquez aussi que le rayon oblique d'un polygone regulier partage l'angle à la circonference en deux parties égales : par exemple, le rayon FA partage l'angle EAB en deux autres angles égaux ; sçavoir, FAE & FAB. Cela paroît par la démonstration du theoreme.

Fig. 34.

78. Il paroît évidemment par la Figure 36 que deux polygones reguliers étant inscrits à un même cercle ou à des cercles égaux, si l'un a le double des cotez de l'autre, il aura un plus grand perimetre : par exemple, l'octogone a un plus grand perimetre que le quarré. Mais quoique le nombre des côtez d'un polygone ne soit pas double du nombre des côtez d'un autre (on les suppose tous deux reguliers & inscrits au même cercle ou à des cercles égaux ;) cependant le perimetre du polygone qui a le plus de côtez est plus grand que celui qui en a moins ; par exemple, le perimetre du pentagone est plus grand que celui du quarré : car la circonference du cercle étant plus grande que le perimetre d'aucun polygone qui lui est inscrit ; il est certain que plus le perimetre d'un polygone inscrit approche de la circonference, plus le perimetre est grand. Or le perimetre du pentagone est plus près de

Fig. 35.

la circonference que celui du quarré, puifque les côtez du pentagone font des cordes plus petites que les côtez du quarré ; donc
le perimetre du pentagone eft plus grand que celui du quarré.

79. Au contraire de tous les polygones reguliers circonfcrits au même cercle ou à des cercles égaux , celui qui a le
plus de côtez a le moindre perimetre. Cela eft évident, lorfqu'un des polygones a le double des côtez de l'autre , comme dans la Figure 37. Mais on peut démontrer la propofition generalement en cette maniere : la circonference d'un
cercle eft plus petite que le perimetre d'aucun polygone circonfcrit ; par confequent plus le perimetre circonfcrit s'approche de la circonference, plus ce perimetre eft petit. Or
le perimetre s'approche d'autant plus de la circonference que
le polygone a de cotez , parce que ces cotez étant des tangentes , ils s'écartent d'autant moins qu'ils font plus petits ;
donc plus un polygone circonfcrit a de côtez , plus fon perimetre eft petit.

80. Il fuit delà que fi un polygone regulier , foit infcrit
foit circonfcrit avoit une infinité de côtez , fon perimetre s'ap-
procheroit infiniment de la circonference & fe confondroit
avec elle ; il pourroit donc être pris pour la circonference
même ; c'eft pourquoi on peut regarder le cercle , comme un
polygone regulier d'une infinité de côtez.

T H E O R E M E II.

81. *Les polygones reguliers d'un même nombre de côtez font fem-*
blables.

D E M O N S T R A T I O N.

Fig. 38.   Soient , par exemple , deux pentagones reguliers ; je dis
qu'ils font femblables : car 1°. les angles de l'un font égaux
* 50.   aux angles de l'autre *. 2°. Les côtez de l'un font proportionnels aux côtez de l'autre ; c'eft-à-dire, AB . *ab* :: BD . *bd* ::
DE . *de* :: EF . *ef* :: FA . *fa*, parce que les côtez du premier
pentagone étant égaux entr'eux , & ceux du fecond étant auffi
égaux entr'eux , fi un des côtez du premier eft le double ou
le triple , &c. d'un des côtez du fecond, les autres cotez du
premier font auffi doubles ou triples, &c. des autres côtez du
fecond ; par confequent les deux pentagones reguliers font des
Figures femblables.

Comme les polygones reguliers d'un même nombre de côtez sont toujours semblables; au lieu de dire, les polygones reguliers d'un même nombre de côtez, on dit souvent, *les polygones reguliers semblables.*

COROLLAIRE.

82. Puisqu'on a démontré * que dans toutes les Figures   * 63.
semblables les perimetres sont proportionnels aux côtez homologues ; il s'enfuit que cette proprieté convient aussi aux
polygones reguliers semblables ; par exemple, à deux pentagones reguliers.

THEOREME III.

83. *Dans les figures regulieres semblables, par exemple, dans deux
pentagones reguliers, les perimetres sont entr'eux comme les rayons
obliques, ou comme les rayons droits.*

Il faut démontrer que le perimetre du premier penta-   Fig. 38.
gone est au perimetre du second, comme le rayon oblique
C D est au rayon oblique *c d*, ou comme le rayon droit C G
est au rayon droit *c g*.

DEMONSTRATION.

Les deux triangles C G D & *c g d* sont semblables : car l'angle G de l'un est égal à l'angle *g* de l'autre, parce qu'ils sont
tous les deux droits. De plus les angles C D G & *c d g* sont
aussi égaux, parce qu'ils sont chacun moitié d'angles égaux ;
sçavoir, des angles B D E & *b d e* qui sont partagez chacun en
deux parties égales par les rayons obliques * ; donc les deux
triangles sont semblables ; par conséquent les côtez homolo-   * 77.
gues sont proportionnels ; c'est-à-dire, C G . *c g* :: G D . *g d*,
or les rayons droits C G & *c g* coupent les côtez E D & *e d* des
polygones reguliers en parties égales * ; par conséquent G D   * 76.
& *g d* sont les moitiez des côtez E D & *e d* ; donc la raison qui
est entre les côtez E D & *e d*, est égale à celle des moitiez
G D & *g d* : ainsi au lieu de la proportion C G . *c g* :: G D . *g d*,
on aura celle-ci C G . *c g* :: E D . *e d* ; c'est-à-dire, que les raïons
droits sont entr'eux comme les côtez. Or par le corollaire
précedent la raison des perimetres est égale à la raison des
côtez ; ainsi les rayons droits sont aussi entr'eux comme les
perimetres, ou les perimetres sont entr'eux comme les raïons

droits; par conféquent les perimetres font encore entr'eux comme les rayons obliques, parce que la raifon des rayons obliques eft égale à celle des rayons droits, à caufe des triangles femblables C G D & *c g d*.

COROLLAIRE I. ET FONDAMENTAL.

84. Les circonferences font entr'elles comme les rayons. On vient de demontrer que dans les Figures regulieres femblables, les perimetres font entr'eux comme les rayons droits ou obliques. Or les cercles peuvent être confidérez comme des polygones reguliers d'une infinité de côtez * ; par conféquent leurs perimetres, c'eft-à-dire, leurs circonferences font entr'elles comme les rayons.

* 83.

85. Il faut remarquer, que la différence du rayon droit au rayon oblique eft d'autant moindre que les côtez du polygone font petits: c'eft pourquoi le cercle pouvant être confideré comme un polygone d'une infinité de côtez infiniment petits, la différence entre le rayon droit & le rayon oblique, doit être infiniment petite, & peut être confiderée comme nulle.

86. Les rayons étant entr'eux comme les circonferences, ils font auffi entr'eux comme les demi-circonferences, comme les quarts, & generalement comme les arcs femblables, c'eft-à-dire, d'un même nombre de degrez ; enforte, par exemple, que fi on a deux cercles, le rayon de l'un eft au rayon de l'autre, comme un arc de 30 degrez du premier cercle eft à un arc de 30 degrez du fecond.

87. Les rayons étant moitié des diametres, la raifon des diametres de deux cercles eft égale à celle des rayons ; & ainfi dans deux cercles, les diametres font entr'eux comme les cir-conferences & encore comme les arcs femblables : par exemple, fi le diametre d'un cercle eft double du diametre d'un autre cercle, la circonference du premier eft double de celle du fecond.

COROLLAIRE II.

88. Dans deux cercles, les cordes qui foutiennent des arcs femblables, font entr'elles comme ces arcs.

Fig. 39.

Soient les deux cordes A B & *a b* qui foutiennent les deux arcs femblables A E B & *a e b*; je dis que les deux cordes font entr'elles comme les arcs : car ayant tiré les deux rayons C A

& CB aux extrémitez de la premiere corde, & les deux autres rayons *c a* & *c b* aux extrémitez de la seconde corde, on a deux triangles isoceles qui sont semblables*, puisque l'angle C & l'angle *c* sont appuyez sur des arcs semblables, & sont par conséquent égaux ; donc les côtez homologues de ces triangles sont proportionnels ; ainsi la raison qui est entre les cordes A B & *a b* est égale à celle qui est entre les rayons C A & *c a*. Or la raison qui est entre ces rayons, est égale à celle des arcs semblables A E B & *a c b*. Donc la raison des cordes est égale à celle des arcs semblables qu'elles soutiennent.

    * 54.

Comme nous allons parler des sinus, des tangentes, & des secantes d'arcs de cercles, il est necessaire d'en donner la notion.

89. Une ligne comme A D , tirée d'une extrémité de l'arc A E perpendiculairement sur le rayon C E qui passe par l'autre extrémité de cet arc, est appellée *sinus* de l'arc A E , & de l'angle A C E dont l'arc A E est la mesure. Pareillement la ligne *a d* perpendiculaire sur le rayon *c e* est le sinus de l'arc *a e* & de l'angle *a c e*.

90. Une ligne comme A F tirée perpendiculairement de l'extrêmité du rayon C A & terminée de l'autre côté par le rayon prolongé C E F, est appelée *tangente* de l'arc A E compris entre ces deux rayons. De même *a f* est la tangente de l'arc *a e*.

91. Le rayon prolongé C E F est appellé *secante* du même arc. Pareillement dans l'autre Figure *c e f* est la secante de l'arc *a e*.

C O R O L L A I R E.   I I I.

92. Dans deux cercles, les sinus d'arcs semblables sont entr'eux comme ces arcs.

Soient les deux arcs semblables A E & *a e* dont les sinus sont A D & *a d* ; je dis que ces sinus sont entr'eux comme leurs arcs : car dans les deux triangles C D A & *c d a*, l'angle D du premier est égal à l'angle *d* du second, puisque les sinus sont perpendiculaires aux rayons C E & *c e*. D'ailleurs l'angle A C E est aussi égal à l'angle *a c e*, parce qu'ils ont pour mesures les arcs A E & *a e* qui sont semblables par la supposition ; par conséquent, les deux triangles sont semblables ; donc les côtez homologues sont proportionnels ; ainsi A D . *a d* :: C A . *c a*. Or les arcs semblables, sont entr'eux comme les rayons* ; donc A E . *a e* :: C A . *c a* ; par conséquent A D . *a d* :: A E . *a e*.

    * 86.

COROLLAIRE IV.

93. Dans deux cercles , les tangentes d'arcs semblables , sont entr'elles comme ces arcs.

Soient les deux arcs semblables A E & *a e* , dont les tangentes sont A F & *a f* : je dis que ces tangentes sont entr'elles comme leurs arcs : car il est clair que les deux triangles rectangles C A F & *c a f* , sont semblables, d'où l'on conclura comme dans le corollaire précedent , que A F . *a f* :: A E . *a e*.

COROLLAIRE V.

94. Dans deux cercles, les secantes d'arcs semblables sont entr'elles comme ces arcs.

Les lignes C E F & *c e f* sont des secantes des arcs semblables A E & *a e* ; je dis qu'elles sont entr'elles comme ces arcs ; ce qui se prouve de la même maniere que le corollaire précedent.

95. On voit par les cinq corollaires précedens, que dans deux cercles où l'on a tiré des diametres , des rayons , des cordes, des sinus, des tangentes, & des secantes d'arcs semblables, on a plusieurs raisons egales, sçavoir la raison des diametres, celle des rayons, celle des circonferences, celle des arcs semblables, celle des cordes , celle des sinus , celle des tangentes , & celle des secantes ; toutes ces raisons , dis-je , sont égales entr'elles.

96. Il faut remarquer que dans un même cercle les differentes cordes ne sont pas entr'elles comme les arcs qu'elles soutiennent : par exemple , quoique l'arc A E B soit double de l'arc A E ; cependant la corde A B n'est pas double de la corde A B , puisque la corde A B n'est pas si grande que les deux cordes égales A E & B E prises ensemble. Les sinus de differens arcs ne sont pas non plus entr'eux comme ces arcs. Il en est de même de leurs tangentes & de leurs secantes.

THEOREME IV.

97. *Le côté de l'hexagone regulier inscrit dans un cercle , est égal au rayon du cercle.*

DEMONSTRATION.

Du centre C, foient tirez les rayons C A & C B fur les extrémitez du côté A B de l'exagone. Je dis que ce côté eft égal
au rayon : car dans le triangle A C B, l'angle C a pour fa mefure l'arc A B qui eft de 60 degrez, puifqu'il eft la fixiéme
partie de la circonference ; donc les deux autres angles A &
B pris enfemble valent 120 degrez. Or ces deux angles font
égaux, parce qu'ils font oppofez à des côtez égaux, fçavoir aux rayons C A & C B ; donc chacun de ces angles eft
de 60 degrez ; donc les trois angles du triangle A C B font
égaux; donc les côtez font auffi égaux ; par conféquent le côté
A B de l'exagone eft égal au rayon. Ce qu'il falloit démontrer.

COROLLAIRE.

98. De-là il fuit, que le perimetre de l'exagone régulier
infcrit dans un cercle, contient fix fois, ou eft fix fois plus
grand que le rayon du cercle ; & par conféquent ce perimetre eft trois fois plus grand que le diametre. Or la circonference du cercle eft plus grande que le perimetre de l'exagone infcrit ; ainfi la circonference du cercle eft plus de
trois fois plus grande que fon diametre, c'eft-à-dire, que le
rapport de la circonference au diametre, eft plus grand
que celui de 3 à 1, ou de 21 à 7. On démontre
même qu'il eft encore un peu plus grand que celui
de 21 $\frac{3}{7}$ à 7 : mais Archimede a fait voir que ce rapport
de la circonference au diametre eft moindre que celui de 22
à 7. On n'a pû encore jufqu'à préfent trouver quel eft au ju-
fte ce rapport. Dans l'ufage on fuppofe ordinairement qu'il
eft égal à celui de 22 à 7 : & fi on veut encore avoir un rapport plus approchant du véritable, on prend celui de 314 à
100, qui eft égal à celui de 21 $\frac{3}{7}$ à 7, puifque fi on fait une
proportion de ces deux rapports, on trouvera que le produit
des extrêmes eft égal à celui des moyens.

THEOREME V.

99. *Le côté du decagone régulier infcrit dans un cercle,*
eft égal à la grande partie du rayon divifé en moyenne & ex-
trême raifon.

N

DEMONSTRATION.

Soit le côté A B du decagone, aux extrémitez duquel tirez les rayons CA & CB qui forment le triangle A C B dont l'angle C a pour mesure la dixiéme partie de la circonférence ; c'est-à-dire, 36 degrez ; par consequent les deux autres angles A & B du triangle A C B pris ensemble, valent 144 degrez ; autrement les trois angles du triangle n'auroient pas pour mesure 180 degrez. Or ces deux angles sur la base sont égaux, à cause que le triangle A C B est isocele ; donc chacun des angles A & B vaut 72 degrez, si donc on divise l'angle B en deux parties égales par la ligne B D, chacune de ces parties étant moitié de l'angle B, vaudra 36 degrez ; ainsi dans le petit triangle B D C, l'angle C est égal à l'angle *n* ; & par consequent les côtez opposez à ces angles, sçavoir B D & C D sont égaux. Or B D est aussi égal à A B : car dans le petit triangle A B D, l'angle *o* vaut 36 degrez, puisqu'il est moitié de l'angle total en B : d'ailleurs nous avons déja dit que l'angle A vaut 72 degrez ; donc le troisiéme angle *m* vaut aussi 72 degrez ; donc les côtez B D & A B opposez à ces deux angles sont égaux : ainsi C D & A B étant chacun égaux à B D, sont égaux entr'eux.

Il faut donc demontrer que C D est la grande partie du rayon C A divisé en moyenne & extrême raison au point D ; enforte qu'on a la proportion C A . C D :: C D . A D. Pour cela il faut remarquer que les deux triangles A C B & A B D sont semblables ; à cause que l'angle A est commun à tous les deux, & que d'ailleurs l'angle C du grand est égal à l'angle *o* du petit : par consequent les côtez homologues sont proportionnels. Or C A du grand triangle & A B du petit sont homologues, parce qu'ils sont opposés aux angles égaux B & *m*: pareillement A B du grand triangle & A D du petit sont homologues, étant opposez aux angles égaux C & *o* ; ainsi on a la proportion C A . A B :: A B . A D. Or C D = A B ; donc C A . C D :: C D . A D. Ainsi C D égal au côté A B, est la grande partie du rayon C A divisé en moyenne & extrême raison. Ce qu'il fal. dem.

PROBLEME I.

100. *Trouver la valeur de l'angle au centre & celle de l'angle*

*à la circonference d'un polygone regulier, par exemple, d'un pen-
tagone.*

1°. pour l'angle au centre, divifez la circonference, c'eſt-
à dire, 360 degrez, par le nombre des côtez du polygone,
& le quotient ſera la meſure de l'angle au centre : ainſi pour
avoir la valeur de l'angle au centre du pentagone, il faut
diviſer 360 par 5, & le quotient 72 marquera que l'angle
ACB eſt de 72 degrés. Cela eſt évident, puiſque l'angle au
centre d'un pentagone a pour meſure la cinquiéme partie de
la circonference du cercle dans lequel il peut être inſcrit.

2°. L'angle de la circonference, comme A B D, peut être
facilement connu, après avoir trouvé la valeur de l'angle au
centre : car dans le triangle A C B, l'angle au centre plus les
deux angles ſur le côté A B, c'eſt-à-dire, les trois angles du
triangle ſont égaux à deux angles droits. Or l'angle A B D
eſt égal aux deux angles ſur le côté A B pris enſemble, puiſque chacun de ces deux, n'eſt que la moitié de l'angle à la
circonference * ; donc l'angle au centre & l'angle à la circonference joints enſemble, valent deux angles droits, & par
conſequent ſi de 180 degrez, qui ſont la meſure de deux angles droits, on ôte la valeur de l'angle au centre, le reſte
ſera la valeur de l'angle à la circonference : par exemple,
l'angle à la circonference du pentagone eſt de 108, parce que
en ôtant de 180 la valeur de l'angle au centre qui eſt de 72
degrez, le reſte eſt 108.

PROBLÉME II.

101. *Inſcrire un quarré régulier dans un cercle donné.*

Coupez la circonference en quatre parties égales, par deux
diametres perpendiculaires, & tirez enſuite des cordes aux extrémitez des diametres, vous aurez le quarré inſcrit.

PROBLÉME III.

102. *Inſcrire un exagone regulier dans un cercle.*

Prenez la longueur du rayon que vous porterez ſix fois ſur la
circonference; enſuite tirez des cordes aux points de diviſion;
vous aurez l'exagone cherché. Cela ſuit clairement du quatriéme theoreme.

N ij

Fig. 42.

* 77.

Fig. 43.

Fig. 44.

PROBLEME IV.

103. Inscrire un decagone regulier dans un cercle.

Coupez le rayon du cercle en moyenne & extrême raison ; prenez ensuite la grande partie de ce rayon ainsi divisé, que vous porterez sur la circonference ; enfin tirez des cordes aux points de division, vous aurez le decagone cherché. C'est une suite du cinquiéme theoreme.

PROBLEME V.

104. Une figure reguliere étant inscrite, en inscrire une autre qui n'ait que la moitié du nombre des côtez.

Fig. 44. Tirez des cordes dont chacune soutienne un arc double de celui qui est soutenu par chaque côté du polygone inscrit : par exemple, ayant un exagone regulier inscrit, si on veut inscrire un triangle regulier, il faut tirer les cordes A C, C E & E A dont chacune soutient un arc double de celui qui est soutenu par chaque côté de l'exagone.

PROBLEME VI.

105. Un polygone regulier étant inscrit dans un cercle, en inscrire un autre qui ait le double des côtez.

Divisez en deux parties égales chacun des arcs soutenus par le côté du polygone inscrit ; tirez ensuite des cordes à tous les arcs, & vous aurez le polygone cherché : par exemple, le triangle équilateral A C E étant inscrit, si on veut inscrire un exagone, il faut diviser les arcs A C, C E, E A, chacun en deux parties égales, & tirer les cordes A B, B C, C D, D E, E F, F A ; on aura l'exagone regulier A B C D E F.

106. Il est évident par les deux derniers problèmes, que lorsqu'on sçait inscrire un polygone regulier, on en peut aussi inscrire deux autres, dont l'un n'ait que la moitié des côtez du premier, & l'autre le double : sur quoi il faut remarquer que dans la pratique il n'est pas necessaire d'inscrire un polygone pour en inscrire un autre qui ait la moitié ou le double du nombre des côtez : par exemple, pour inscrire un triangle ou un dodécagone, il faut seulement marquer les six points de

division, desquels il faudroit tirer les côtez de l'exagone.

PROBLEME VII.

107. *Circonscrire un polygone regulier à un cercle.*

Il faut d'abord inscrire un polygone regulier semblable : Fig. 45.
ensuite tirer par les angles du polygone inscrit, des tangentes qu'il faut prolonger jusqu'à ce qu'elles se rencontrent, elles formeront le polygone cherché : par exemple, pour circonscrire un exagone au cercle de la Fig. 45, il faut d'abord inscrire à ce cercle l'exagone *abcdef*, & ensuite tirer des tangentes par les points *a*, *b*, *c*, *d*, *e*, *f*; elles formeront l'exagone
circonscrit A B C D E F.

PROBLEME VIII.

108. *Trouver la circonference d'un cercle dont on connoît le diametre.*

Soit un cercle dont le diametre ait dix pieds : afin de trouver la circonference, il faut se servir du rapport trouvé par
Archimede entre le diametre & la circonference qui est de
7 à 22, & faire une regle de trois dont le premier terme soit 7,
le second 22, & le troisiéme 10; le quatriéme sera la circonference cherchée : on trouvera ce quatriéme terme à l'ordinaire, en multipliant les deux moyens 22 & 10 l'un par l'autre, & divisant le produit 220 par 7 qui est le premier terme; le quotient 31 $\frac{1}{7}$ fait voir que si le diametre d'un cercle
est de dix pieds, la circonference est d'environ 31 pieds & $\frac{1}{7}$ d'un
pied.

Si on veut avoir un nombre qui approche un peu plus de la
circonference que 31 $\frac{1}{7}$, il faut se servir du rapport de 100 à
314, & faire la proportion 100.314::10.X : on trouvera
qu'après avoir multiplié les deux moyens & divisé le produit
par le premier terme, le quotient sera 31 & $\frac{40}{100}$ ou $\frac{2}{5}$; ainsi la
circonference est environ 31 pieds & $\frac{2}{5}$ d'un pied.

109. Remarquez que la circonference cherchée est un peu
moindre que le quotient 31 $\frac{1}{7}$, parce que la raison de la circonference au diametre est moindre que le rapport de 22 à
7; c'est-à-dire, que le diametre étant supposé de 7, la circonference est moindre que 22 : au contraire la circonference
cherchée est un peu plus grande que l'autre quotient 31 $\frac{2}{5}$;

parce que le diametre étant suppofé de 100, la circonference eft plus grande que 314.

Pour voir le rapport des deux fractions ⅗ & ⅖, il faut les
réduire au même dénominateur ; & on trouvera ⅗ & ⅖ : ainfi
les deux fractions ⅗ & ⅖ font entr'elles comme les nombres
15 & 14. qui font les numerateurs des fractions réduites.

DES FIGURES PLANES,
confiderées felon leur furface.

Après avoir parlé des côtez qui terminent les figures, &
des angles formez par ces côtez, il faut à prefent confiderer
l'efpace qui y eft renfermé. Cet efpace eft une furface ou fuperficie, on le nomme auffi *aire*.

Nous avons dit qu'il y avoit trois fortes de furfaces ; les
planes, comme celle des miroirs ordinaires ; les courbes, comme celles des globes, & les mixtes qui font en partie planes
& en partie courbes.

Nous avons encore diftingué trois fortes de fuperficies planes ; les rectilignes, comme un pentagone ; les curvilignes,
comme les cercles, & les mixtilignes, comme les fegmens &
les fecteurs du cercle.

Nous traiterons 1°. des élemens & de l'égalité des furfaces. 2°. De la mefure des furfaces. 3°. Du rapport des furfaces.

DES ELEMENS ET DE L'EGALITE'
des Surfaces.

110. Comme la ligne eft compofée de points, de même la
furface eft compofée de lignes pofées les unes à côté des autres : ainfi les élemens des furfaces font des lignes. Or on ne
peut concevoir que des lignes confiderées fans largeur compofent une furface ; c'eft pourquoi il faut confiderer les lignes
comme ayant une largeur infiniment petite qui foit la même
dans chacune des lignes qui fervent d'élemens à une fuperficie.

Fig. 46.   111. Les élemens d'un parallelogramme font donc une infinité de lignes paralleles & égales à la bafe, lefquelles rempliffent l'efpace compris dans le parallelogramme. De même
Fig. 47 les élemens d'un triangle font une infinité de lignes paralleles à la bafe qui font d'autant plus courtes qu'elles font plus
éloignées de la bafe. Les élemens du cercle font une infinité
de circonferences concentriques : ainfi des autres figures.

112. On prend auſſi pour élemens des figures , des ſurfaces infiniment petites, dont la ſomme remplit la figure : par exemple, on peut dire que les élemens d'un parallelogramme, ſont une infinité de petits parallelogrammes qui ont même baſe que le parallelogramme total, & qui ont une hauteur infiniment petite. Pareillement on peut prendre pour élemens d'un triangle une infinité de triangles qui ont même hauteur que le triangle total ; & qui ont pour baſe chacun une hauteur infiniment petite de la baſe de ce triangle. On peut auſſi prendre pour élemens d'un cercle, des triangles infiniment petits, dont le ſommet ſoit au centre, & qui ayent pour baſe chacun une partie infiniment petite de la circonférence. On peut dire la même choſe des ſecteurs de cercle, comme celui de la Figure 49.

113. Il eſt évident que deux figures ou ſuperficies ſont égales, lorſque les élemens de l'une ſont égaux aux élemens de l'autre, & que le nombre de ces élemens eſt égal dans les deux ſuperficies.

114. Nous nous ſervirons dans nos démonſtrations des premiers élemens, c'eſt-à-dire, des lignes que l'on regarde comme ayant une largeur infiniment petite. Or le nombre de ces élemens ſe meſure dans les parallelogrammes & dans les triangles par des perpendiculaires à la baſe qui ſont les hauteurs ; enſorte que ſi la hauteur d'un parallelogramme eſt double de celle d'un autre, le nombre des élemens du premier eſt double du nombre des élemens du ſecond ; ſi la hauteur eſt triple, le nombre des élemens eſt triple , &c.

115. Dans le cercle le nombre des circonferences concentriques qui en ſont les élemens, eſt meſuré par le rayon, parce que le cercle étant rempli de circonferences, chacune paſſe par un point du rayon ; ainſi le nombre des circonferences eſt égal au nombre des points du rayon.

On appelle ces élemens *indiviſibles*, parce que n'ayant qu'une largeur infiniment petite, on les regarde comme indiviſibles ſelon leur largeur.

Après avoir donné ces notions touchant les élemens des ſurfaces, il faut maintenant parler de leur égalité.

116. Deux figures planes ſont appellées *égales*, lorſque la ſurface de l'une eſt égale à la ſurface de l'autre , quoique les côtez de la premiere ne ſoient pas égaux à ceux de la ſeconde :

par exemple, afin que deux triangles soient appellez égaux,
il suffit qu'ils ayent des surfaces égales, & même un triangle
est dit égal à un parallelogramme, lorsqu'il contient autant
d'espace ou de surface que le parallelogramme : mais lorsque
deux figures ont des surfaces égales, & que les côtez & les
angles de l'une sont égaux à ceux de l'autre, chacun à chacun,
pour lors on dit qu'elles sont égales en tout. Dans le premier
cas, on dit souvent que les figures sont égales en surface; mais
cela n'est pas necessaire, il suffit de dire qu'elles sont égales :
ce qui signifie la même chose qu'en disant qu'elles sont égales en surface.

117. Il paroît par-là & par l'Article 9. qu'il y a une grande différence entre des figures égales, & des figures semblables.

118. Deux rectangles de même base & de même hauteur
sont égaux en tout. Cette proposition peut passer pour un
axiome : car si on conçoit que l'on applique ces deux rectangles
l'un sur l'autre, la base sur la base, & le côté sur le côté, on
voit aisément que ces deux rectangles conviendront parfaitement, & par conséquent ils sont égaux en tout. Mais si on
compare un rectangle avec un parallelogramme de même base
& de même hauteur, on n'apperçoit pas si facilement si les
surfaces sont égales. Nous allons démontrer l'égalité de ces
deux figures dans le theoreme suivant.

THEOREME I. ET FONDAMENTAL.

*119. Un rectangle & un parallelogramme de même base & de
même hauteur sont égaux.*

Fig. 50.

Soit le rectangle A B C D & le parallelogramme E B C F qui
ont même base; sçavoir BC, & qui ont aussi même hauteur,
puisqu'ils sont entre les mêmes parallèles. Il faut démontrer
que leurs surfaces sont égales.

DEMONSTRATION.

Deux superficies sont égales lorsque les élemens de l'une
sont égaux à ceux de l'autre, & que le nombre de ces élemens est égal dans les deux figures. Or 1°. les élemens du
rectangle sont égaux à ceux du parallelogramme, puisque
les élemens de l'une & de l'autre figure, comme G H & K L

font

font égaux chacun à la bafe commune BC. 2°. Le nombre des élemens eft égal dans les deux Figures, parce qu'elles ont mê-me hauteur. D'ailleurs il eft évident qu'en prolongeant tous les élemens du rectangle, ils rempliffent l'aire ou la furface du parallelogramme, & par conféquent il y a autant d'éle-mens dans l'une & l'autre de ces deux figures; donc le rectan-gle & le parallelogramme font égaux. Ce qu'il fal. dem.

On pourroit peut-être objecter contre cette démonftration que le parallelogramme contient plus d'élemens que le rec-tangle, parce que dans le parallelogramme il y a autant d'é-lemens ou de lignes paralleles à la bafe qu'il y a de points dans le côté E B : & de même il y a autant de ces élemens dans le rectangle qu'il y a de points dans le côté A B. Or il y a plus de points dans l'oblique E B, que dans la perpendiculaire A B.

Il eft vrai que fi l'on fuppofe les points égaux dans les deux lignes E B & A B, il y en a plus dans la premiere que dans la feconde : mais il ne s'enfuit pas delà qu'il y ait plus d'éle-mens dans l'une que dans l'autre figure, parce que les points de la ligne E B par lefquels paffe chaque element du paralle-logramme, font plus grands que ceux de la ligne A B par lefquels paffe chacune des paralleles du rectangle, à caufe de l'obliquité de la premiere ligne ; afin donc qu'il y eût plus d'é-lemens dans le parallelogramme que dans le rectangle, il fau-droit que la hauteur du parallelogramme fut plus grande que celle du rectangle : ce qui eft contre l'hypotefe.

AUTRE DEMONSTRATION.

Le rectangle & le parallelogramme ont le triangle com-mun B O C; il n'y a donc plus qu'à faire voir que l'autre par-tie A B O D du rectangle eft égale à la partie E O C F du pa-rallelogramme ; ce que je démontre ainfi : le triangle A B E eft égal en tout au triangle D C F : car 1°. la perpendiculaire A B du premier eft égale à la perpendiculaire D C du fecond, puifque ce font des côtez oppofez d'un rectangle. 2°. Les deux obliques B E & C F font auffi égales, parce que ce font des côtez oppofez du parallelogramme. * 3°. Les éloignemens de perpendicule A E & D F font donc égaux* ; par confé-quent les trois côtez du premier triangle font égaux aux trois côtez du fecond ; ainfi les deux triangles font égaux en tout* ; donc fi on retranche la partie commune D O E, le refte A B O D

* 43.

* Liv. 1.
Art. 85.

* 33.

du premier triangle fera égal au refte EOCF du fecond.
Mais ces reftes font les deux parties du rectangle & du parallelogramme qu'il falloit démontrer égales. Par conféquent
le rectangle eft égal au parallelogramme. Ce qu'il fall. dem.

COROLLAIRE I.

120. Deux parallelogrammes qui ont des hauteurs égales,
ou, ce qui eft la même chofe, qui font entre mêmes paralleles, & qui ont des bafes égales, font égaux en furfaces.
C'eft une fuite neceffaire du theoreme, parce que chacun de
ces parallelogrammes eft égal à un rectangle de même bafe
& de même hauteur.

Fig. 51.   121. Avant de paffer au fecond corollaire, il faut remarquer qu'un triangle, comme A B D, eft la moitié d'un parallelogramme de même bafe & de même hauteur : car fi on fait
le parallelogramme A B D C dont le côté A B & la bafe B D
foient deux côtez du triangle, il eft certain que le troifiéme
côté A D du triangle divife le parallelogramme en deux par-
* 44.   ties égales *, parce que ce côté fert de diagonale ; par conféquent le triangle A B D eft la moitié du parallelogramme
A B D C qui a même bafe & même hauteur que le triang.

COROLLAIRE II.

Fig. 51.   122. Deux triangles comme A B D & E G H, qui ont des
hauteurs égales, ou qui font entre mêmes paralleles, & qui
ont auffi des bafes égales, font égaux en furface : car felon la
remarque précedente, ces triangles font moitié des parallelog.
A D & E H qui ont même hauteur & même bafe que les
triangles. Or nous venons de dire dans le premier corollaire,
que ces parallelogrammes font égaux; donc leurs moitiés font
auffi égales.

COROLLAIRE III.

Fig. 52.   123. Un triangle, comme C E D, qui a même bafe qu'un
parallelogramme C B, & qui a une hauteur double de celle du
parallelogramme, lui eft égal en furface : car fuppofons un autre parallelogramme qui ait même bafe & même hauteur que
le triangle, il eft clair que le triangle & le parallelogramme C B
ne font chacun que la moitié de cet autre parallelogramme, &
par conféquent le triangle eft égal au parallelogramme C B.

COROLLAIRE IV.

124. Un triangle comme C A E, qui a même hauteur qu'un parallelogramme tel que A D, & qui a une base double, lui est égal en surface. Cela se démontre de la même maniere que le corollaire précedent.

Fig. 53.

THEOREME II.

125. *Un trapeze, comme* A C D B, *dont les deux côtez* A B *&* C D *sont paralleles, est égal à un parallelogramme de même hauteur, & qui auroit pour base une ligne moyenne proportionnelle arithmétique entre les deux côtez paralleles.*

Fig. 54.

Prenez C K égale à A B, & divisez le reste K D en deux parties égales au point P : tirez ensuite la ligne P E parallele au côté A C, vous aurez le parallelogramme A C P E ou A P, qui a la même hauteur que le trapeze, & dont la base C P est moyenne proportionnelle arithmetique entre A B ou C K & C D ; puisque C K est autant surpassé par C P, que C P l'est par C D. Il s'agit donc de démontrer, que ce parallelogramme A P est égal en surface au trapeze.

DEMONSTRATION.

Le pentagone A C P H B est commun au parallelogramme, & au trapeze ; par consequent si le triangle B H E qui est le reste du parallelogramme est égal au triangle D H P reste du trapeze, ces deux Figures ont des surfaces égales. Or les deux triangles B H E & D H P sont égaux ; car 1°. l'angle B est égal à l'angle D, parce qu'ils sont alternes entre paralleles. 2°. Les angles E & P de ces deux triangles, sont aussi égaux par la même raison. 3°. Les côtez B E & D P sur lesquels ces angles sont formés sont encore égaux : car les deux lignes A E & C P sont égales, puisque ce sont des côtez opposez du parallelogramme*: d'ailleurs les deux parties A B & C K de ces côtez sont égales par l'hypothese ; donc les deux autres parties B E & K P sont aussi égales. Or D P est encore égal à K P par l'hypothese ; donc les côtez B E & D P des deux triangles B H E & D H P sont égaux ; ainsi les deux triangles sont égaux ; * par consequent le parallelogramme est égal au trapeze. Ce qu'il fal. dém.

* 43.

* 27.

O ij

THEOREME III.

126. La surface d'un cercle est égale à la surface d'un triangle rectangle qui a pour hauteur le rayon, & pour base une ligne droite égale à la circonférence.

DEMONSTRATION.

Soit le cercle de la Figure 55, & le triangle rectangle CAB qui a pour hauteur le rayon CA, & pour base la ligne droite AB, égale à la circonférence. Pour démontrer que le cercle est égal au triangle, il faut concevoir que l'un & l'autre est partagé en ses élemens, & faire voir, 1°. qu'il y a autant d'élemens dans le cercle que dans le triangle. 2°. Que les élemens du cercle sont égaux aux élemens correspondans du triangle.

Premierement, il y a autant d'élemens dans le cercle, qu'il y en a dans le triangle : car les élemens du cercle sont des circonférences concentriques, & les élemens du triangle sont des lignes paralleles à la base. Or il y a autant de circonférences concentriques dans le cercle, que de lignes paralleles à la base dans le triangle, puisque le nombre en est mesuré de part & d'autre par la ligne CA, qui est en même tems rayon du cercle & hauteur du triangle.

En second lieu, chaque circonférence comme *ad*, est égale à la base correspondante *ab* du triangle : car les circonférences étant entr'elles comme les rayons, on a cette proportion, la grande circonférence AD est à la petite *ad* :: CA . *ca*, de même à cause des triangles semblables CAB, *cab*, on a encore la proportion AB . *ab* :: CA . *ca* ; ainsi, puisque la raison de AD à *ad*, & celle de AB à *ab*, sont égales chacune à une troisiéme, sçavoir celle de CA à *ca* ; il faut qu'elles soient égales entr'elles. On a donc encore la proportion AD . *ad* :: AB . *ab* : & alternando, AD . AB :: *ad* . *ab*. Or dans cette derniere proportion, l'antécédent & le conséquent de la premiere raison sont égaux par l'hypothese puisque l'on suppose que la base du triangle est égale à la circonférence du cercle : par conséquent les deux termes *ad* & *ab* de la seconde raison sont aussi égaux [*]. On peut démontrer de la même maniere, que chaque circonférence est égale à la base correspondante du triangle, ainsi les élemens du cercle sont

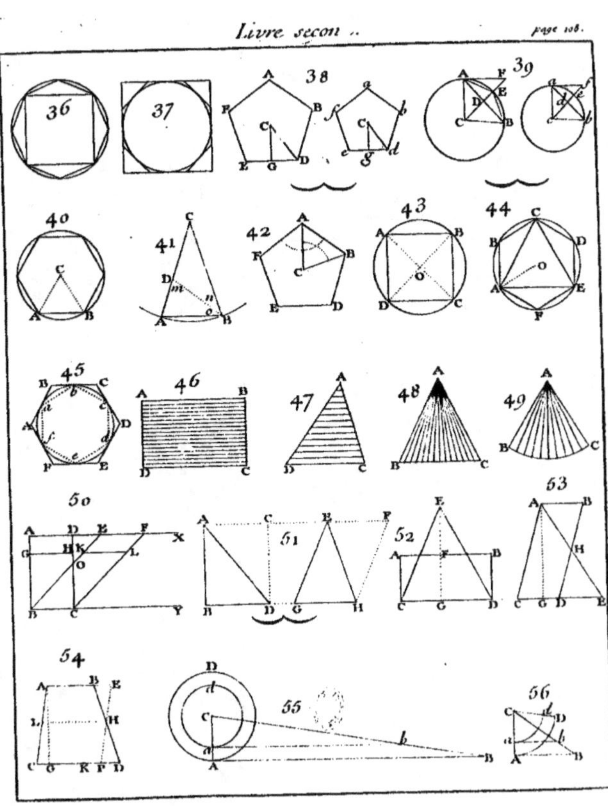

égaux aux élemens correspondans du triangle: d'ailleurs le nombre des élemens est egal de part & d'autre: par conséquent le cercle est égal au triangle. Ce qu'il fal. dém.

COROLLAIRE.

127. Un secteur de cercle comme C A D, est égal au triangle rectangle C A B qui a pour hauteur le rayon C A, & pour base une ligne droite égale à l'arc du secteur. Cela se démontre de la même maniere que le theoreme, en faisant voir qu'il y a autant d'élemens dans le secteur, que dans le triangle, & que les élemens correspondans dans les deux Figures sont égaux.   Fig. 56.

128. Un triangle rectangle est égal à tout autre triangle de même base & de même hauteur*; & par conséquent on peut dire generalement, qu'un cercle est égal en surface à un triangle quelconque qui a pour hauteur le rayon du cercle, & pour base une ligne droite égale à la circonference.   De même on peut dire en general, qu'un secteur de cercle est égal à un triangle quelconque, qui a pour hauteur le rayon du secteur, & pour base une ligne droite égale à l'arc de ce secteur.   * 122.

PROBLEME.

129. *Une Figure rectiligne, comme* A B C D E, *étant donnée, en faire une autre qui lui soit egale, & qui ait un côté de moins.*   Fig. 57.

Du point A tirez la ligne A C qui retranche le triangle A B C; ensuite du point B, tirez la ligne B F parallele à la ligne A C; enfin prolongez le côté D C, jusqu'à la rencontre de la ligne B F. Je dis que si du point A, vous menez la ligne A F au point où le côté D C rencontre la parallele B F, on aura le quadrilatere A F D E, égal au pentagone donné A B C D E. En voici la demonstration.

La surface A E D C est commune au quadrilatere & au pentagone; il n'y a donc qu'à faire voir que le triangle A F C qui est le reste du quadrilatere, est égal au triangle A B C, reste du pentagone. Or ces deux triangles sont égaux*; puisqu'ils ont la même base, sçavoir A C, & qu'ils sont entre les mêmes paralleles B F & A C.   * 122.

On pourroit par la même methode réduire le quadrilatere A F D E en un triangle égal en surface. Pour cela il faudroit mener une ligne du point A au point D ; ensuite tirer par le point E une parallele à la ligne A D , & prolonger C D jusqu'à la rencontre de cette parallele; enfin tirer la ligne A G, & on auroit le triangle G A F égal au quadrilatere A F D E , comme il paroît en faisant l'application de la démonstration qui précede.

130. Il suit de-là , que tout polygone peut se réduire en triangle. Or un triangle est égal à un rectangle qui a même hauteur & la moitié de sa base *, ou qui a même base que le triangle & la moitié de sa hauteur *. D'ailleurs nous ferons voir que tout rectangle peut se réduire en quarré ; par conséquent toute surface rectiligne peut se réduire en quarré : c'est ce qu'on appelle la *quadrature* des surfaces rectilignes.

* 114.

* 123.

DE LA MESURE DES SURFACES PLANES.

131. Les mesures des superficies sont d'autres petites superficies connuës & déterminées : comme le pied quarré, la toise quarrée, &c.

132. On entend par un *pied quarré*, une surface quarrée dont les quatre côtez sont chacuns égaux à un pied en longueur ; telle seroit la Figure 69 , si chacun des côtez avoit un pied en longueur. De même un quarré dont chaque côté est égal à une toise en longueur , est appellé *toise quarrée* , &c.

THEOREME I.

133. *La surface d'un rectangle est égale au produit de sa hauteur par sa base, ou de sa base par sa hauteur.*

DEMONSTRATION.

Fig. 58.

Soit le rectangle A C dont le côté A B contienne 3 toises, & la base B C en contienne 4. Si on multiplie 3 par 4 , le produit sera 12 ; il faut donc faire voir que la surface de ce rectangle contient 12 toises quarrées. Pour cela, il faut diviser le côté du rectangle en trois toises , & sa base en quatre : ensuite par les points de division du côté A B, tirez des paralleles à la base , & par les points de la base , tirez des paralleles aux côtez; toutes ces paralleles formeront des toises quarrées disposées en rangs paralleles à la base, dont chacun contiendra autant de toises quarrées,qu'il y a de toises en lonqueur, c'est-à-dire 4 : mais d'ailleurs il y aura autant de ces rangs de toises quarrées, qu'il y a de toises en longueur dans le côté du rectangle, c'est-à-dire 3 ; donc la somme des toises quarrées du rectangle, est égale à 3 fois 4 , qui est le produit du nombre des toises de la base, par celui des toises du côté. Ce qu'il fal. dem.

COROLLAIRE I.

134. La surface d'un parallelogramme est egale au produit de sa base par sa hauteur : car tout parallelogramme est egal à un rectangle de même base & de même hauteur. Or on vient de démontrer que pour avoir la superficie d'un rectangle, il falloit multiplier sa base par sa hauteur; par conséquent pour avoir la surface d'un parallelogramme, il faut aussi multiplier sa base par sa hauteur.

135. Remarquez que dans un parallelogramme qui n'est pas rectangle, la hauteur est différente du côté qui fait un angle avec la base ; parce que cette hauteur se prend de la perpendiculaire tirée entre les deux bases : mais lorsque le parallelogramme est rectangle, alors le côté étant perpendiculaire aux bases , il mesure la hauteur du parallelogramme.

COROLLAIRE II.

136. La surface d'un triangle est égale au produit de sa base par la moitié de sa hauteur, ou au produit de sa hauteur par la moitié de sa base. C'est une suite nécessaire des corollaires dans lesquels on a démontré *, que le triangle est egal au parallelogramme, qui a même base & la moitié de la hauteur du triangle ; ou bien à un parallelogramme qui a même hauteur que le triangle & la moitié de la base.

* 123 & 124.

On peut encore dire que la surface du triangle est égale à la moitié du produit de sa base par sa hauteur. Cela revient au même que ce que nous venons de dire dans le corollaire.

137. Remarquez que lorsque le triangle est rectangle, comme A B D, on peut prendre B D, qui est un des côtez de l'angle droit pour la base ; auquel cas l'autre côté A B du même angle est la hauteur du triangle , parce que ce côté est perpendiculaire à la base. C'est pourquoi afin d'avoir la surface d'un triangle rectangle, il faut multiplier un des côtez de l'angle droit par la moitié de l'autre côté, & le produit don-

Fig. 51.

ne la surface du triangle ; ou bien il faut multiplier un de ces côtez par l'autre, & prendre la moitié du produit.

COROLLAIRE. III.

138. L'aire ou la superficie du cercle est égale au produit du rayon par la moitié de la circonférence du cercle : car on démontre *, que le cercle est égal au triangle qui a pour hauteur le rayon, & pour base une ligne droite égale à la circonference. Or ce triangle est égal au produit de sa hauteur qui est le rayon par la moitié de la base, c'est-à-dire, par la moitié de la circonference ; donc le cercle est aussi égal au produit du rayon par la moitié de la circonference.

On démontrera de la même maniere, que l'aire d'un secteur de cercle, est égale au produit du rayon par la moitié de l'arc du secteur.

COROLLAIRE IV.

139. La surface d'un trapeze qui a deux côtez paralleles, est égal au produit de sa hauteur par une moyenne proportionnelle arithmetique entre les deux côtez paralleles. Cela suit du Theoreme II.* dans lequel on a démontré que le trapeze qui a deux côtez paralleles, est égal à un parallelogramme de même hauteur, & dont la base est une moyenne proportionnelle arithmetique entre ces deux côtez paralleles.

THEOREME II.

140. *Une Figure circonscrite à un cercle, est égale au produit du rayon du cercle, par la moitié du perimetre de la Figure.*

DEMONSTRATION.

Soit le polygone circonscrit A B C D E : il faut faire voir qu'il est égal au produit du rayon F G du cercle par la moitié du perimetre. Pour cela tirez du centre F des lignes, comme F A, F B, &c. aux angles du polygone. Il est évident que ces lignes diviseront le polygone en autant de triangles qu'il y a de côtez. D'ailleurs ces triangles auront une hauteur égale, sçavoir, un rayon comme F G, tiré au point de contingence, parce que tout rayon tiré au point de contingence, est perpendiculaire à la tangente*. Or chacun des triangles comme DFC est égal au produit de la moitié du côté D C qui

est

est la base, par le rayon FG qui est la hauteur. Donc la somme des triangles, ou le polygone circonscrit est égal au produit de la moitié de tous les cotez, c'est-à-dire, de la moitié du perimetre par le rayon du cercle. Ce qu'il fal. dem.

On peut dire aussi qu'un polygone circonscrit à un cercle, est égal au produit du perimetre entier par la moitié du rayon, ou bien à la moitié du produit du perimetre par le rayon entier. Il est évident que tout cela revient à la même chose que l'énoncé du theoreme.

COROLLAIRE I.

141. Tout polygone regulier est égal au produit du rayon droit par la moitié du perimetre. Ce corollaire n'est qu'une application du theoreme, parce qu'on peut toujours regarder un polygone regulier comme circonscrit à un cercle dont le rayon seroit égal au rayon droit du polygone *.

* 74.

COROLLAIRE II.

142. La superficie du cercle est égale au produit du rayon par la moitié de la circonference. C'est une suite du corollaire précedent, puisque le cercle est un polygone regulier dont les côtez sont infiniment petits. Nous avons déja démontré la même proposition dans le troisiéme corollaire du premier theoreme *.

* 138.

143. Remarquez que toute figure rectiligne comme A pouvant être réduite en triangle, on aura la mesure de l'aire de cette figure, si on prend celle de tous les triangles.

Fig. 62.

PROBLEME.

144. *Faire un quarré égal à un rectangle donné.*

Soit le rectangle dont le côté est A & la base C. Pour avoir un quarré égal à ce rectangle, il faut chercher une moyenne proportionnelle B entre le côté & la base du rectangle ; le quarré de cette moyenne proportionnelle est égal au rectangle : car par l'hypotese A . B :: B . C ; donc le produit des extrêmes est égal au produit des moyens. Or le produit des extrêmes A & C est le rectangle ; puisque pour avoir l'aire du rectangle, il faut multiplier la hauteur par la base : & le produit des moyens est le quarré de la moyenne proportionnelle

Fig. 61.

B ; donc le quarré de la moyenne proportionnelle est égal au rectangle.

C'est ici où nous devons parler du fameux problême de la quadrature du cercle, que l'on n'a encore pû résoudre jusqu'à présent. Ce problême consiste à trouver une methode geometrique de faire un quarré égal en surface à un cercle donné.

145. Nous avons démontré qu'un cercle est égal en surface à un triangle qui a pour hauteur le rayon & pour base une ligne droite égale à la circonference. Or ce triangle est égal à un rectangle de même hauteur, & qui auroit pour base la moitié de cette ligne droite égale à la circonference : enfin par le problême précedent, ce rectangle est égal au quarré de la moyenne proportionnelle entre la hauteur & la base du rectangle; par conséquent ce quarré qui a pour côté une moyenne proportionnelle entre le rayon & la démi-circonference, est égal au cercle. Ainsi pour avoir un quarré égal au cercle donné, il faut trouver une moyenne proportionnelle entre le rayon & la demi-circonference du cercle.

* Liv. 1.
Art. 178.

146. Nous avons donné * la methode de trouver une moyenne proportionnelle entre deux lignes droites; c'est pourquoi si on pouvoit trouver geometriquement une ligne droite égale à la demi-circonference, il seroit aisé d'avoir une moyenne proportionnelle entre le rayon & la demi-circonference : ce qui donneroit la solution du problême de la quadrature du cercle, parce que le quarré de cette moyenne seroit égal au cercle, comme nous venons de le démontrer. On voit donc que pour résoudre ce problême, il ne s'agit que de trouver une methode geometrique de tirer une ligne droite égale à la moitié de la circonference.

* 98.

147. Archimede a cherché à exprimer en nombre le rapport de la circonference au diametre : mais il n'a pû trouver exactement ce rapport; il a cependant démontré, comme nous l'avons dit *, que ce rapport étoit un peu moindre que celui de 22 à 7, & plus grand que celui de 21 à 7. Or si on connoissoit exactement par des nombres le rapport de la circonference au diametre, il ne seroit pas difficile de trouver une ligne droite égale à la circonference, parce que le diametre est une ligne droite à laquelle la circonference auroit un rapport connu ; & par conséquent le problême de la quadrature du cercle seroit résolu.

Mais quoique ce rapport ne puisse peut-être pas s'exprimer en nombre, ou, ce qui est la même chose, quoique la circonference & le diametre du cercle soient peut-être incommensurables, il ne s'ensuit pas que l'on ne puisse avoir une maniere geometrique de faire un quarré égal en surface à un cercle donné, parce qu'il suffit pour cela de trouver geometriquement une ligne droite égale à la circonference, ou à la demi-circonference du cercle.

Le rapport approché de la circonference au diametre trouvé par Archimede qui est celui de 22 à 7, suffit pour connoître à peu près, & sans erreur sensible, la surface d'un cercle dont on connoît le rayon ou le diametre : c'est ce que nous allons expliquer dans le problême suivant.

PROBLÊME.

148. *Trouver la surface d'un cercle dont on connoît le diametre.*

Soit un cercle dont le diametre ait 10 pieds. Pour en avoir la surface, cherchez d'abord la circonference que vous trouverez de 31 pieds $\frac{2}{7}$, en supposant le rapport du diametre à la circonference de 7 à 22 : multipliez ensuite la moitié de la circonference par le rayon; c'est-à-dire, 15 $\frac{4}{7}$ par 5 ; le produit de 78 pieds quarrez plus $\frac{4}{7}$ d'un pied quarré, est à peu près la surface du cercle dont le diametre est de dix pieds. *168.*

Si on suppose le rapport du diametre à la circonference égal à celui de 100 à 314, on trouvera la circonference de 31 pieds & $\frac{4}{10}$ de pieds, dont la moitié est 15 $\frac{7}{10}$, qui étant multipliée par 5, le produit sera 78 $\frac{5}{10}$: ainsi la surface du cercle est environ 78 pieds quarrez, plus un demi pied quarré. Ce nombre approche plus de la veritable surface cherchée que le premier produit 78 $\frac{4}{7}$.

149. Remarquez que la surface qu'on cherche est un peu moindre que le produit 78 $\frac{4}{7}$, & un peu plus grande que l'autre produit 78 $\frac{5}{10}$, parce que le diametre d'un cercle étant supposé de 7, la circonference est moindre que 22 : & au contraire le diametre étant supposé de 100, la circonference est plus grande que 314.

DU RAPPORT DES SURFACES.

150. Nous avons fait voir que les surfaces planes sont égales

au produit de certaines lignes multipliées l'une par l'autre; c'est pour cela que ces lignes sont appellées *produisans*. Dans un parallelogramme les deux produisans sont la hauteur & la base. Or c'est par ces produisans que l'on connoît le rapport des surfaces, comme on le verra dans les theoremes suivans.

En parlant du rapport des surfaces, on employe souvent les raisons composées & doublées ; c'est pourquoi il est à propos de répeter quelque chose de ce que nous avons dit sur ces sortes de raisons, en supposant les démonstrations que nous avons données sur cette matiere dans le traité des proportions.

151. Une raison *composée* est le produit de deux ou plusieurs raisons. Or pour avoir le produit de plusieurs raisons, il faut multiplier les antécedens l'un par l'autre, & les consequens de même : par exemple, pour avoir le produit des deux raisons $\frac{3}{2}$ & $\frac{12}{4}$, on multiplie les deux antécedens 3 & 12, & les deux consequens 2 & 4 ; la raison des produits 36 & 8 est composée de celles de 3 à 2, & de 12 à 4. Pareillement la raison composée des rapports de A à B & de C à D, est celle de A C à B D.

152. Lorsqu'il n'y a que deux raisons composantes ou simples, & qu'elles sont égales, la raison composée est appellée *doublée* : par exemple, si on a les raisons égales de la proportion 6 . 2 :: 12 . 4 . en multipliant les antécedens l'un par l'autre & les consequens de même, on aura la raison de 72 à 8 qui est doublée de celles de 6 à 2, & de 12 à 4. Pareillement si les raisons de A à B & de C à D sont égales, la raison composée qui est celle de A C à B D sera doublée.

153. Au lieu de prendre des raisons composantes égales exprimées par differens termes, pour avoir une raison doublée, on peut se servir de la même raison répetée deux fois : ainsi à la place des deux raisons de 6 à 2 & de 12 à 4 que l'on a prises pour avoir la raison doublée 72 à 8, on pouvoit prendre les deux raisons de 6 à 2 & de 6 à 2 qui ne sont que la même raison répetée deux fois. Or la raison de 36 à 4 qui est doublée de ces deux raisons, est égale à celle de 72 à 8, puisque les raisons dont la premiere est le produit, sont égales à celles dont l'autre est le produit.

154. Il suit delà que la raison qui est entre les quarrez est doublée de celle qui est entre les racines : par exemple, la raison de 36 à 4 est doublée de celle des racines 6 & 2 ; de

même la raison de A A à B B est doublée de celle des racines A & B. Tout cela posé, il faut encore avant les theoremes suivans établir la verité d'un lemme qui nous servira dans la suite.

LEMME.

155. *Lorsque deux polygones reguliers sont semblables, les produisans de l'un sont proportionnels aux produisans de l'autre.*

DEMONSTRATION.

La surface d'un polygone regulier est égale au produit du rayon droit par la moitié du perimetre * ; par consequent les produisans d'un polygone regulier sont le rayon droit & la moitié du perimetre. Or dans deux polygones reguliers semblables les rayons droits sont proportionnels aux perimetres* ; ainsi les rayons droits sont aussi proportionnels aux moitiez des perimetres, ou *alternando*, le rayon droit & la moitié du perimetre d'un des polygones semblables sont proportionnels au rayon droit & à la moitié du perimetre de l'autre ; c'est-à-dire, que les produisans du premier polygone sont proportionnels à ceux du second.

> * 141.
>
> * 83.

156. Ce lemme peut aussi s'apliquer aux polygones irreguliers semblables; car quoique dans les polygones irreguliers semblables, tels que sont les deux pentagones ABDEF & *abdef,* on ne puisse pas tirer du même point des rayons droits égaux sur le milieu de chaque côté comme dans les figures regulieres ; cependant on peut toujours élever du milieu de deux côtez homologues, comme A B & *ab,* des perpendiculaires CG & *cg* qui soient proportionnelles à ces côtez. Or ces perpendiculaires que nous appellerons rayons droits, feront aussi proportionnelles aux perimetres, parce que les perimetres sont entr'eux comme les côtez homologues A B & *ab.* Cela posé, puisque les pentagones sont entierement semblables, & qu'ils ne different que parce que l'un est plus grand que l'autre, il est évident que si la surface du premier est égale au produit du rayon droit CG par la moitié du perimetre, la surface du second sera aussi égale au produit du rayon *cg,* par la moitié de son perimetre ; & en general, quoique l'on ne sçache pas par quelle partie du perimetre il faut multiplier le rayon droit d'un des pentagones, afin d'avoir sa surface ;

> Fig. 62.

cependant il est clair que la partie du perimetre par laquelle il faut multiplier le rayon d'une de ces figures pour avoir sa superficie, est semblable à la partie du perimetre par laquelle il faut multiplier le rayon de l'autre figure pour avoir sa superficie. Or dans ces figures semblables, les rayons droits C G & c g sont proportionnels aux perimetres ; donc ils sont aussi proportionnels aux parties semblables de ces perimetres, ou *alternando*, le rayon droit & la partie du perimetre d'une figure sont proportionnels au rayon droit & à la partie semblable du perimetre de l'autre figure ; par conséquent les produisans de l'une sont proportionnels aux produisans de l'autre.

157. On peut voir par la démonstration de ce lemme que dans deux figures ou polygones semblables quelconques, les produisans correspondans sont proportionnels aux cotez homologues : par exemple, dans les deux pentagones semblables dont on vient de parler, les rayons droits C G & c g sont proportionnels aux cotez homologues A B & a b. Or ces rayons sont des produisans correspondans de ces figures. On peut même dire en general que les produisans correspondans de deux polygones semblables sont proportionnels aux lignes semblablement tirées dans ces polygones, parceque ces lignes sont entr'elles comme les côtez homologues *.

* 64.

T H E O R E M E I.

158. *Deux parallelogrammes sont entr'eux comme le produit des produisans de l'un est au produit des produisans de l'autre.*

D E M O N S T R A T I O N.

Fig. 63.

Soient les deux parallelogrammes de la Figure 63 : les produisans de l'un sont A & B, & les produisans de l'autre sont a & b. Or le premier parallelogramme est le produit de A par B, & le second parallelogramme est le produit de a par b ; donc le premier parallelogramme est au second, comme le produit des produisans de l'un est au produit des produisans de l'autre. Ce qu'il fall. dem.

C O R O L L A I R E I.

159. Si les hauteurs A & a sont égales, les parallelogrammes sont entr'eux comme les bases B & b : car lorsque deux grandeurs sont multipliées par une troisiéme, les produits

font comme les grandeurs avant leur multiplication. Or dans ce corollaire il s'agit de deux grandeurs; sçavoir, les deux bafes qui font multipliées par une troifiéme, qui eft la hauteur que l'on fuppofe égale dans les deux parallelogrammes; par conféquent les deux produits, c'eft-à-dire, les deux parallelogrammes font comme les bafes.

COROLLAIRE II.

160. Si les bafes font égales, les parallelogrammes font comme les hauteurs A & a: par exemple, fi la hauteur de l'un eft double ou triple de la hauteur de l'autre, le premier parallelogramme eft le double ou le triple du fecond. Ce corollaire fe démontre comme le premier.

COROLLAIRE III.

161. Si les deux produifans d'un parallelogramme font réciproques aux deux produifans d'un autre parallelogramme, enforte qu'on ait la proportion $A . a :: b . B$, le premier parallelogramme eft égal au fecond. La raifon en eft que dans toute proportion le produit des extrêmes eft égal au produit des moyens.

COROLLAIRE IV.

162. Si le côté a ou b d'un quarré eft moyen proportionnel entre les produifans A & B d'un parallelogramme, le quarré eft égal au parallelogramme. C'eft une fuite du troifiéme corollaire, parce que dans ce cas les produifans du parallelogramme font réciproques à ceux du quarré.

Fig. 64.

THEOREME II.

163. *La raifon qui eft entre deux parallelogrammes, comme ceux de la Figure 63, eft compofée des raifons des produifans correfpondans; c'eft-à-dire, des raifons de la hauteur à la hauteur, & de la bafe à la bafe.*

Fig. 63.

DEMONSTRATION.

Pour avoir une raifon compofée de deux autres, il faut multiplier les deux antécedens l'un par l'autre, & les deux conféquens de même *. Or le premier parallelogramme eft le produit des deux antécedens A & B, & le fecond parallelo-

* 151.

gramme eſt le produit des deux conſequens *a* & *b* ; donc la raiſon qui eſt entre les deux parallelogrammes eſt compoſée des raiſons de la hauteur à la hauteur, & de la baſe à la baſe.

On peut énoncer ce theoreme de cette autre maniere : deux parallelogrammes ſont en raiſon compoſée des hauteurs & des baſes.

COROLLAIRE I.

164. Si les hauteurs A & *a* des deux parallelogrammes ſont proportionnelles aux baſes B & *b*, enſorte qu'on ait la proportion A . *a* : : B . *b*, les deux parallelogrammes ſont en raiſon doublée des hauteurs & des baſes.

DEMONSTRATION.

L'on a fait voir dans le theoreme que les deux parallelogrammes ſont en raiſon compoſée des hauteurs & des baſes. Or on ſuppoſe dans ce corollaire que la raiſon des hauteurs eſt égale à celle des baſes ; par conſéquent la raiſon compoſée de ces deux raiſons eſt doublée ; ainſi deux parallelogrammes dont les hauteurs ſont proportionnelles aux baſes, ſont en raiſon doublée de ces hauteurs & de ces baſes.

165. Remarquez qu'au lieu de dire que les parallelogrammes dont il s'agit dans ce corollaire ſont en raiſon doublée des hauteurs & des baſes, on pourroit dire que ces parallelogrammes ſont en raiſon doublée des hauteurs, ou bien en raiſon doublée des baſes : car le rapport des hauteurs étant égal à celui des baſes, la raiſon doublée de ces deux rapports * 153. eſt la même choſe * que la raiſon doublée des hauteurs, ou que celle des baſes. Cela paroîtra encore par le corollaire ſuivant.

COROLLAIRE II.

166. Si on ſuppoſe, comme dans le corollaire précedent, que les hauteurs des deux parallelogrammes ſont proportionnelles à leurs baſes, les deux parallelogrammes ſont entr'eux comme les quarrez des produiſans homologues, c'eſt-à-dire, comme A A eſt à *a a*, ou comme B B eſt à *b b*.

DEMONSTRATION.

Par le premier corollaire la raiſon de deux parallelogram-

mes

mes eft doublée de la raifon des hauteurs A & *a*, & de celle
des bafes B & *b*: mais d'ailleurs la raifon des quarrez A A &
a a eft doublée des raifons $\frac{A}{a}$ & $\frac{A}{a}$. Donc les deux raifons   * 154.
$\frac{A}{a}$ & $\frac{B}{b}$ étant égales aux deux autres $\frac{A}{a}$ & $\frac{A}{a}$, il s'enfuit que la
raifon des parallelogrammes qui eft doublée des deux pre-
mieres, eft égale à celle des quarrez qui eft doublée des
deux dernieres.

167. Les triangles étant moitié des parallelogrammes de
même bafe & de même hauteur, ils font entr'eux comme les
parallelogrammes; ainfi les triangles qui ont même hauteur
font entr'eux comme leurs bafes; & ceux qui ont même bafe
font comme leurs hauteurs. En un mot, tout ce que nous venons de dire dans les deux theoremes précedens & leurs corollaires convient aux triangles.

168. Il faut neanmoins remarquer par rapport au quatriéme corollaire du premier theoreme, qu'afin d'avoir un quarré
égal à un triangle, le côté du quarré doit être moyen proportionnel entre la bafe du triangle & la moitié de la hauteur, & non pas la hauteur entiere, parce que le triangle
n'eft pas égal au produit de fa bafe par fa hauteur, mais feulement au produit de fa bafe par la moitié de fa hauteur.

169. Si les côtez d'un des parallelogrammes qu'on compare, font autant inclinez fur leur bafe, que les côtez de
l'autre font inclinez fur la leur, on pourra mettre les côtez
au lieu des hauteurs dans les deux theoremes précedens, &
leurs corollaires; & ces propofitions feront également vrayes,
parce qu'alors les côtez font entr'eux comme les hauteurs
qui font des perpendiculaires : par exemple, fi les côtez C D
& *c d* des parallelogrammes font également inclinez fur leur
bafe, ils font comme les hauteurs A & *a*, & par conféquent
en mettant les côtez à la place des hauteurs, le même rapport fubfiftera toujours; on pourra donc dire que les parallelogrammes dont les côtez font également inclinez font entr'eux comme le produit de la bafe de l'un par fon côté eft au
produit de la bafe de l'autre par fon côté; & qu'ils font auffi
en raifon compofée des côtez & des bafes. En un mot, les
deux theoremes & leurs corollaires démontrez ci-deffus, conviennent à ces parallelogrammes, en mettant les côtez à la
place des hauteurs.

170. Il faut remarquer par rapport au quatriéme corol.

Q

laire du premier Theoreme, qu'un parallelogramme n'eſt pas
égal à un quarré dont le côté eſt moyen proportionnel entre
le côté & la baſe du parallelogramme. Mais au lieu du quarré,
il faut ſuppoſer un rhombe dont les côtez ſoient autant inclinez que ceux du parallelogramme, & pour lors ces deux Figures ſeront égales, pourvû que le côté du rhombe ſoit moyen
proportionnel entre le côté & la baſe du parallelogramme.

171. Lorſque les côtez de deux parallelogrammes ſont également inclinez, & qu'ils ſont proportionnels aux baſes, les parallelogrammes ſont appellez ſemblables. On peut donc dire
conformément aux deux corollaires du ſecond Theoreme,
que les parallelogrammes ſemblables ſont entr'eux en raiſon
doublée des côtez ou des baſes, & qu'ils ſont auſſi comme les
quarrez de ces côtez ou de ces baſes.

172. Pareillement les triangles ſemblables ſont entr'eux en
raiſon doublée des côtez homologues, ou comme les quarrez
de ces côtez : par exemple, dans la Figure 63, le premier
triangle C D E, eſt au ſecond *c de*, en raiſon doublée du côté C D au côté *c d*, ou comme les quarrez de ces côtez.

Fig. 63.

T H E O R E M E I I.

173. *Deux polygones ſemblables, ſont en raiſon doublée des
produiſans correſpondans, ou bien comme les quarrez de ces produiſans.*

D E M O N S T R A T I O N.

Lorſque deux polygones ſont ſemblables, les deux produiſans de l'un ſont proportionnels aux produiſans de l'autre * ; enſorte que ſi on appelle les deux produiſans du premier A & B, & les deux produiſans du ſecond *a* & *b*, on aura
la proportion A . *a* :: B . *b* : par conſéquent, ſelon ce que
nous avons dit * ſur les parallelogrammes, ces polygones ſemblables ſont en raiſon doublée des produiſans correſpondans
A & *a* ou B & *b*, ou bien comme les quarrez de ces produiſans.

Ce theoreme convient également aux Figures regulieres &
irregulieres ſemblables, parceque les produiſans de deux Figures irregulieres ſemblables, ſont proportionnels, de même
que les produiſans de deux Figures regulieres.

* 155. &
156.

* 16. &
166.

COROLLAIRE I.

174. Puisque les produisans correspondans de deux Figures ou polygones semblables sont proportionnels aux côtez homo. logues *, & generalement aux lignes semblablement tirées dans ces deux Figures, par exemple, aux rayons droits, aux rayons obliques, &c. Il s'ensuit que les Figures semblables sont en raison doublée des côtez homologues, ou des rayons soit droits, soit obliques, ou bien que ces Figures sont entr'elles comme les quarrez de ces lignes.

* 157.

COROLLAIRE II.

175. Deux cercles sont en raison doublée des rayons, ou comme les quarrez des rayons. C'est une suite évidente du corollaire précedent, puisque les cercles sont des polygones reguliers semblables.

176. Les rayons étant entr'eux comme les diametres, comme les cordes d'arcs semblables, comme les circonferences, comme les arcs semblables, * &c. On peut dire, que les cercles sont en raison doublée des diametres, des cordes d'arcs semblables, des circonferences, des arcs semblables, &c. ou bien comme les quarrez de ces lignes.

* 95.

177. Remarquez donc que les circonferences des cercles sont entr'elles comme les rayons, au lieu que les superficies des cercles sont en raison doublée des rayons, ou comme les quarrez des rayons ; ensorte que si le rayon d'un cercle est d'un pied, & le rayon d'un autre cercle est de trois pieds, les circonferences sont entr'elles comme 1 & 3 : mais les cercles, ou ce qui est la même chose, leurs surfaces, sont entr'elles comme le quarré de 1 est au quarré de 3, c'est-à-dire, comme 1 est à 9. De même si le rayon d'un cercle est de 2 pieds, & le rayon d'un autre cercle est de 5 pieds, les circonferences sont entr'elles comme 2 & 5 : mais les surfaces sont comme 4 & 25, qui sont les quarrez de 2 & de 5.

THEOREME IV. ET FONDAMENTAL.

178. *Dans un triangle rectangle, le quarré de l'hypotenuse est égal aux quarrez des deux autres côtez.*

DEMONSTRATION.

Fig. 65.

Soit le triangle rectangle B A C dont B C est l'hypotenuse. Je dis que le quarré de B C est égal aux quarrez des autres côtez AB & AC. Pour le demontrer, du point A qui est le sommet de l'angle droit, tirez la ligne A D perpendiculaire sur l'hypotenuse, elle partagera le triangle total B A C en deux autres triangles, sçavoir, B D A & A D C qui seront chacun

** 62.* semblables au triangle total * ; par consequent ces trois trian-

** 172.* gles sont entr'eux comme les quarrez des côtez homologues*, ou les quarrez des côtez homologues sont entr'eux comme les triangles. Or le grand triangle est égal aux deux autres triangles pris ensemble; donc le quarré d'un côté du triangle total est égal aux deux quarrez des côtez homologues des deux autres triangles. Mais le côté B C du triangle total est homologue aux côtez A B & A C des deux autres triangles, puisque chacun de ces trois côtez est hypotenuse de son triangle. Donc le quarré de l'hypotenuse B C est égal au quarré de A B, & au quarré de A C pris ensemble. Ce qu'il fal. dem.

Pour mieux concevoir cette demonstration, il faut comparer le triangle total à chacun des triangles partiels séparement. Supposons, par exemple, que le petit triangle A D B est le tiers du triangle total, l'autre triangle partiel A D C en sera par consequent les deux tiers. Cela étant, puisque dans les triangles semblables, le rapport des quarrez des côtez homologues est égal à celui des triangles, le quarré du côté A B hypothenuse du petit triangle, est le tiers du grand quarré B F. Pareillement le quarré de A C hypotenuse de l'autre triangle partiel, est les deux tiers du grand quarré B F ; donc le quarré de A B, plus le quarré de A C pris ensemble, sont égaux au grand quarré B F.

AUTRE DEMONSTRATION.

** 62.*

On a demontré *, que le côté A B est moyen proportionnel entre la base B C & la partie B D. Or BE = BC; donc B E . A B :: A B . B D ; donc le produit des extrêmes est égal au produit des moyens. Or le produit des extrêmes est le rectangle B G, & le produit des moyens est le quarré de A B ; donc le rectangle B G est égal au quarré de A B. On a aussi

** 62.* demontré *, que l'autre côté A C est moyen proportionnel

entre la bafe B C , & l'autre partie D C. Or B C = C F; donc
C F. A C :: A C. D C; donc le rectangle D F qui eft le produit des extrêmes, eft égal au quarré de A C produit de
moyens. Nous avons donc le rectangle B G égal au quarré de
A B , & le rectangle D F égal au quarré de A C. Or ces
deux rectangles font les deux parties du quarré B F ; donc le
quarré B F qui eft le quarré de l'hypotenufe, eft égal au quarré de A B , plus au quarré de A C.

Ce theoreme qui eft la quarante-feptiéme propofition du
premier Livre d'Euclide , eft d'un grand ufage dans la Geometrie. La découverte en eft attribuée à Pythagore, que l'on
dit avoir immolé 100 bœufs à fes Dieux pour les en remercier.

Nous avons demontré dans ce theoreme, que lorfqu'un
angle d'un triangle eft droit, le quarré de la bafe de cet angle
eft égal aux deux quarrez de fes côtez. La propofition inver-
fe ou reciproque de ce theoreme eft encore vraye, c'eft-à-
dire, que fi dans un triangle le quarré de la bafe d'un angle
eft égal aux deux quarrez des côtez, cet angle eft droit.
C'eft ce que nous allons demontrer dans le corollaire fuivant.

COROLLAIRE I.

179. Un angle comme A eft droit , lorfque le quarré de fa
bafe B C eft égal aux quarrez des côtez A B & A C; & par
confequent le triangle eft rectangle.

DEMONSTRATION.

On a fait voir dans le theoreme, que l'angle A étant fuppofé droit, le quarré de la bafe B C eft égal aux deux quarrez
des côtez. Or les deux côtez A B & A C demeurant de même
longueur , on conçoit que fi l'angle droit A diminuë & devient aigu , la bafe B C fera plus petite , & par confequent
fon quarré ne fera plus égal aux deux quarrez des côtez : &
fi au contraire l'angle droit augmente & devient obtus, pour
lors la bafe B C fera plus grande ; ainfi fon quarré fera auffi
plus grand que les deux quarrez des côtez, donc le quarré de
la bafe d'un angle ne peut être égal aux deux quarrez des
côtez, fi cet angle n'eft droit.

COROLLAIRE II.

180. Si on conftruit fur les côtez d'un triangle rectangle
des Figures femblables , par exemple, des cercles qui ayent

Fig. 66.

chacun pour diametre ou pour rayon un des côtez du triangle, pour lors le cercle qui aura pour diametre ou pour rayon,
l'hypothenuse du triangle sera égal aux deux autres cercles
pris ensemble : car ces cercles sont entreux, comme les quarrez des diametres ou des rayons*. Or le quarré de l'hypotenuse est égal aux deux autres quarrez ; par consequent le cercle dont le diametre ou le rayon est l'hypotenuse, est égal
aux deux autres cercles.

* 175.

COROLLAIRE III.

Fig. 66.   181. Si les deux côtez d'un angle droit, comme B A C sont
égaux, & que l'on fasse un demi cercle sur chacun des côtez
du triangle rectangle, les deux lunules A E B G & A F C H
terminées par les demi-circonferences seront chacunes égales
à un des triangles A D B & A D C formez par le rayon perpendiculaire A D.

DEMONSTRATION.

Le demi cercle B A C qui a pour diametre l'hypotenuse,
est égal aux deux autres demi-cercles A E B & A F C pris ensemble *. Or ces deux demi-cercles sont égaux entr'eux, parce que les côtez A B & A C qui sont les diametres sont supposez égaux ; donc le demi-cercle A E B est égal au quart de
cercle A D B G ; par consequent en ôtant le segment A B G,
qui est une partie commune au demi-cercle & au quart de cercle ; les restes, sçavoir, la lunule A E B G & le triangle A D B
seront égaux. On démontrera de la même maniere que la lunule A F C H est égale au triangle A D C.

* 18c.

Il est facile de réduire l'un ou l'autre de ces triangles à un
quarré égal en surface ;* & par consequent on peut quarrer la
lunule. Il est surprenant que l'on ait trouvé si facilement la
quadrature de ces lunules qui sont terminées chacunes par des
portions de differentes circonferences, & qu'on n'ait encore
pû découvrir la quadrature du cercle qui est terminé par une
seule circonference.

* 130.

THEOREME V.

182. *De tous les polygones reguliers isoperimetres, c'est-à-dire,
qui ont des perimetres égaux, celui qui a le plus de côtez est plus
grand en superficie.*

DEMONSTRATION.

Le quarré & le pentagone de la Figure 67 font fuppofez Fig. 67.
reguliers & ifoperimetres : je dis donc que le pentagone eft
plus grand que le quarré : car fi l'on infcrit un cercle dans
l'un & l'autre polygone, & qu'on tire les rayons CA & CB,
on verra que le pentagone eft égal au produit de la moitié de
fon perimetre par le rayon CB *, & que le quarré eft auffi   * 141.
égal au produit de la moitié de fon perimetre par le rayon CA:
ainfi, puifque les perimetres font égaux, le pentagone & le
quarré font comme les rayons CB & CA. Or le rayon CB
eft plus grand que le rayon CA ; car fi ces deux rayons étoient
égaux, leurs cercles feroient égaux ; & par conféquent le perimetre du pentagone feroit moindre que celui du quarré ,
parce que de tous les polygones reguliers circonfcrits à des
cercles égaux, celui qui a le plus de côtez a un moindre perimetre . Or les perimetres du pentagone & du quarré font   * 79.
fuppofez égaux ; donc le cercle du pentagone eft plus grand
que celui du quarré ; donc le rayon CB eft plus grand que
CA ; ainfi la furface du pentagone eft plus grande que celle
du quarré.

On peut démontrer la même chofe de deux autres polygones reguliers ifoperimetres dont l'un auroit plus de côtez
que l'autre.

COROLLAIRE.

183. Le cercle étant un polygone regulier d'une infinité
de côtez , il contient plus de furface que toute autre figure
dont le perimetre eft égal.

184. Remarquez que fi un quarré & un rectangle font ifoperimetres, le quarré eft plus grand que le rectangle. Suppofons, par exemple, un quarré dont chaque côté ait dix toifes,
& un rectangle dont la bafe ait quinze toifes & le côté perpendiculaire à la bafe en ait cinq, le perimetre du quarré fera
de 40 toifes, auffi-bien que celui du rectangle : cependant le
quarré contiendra cent toifes quarrées de furfaces, & le rectangle n'en contiendra que foixante & quinze. On peut inferer de-là qu'entre les rectangles ifoperimetres, ceux qui approchent plus de la figure du quarré font plus grands que les
autres : par exemple, un rectangle dont la bafe eft de douze

toifes & le côté de huit, eft plus grand que celui dont on vient
de parler, quoiqu'ils ayent des perimetres égaux. Il paroît
par-là que deux fonds de terre, comme deux parcs, ou deux
jardins, &c. peuvent être inégaux, quoique les contours des
murailles qui les enferment foient égaux.

THEOREME VI.

185. *Le quarré du diametre d'un cercle, eft à la furface du cercle,
comme le diametre eft au quart de la circonference.*

DEMONSTRATION.

Fig.68.   Soit le cercle de la Figure 68 qui eft égal au triangle CBD,
dont la hauteur eft le rayon CB, & la bafe eft une ligne
droite égale à la circonference. Ce triangle eft égal au rectangle BK de même hauteur, & dont la bafe n'eft que la
moitié de celle du triangle. Enfin le rectangle BK eft égal à
l'autre rectangle BL qui n'a que la moitié de la bafe du premier rectangle, mais qui a une hauteur double ; c'eft-à-dire,
que le rectangle BL a pour bafe le quart de la circonference, & pour hauteur le diametre. Si on compare ce rectangle avec FA qui eft le quarré du diametre, on verra que ces
deux figures ayant même hauteur, font comme les bafes FB
& BH. Or FB eft égal au diametre AB, puifque ces deux
lignes font des côtez du même quarré : d'ailleurs l'autre bafe
BH eft égale au quart de la circonference ; donc le quarré
FA eft au rectangle BL, comme le diametre eft au quart de
la circonference. Ce qu'il fal. dem.

Le rapport du diametre à la circonference étant à peu près
égal à celui de 7 à 22, ou de 14 à 44, fi on prend le quart
de 44, qui eft 11, on trouvera que le quarré du diametre
eft au cercle environ comme 14 eft à 11.

Nous finirons ce fecond Livre par un theoreme qui fait
voir qu'il y a des lignes incommenfurables, c'eft-à-dire, qui
n'ont point de parties aliquotes communes, fi petites qu'elles
foient. Mais pour démontrer ce theoreme, il faut fe fouvenir
des propofitions fuivantes qui ont été prouvées dans le traité
des raifons & des proportions.

186. Toute raifon doublée de raifons de nombre, a pour
expofans des nombres quarrez : par exemple, la raifon de 8
à 72, qui eft doublée des raifons égales de 2 à 6 & de 4 à 12,

2 pour expofans 1 & 9 qui font les quarrez de 1 & de 3.

187. D'où il fuit que toute raifon doublée qui n'a pas pour expofans des nombres quarrez, n'eft pas doublée de raifons de nombre à nombre ; c'eft-à-dire, que les raifons fimples dont elle eft doublée ne font pas de nombre à nombre.

188. Les quarrez font en raifon doublée des racines qui font les côtez de ces quarrez : par exemple, la raifon de $\overline{BC}$ à $\overline{BA}$ eft doublée de la raifon de B C à B A. Tout cela pofé, il fera facile de démontrer le theoreme fuivant. *Fig. 69.*

THEOREME VII.

189. *La diagonale d'un quarré eft incommenfarable avec le côté.*

DEMONSTRATION.

Le quarré de la diagonale B C eft égal au quarré de B A, plus au quarré de A C*. Or les deux côtez B A & A C font égaux ; donc le quarré de B C eft double du quarré de B A ; ainfi ces deux derniers quarrez font comme 2 & 1. Mais 2 n'eft pas un nombre quarré ; par confequent la raifon du quarré de B C au quarré de B A n'a pas pour expofans des nombres quarrez. Or cette raifon qui eft entre ces quarrez eft doublée* : voilà donc une raifon doublée qui n'a pas pour expofans des nombres quarrez ; ainfi la raifon fimple dont elle eft doublée n'eft pas de nombre à nombre*. Mais cette raifon fimple eft celle de B C à B A* ; donc ces deux lignes ne font pas entr'elles comme nombre à nombre, ou, ce qui eft la même chofe, ces deux lignes font incommenfurables. *178.* *Fig. 69.* *182.* *187.* *188.*

190. Ce theoreme fait voir que la diagonale & le côté d'un quarré n'ont point d'aliquotes communes ; enforte que fi l'on prend une aliquote ; par exemple, la milliéme partie ou la cent milliéme, ou la millioniéme, &c. de la diagonale, elle ne fera pas contenuë exactement dans le côté B A ; mais elle y fera contenuë un certain nombre de fois avec un refte moindre que l'aliquote, quelque petite qu'elle foit : car fi une partie étoit contenuë 1000 fois ; par exemple, dans la diagonale, & 700 fois exactement dans le côté, ces deux lignes feroient entr'elles comme 1000 eft à 700, & par confequent elles feroient entr'elles comme nombre à nombre : ce qui vient d'être démontré impoffible.

R

191. Mais quoique la diagonale & le côté d'un quarré soient incommensurables, cependant leurs quarrez sont commensurables, puisqu'ils sont entr'eux comme 2 & 1. Pour exprimer cela, les Geometres disent que la diagonale & le côté sont incommensurables en longueur & commensurables en puissance. Nous allons prouver dans les corollaires suivans qu'il y a des lignes incommensurables tant en puissance qu'en longueur ; c'est-à-dire, que les quarrez de ces lignes sont incommensurables aussi-bien que les lignes elles-mêmes.

COROLLAIRE I.

192. Le quarré de la moyenne proportionnelle entre la diagonale & le côté d'un quarré, est incommensurable avec le quarré de la diagonale : car soit nommée FG cette moyenne proportionnelle, on aura la proportion continuë $\div$ BC.FG.BA ; & par conséquent, selon qu'il a été démontré dans le traité des proportions, le quarré du premier terme est au quarré du second, comme le premier terme est au troisieme ; c'est-à-dire, $\overline{BC}^2 . \overline{FG} :: BC . BA$. Or la raison de BC à BA n'est pas de nombre à nombre, donc celle de $\overline{BC}^2$ à $\overline{FG}^2$ n'est pas non plus du nombre à nombre, ou, ce qui est la même chose, les deux quarrez $\overline{BC}^2$ & $\overline{FG}^2$ sont incommensurables.

COROLLAIRE II.

193. Il suit de ce premier corollaire que les lignes BC & FG sont aussi incommensurables : car si ces deux lignes étoient comme nombre à nombre ; par exemple, comme 5 est à 4, il est évident que leurs quarrez seroient comme 25 est à 16 ; & par conséquent ces quarrez seroient commensurables : ce qui est contraire au premier corollaire.

Ce que l'on vient de dire des lignes BC & FG dans ces deux corollaires, convient aussi aux lignes FG & BA comparées ensemble, puisque la raison de BC à FG est égale à celle de FG à BA.

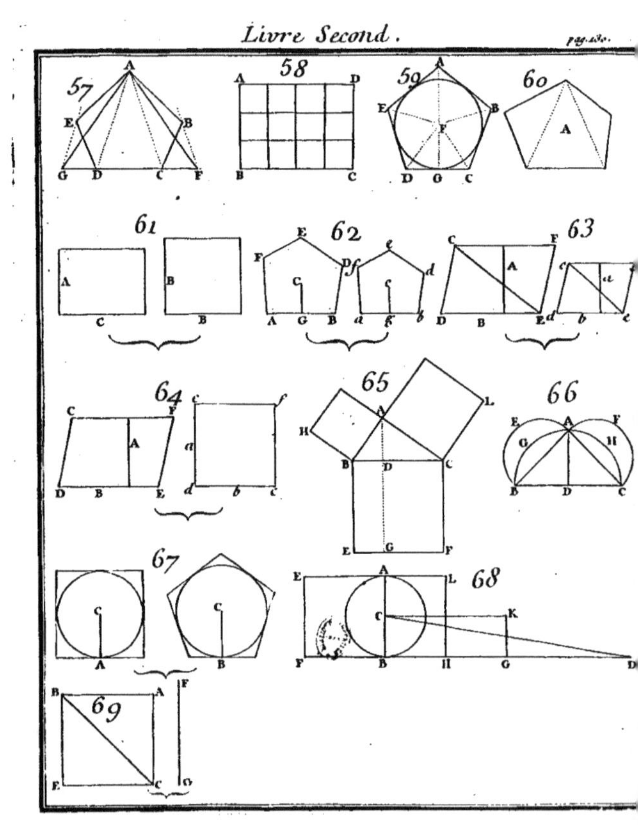

LIVRE TROISIEME.
DES SOLIDES.

DANS le premier Livre nous avons parlé de la ligne qui est l'étenduë en longueur; dans le second nous avons traité de la surface qui est l'étenduë en longueur & en largeur. Il nous reste à parler du corps ou solide ; qui est l'étenduë considerée avec les trois dimensions, longueur, largeur & profondeur.

Entre les corps de differentes figures, on considere principalement les *Prismes*, les *Cylindres*, les *Pyramides* & les *Cones*.

Art. I.   1. Un Prisme est un corps qui a une grosseur égale dans toute sa longueur, & dont les bases superieures & inferieures sont des polygones entierement égaux.

2. Une Pyramide est un corps dont la base est un polygone, & qui finit en pointe.

3. Le Prisme & la Pyramide prennent differens noms suivant le nombre des côtez de la base ; si la base est un triangle, le prisme est appellé *triangulaire* ; si c'est un pentagone, le prisme est appellé *pentagonal*, ainsi de suite. C'est la même chose de la pyramide. Il y a une espece de prisme, qu'on appelle *parallelipipede*, c'est celui dont la base est un parallelogramme : cette dénomination ne convient pas à la pyramide.

4. Le Cylindre est un corps rond dont la grosseur est égale dans toute sa longueur, & dont les bases sont des cercles égaux; telle seroit une colonne dont la grosseur seroit par tout la même.

5. Un Cone est un corps qui finit en pointe, & dont la base est un cercle.

6. On peut regarder le cylindre comme un prisme, dont la base est un polygone regulier d'une infinité de côtez. Et de même le Cone est une pyramide, dont la base est un polygo-

ne regulier d'une infinité de côtez.

En parlant des prismes & des cylindres , nous supposerons toujours que la base superieure est parallele à l'inferieure.

7. Dans un cylindre , la ligne tirée du centre de la base superieure au centre de la base inferieure, est appellée l'*axe* du cylindre ; & dans le cone , la ligne tirée du sommet ou de la pointe du cone au centre de la base , est aussi appellée l'*axe* du cone. On peut de même concevoir des axes dans les prismes & les pyramides dont les bases sont des polygones reguliers.

8. Lorsque les axes sont perpendiculaires aux bases, les prismes , les cylindres, les pyramides & les cones sont appellez *droits* ; au contraire , ces corps sont appellez *obliques* , lorsque les axes sont obliques sur les bases.

Quoique la base d'un prisme ne soit point un polygone regulier , & que ce prisme n'ait point d'axe, cependant il peut être droit, pourvû que les rectangles qui lui servent de faces soient perpendiculaires à la base.

9. Les parallelogrammes qui sont autour du prisme , & les triangles qui sont autour de la pyramide , sont souvent appellez les *cotez* du prisme & de la pyramide : mais comme on appelle aussi côtez les lignes qui terminent ces parallelogrammes ou ces triangles , afin d'éviter l'équivoque , nous ne nous servirons du terme de *côtez* , que pour designer des lignes : par exemple , nous appellerons une ligne tirée du sommet d'un cone à la circonference de sa base , *côté* du cone : quant aux parallelogrammes des prismes, & aux triangles des pyramides, nous les appellerons les *faces* de ces corps.

Outre les quatre principaux solides dont nous avons parlé jusqu'ici, on distingue encore d'autres especes de corps qu'on nomme reguliers, dont nous traiterons dans la suite.

10. Dans les solides terminez par des plans, comme sont les prismes & les pyramides, on remarque des *angles solides.* On entend par un angle solide, une espace solide terminée en pointe par plusieurs angles plans qui ont un sommet commun : telle est la pointe d'une pyramide : tels sont aussi les coins d'un dez à jouer.

Il faut au moins trois angles plans pour terminer un angle solide. Or quand un angle solide est terminé seulement par trois angles plans , deux de ces angles sont toujours plus grands que le troisiéme. C'est ce que nous allons demontrer dans le theoreme suivant.

THEOREME I.

11. *Lorsqu'un angle solide n'est formé que par trois angles plans, deux de ces angles plans, tels qu'ils soient, pris ensemble, sont plus grands que le troisiéme.*

Fig. 1.

DEMONSTRATION.

La Figure 1 represente un angle solide formé par les trois angles B A D, D A C & B A C. Pour concevoir cet angle solide, il faut s'imaginer que le point A qui en est le sommet, est élevé au-dessus du plan sur lequel est representé l'angle. Il s'agit donc de demontrer que deux des angles plans ; par exemple, B A D & D A C pris ensemble, sont plus grands que le troisiéme B A C. Pour cela tirez la ligne A E égale à la ligne A D, ensorte que l'angle B A E soit égal à l'angle B A D; tirez ensuite la base B E C jusqu'à la rencontre de la ligne A C qu'il faut prolonger, s'il est necessaire. Cela posé, je raisonne ainsi : l'angle B A D est par l'hypothese égal à l'angle B A E; d'ailleurs les côtez du premier angle, sçavoir A B & A D, sont égaux aux côtez du second qui sont A B & A E ; par conséquent la base B D du premier est égale à B E du second*. Or les deux lignes B D & D C prises ensemble, sont plus grandes que la troisiéme B C, à cause que ces trois lignes forment un triangle, dont deux côtez sont necessairement plus grands que le troisiéme*; ainsi, puisque B D est égale à B E, la ligne D C base de l'angle D A C est plus grande que la partie E C base de l'angle E A C: d'ailleurs les deux côtez A D & A C de l'angle D A C, sont égaux aux côtez A E & A C de l'angle E A C: donc le premier de ces angles est plus grand que le second*, par consequent la somme des angles B A D & D A C est plus grande que celle de B A E & E A C. Or ces deux derniers angles font l'angle B A C: par consequent les angles B A D & D A C pris ensemble, sont plus grands que le troisiéme B A C. Ce qu'il fal. dem.

*L. 2. Art. 29.

*Liv. 2. Art. 39.

*Liv. 2. Art. 34.

THEOREME II.

12. *Tous les angles plans qui forment un angle solide pris ensemble, sont moindres que quatre angles droits.*

Pour entendre facilement la demonſtration ſuivante, il faut avoir une pyramide telle qu'on va la ſuppoſer: on en peut faire une de bois, de carton, de cire, &c.

Fig. 2.

Soit la pyramide pentagonale de la Figure 2 , dont la baſe qui eſt un pentagone , eſt diviſée en cinq triangles , qui ont leur ſommet au point G qui eſt en dedans du pentagone. Il faut demontrer que les cinq angles plans qui forment l'angle ſolide A , ſont moindres que les quatre droits.

DEMONSTRATION.

La pyramide étant ſuppoſée pentagonale , elle a cinq faces qui ſont autant de triangles qui ont leur ſommet au point A : le pentagone qui ſert de baſe contient auſſi cinq triangles; donc la ſomme des angles des cinq premiers triangles , eſt égale à la ſomme des angles des cinq autres. Cela poſé, conſiderez que les angles des cinq premiers triangles ſont ceux qui ſont ſur la baſe, comme A C B & A C D , plus ceux qui ſont au ſommet de la pyramide : & les angles des cinq autres triangles ſont ceux du pentagone, comme B C D , plus ceux qui ſont au point G ; par conſequent ſi les angles qui ſont ſur la baſe ſont plus grands que ceux du pentagone, il faut que les angles qui ſont au ſommet de la pyramide, ſoient moindres que ceux qui ſont au point G. Or les angles qui ſont ſur la baſe de la pyramide, ſont plus grands que ceux du pentagone; par exemple , les deux angles A C B & A C D ſont plus grands que le troiſiéme B C D, puiſque ces trois angles plans formant l'angle ſolide en C, deux pris enſemble, ſont toujours plus grands que le troiſiéme * : ainſi les angles du ſommet de la pyramide ſont moindres que ceux qui ſont au point G. Or les angles qui ſont au point G, valent quatre angles droits ; donc ceux du ſommet de la pyramide ſont moindres que quatre angles droits. Ce qu'il fal. dem.

* 11.

On peut demontrer ce theoreme en cette maniere : ſoit le pentagone B C D E F diviſé en cinq triangles qui ont leur ſommet au point G. Il eſt certain que les angles qui ſont autour du point G ſont égaux à quatre droits. Or afin que les cinq triangles deviennent les faces d'une pyramide , il eſt neceſſaire que le point G ſoit élevé au-deſſus du plan du pentagone, & que par conſequent toutes les lignes qui aboutiſſent au point G, & qui ſont les côtez des angles en G s'allongent , tandis que les côtez du pentagone qui ſont les baſes de ces angles demeurent de la même grandeur. Or on conçoit que cela ne peut se faire sans que les angles en G diminuent, & par conséquent ces angles seront moindres que quatre droits, quand ils formeront un angle solide.

C'est par ce dernier theoreme que l'on démontre qu'il n'y a que cinq especes de corps reguliers terminez par des surfaces planes.

13. On entend ici par corps regulier, celui dont toutes les faces sont des polygones reguliers, égaux & semblables, qui sont tellement disposez que tous les angles solides sont formez par un égal nombre d'angles plans. Il y en a cinq, comme nous le venons de dire : sçavoir, le *tetraedre*, compris sous quatre triangles égaux & équilateraux, l'*octaedre* compris sous huit triangles égaux & équilateraux, l'*icosaedre* compris sous vingt triangles égaux & équilateraux, l'*exaedre* ou le *cube* compris sous six quarrez égaux, & le *dodecaedre* compris sous douze pentagones égaux & reguliers.

THEOREME III.

14. *Il n'y a que cinq especes de corps reguliers formez par des surfaces planes.*

DEMONSTRATION.

Toute la demonstration est fondée sur le second theoreme, dans lequel on a fait voir que tous les angles plans qui forment l'angle solide, sont moindres que quatre droits.

Un angle solide peut être formé par trois angles plans de triangles équilateraux, parce que chacun de ces angles ne vaut que 60 degrez ; & par consequent les trois angles ne valent que 180 degrez, qui sont moins que quatre angles droits. Chaque angle solide du tetraedre est formé par trois angles de triangles équilateraux.

2°. Quatre angles des triangles équilateraux peuvent aussi former un angle solide, parceque ces quatre angles ne valant que 240 degrez, ils sont encore moindres que quatre angles droits. Chaque angle de l'octaedre est compris sous quatre angles des triangles équilateraux.

3°. Cinq angles de triangles équilateraux peuvent encore former un angle solide, parce que ces cinq angles sont moindres que quatre angles droits. Chaque angle de l'icosaedre est compris sous cinq angles de triangles équilateraux.

Mais six angles de triangles équilateraux valent quatre angles droits ; c'est pourquoi ils ne peuvent former un angle solide ; ainsi il ne peut y avoir que trois especes de corps reguliers formez par des triangles.

4°. Trois angles de quarrez peuvent aussi former un angle solide, comme il paroît. Chaque angle de l'exaedre ou cube, est formé par trois angles de quarrez.

Il est évident que quatre angles de quarrez ne peuvent former un angle solide, puisque ce sont quatre angles droits ; ainsi il n'y a qu'une espece de corps reguliers compris sous des quarrez.

5°. Un angle solide peut être formé par trois angles de pentagones reguliers, parceque chacun de ces angles ne vaut que 108 degrez. Chaque angle solide du dodecaedre est formé de trois angles de pentagones reguliers : mais quatre angles de pentagones reguliers font plus de 360 degrez. C'est pourquoi ils ne peuvent former un angle solide. Ainsi il ne peut y avoir qu'une espece de corps regulier formé par des pentagones.

On ne peut former aucun corps regulier avec des exagones : car l'angle de l'exagone regulier vaut 120 degrez, & par conséquent trois angles d'exagones reguliers font 360 degrez ; ainsi ils ne peuvent former un angle solide.

Puisque trois angles d'exagones font 360 degrez, trois angles de pentagones ou d'octogones, ou de tout autre polygone regulier dont le nombre des côtez est plus grand, valent plus de 360 degrez ; ainsi ils ne peuvent former un angle solide ; & par conséquent on ne peut faire de corps reguliers avec ces polygones. Il n'y a donc que cinq sortes de corps reguliers.

On a representé les cinq corps reguliers avec leurs developpemens, (ce terme va être expliqué dans l'article 17,) la Figure 3 est un tetraedre avec son developement, la Figure 4 est un octaedre, la Figure 5 est un icosaedre, la Figure 6 est un exaedre, la Figure 7 est un dodecaedre. Il est à propos de faire ces Figures avec du carton, afin de se representer ces solides distinctement.

Nous partagerons ce troisième Livre en deux Parties. Dans la premiere nous parlerons de la surface des solides, & dans la seconde nous traiterons de leur solidité.

DE

DE LA SURFACE DES SOLIDES.

15. Si une ligne comme A *a* que l'on suppose perpendiculaire   Fig. 8.
à la base d'un prisme droit, tourne autour de cette base en demeurant toujours perpendiculaire, elle décrira la surface
convexe du prisme, c'est-à-dire, le contour sans y comprendre les deux bases. De même, si une ligne, comme A *a*, de-   Fig. 9.
meurant toujours perpendiculaire à la base d'un cylindre
droit, parcourt la circonference de cette base, elle décrira
la surface du cylindre.

16. S'il s'agit d'une pyramide ou d'un cone, il faut conce-   Fig. 10
voir une ligne attachée au point A, laquelle tourne autour   & 11.
de la pyramide ou du cone, elle décrira la surface de ces solides.

17. On peut encore avoir une notion plus sensible de la   Fig. 8.
surface du prisme droit, en imaginant une bande de papier
colée tout autour du prisme. Il est évident que si l'on ôtoit
cette bande & qu'on la dévelopat, il paroîtroit un rectangle
qui auroit la même hauteur que le prisme, & qui auroit pour
base une ligne droite égale au perimetre de la base du prisme: ce rectangle qui est nécessairement égal à la surface du
prisme, peut être appellé *developement* du prisme. Le developement du cylindre droit est aussi un rectangle qui a pour base une ligne égale à la circonference de la base du cylindre, &
qui a même hauteur que le cylindre.

Le developement de la pyramide est la somme de tous ces
triangles qui en sont les faces; ainsi la somme de tous ces
triangles est la surface de la pyramide. Toutes les lignes droites, comme A B, tirées du sommet du cone droit aux points   Fig. 11.
de la circonference de la base, étant égales, il est évident que
si on develope la surface du cone droit, ce developement
sera un secteur de cercle qui aura pour rayon le côté A B du
cone, & un arc égal à la circonference de la base du
cone.

18. Lorsque la base de la pyramide est un polygone regulier, & que la pyramide est droite, tous les triangles qui en
sont les faces ont même hauteur & sont égaux entr'eux, &
par conséquent ils sont égaux à un seul triangle qui auroit
la même hauteur que celle d'un des triangles & une base
égale à la somme des bases de tous les triangles, ou, ce qui

S

est la même chose, égale au perimetre de la base de la pyramide. La surface d'une pyramide droite dont la base est un
polygone regulier, est donc égale à un triangle qui a pour
base le perimetre de la base de la pyramide, & la même hauteur que celle d'un des triangles qui servent de faces à la pyramide.

Fig. 10. 19. Remarquez que la hauteur de chaque triangle qui sert
de face à la pyramide est une ligne, comme A F tirée du sommet A perpendiculairement sur la base du triangle ; au lieu
que la hauteur d'une pyramide est une ligne tirée du sommet
A perpendiculairement sur la base même de la pyramide ;
d'où il suit que si la pyramide est droite, la hauteur de chaque triangle est toujours plus grande que celle de la pyramide ;
parce que ces deux lignes étant tirées du même point A, &
la seconde étant perpendiculaire à la base de la pyramide, il
est necessaire que la premiere, qui est la hauteur du triangle, soit
oblique à cette même base ; & par consequent plus grande
que la hauteur de la pyramide.

Fig. 11. 20. Le cone n'étant qu'une pyramide dont la base est un
polygone regulier d'une infinité de côtez, la surface d'un
cone droit est égale à un triangle qui a pour base une ligne
droite égale à la circonference de la base du cone, & pour
hauteur le côté A B du cone.

21. Ce côté A B du cone est la hauteur de chaque triangle infiniment petit qui compose la surface du cone, parce
que ce triangle étant isocele, & ayant une base infiniment petite, la perpendiculaire tirée du sommet sur la base, ne differe du côté que d'une partie infiniment petite ; & par consequent on peut prendre ce côté pour la perpendiculaire.

22. Le triangle qui a pour hauteur le côté A B du cone
droit & pour base une ligne droite égale à la circonference de
la base, est égal au secteur de cercle qui a pour rayon le côté
A B, & dont l'arc est égal à la base du triangle, & par consequent à la circonference de la base du cone *. Ce secteur est
le dévelopement du cone droit, comme nous l'avons dit.

* Liv. 2
Art. 128.

23. De tout ce qu'on vient de dire, il suit que pour avoir
la mesure de la surface d'un prisme droit, il faut multiplier
le perimetre de la base par la hauteur du prisme. Et de même
pour avoir la surface du cylindre droit, il faut multiplier la
circonference de la base par la hauteur du cylindre.

30. 1°. Tous les rayons font égaux entr'eux , auffi-bien que tous les diametres.

31. 2°. On peut prendre pour axe chacun des diametres, en obfervant que les poles font toujours les extrêmitez du diametre que l'on prend pour axe.

32. 3°. Si on coupe une fphere par un plan, la fection , c'eft-à-dire, la nouvelle furface qui paroît après avoir coupé la fphere, cette fection, dis-je, eft un cercle : car fi le plan paffe par le centre de la fphere , il eft évident que la fection eft un cercle dont le diametre eft égal à celui de la fphere.

Fig. 12.   Si le plan qui coupe la fphere ne paffe pas par le centre, la fection eft encore un cercle : pour en avoir la démonftra-tion , il faut concevoir une ligne, comme C F, tirée du cen-tre de la fphere perpendiculairement fur cette fection, & une infinité d'obliques comme C e , C d, tirées du même centre à tous les points qui font les extrêmitez de la même fection: tous ces points étant à la furface de la fphere, les lignes obli-ques en font des rayons, & par conféquent elles font égales entr'elles ; donc ces obliques font également éloignées de la perpendiculaire ; ainfi elles font dans la circonference d'un cercle au centre duquel aboutit la perpendiculaire ; donc la fection d'une fphere coupée par un plan eft un cercle, foit que le plan paffe par le centre de la fphere, ou qu'il n'y paffe pas.

33. L'on appelle *grands cercles* de la fphere ceux qui paffent par le centre de la fphere, & les autres dont le plan ne paffe pas par le centre font appellez *petits cercles*.

Lorfqu'on parle des cercles de la fphere , on entend ceux dont la circonference eft fur la furface de la fphere.

34. 4°. Deux grands cercles, c'eft-à-dire , deux cercles qui paffent par le centre de la fphere fe coupent neceffairement, & leur commune fection eft une ligne droite qui paffe par le centre, & qui par conféquent eft un diametre de l'un & l'au-tre cercle.

On peut encore inferer les proprietez fuivantes de la ma-niere dont nous avons formé la fphere.

35. 1°. Les points d, d, d, d , de la demi-circonference que l'on a fait tourner autour du diametre A B décrivent des cir-conferences paralleles entr'elles.

36. 2°. Tous les points de chacune de ces circonferences paralleles font également éloignées d'un des poles A de la

sphere ; ils sont aussi également éloignez de l'autre pole B ; c'est pourquoi ces poles A & B peuvent être appellez les poles de ces circonferences paralleles : & le diametre A B est leur axe.

37. 3°. Tous les cercles paralleles ont les deux mêmes poles & le même axe.

38. 4°. L'axe de ces cercles passe par leurs centres & est perpendiculaire à leurs plans ; & par consequent il mesure la distance d'un cercle à l'autre, & celle du centre de la sphere & des poles à chacun des cercles.

39. 5°. Il est évident que le plus grand de tous les cercles paralleles est celui qui a le même centre que la sphere, & qui par consequent est également éloigné des deux poles ; que deux cercles également distans du centre de la sphere, l'un vers le pole A, l'autre vers le pole B sont égaux ; enfin que les cercles paralleles qui sont entre le centre de la sphere & un des poles sont d'autant plus petits qu'ils sont plus près du pole.

Il faut à present chercher la mesure de la surface d'une sphere ; pour cela nous nous servirons du cone tronqué touchant lequel nous établirons deux lemmes, en supposant toujours ce cone droit, sans qu'il soit necessaire d'en avertir davantage.

LEMME I.

40. La surface convexe du cone tronqué est égale à un trapeze qui a pour hauteur le côté B b du cone tronqué, & dont les bases sont paralleles entr'elles & égales aux circonferences des bases superieures & inferieures du cone.

DEMONSTRATION.

Soit le cone entier B A C dont la partie inferieure B b c C est un cone tronqué. Nous avons fait voir que la surface convexe du cone entier est égale au triangle E D F qui a pour hauteur le côté du cone & pour base la circonference de la base du cone (on suppose ici ce triangle rectangle) ; par consequent, si de ce triangle rectangle on ôte la surface du petit cone b A c qui est l'autre partie du cone entier, il restera la surface du cone tronqué. Or la surface du petit cone b A c est égale au petit triangle e D f qui a pour hauteur le côté

Fig. 13.

du petit cone, & dont la base est parallele à celle du triangle E D F : car la surface d'un cone est égale à un triangle qui a pour hauteur le côté du cone & pour base la circonference de la base. Or par l'hypothese la hauteur D*e* du petit triangle *e* D*f* est égale au côté A*b* du petit cone ; & d'ailleurs la base *ef* du triangle est égale à la circonference de la base de ce cone : car à cause des triangles semblables E D F & *e* D*f*, l'on a la proportion D E . D*e* :: EF . *ef*. De même à cause des deux autres triangles semblables B A C & *b* A*c* du cone, la raison des côtez A B & A*b* est égale à la raison des bases B C & *b c* qui sont les diametres des bases du cone tronqué. Or la raison de ces diametres est égale à celle de leurs circonferences B C B & *b c b* ; par consequent on a la seconde proportion A B . A*b* :: BCB . *bcb*. Il est visible que dans ces deux proportions les deux premieres raisons sont égales, puisque par l'hypothese D E = A B & D*e* = A*b* ; par consequent les deux dernieres raisons sont aussi égales ; ce qui donne cette troisiéme proportion E F . *ef* :: BCB . *bcb*, dont les antécedens sont égaux par la supposition : d'où il suit que les consequens sont aussi égaux * ; c'est-à-dire, que la base du petit triangle *e* D*f* est égale à la circonference du petit cone *b* A*c*. Mais par l'hypothese la hauteur du petit triangle est encore égale au côté A*b* du petit cone ; donc la surface du petit triangle est égale à celle du petit cone ; ainsi l'autre partie du grand triangle est égale à l'autre partie de la surface du cone entier, ou, ce qui est la même chose, la surface du cone tronqué est égale à un trapeze, dont la hauteur est le côté du cone tronqué, & dont les bases sont paralleles entr'elles & égales aux circonferences des bases du cone tronqué. Ce qu'il fal. dem.

* Liv. 1.
Art. 166.

COROLLAIRE I.

41. La surface convexe du cone tronqué est égale au produit de son côté B*b* par une ligne moyenne proportionnelle arithmetique entre la circonference de la base superieure & la circonference de la base inferieure.

DEMONSTRATION.

On vient de faire voir que la surface du cone tronqué est égale à un trapeze dont la hauteur est le côté du cone tronqué, & dont les bases sont paralleles entr'elles & égales aux circonferences des bafes du cone tronqué. Or la furface du trapeze eft égale au produit de fa hauteur par une ligne moyenne arithmetique entre les deux bafes *; donc la fur-face du cone tronqué eft égale au même produit.   *Liv. 2. Art 139.

C O R O L L A I R E   I I.

42. La furface convexe du cone tronqué eft égale au pro-duit de fon côté B *b* par la circonference M N M également éloignée des deux bafes du cone.

Pour faire voir que ce corollaire eft une fuite neceffaire du premier, il n'y a qu'à prouver que la circonference M N M que l'on fuppofe également éloignée des deux bafes fuperieure & inferieure du cone tronqué, eft moyenne proportionnelle arithmetique entre les circonferences de ces bafes. Pour cela confiderez que comme on a fait voir dans la démonftration du lemme que la ligne *ef* parallele à la bafe du triangle EDF eft égale à la circonference correfpondante du cone; on pour-roit de même démontrer que toutes les lignes du triangle pa-ralleles à la même bafe font égales aux circonferences corref-pondantes qui compofent la furface du cone; par confequent fi on tire du point G également éloigné des extrêmitez E & *e* la ligne G H parallele à la bafe du triangle, elle fera égale à la circonference M N M également éloignée des deux bafes du cone tronqué. Or la parallele G H eft moyenne proportion-nelle arithmetique entre les deux bafes EF & *ef*, comme on va le faire voir: ainfi la circonference M N M du cone eft auffi moyenne arithmetique entre les circonferences fuperieu-re & inferieure qui font égales aux deux bafes du trapeze.

43. On a fuppofé dans ce fecond corollaire que la paral-lele GH qui eft tirée du point G également éloigné des extrê-mitez de la perpendiculaire E*e*, etoit moyenne proportion-nelle arithmetique entre les deux bafes EF & *ef* du trapeze. En voici la preuve: foient tirées les perpendiculaires *f* K & H L; ces perpendiculaires font égales, puifque la parallele G H eft tirée du point G également éloigné des extrêmitez de la ligne E*e*: d'ailleurs les obliques *f* H & H F font auffi égales * parce qu'elles font également inclinées entre les pa-ralleles; donc les éloignemens de perpendicule K H & L F font égaux *: ainfi la bafe EF furpaffe autant la ligne G H que cette ligne G H furpaffe l'autre bafe *ef*; donc G H eft   *Liv. 1. Art. 92.   + Liv. 1. Art. 85.

moyenne proportionnelle arithmetique entre les deux bases.

Avant de passer au second lemme, il est necessaire de sçavoir ce que c'est que cylindre ou un autre corps *circonscrit* à une sphere.

Fig. 20.   44. Le cylindre circonscrit est celui qui renferme la sphere, ensorte qu'il ait pour base le grand cercle de cette sphere & pour hauteur son diametre.

Fig. 21.   45. De même un cube circonscrit à une sphere, est celui qui renferme la sphere; ensorte que chacune de ses trois dimensions est égale au diametre de la sphere.

46. Pour le cone on l'appelle circonscrit à la sphere lorsqu'il renferme la sphere, & que sa surface touche celle de la sphere dans une de ses circonferences, quoique ce cone ait une hauteur plus ou moins grande que le diametre de la sphere.

47. Quand quelque corps, comme ceux dont nous venons de parler, est circonscrit à une sphere, cette sphere est appellée *inscrite* par rapport au corps circonscrit.

Fig. 14.   48. Dans le lemme suivant nous supposerons une tangente, comme E F, dont les deux extrêmitez E & F sont également éloignées du point S qui touche la demi-circonference ADB. Nous supposerons une autre tangente G D qui aboutit à l'extrêmité du rayon C D perpendiculaire à l'axe A B autour duquel il faut concevoir que la demi-circonference tourne avec les tangentes E F & G D. Cela posé, on voit facilement 1°. que la demi-circonference décrit en tournant la surface d'une sphere. 2°. Que la tangente E F décrit la surface d'un cone tronqué circonscrit à la sphere. 3°. Enfin que l'autre tangente G D décrit la surface d'une partie d'un cylindre circonscrit à la même sphere.

49. Si on tire par les extrêmitez de la tangente E F, les deux lignes paralleles G I & H N qui soient perpendiculaires à l'axe A B aussi-bien que le rayon C D, & qu'on tire du point E la perpendiculaire E L entre les deux paralleles, elle marquera la hauteur du cone circonscrit, & sera égale à G H qui est aussi perpendiculaire entre les deux mêmes paralleles. Nous n'avons besoin dans le lemme suivant que de la surface cylindrique décrite par G H que nous allons démontrer égale à la surface du cone décrite par la tangente E F.

50. Remarquez que les trois lignes G I, H N & C D qui sont supposées perpendiculaires à l'axe A B sont necessairement

ment paralleles entr'elles *, & que la tangente GD & l'axe AB   * Liv. 1.
font auffi des lignes paralleles , parce qu'elles font perpendi-   Art. 102.
culaires au rayon C D.

51. On peut encore remarquer qu'on a prolongé la tangente EF & l'axe A B jufqu'au point K , où ces lignes fe rencontrent , afin de faire voir fenfiblement que la ligne K F décrit en tournant avec la demi-circonference la fuperficie d'un
cone circonfcrit à la fphere , & que par confequent la tangente E F décrit la furface d'un cone tronqué.

L E M M E I I.

*52. La furface du cone tronqué circonfcrit , décrite par la tan-
gente E F , est égale à la furface du cylindre demême hauteur, décrite
par G H.*

D E M O N S T R A T I O N.

Après avoir encore tiré le rayon C S & la ligne S M O perpendiculaire à l'axe A B , & par conféquent parallele aux deux
autres G I & H N , on a les deux triangles C M S & F L E que
je dis être femblables : car l'angle M du premier est égal à l'angle L du fecond, parce qu'ils font tous les deux droits : pareillement l'angle C ou S C A du premier , qui a pour mefure
l'arc S A , est auffi égal à l'angle E F L du fecond ; parce que
cet angle E F L est égal à l'angle E S C , à caufe des paralleles
H N & S O. Or l'angle E S O formé par une tangente & par
une corde, a pour mefure * S A qui est la moitié de l'arc S A O   * Liv. 1.
foutenu par la corde S O ; donc il est égal à l'angle S C A , &   Art. 135.
par confequent les deux angles S C A & E F L font égaux ;
donc les deux triangles C M S & F L E font femblables ; donc
les côtez homologues font proportionnels : ces côtez homologues font C S & E F d'une part, & de l'autre, S M & E L. On a
donc la proportion C S . E F :: S M . E L. Or le rayon C S
est égal à l'autre rayon C D , & ce dernier rayon est égal à la
ligne H N , parceque ce font deux perpendiculaires entre les
paralleles G D & A B : d'aill eurs la ligne E L est égale à G H ;
donc au lieu de la proportion précedente, on aura H N . E F ::
S M . G H , & *alternando* H N . S M :: E F . G H. Mais à la
place de H N & S M , on peut prendre les circonferences
dont ces lignes font les rayons , lefquelles font en même raifon ; ainfi en marquant ces circonferences en cette maniere

T

⊙ H N & ⊙SM, on aura encore la proportion ⊙ H N . ⊙SM ::
E F . G H ; donc le produit des extrêmes G H × ⊙ H N eſt
égal au produit des moyens E F × ⊙ S M . Or le premier produit eſt égal à la ſurface cylindrique décrite par G H * ; & le
produit des moyens eſt égal à la ſurface du cone décrite par
la tangente E F * , puiſque le point S étant le milieu de la ligne E F, la circonference ⊙ S M eſt également éloignée des
deux baſes du cone tronqué ; donc ces deux ſurfaces ſont égales. Ce qu'il fal. dem.

* 23.

* 42.

T H E O R E M E.

53. *La ſurface d'une ſphere eſt égale à la ſuperficie convexe du
cylindre circonſcrit.*

D E M O N S T R A T I O N.

Fig. 15.

Soit la demi circonference A D B qui ſoit environnée de
pluſieurs tangentes S , S , S , &c. qui touchent la demi-circonference , enſorte que le point de contingence de chacune
ſoit également éloignée de ſes extrêmitez : ſoit auſſi la tangen-
E F égale & parallele à l'axe A B , ſi on conçoit que la demi-
circonference tourne autour de l'axe A B avec les petites tangentes S , S , S , & la ligne E F, on verra que les petites tangentes decriront des ſurfaces de cones tronqués , & que la ligne E F décrira la ſurface d'un cylindre circonſcrit. Or ſi on
tire les lignes *d c*, *d c*, *d c*, &c. qui paſſent par les extrêmitez des
tangentes, & qui ſoient perpendiculaires à l'axe A B & à la ligne parallele E F, ces perpendiculaires diviſeront la ligne E F
en pluſieurs parties E *d*, *d d*, *d d*, &c. qui ont décrit en tournant avec la demi-circonference des ſurfaces cylindriques, qui
ſont chacunes égales aux ſuperficies des cones décrites par les
tangentes correſpondantes ; & par conſéquent la ſurface cylindrique décrite par la ligne entiere E F qni contient toutes
les parties E *d*, *d d*, *d d* , &c. eſt égale à la ſomme des ſuperficies décrites par les petites tangentes S , S , S. Mais ſi on ſuppoſe les tangentes infiniment petites, elles ſe confondront avec
la demi-circonference ; ainſi elles décriront la ſurface de la
ſphere ; & par conſéquent la ſurface de la ſphere eſt égale à
la ſuperficie convexe du cylindre circonſcrit. Ce qu'il fal. dem.

COROLLAIRE I.

54. La surface de la sphere est égale au produit de son diametre par la circonference d'un grand cercle : car nous venons de faire voir que la surface de la sphere est égale à celle du cylindre circonscrit. Or pour avoir la surface du cylindre circonscrit, il faut multiplier * la hauteur qui est le diametre de la sphere par la circonference de la base, qui est aussi un grand cercle de la sphere ; par consequent pour avoir la surface de la sphere, il faut multiplier son diametre par la circonference d'un de ses grands cercles.

*23.

COROLLAIRE II.

55. La surface de la sphere est quadruple d'un grand cercle : car pour avoir la surface d'un grand cercle, il faut multiplier le rayon par la moitié de la circonference *, ou ce qui revient au même, il faut multiplier la moitié du rayon ou le quart du diametre par la circonference d'un grand cercle de la sphere. Mais on vient de démontrer que la surface de la sphere est égale au produit du diametre entier, par la circonference d'un grand cercle ; par consequent la surface d'un grand cercle de la sphere, & celle de la sphere même, sont comme ces produits. Or ces produits ayant tous deux la circonference d'un grand cercle pour une de leurs racines, sont comme les autres racines, qui sont le quart du diametre, d'une part, & le diametre entier, de l'autre ; ainsi la surface du grand cercle est à celle de la sphere, comme le quart du diametre est au diametre ; donc la surface de la sphere est quadruple d'un grand cercle.

* Liv. 2.
Art. 138.

COROLLAIRE III.

56. La superficie convexe du cylindre circonscrit, étant égale à la surface de la sphere, elle doit contenir quatre grands cercles de la sphere, auxquels si on ajoute les deux bases du cylindre, qui sont aussi des grands cercles de la sphere, la superficie totale du cylindre sera égale à six grands cercles de la sphere ; ainsi la surface totale du cylindre, y compris les bases, est à celle de la sphere inscrite, comme 6 est à 4, ou comme 3 est à 2 : mais dans la suite nous démontrerons *, que la solidité du cylindre est aussi à celle de la sphere, comme 3 est a 2 ;

* 116.

par conſequent la ſurface du cylindre, y compris les baſes, eſt à celle de la ſphere inſcrite, comme la ſolidité du cylindre eſt à la ſolidité de la ſphere.

Archimede ayant découvert ce que nous venons de démontrer ſur la ſurface du cylindre, & celle de la ſphere dans le theoreme & les corollaires précedens, il en fut ſi ſatisfait, & ſur tout du troiſiéme corollaire, qu'il voulut qu'on repréſentat ſur ſon tombeau un cylindre circonſcrit à une ſphere.

COROLLAIRE IV.

Fig. 16. 57. De ce que nous avons dit, il s'enſuit que la ſurface d'une calotte ſphérique, telle que I A L, eſt égale à la ſuperficie cylindrique dont la hauteur eſt égale à A X qui eſt la hauteur de la calote ; ainſi pour avoir la ſurface d'une calote ſphérique, il faut multiplier la circonference d'un grand cercle de la ſphere par la hauteur de la calote. Par la même raiſon, pour avoir la ſurface d'une zone, comme K I L M, terminée par deux cercles paralleles, il faut multiplier ſa hauteur X Y par la circonference d'un grand cercle de la ſphere.

COROLLAIRE V.

58. La ſurface d'une ſphere eſt au quarré de ſon diametre ; comme la circonference eſt au diametre : car la ſurface de la ſphere eſt égale au produit du diametre par la circonference d'un grand cercle, & le quarré du diametre eſt le produit du diametre par le diametre. Or ces deux produits ont une racine commune ; ſçavoir, le diametre de la ſphere : donc ils ſont entr'eux comme les racines inégales, qui ſont la circonference, d'une part, & le diametre, de l'autre ; par conſequent la ſurface d'une ſphere eſt au quarré de ſon diametre, comme la circonference eſt au diametre.

Il nous reſte encore à parler du rapport des ſuperficies des corps ſemblables ; c'eſt ce que nous allons faire.

DU RAPPORT DES SUPERFICIES
des Solides ſemblables.

59. Deux ſolides ſont appellez *ſemblables*, lorſque les ſurfaces qui terminent l'un, ſont ſemblables aux ſurfaces correſpondantes de l'autre : par exemple, afin que deux priſmes ſoient

semblables, il faut que la base de l'un soit semblable à celle de l'autre, & que les faces du premier soient aussi semblables aux faces correspondantes du second. Afin donc que deux corps soient semblables, il n'est pas nécessaire que toutes les faces de l'un soient semblables entr'elles : mais il faut que les faces de l'un soient semblables aux faces correspondantes de l'autre, chacune à chacune.

60. Il suit de-là, que deux corps ne peuvent être semblables, à moins qu'ils ne soient de même espece ; ainsi, par exemple, un prisme ne peut pas être semblable à une pyramide ; un prisme droit à un prisme oblique, un prisme oblique à un autre prisme oblique, plus ou moins incliné, un prisme triangulaire à un prisme pentagonal, &c. En un mot, afin que deux corps soient semblables, il faut qu'ils ayent la même figure, & qu'ils ne different entr'eux, que parce que l'un a plus de solidité que l'autre.

61. Remarquez que lorsque deux corps sont semblables, les lignes tirées dans l'un de ces corps, sont proportionnelles aux lignes correspondantes, ou semblablement tirées dans l'autre ; ensorte que si dans le premier corps une de ces lignes est double ou triple de la correspondante dans le second, les autres lignes du premier seront aussi doubles ou triples de leurs correspondantes dans le second : par exemple, si deux cylindres sont semblables, les hauteurs sont proportionnelles aux circonferences des bases ou à leurs rayons : c'est la même chose dans deux cones. Cette remarque est la même que celle que nous avons faite sur les po-lygones semblables *.

* Liv. 2;
art. 65.

T H E O R E M E.

62. *Lorsque deux corps sont semblables, les superficies sont en raison doublée des côtez homologues, ou comme les quarrez de ces côtez.*

On parle ici des superficies ou des surfaces totales, c'est-à-dire, qu'on y comprend les bases & les faces des corps.

D E M O N S T R A T I O N.

Si on conçoit que ces surfaces totales soient developées, il est évident que les developemens seront des figures sembla-bles ; or les figures semblables * sont entr'elles en raison dou-blée des côtez homologues, ou comme les quarrez de ces

* Liv. 2;
Art. 174.

côtez; par conséquent les surfaces totales des corps semblables, sont en raison doublée des côtez homologues, ou comme les quarrez de ces côtez.

<h2 style="text-align:center">COROLLAIRE.</h2>

63. Les spheres étant des corps semblables, les superficies de deux spheres sont en raison doublée des diametres, ou comme les quarrez des diametres. Voici une démonstration particuliere de ce corollaire : selon le premier corollaire du theoreme précedent, la surface de la premiere sphere est égale au produit du diametre par la circonference d'un grand cercle de cette sphere, ou ce qui est la même chose, à un rectangle qui a pour hauteur le diametre, & pour base la circonference d'un grand cercle : pareillement la surface de l'autre sphere est égale à un rectangle qui a pour hauteur le diametre, & pour base la circonference d'un grand cercle de cette seconde sphere : or ces deux rectangles sont semblables, puisque les hauteurs qui sont des diametres, sont comme les circonferences qui servent de bases aux rectangles; par conséquent les deux rectangles sont en raison doublée des diametres, qui sont les hauteurs, ou comme les quarrez de ces diametres * ; ainsi les surfaces des spheres sont aussi en raison doublée de leurs diametres, ou comme les quarrez de leurs diametres.

* Liv. 2.
Art. 164.
& 166.

<h2 style="text-align:center">PROBLÈME.</h2>

64. *Trouver la surface d'une sphere dont on connoît le diametre.*

Cherchez la circonference d'un grand cercle de la sphere par le moyen du rapport approché du diametre à la circonference trouvé par Archimede : ensuite multipliez la circonference par le diametre, le produit sera la surface de la sphere : par exemple, si le diametre est de douze pieds, il faut chercher la circonference qui est de 37 pieds $\frac{5}{7}$, laquelle étant multipliée par 12, donnera au produit 452 pieds quarrez, plus $\frac{4}{7}$ d'un pied quarré. Ce produit est à peu près la surface de la sphere dont le diametre est de 12 pieds.

Si on avoit supposé le rapport du diametre à la circonference égal à celui de 100 à 314, on auroit trouvé d'abord $37\frac{68}{100}$ pour la circonference d'un grand cercle du globe, laquelle étant multipliée par le diametre 12, le produit auroit été 452 plus $\frac{16}{100}$ ou $\frac{4}{15}$. Ce produit approche plus de la surface du globe, que le premier produit 452 $\frac{4}{5}$.

On peut encore trouver la même chose par une autre methode fondée sur ce que nous venons de démontrer *, sçavoir, que les quarrez des diametres des spheres sont comme leurs surfaces.

Cette methode suppose que l'on connoît la surface d'une sphere ; par exemple, celle du globe dont le diametre est de 7 pieds ; il est aisé de voir que cette surface est de 154 pieds quarrez, parce qu'en multipliant la circonference qui est de 22 par 7, le produit est 154.

Cela posé, si on veut trouver la surface d'une sphere qui a, par exemple, 12 pieds, il faut faire une proportion dont le premier terme soit 49, quarrés de 7 qui est le diametre de la sphere dont on connoît la surface ; le second soit 144 quarrés du diametre de la sphere dont on cherche la surface, & le troisiéme soit 154, qui est la surface de la sphere dont le diametre est de 7 pieds ; le quatriéme terme sera la surface cherchée ; voici la proportion 49. 144 :: 154. x $=$ 452 $\frac{23}{49}$.

Cette fraction $\frac{23}{49}$ est égale à celle-cy $\frac{4}{5}$ qu'on a trouvée par la premiere methode, car si on multiplie les deux termes de la fraction $\frac{4}{5}$ par 7, (ce qui ne changera pas la valeur de la fraction,) on aura l'autre fraction $\frac{23}{49}$.

65. Remarquez que la surface du globe qui a 12 pieds de diametre, est moindre que 452 $\frac{4}{5}$, & plus grande que 452 $\frac{4}{15}$. Nous en avons dit * la raison, lorsqu'il s'agissoit de trouver la circonference d'un cercle dont le diametre est connu.

* 63.

* Liv. 2. Art. 109.

DES SOLIDES OU CORPS CONSIDEREZ
selon leur solidité.

En traitant de la solidité des corps, nous parlerons 1°. de leur égalité, 2°. de leur mesure, 3°. de leur rapport.

DE L'EGALITÉ DES SOLIDES.

66. De même que la surface est composée de lignes, le corps est aussi composé de surfaces ou de tranches d'une épaisseur infiniment petite : par exemple, le prisme est composé d'une infinité de tranches égales & paralleles à la base ; ce sont

ces tranches qu'on nomme *élemens des solides*.

En comparant deux corps, nous supposerons toujours que les élemens de l'un ont une hauteur ou épaisseur égale à celle des élemens de l'autre.

67. Nous avons fait voir en parlant des surfaces, qu'en multipliant une ligne par une autre, le produit donne une surface : mais si on multiplie une surface par une ligne, le produit est un solide : par exemple, si on multiplie la base d'un prisme par sa hauteur, c'est-à-dire, si on prend la base du prisme autant de fois qu'il y a de points dans sa hauteur, le produit sera le prisme.

68. Remarquez que l'on considere ici la surface, comme ayant une épaisseur ou hauteur infiniment petite, parce que si on consideroit la surface sans aucune épaisseur, une infinité de surfaces posées les unes sur les autres, ne pourroient produire une solidité.

69. Lorsqu'on dit que deux corps ou solides sont égaux, cela s'entend toujours de leur solidité ; enforte que deux corps qui ont des figures & des superficies differentes, sont cependant appellez égaux, si la solidité du premier est égale à celle du second : pour s'exprimer avec plus de précision, ondit quelquefois que les corps sont égaux en solidité, mais cela n'est pas necessaire.

70. Avant de passer aux theoremes suivans, il est à propos de remarquer, que c'est la même chose de dire que deux corps ont une même hauteur, ou qu'ils sont compris entre deux plans paralleles ; enforte que quand deux corps ont des hauteurs égales, ils peuvent toujours être compris entre deux plans paralleles;& réciproquement lorsque deux corps peuvent être compris entre des plans paralleles, ils ont des hauteurs égales.

THEOREME I.

71. *Deux prismes de même base & de même hauteur sont égaux, soit qu'il y en ait un droit & l'autre oblique, soit que tous les deux soient droits ou obliques.*

DEMONSTRATION.

Deux prismes sont égaux, lorsqu'ils ont le même nombre d'élemens égaux ; or deux prismes de même base & de même
hauteur,

hauteur, ont même nombre d'élemens égaux. 1°. Ils ont des élemens égaux, puisque les bases sont supposées égales. 2°. Le nombre de ces élemens est égal dans les deux prismes, à cause qu'ils ont même hauteur : donc les deux prismes sont égaux en solidité. Ce qu'il fal. dem.

72. On voit aisément que la même démonstration peut être appliquée à deux cylindres de même base & de même hauteur ; & même si on compare un prisme avec un cylindre, on démontrera de la même maniere, qu'ils sont égaux, lorsqu'ils ont des bases & des hauteurs égales.

73. Il paroît d'abord difficile à comprendre qu'un cylindre droit soit égal à un cylindre oblique de même base & de même hauteur ; car le cylindre oblique est plus long que le cylindre droit ; d'ailleurs s'ils ont même base, ne sont-ils pas necessairement de pareille grosseur ? ainsi le cylindre oblique a plus de solidité que l'autre.

Il est vrai que les cylindres ayant même hauteur, l'oblique est plus long que le droit ; mais aussi il a moins de grosseur, quoique les bases soient supposées égales, parce que la base ne mesure pas la grosseur, lorsque le contour n'est pas perpendiculaire à la base, puisque la grosseur est d'autant moindre, que la même base est plus oblique sur le contour. Il faut juger des cylindres comme des parallelogrammes dont la base demeurant la même, la largeur est d'autant moindre que la base est plus oblique sur les côtez. Il faut dire la même chose du prisme droit comparé au prisme oblique.

T H E O R E M E   I I.

74. *Deux pyramides de même base & de même hauteur sont égales, soit qu'il y en ait une droite & l'autre oblique, soit que toutes les deux soient droites ou obliques.*

D E M O N S T R A T I O N.

Soient les pyramides de la Figure 17, que l'on suppose de même base & de même hauteur ; je dis qu'elles sont égales. Il n'y a qu'à faire voir qu'il y a autant d'élemens dans l'une que dans l'autre, & que les élemens de l'une sont égaux aux élemens correspondans de l'autre. 1°. Il y a même nombre d'élemens dans les deux pyramides, parce qu'elles sont supposées avoir des hauteurs égales. 2°. Les élemens de l'une

Fig. 17.

V

sont égaux aux élemens correspondans de l'autre : car supposons que ces pyramides soient entre deux plans paralleles,
& qu'elles soient coupées par un troisiéme plan parallele aux
deux premiers, lequel forme les sections ou les surfaces correspondantes g & h. Voici comme nous démontrerons que ces
surfaces ou tranches correspondantes sont égales : à cause du
troisiéme plan parallele, les deux cotez AB & Ab de la premiere pyramide sont proportionnels aux côtez DE & De de
la seconde ; ainsi on a la proportion $AB.Ab::DE.De$. Mais
dans la premiere pyramide les deux triangles semblables BAC
& bAc donnent la proportion $AB.Ab::BC.bc$: pareillement dans la seconde pyramide $DE.De::EF.ef$. Or dans
la seconde & la troisiéme proportion les deux premieres raisons sont égales, comme il paroît par la premiere proportion :
donc les deux dernieres raisons sont aussi égales ; c'est-à-dire,
qu'on a la quatriéme proportion $BC.bc::EF.ef$; par consequent les quarrez de ces lignes sont encore proportionnels ;
ainsi $\overline{BC}'.\overline{bc}'::\overline{EF}'.\overline{ef}'$. Or la base G & la tranche g de la
premiere pyramide sont des polygones semblables ; par con-
sequent ces figures sont comme les quarrez des côtez homo-

* Liv. 2
Art 174.
logues* ; donc on a la proportion $\overline{BC}'.\overline{bc}'::G.g$. Par la même raison dans la seconde pyramide $\overline{EF}.\overline{ef}::H.h$. Dans
ces deux dernieres proportions les premieres raisons sont éga-
les, à cause de la proportion précedente $\overline{BC}'.\overline{bc}'::\overline{EF}'.\overline{ef}'$;
donc les secondes raisons sont aussi égales ; ainsi $G.g::H.h$
& *alternando* $G.H::g.h$; c'est-à-dire, que les deux bases sont
comme les tranches correspondantes : ainsi, puisque les bases
sont égales, les tranches le sont aussi : donc dans les pyramides de même base & de même hauteur, les élemens correspondans sont égaux. Dailleurs il y a autant d'élemens dans
l'une que dans l'autre, & par consequent ces pyramides sont
égales en solidité. Ce qu'il fal. dem.

75. Remarquez qu'il n'est pas necessaire pour la verité du
theoreme, que les bases des deux pyramides soient des polygones d'un même nombre de côtez ; il suffit que ces bases
soient égales en surface, quoique l'une soit, par exemple,
une exagone, & l'autre un pentagone regulier ou irregulier.

76. Il suit delà que les cônes de même base & de même

hauteur sont égaux, parce que les cones ne sont que des pyramides dont les bases sont des polygones reguliers d'une infinité de côtez.

77. Si on compare une pyramide avec un cone, on peut assurer que ces solides sont égaux lorsqu'ils ont même base & même hauteur. Cela est évident par rapport aux pyramides & aux cones, comme par rapport aux prismes & aux cylindres.

Il est presque impossible d'entendre bien la démonstration du theoreme suivant, sans avoir un prisme triangulaire divisé en trois pyramides, telles qu'on les suppose dans la démonstration ; c'est pourquoi si on n'en a point, il faut en faire un de cire ou de quelque autre matiere qui soit facile à couper.

THEOREME III.

78. *Une pyramide triangulaire est le tiers d'un prisme triangulaire de même base & de même hauteur que la pyramide.*

DEMONSTRATION.

Soit le prisme triangulaire CADEBF ; je dis qu'une pyramide de même base & de même hauteur, n'est que le tiers de ce prisme. Ce que je démontre ainsi : si on conçoit un plan qui coupe le prisme par l'angle A, ensorte qu'il passe par les diagonales AE & AF, la section formera la pyramide EAFB qui a la même base que le prisme, sçavoir, le triangle EBF, & qui a aussi la même hauteur, puisqu'elle a le même côté AB. Pareillement si on conçoit qu'un plan coupe le reste du prisme par l'angle F, en passant par les diagonales FA & FC, il en résultera deux autres pyramides dont l'une est AFCD qui a pour base le triangle CAD qui est l'autre base du prisme, & qui a aussi même hauteur que le prisme, puisqu'elle a le même côté DF. L'autre pyramide qui résulte de la derniere section est ECAF dont la figure est fort irréguliere. Or les deux premieres pyramides EAFB & AFCD sont de même base & de même hauteur, puisqu'elles ont chacune même base & même hauteur que le prisme : donc ces deux pyramides sont égales entr'elles : d'ailleurs si on compare la seconde pyramide AFCD avec la troisiéme ECAF, & qu'on prenne pour base de la seconde le triangle FDC, & pour base de la troisiéme le triangle CEF, on trouvera que ces deux pyra-

Fig. 18.

mides font égales : car 1°. les triangles qu'on a pris pour bafes
font égaux, puifque ce font des moitiez du parallelogramme
CEFD qui eſt une des faces du priſme, & qui a été diviſée
également par la diagonale CF. 2°. Ces deux pyramides
ont même hauteur, puiſqu'elles finiſſent au même point A ;
donc la troiſiéme pyramide eſt auſſi égale à la premiere : ainſi
les trois pyramides font égales entr'elles ; par conſéquent une
de ces trois pyramides, par exemple, la premiere qui a même
baſe & même hauteur que le priſme, n'eſt que le tiers du priſme. Ce qu'il fal. dem.

COROLLAIRE I.

79. Toute pyramide eſt le tiers d'un priſme de même baſe
& de même hauteur : par exemple, une pyramide pentagonale eſt le tiers d'un priſme pentagonal de même baſe & de
même hauteur.

DEMONSTRATION.

Si d'un point pris dans la baſe du priſme, on conçoit des lignes tirées au ſommet des angles, qui diviſent le pentagone
qui ſert de baſe en cinq triangles, & que le priſme pentagonal ſoit diviſé en cinq priſmes triangulaires, qui ayent chacun pour baſe un des triangles du pentagone : ſi on conçoit
de même, que le pentagone qui eſt la baſe de la pyramide eſt
diviſé en cinq triangles parfaitement égaux à ceux de la baſe
du priſme, & que la pyramide pentagonale eſt partagée en
cinq pyramides triangulaires de même hauteur que la pyramide pentagonale, qui ayent chacune pour baſe un des triangles du pentagone, pour lors chacune des pyramides triangulaires ſera le tiers du priſme triangulaire correſpondant,
comme on l'a démontré dans le theoreme ; par conſequent
la pyramide pentagonale qui eſt la ſomme de cinq pyramides
triangulaires eſt le tiers du priſme pentagonal, ou de la ſomme de cinq priſmes triangulaires. Ce qu'il fal. dem.

On voit clairement que la même démonſtration peut s'appliquer à toute pyramide, quelque ſoit la baſe, en la comparant avec un priſme qui ait même baſe & même hauteur.

COROLLAIRE II.

80. Le cone n'étant qu'une pyramide dont la baſe eſt un

polygone d'une infinité de côtez, & le cylindre n'étant qu'un prisme, il s'enfuit que le cone est le tiers du cylindre de même bafe & de même hauteur.

81. On peut remarquer à l'occasion du premier corollaire, que la fomme de plusieurs prismes de même hauteur est égale à un feul prisme dont la bafe est égale à celle de tous les autres prismes pris enfemble, & la hauteur égale à celle de ces mêmes prismes. Pareillément la fomme de plusieurs pyramides de même hauteur est égale à une feule pyramide dont la bafe est égale à la fomme des bafes des autres pyramides, & la hauteur égale à celle de ces pyramides. Cela paroît aſſez clairement après tout ce qu'on a dit jufqu'ici.

Il est évident qu'on peut dire la même chofe des cylindres & des cones.

T H E O R E M E IV.

82. Une ſphere est égale à une pyramide ou à un cone qui a pour hauteur le rayon de la ſphere, & une bafe égale à la ſurface de la ſphere.

D E M O N S T R A T I O N.

On peut concevoir que la ſphere est compofée d'une infinité de pyramides qui ont leur fommet au centre de la ſphere, & dont chacune a pour bafe une partie infiniment petite de la ſurface de la ſphere. Or la fomme de toutes ces pyramides est égale à une feule pyramide ou à un cone, qui auroit une hauteur égale à celle de toutes les pyramides ; fçavoir, le rayon de la ſphere, & dont la bafe feroit égale à la fomme de toutes les bafes des pyramides*; c'est-à-dire, égale à la ſurface de la ſphere : donc une ſphere est égale à une pyramide ou à un cone, qui a pour hauteur le rayon, & pour bafe la ſuperficie de la ſphere. Ce qu'il fal. dem.

         * 81.

Après tout ce que nous venons d'établir fur l'égalité des corps folides, on entendra facilement ce qu'il y a à dire fur leur mefure ; c'est pourquoi nous en traiterons en peu de mots.

DES MESURES DES CORPS OU SOLIDES.

83. Les mefures des corps font des toifes cubiques, des pieds cubiques, des pouces cubiques, &c. Une toife cubique est un cube compris fous fix faces, dont chacune est une toife

quarrée. De même le pied cubique est un cube compris sous six faces dont chacune est un pied quarré.

THEOREME.

84. *Les prismes & les cylindres droits ou obliques sont égaux au produit de leur base par leur hauteur.*

DEMONSTRATION.

Soit un prisme dont la base ait six pieds quarrez & la hauteur trois pieds en longueur; je dis que la solidité de ce prisme est de 18 pieds cubiques. (18 est le produit de la base par la hauteur.)

Pour le démontrer, il faut concevoir que le prisme est partagé en autant de tranches parallèles à la base, qu'il y a de pieds dans la hauteur, c'est-à-dire, en trois, dans cet exemple, dont chacune ait un pied de hauteur. Cela étant, il est évident que les trois tranches ayant la même base que le prisme, chacune contient autant de pieds cubiques que la base contient de pieds quarrez, c'est-à-dire six; par conséquent les trois tranches prises ensemble contiennent trois fois six ou dix-huit pieds cubiques: donc la solidité d'un prisme est égale au produit de la base par sa hauteur. On peut appliquer la même démonstration au cylindre.

COROLLAIRE I.

85. Les pyramides & les cones sont égaux au produit de leur base par le tiers de leur hauteur. Cela suit de ce que les pyramides & les cones sont le tiers des prismes & des cylindres de même base & de même hauteur.

COROLLAIRE II.

86. La sphere est égale au produit de sa surface par le tiers de son rayon; car une sphere est égale à un cone, qui a pour hauteur le rayon & pour base la superficie de la sphere *.

Ce que nous venons de dire sur la mesure des solides peut servir à trouver la solidité de tous les corps, parce qu'ils peuvent être réduits en pyramides, de même que les figures planes peuvent être réduites en triangles. Nous allons parler à présent du rapport des solides.

DU RAPPORT DES SOLIDES,
confiderez felon leur folidité.

87. Pour connoître le rapport des folides , on fe fert des *produifans*. On entend par produifans d'un folide les lignes qu'il faut multiplier pour avoir la folidité.

88. Il y en a trois ; car d'abord on multiplie deux lignes l'une par l'autre, afin d'avoir une furface : enfuite il faut multiplier cette furface par une troifiéme ligne , & le produit eft la folidité du corps. Par exemple, dans un prifme tel qu'eft celui de la Figure 19 , les deux premiers produifans font la longueur C D, & la largeur B C, c'eft-à-dire , les deux lignes qu'il faut multiplier pour avoir la bafe, & le troifiéme eft la profondeur ou la hauteur A B du prifme.

89. Lorfqu'il s'agit d'une pyramide, le troifiéme produifant n'eft pas la hauteur entiere, mais feulement le tiers de la hauteur , parce que pour avoir la folidité d'une pyramide, on ne multiplie la bafe que par le tiers de la hauteur. Il en eft de même pour le cone.

90. On peut auffi ne confiderer que deux produifans dans le folide ; fçavoir, une furface telle qu'eft la bafe du corps , & la ligne par laquelle on multiplie la furface, afin d'avoir la folidité du corps : dans ce cas on regarde la furface comme un feul produifant. Nous verrons que pour trouver le rapport des corps, il eft quelquefois utile de ne confiderer que deux produifans, & que d'autres fois il en faut confiderer trois.

Pour entendre ce que nous dirons fur le rapport des folides, il faut fe fouvenir des raifons triplées : nous allons en répeter quelque chofe.

91. Une raifon triplée eft celle qui eft compofée de trois raifons égales, ou, ce qui eft la même chofe, c'eft le produit de trois raifons égales. Or pour avoir le produit de trois raifons, il faut multiplier les trois antécedens l'un par l'autre, & multiplier de même les trois confequens : par exemple, fi on a les trois raifons égales ½, ⅓, ¼, en multipliant les trois antécedens & les trois confequens, on aura les produits 12 & 96, dont la raifon ⅛, eft triplée des trois premieres.

92. Afin qu'une raifon foit triplée, il n'eft pas neceffaire que les raifons compofantes foient exprimées par differens termes, elles peuvent être toutes trois exprimées par les mêmes ter-

mes; par exemple, au lieu des trois raisons composantes $\frac{2}{3}$, $\frac{3}{4}$, $\frac{4}{5}$, on auroit pû prendre les suivantes $\frac{4}{6}$, $\frac{4}{8}$, $\frac{4}{7}$, dont la raison triplée est $\frac{64}{115}$.

93. Delà, il suit que la raison qui est entre deux cubes est triplée de celle qui est entre les racines: par exemple, la raison des cubes 27 & 216 est triplée de celle des racines 3 & 6. De même la raison des cubes b' & d' est triplée de celle des racines b & d. La maniere la plus ordinaire de s'énoncer pour exprimer cette propriété des cubes, est de dire que les cubes sont en raison triplée des racines.

Avant de proposer les theoremes qui regardent le rapport des corps solides, il faut exposer ici un lemme pareil à celui que nous avons démontré * sur les polygones semblables.

* Liv. 2.
155.& 156

LEMME.

94. *Lorsque deux corps sont semblables, les trois produisans de l'un sont proportionnels aux trois produisans homologues de l'autre; ensorte que si on appelle les trois produisans du premier* A, B, C, *& les trois produisans du second* a, b, c, *on aura les proportions* A.a :: B.b :: C.c.

Cette proposition se démontre de la même maniere que nous avons prouvé * que deux polygones semblables quelconques ont leurs produisans proportionnels. Supposons donc deux corps semblables; par exemple, deux globes; je dis que quoique l'on ne sçut pas quels sont leurs produisans, il est cependant évident que les produisans de l'un sont des lignes correspondantes aux produisans de l'autre; & par consequent les produisans du premier sont proportionnels à ceux du second *: ensorte que si les trois produisans d'un globe sont la circonference d'un de ses grands cercles, le diametre & le tiers du rayon, les trois produisans de l'autre globe sont aussi la circonference d'un de ses grands cercles, le diametre & le tiers du rayon. Il en est de même de tous les corps semblables reguliers ou irreguliers.

* 155.
* 156.

* 61.

95. Remarquez que les produisans de deux corps semblables étant des lignes correspondantes, ou, ce qui est la même chose, des lignes semblablement tirées, il s'ensuit que dans deux corps semblables les produisans sont proportionnels à toutes les lignes semblablement tirées: c'est-à-dire, qu'un produisant d'un corps est au produisant homologue de l'autre,

comme

comme une ligne du premier est à une ligne semblablement tirée du second. Tout cela étant présupposé, nous allons d'abord considerer les solides, comme ayant seulement deux produisans.

Si on ne considere que deux produisans dans les solides, sçavoir, la base & la hauteur, ce que nous avons dit des surfaces, en parlant de leur rapport, convient aussi aux solides; c'est pourquoi il n'est pas nécessaire de nous étendre beaucoup.

THEOREME I.

96. Les prismes sont entr'eux comme les produits de leur base par leur hauteur.

DEMONSTRATION.

Si l'on prend deux prismes, le premier est égal au produit de sa base par sa hauteur; & de même le second est égal au produit de sa base par sa hauteur; par consequent le premier prisme est au second, comme le produit de la base du premier par sa hauteur, est au produit de la base du second par sa hauteur.

COROLLAIRE I.

97. Les prismes qui ont des bases égales, sont comme leurs hauteurs: car lorsque des produits composez de deux racines en ont une commune, ils sont entr'eux comme les racines inégales. Or les prismes sont supposez ici avoir une racine commune, sçavoir la base : donc ils sont entr'eux comme les hauteurs qui sont les racines inégales.

COROLLAIRE II.

98. Les prismes qui ont des hauteurs égales, sont comme les bases. C'est la même démonstration que celle du Corollaire précedent.

COROLLAIRE III.

99. Lorsque la hauteur & la base d'un prisme sont reciproques à la hauteur & à la base d'un autre prisme, c'est-à-dire, lorsque lah auteur du premier prisme est à la hauteur du second, comme la base du second est à la base du premier,

X

pour lors les deux prismes sont égaux : car , dans ce cas, le premier prisme est égal au produit des extrêmes de la proportion , & le second est égal aux produits des moyens ; par conséquent les deux prismes sont égaux.

THEOREME II.

100. *Les prismes sont en raison composée de la base à la base, & de la hauteur à la hauteur.*

DEMONSTRATION.

Si on compare la base du premier prisme à celle du second, & qu'on compare de même la hauteur du premier à la hauteur du second, on aura deux raisons dont la base & la hauteur du premier prisme seront les antécedens, & la base & la hauteur du second seront les conséquens. Or le premier prisme est égal au produit des deux antécedens , & le second est égal au produit des conséquens ; ainsi la raison de ces deux prismes est composée des raisons de la base à la base , & de la hauteur à la hauteur.

COROLLAIRE I.

101. Lorsque les bases sont proportionnelles aux hauteurs, ensorte que la base de l'un est à la base de l'autre, comme la hauteur du premier est à la hauteur du second , pour lors les prismes sont en raison doublée de leurs bases ou de leurs hauteurs : car dans ce cas les raisons composantes étant égales , la raison des prismes qui est composée de ces raisons égales, est nécessairement doublée.

COROLLAIRE II.

102. Lorsque les bases sont proportionnelles aux hauteurs , comme dans le premier Corollaire , les prismes sont comme les quarrez des hauteurs : car on vient de faire voir , que dans ce cas, la raison des prismes est doublée de celle des hauteurs. Or la raison des quarrez des hauteurs est aussi doublée de celle des hauteurs ; par conséquent la raison des prismes est pour lors égale à celle des quarrez des hauteurs.

103. Il est clair que ce que l'on vient de dire des prismes dans les deux Theoremes précedens & leurs Corollaires , convient aussi aux cylindres , soit qu'on compare les cylindres en-

tr'eux, soit qu'on les compare avec des prismes.

104. Les pyramides étant le tiers des prismes de même base & de même hauteur, elles sont comme ces prismes; & par conséquent tout ce que l'on vient de dire dans les deux theoremes & leurs corollaires, convient aux pyramides. Il en est de même des cones comparez entr'eux ou avec les pyramides; puisqu'ils sont le tiers des cylindres de même base & de même hauteur, comme les pyramides sont le tiers des prismes,

Nous allons parler à présent des rapports que l'on peut connoître, en considerant les trois produisans des solides.

THEOREME III.

105. Deux solides sont en raison composée des trois produisans de l'un aux trois produisans de l'autre.

DEMONSTRATION.

Si on prend deux solides, par exemple, deux prismes, on peut considerer les trois produisans de l'un comme les antécedens de trois raisons, dont les produisans correspondans de l'autre sont les conséquens. Or le premier prisme est égal au produit des trois antécedens, & le second prisme est égal au produit des conséquens: donc la raison de ces deux prismes est composée des trois raisons des produisans de l'un aux produisans de l'autre. Ce qu'il fal. dem.

COROLLAIRE I.

106. Si les trois produisans d'un solide sont proportionnels aux trois produisans d'un autre solide, ces corps sont en raison triplée des produisans du premier à ceux du second : car on vient de démontrer que la raison de deux solides est composée des trois raisons des produisans de l'un aux produisans de l'autre. Or on suppose dans ce corollaire que ces trois raisons sont égales; ainsi la raison des deux solides est triplée, puisqu'elle est composée de trois raisons égales.

107. Remarquez qu'au lieu de dire que les solides dont les produisans sont proportionnels, sont en raison triplée des trois produisans de l'un aux trois produisans de l'autre, on pourroit dire, que ces solides sont en raison triplée d'un produisant d'un solide au produisant correspondant de l'autre : car les

X ij

trois rapports des produifans du premier folide aux produifans du fecond étant égaux, la raifon triplée de ces trois rapports * 92. eft la même chofe que la raifon triplée d'un feul *.

COROLLAIRE II.

108. Si les trois produifans d'un folide font encore fuppofez proportionnels aux trois produifans d'un autre folide, ces deux corps font entr'eux comme les cubes des produifans correfpon- dans, par exemple, des hauteurs : car par le corollaire précé- dent & fa remarque, la raifon de deux corps qui ont les pro- duifans proportionnels eft triplée du rapport des produifans cor- refpondans, par exemple, des hauteurs. Or la raifon qui eft en- tre les cubes des hauteurs eft auffi triplée du rapport des hau- * 93. teurs * : donc la raifon qui eft entre deux corps dont les pro- duifans font proportionnnels, eft égale à celle des cubes des pro- duifans correfpondans.

COROLLAIRE III.

109. Les folides femblables font en raifon triplée des trois produifans de l'un aux trois produifans de l'autre : ils font auffi entr'eux comme les cubes des produifans homologues. C'eft une fuite évidente des deux corollaires précedens, puifque les * 94. corps femblables ont les produifans homologues propor- tionnels *.

COROLLAIRE IV.

110. Puifque les produifans correfpondans de deux corps fem- blables font proportionnels aux côtez homologues de ces corps, * 95. & generalement aux lignes femblablement tirées * ; il s'enfuit que les corps femblables font en raifon triplée des lignes femblablement tirées, ou comme les cubes de ces lignes.

COROLLAIRE V.

111. Les fpheres font en raifon triplée de leurs diametres, ou comme les cubes des diametres. C'eft une fuite évidente du précedent corollaire, parce que les fpheres font des corps femblables, & que d'ailleurs les diametres font des lignes fem- blablement tirées. Si on veut une démonftration particuliere de ce theoreme, en voici une :

Nous avons vû que pour avoir la folidité d'une fphere, il

faut multiplier la surface par le tiers de son rayon *. Or la surface de la sphere est égale au produit du diametre par la circonférence d'un grand cercle *; donc les trois produisans de
la sphere sont la circonférence d'un grand cercle, le diametre
& le tiers du rayon. Si donc on compare deux spheres, il est
évident que les produisans de l'une sont proportionnels aux
produisans de l'autre; par conséquent ces spheres sont entr'elles en raison triplée des diametres, ou comme les cubes des
diametres: par exemple, si le diametre d'une sphere est d'un
pied, & que le diametre d'une autre sphere soit de deux pieds,
la premiere de ces spheres est à la seconde, comme 1 est à 8.
(Ces deux nombres sont les cubes de 1 & 2.) De même si les
diametres de deux spheres sont comme 3 & 5, ces spheres sont
entr'elles comme les cubes de ces nombres, c'est-à-dire, comme
27 est à 125.

112. On peut voir par-là, quel est le rapport de la terre
au Soleil, en supposant que l'on connoît le rapport de leurs
diametres: car le diametre de la terre étant à celui du Soleil à
peu près comme 1 est à 100, il s'ensuit que la solidité de la
terre est à celle du Soleil comme 1 est à 1000000, c'est-à-dire,
que le soleil est un million de fois plus gros que la terre. Pareillement le diametre de la terre étant presque à celui de la
Lune, comme 4 est à 1, la terre est environ 64 fois plus
grande que la Lune. Je dis environ, parce que le diametre
de la terre n'étant pas tout-à-fait 4 fois plus grand que
celui de la Lune, la terre n'est pas non plus 64 fois plus grande que la Lune.

Selon M. de la Hire dans ses tables astronomiques, le diametre de la terre est à celui de la Lune comme 121 est à 33,
ou comme 11 est à 3, & par conséquent la terre est à la Lune comme le cube de 11 est au cube de 3; c'est à-dire, qu'elle
est à peu près 49 fois plus grosse que la Lune, en supposant
ce rapport des diametres de la terre & de la Lune, dont se sert
M. de la Hire.

113. Remarquez que dans la comparaison de deux spheres, il y
a beaucoup de différence entre le rapport des circonférences
des grands cercles; celui des surfaces de ces spheres & celui de
leurs soliditez: car 1°. les circonférences des grands cercles
sont entr'elles comme les diametres. 1°. Les surfaces de ces spheres sont en raison doublée de leurs diametres, ou comme les

quarrez de ces diametres. 3°. Enfin leurs soliditez sont en raison triplée, ou comme les cubes des mêmes diametres.

On auroit pû mettre dans ces rapports, les rayons à la
place des diametres, parce que les rayons sont comme les diametres.

114. Ce rapport des spheres paroît assez surprenant ; nous
allons ajouter un autre exemple du rapport des corps semblables qui ne le paroîtra pas moins. Si on compare un pied cubique avec un pouce cubique, la hauteur du premier corps
étant à celle du second, comme 12 est à 1, leurs soliditez seront entr'elles comme le cube de 12 qui est 1728 est au cube
de 1 ; ainsi un pied cubique contient 1728 pouces cubiques.

115. Dans le theoreme suivant, nous comparerons la solidité de la sphere avec celle du cylindre circonscrit : c'est par le
moyen des produisans de l'un & l'autre corps, que nous démontrerons leur rapport. Nous avons déja les produisans de la sphere*. Pour connoître ceux du cylindre circonscrit, il faut faire
attention que la solidité de ce cylindre est égale au produit de
sa base par sa hauteur qui est un diametre : d'ailleurs la base
qui est un grand cercle de la sphere est égale au produit de la
circonférence par la moitié du rayon* ; par conséquent les trois
produisans du cylindre circonscrit, sont la circonférence d'un
grand cercle de la sphere, le diametre & la moitié du rayon.

T H E O R E M E   I V.

*116. La sphere est au cylindre circonscrit, comme 2 est à 3, c'est-
à-dire qu'elle est les deux tiers du cylindre.*

D E M O N S T R A T I O N.

Les trois produisans de la sphere sont, comme on l'a fait voir
dans la démonstration du cinquième corollaire, la circonférence d'un grand cercle, le diametre & le tiers du rayon, &
les trois produisans du cylindre circonscrit sont, comme on
vient de le dire, la circonférence, le diametre & la moitié du
rayon ; il y a donc deux produisans de la sphere, qui sont les
mêmes que ceux du cylindre, sçavoir, la circonférence & le
diametre ; par conséquent ces deux corps sont comme les produisans inégaux, c'est-à-dire, comme le tiers du rayon est à la
moitié du rayon. Or le tiers du rayon entier est double du tiers
de la moitié du rayon, ou ce qui est la même chose, le tiers du

* 111.

* Liv. 2.
II. 42.

g. 20.

rayon entier est les deux tiers de la moitié du rayon; donc la sphere est les deux tiers du cylindre circonscrit. Ce qu'il falloit démontrer.

COROLLAIRE.

117. La sphere est le double du cone qui a même base & même hauteur que le cylindre circonscrit, ou, ce qui est la même chose, qui a pour base un des grands cercles de la sphere, & pour hauteur le diametre : car on sçait que le cone n'est que le tiers du cylindre ; mais d'ailleurs on vient de faire voir que la sphere est les deux tiers du même cylindre; donc la sphere est le double du cone.

THEOREME V.

118. *La sphere est au cube circonscrit comme la sixiéme partie de la circonference est au diametre.*

DEMONSTRATION.

Les trois produisans de la sphere sont la circonference, le diametre, le tiers du rayon ou la sixiéme partie du diametre : mais à la place de la circonference entiere & de la sixiéme partie du diametre, on peut prendre le diametre entier, & la sixiéme partie de la circonference ; & pour lors les trois produisans de la sphere seront deux diametres, & la sixiéme partie de la circonference : mais les trois produisans du cube circonscrit sont trois diametres; la sphere & le cube ont donc deux produisans communs, sçavoir, deux diametres de part & d'autre ; par conséquent le premier de ces corps est au second comme la sixiéme partie de la circonference qui est le troisiéme produisant de la sphere est au diametre qui est le troisiéme produisant du cube.

La circonference étant au diametre à peu près comme 22 à 7, ou comme 66 est à 21, la sphere est presque au cube circonscrit, comme la sixiéme partie de 66 est à 21, ou comme 11 est à 21.

119. On trouvera par la même methode, que le cylindre circonscrit à une sphere, est au cube circonscrit à la même sphere, comme la quatriéme partie de la circonférence est au diametre.

PROBLÊME I.

120. Trouver la solidité d'une sphere dont on connoît le diametre.

* 64.

* 86.

Cherchez la surface de la sphere, comme on l'a enseigné * ; ensuite multipliez cette surface par le tiers du rayon, le produit sera la solidité que l'on cherchoit : * par exemple, si le diametre d'une sphere est de 12 pieds, il faut chercher la surface que vous trouverez de 452 pieds quarrez, plus $\frac{4}{7}$ en supposant le rapport de la circonference au diametre égal à celui de 22. à 7. Si vous multipliez cette surface par 2, qui est le tiers du rayon, le produit sera 905, pieds cubiques, plus $\frac{1}{7}$ de pied cubique ; c'est à peu près la solidité de la sphere, dont le diametre est de 12 pieds.

Si on avoit supposé le rapport du diametre à la circonference égal à celui de 100 à 314, on auroit trouvé d'abord 452 $\frac{4}{25}$ pour la surface du globe, laquelle étant multipliée par 2, le produit auroit été 904 $\frac{3}{25}$: ce produit approche plus de la solidité du globe qui a 12 pieds de diametre que le premier produit 905 $\frac{1}{7}$.

On peut encore se servir d'une autre methode pour trouver la solidité d'une sphere ; cette methode est fondée sur ce que le rapport des spheres est égal à celui des cubes des diametres; elle suppose que l'on connoît la solidité de quelque sphere ; par exemple, celle de la sphere, dont le diametre est de 7 pieds, que l'on trouve par la premiere methode être de 179 pieds, cubiques plus $\frac{1}{7}$. Cela posé, afin de trouver la solidité d'une sphere de douze pieds, il faut faire une proportion dont le premier terme soit 343 cubes de 7 qui est le diametre de la sphere dont on connoît la solidité, le second soit 1728 cubes de 12 qui est le diametre de la sphere dont on cherche la solidité, & le troisiéme terme soit 179 $\frac{1}{7}$ qui est la solidité de la sphere qui a 7 pieds de diametre ; le quatriéme terme de cette proportion sera la solidité de la sphere dont le diametre est 12. Voici la proportion : 343. 1728 :: 179 $\frac{1}{7}$. x $=$ 905 $\frac{49}{343}$ pieds cubiques. Cette fraction $\frac{49}{343}$ est égale à $\frac{1}{7}$, parce que chacun des numerateurs 49 & 1 est contenu 7 fois dans son dénominateur.

121. Remarquez que la solidité du globe qui a 12 pieds de diametre est moindre que 905 $\frac{1}{7}$ & plus grande que 904 $\frac{3}{25}$, nous

en

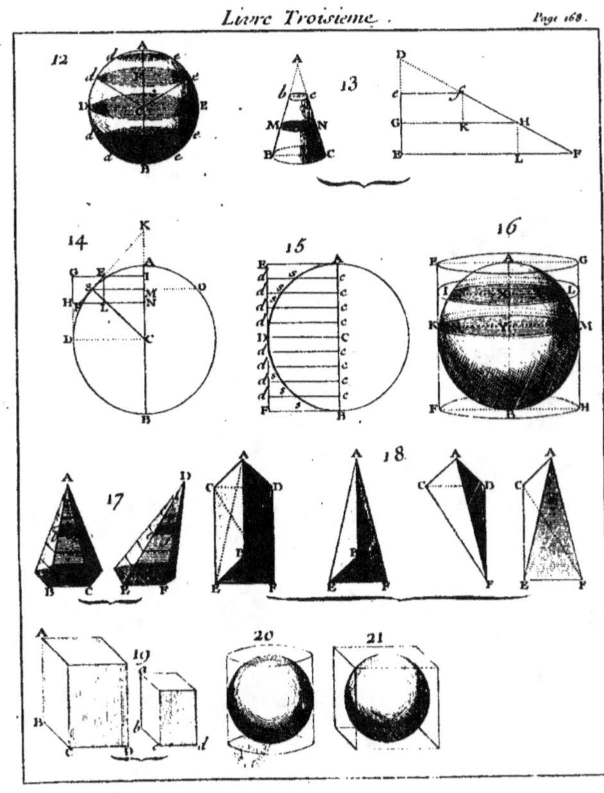
12
13
14
15
16
17
18
19
20
21

en avons rapporté la raison plusieurs fois en parlant du cercle*.   *Liv. 2.
                                                    Art. 109.

PROBLEME II.

122. *Trouver la solidité d'un prisme, par exemple, d'un ouvrage de maçonnerie qui ait 16 toises 4 pieds 8 pouces de longueur, 2 toises 3 pieds d'épaisseur, & 7 toises 2 pieds de hauteur.*

Réduisez ces trois dimensions à la plus petite espece qui est le pouce, lequel est contenu 12 fois dans le pied & 72 fois dans la toise, parce que la toise vaut six pieds ; vous trouverez que la longueur est de 1208 pouces, l'épaisseur de 180 & la hauteur de 528. Après cette réduction, multipliez ces trois nombres l'un par l'autre, & vous trouverez au produit 114808320 pouces cubiques qui sont la solidité du corps.

Si on veut sçavoir combien ce nombre de pouces cubiques contient de toises cubes, il faut le diviser par 373248, parce que ce dernier nombre étant le cube de 72, marque combien la toise cubique contient de pouces cubiques ; on trouvera au quotient 307, & le reste 221184 qu'il faut diviser par 1728 cubes de 12, afin d'avoir le nombre des pieds cubiques contenus dans ce reste ; le quotient de cette seconde division sera 128 sans aucun reste. Par conséquent 114808320 pouces cubes valent 307 toises cubes & 128 pieds cubes.

Fin des Elemens de Geometrie.

DE LA TRIGONOMETRIE.

LA Geometrie se divise en deux parties, qui sont la Geometrie *speculative* & la *pratique*. La premiere considere les differens rapports de l'étenduë sans proposer aucune regle, soit pour tirer des lignes & faire certaines figures, soit pour mesurer l'étenduë : la seconde partie, qui est la Geometrie-pratique, donne ces sortes de regles & démontre qu'elles sont infaillibles : la premiere consiste toute en theoremes ; la seconde ne propose que des problêmes. On a traité ces deux parties dans les Elemens de Geometrie, en donnant des theoremes & ensuite des problêmes.

La Geometrie-pratique contient trois parties : sçavoir, la *longimetrie*, la *planimetrie*, & la *stereometrie* ; la premiere enseigne à mesurer les lignes, la seconde apprend à mesurer les surfaces, & la troisiéme à mesurer les corps ou solides. Ce que nous avons dit dans les Elemens de Geometrie suffit pour la mesure des surfaces & des solides, en supposant qu'on connoît la longueur des differentes lignes qu'il faut multiplier pour avoir les surfaces & les soliditez : mais il est souvent necessaire de recourir à la *trigonometrie* pour connoître la longueur des lignes.

ART. I. La Trigonometrie est une partie de la Geometrie, qui enseigne à connoître les côtez & les angles d'un triangle dont on connoît déja deux angles & un côté, ou deux côtez & un angle, ou enfin les trois côtez.

2. Comme il y a des triangles spheriques & des triangles rectilignes, on divise la Trigonometrie en deux parties, dont l'une traite des triangles spheriques ; on l'appelle *trigonometrie-spherique*, & l'autre considere les triangles rectilignes, on l'appelle pour ce sujet *trigonometrie-rectiligne* : la premiere regarde les Astronomes ; la seconde est necessaire dans une infinité d'occasions ; c'est pourquoi nous allons en donner un Traité ; sans parler de la Trigonometrie-spherique qui n'est pas de notre dessein.

Mais comme dans la Trigonometrie on se sert des sinus, des tangentes & des secantes, il est necessaire de traiter au long de ces lignes, dont nous n'avons donné que des notions très-courtes dans les élemens de Geometrie ; & après cela nous expliquerons d'une maniere generale, & par quelques exemples comment on peut trouver ces differentes mesures pour tous les angles & pour les arcs qui leur sont égaux.

3. La methode de trouver ces mesures ; c'est-à-dire, les sinus, les tangentes & les secantes des angles ou des arcs s'appelle *construction des tables, des sinus, des tangentes & des secantes,* parce qu'après avoir trouvé les sinus des differens angles, on en a construit des tables, dans lesquelles on a placé ces sinus à côté des angles dont ils sont la mesure. On a fait la même chose par rapport aux tangentes & aux secantes.

4. Le sinus d'un arc est une ligne tirée de l'extrêmité de cet arc perpendiculairement sur le rayon ou le diametre qui passe par l'autre extrêmité du même arc : cette ligne est aussi le sinus de l'angle mesuré par l'arc : par exemple, le sinus de l'arc G A est la ligne G H tirée de l'extrêmité G de cet arc perpendiculairement sur le rayon C A, ou le diametre B A qui passe par l'autre extrêmité A du même arc : cette ligne G H est aussi sinus de l'angle G C A dont l'arc G A est la mesure. De même la ligne E F est sinus de l'arc E A & de l'angle E C A. Pareillement la ligne G L est sinus de l'arc G D & de l'angle G C D. **. Fig. 1.**

5. Le sinus de l'arc D A qui est le quart de la circonference est le rayon D C tiré de l'extrêmité D perpendiculairement sur le rayon C A qui passe par l'autre extrêmité A de l'arc. Le rayon D C est aussi le sinus de l'angle droit D C A mesuré par l'arc D A ; ainsi le sinus d'un angle droit est le rayon ; on l'appelle *sinus total.*

6. Remarquez que le sinus d'un angle est aussi sinus de son supplement : par exemple, G H est non seulement sinus de l'angle G C A, mais aussi de l'angle G C B qui est le supplement du premier. De même E F est sinus de l'angle E C A & de son supplement E C B. C'est la même chose pour les arcs qui sont les mesures de ces angles ; ensorte que G H est sinus de l'arc G A & du supplement G D B. Pareillement E F est sinus de E A & de E D B.

Cette remarque est une suite de la définition du sinus : car afin d'avoir le sinus de l'angle G C B ou de l'arc G D B, il faut tirer du point G qui est l'extrêmité de l'arc, une perpendiculaire sur le diametre A B lequel passe par l'autre extrêmité de l'arc. Or on ne peut tirer du point G d'autre perpendiculaire fur ce diametre que la ligne G H qui eft finus de l'arc G A ; ainfi la perpendiculaire G H eft finus des deux arcs G A & G D B, ou des angles G C A & G C B qui font fupplement l'un de l'autre.

7. Il paroît donc qu'un angle obtus n'a point d'autre finus que celui de l'angle aigu qui eft fon fupplement : & de même par rapport aux arcs, celui qui eft plus grand qu'un quart de circonference a le même finus que l'arc qui eft fon fupplement, lequel eft moindre que le quart de la circonference.

8. Le finus d'un angle ou d'un arc étant prolongé jufqu'à la rencontre de la circonference, il en refulte une corde, laquelle eft perpendiculaire fur le rayon qui aboutit à l'extrêmité de l'arc : par exemple, fi on prolongeoit la ligne G H, finus de l'arc G A jufqu'à la rencontre de la circonference, ce feroit une corde perpendiculaire au rayon C A. Or je dis que le finus G H eft la moitié de cette corde, & que l'arc G A eft auffi la moitié de l'arc foutenu par la corde; car cette corde étant perpendiculaire au rayon C A par l'hypothefe, le rayon lui eft auffi perpendiculaire, & par confequent la corde & l'arc font chacun coupez en deux parties égales* : donc le finus G H eft la moitié de la corde, & l'arc G A eft auffi la moitié de l'arc foutenu par la corde.

* Liv. 1.
Art. 111.

9. On peut donc dire que le finus d'un arc eft la moitié d'une corde qui foutient un arc double : par exemple, G H finus de l'arc G A, eft la moitié d'une corde qui foutient un arc double de G A. Cette feconde définition du finus nous fervira dans la fuite.

10. Remarquez que le finus d'un arc moindre que le quart de la circonference, devient d'autant plus grand que l'arc augmente : par exemple, le finus de l'arc E G A eft plus grand que celui de l'arc G A ; enforte que le finus du quart de la circonference eft plus grand que tous les autres ; c'eft pour cela qu'on l'appelle finus total. Quant aux arcs qui furpaffent le quart de la circonference, il eft vifible que fi l'on compare deux de ces arcs, comme G D B & E D B, celui qui eft le plus grand a un moindre finus : car ces arcs n'ont point d'autres finus, que ceux de leurs fupplemens. Or le plus grand des deux arcs, fçavoir, G D B, a un moindre fupplement que l'autre ; par confequent il a auffi un plus petit finus ; ainfi lorf-

que les arcs surpaſſent le quart de la circonference, les ſinus
ſont d'autant plus petits que les arcs ſont plus grands. Tout
cela doit être appliqué aux angles ; ainſi plus les angles aigus
ſont grands, plus leurs ſinus ſont grands ; & au contraire plus
les angles obtus ſont grands, plus leurs ſinus ſont petits.

11. Mais quoiqu'il ſoit vrai que plus un angle aigu ou l'arc
qui en eſt la meſure eſt grand, plus auſſi ſon ſinus eſt grand,
cependant les ſinus n'augmentent pas dans la même raiſon que
les angles aigus ou leurs arcs ; enſorte que ſi un arc eſt double d'un autre, le ſinus du premier n'eſt pas pour cela double
de celui du ſecond : car nous avons remarqué * que les cordes *Liv. 2.
ne ſont pas proportionnelles aux arcs qu'elles ſoutiennent. Art. 95.
Or les ſinus ſont moitié des cordes ; par conſequent les ſinus
ne ſont pas proportionnels à leurs arcs ou à leurs angles.

12. Le ſinus dont nous ayons parlé juſqu'à preſent s'appelle *ſinus droit* ; on diſtingue encore une autre eſpece de ſinus
qu'on appelle *ſinus verſe* : pour entendre ce que c'eſt que ce
ſinus, il faut recourir à la premiere définition du ſinus droit :
nous avons dit que le ſinus droit d'un arc étoit une ligne tirée
de l'extrêmité de l'arc perpendiculairement ſur le rayon ou
le diametre qui paſſe par l'autre extrêmité. Or ſi on prend ſur
le diametre la partie compriſe entre le ſinus droit & l'arc,
ce ſera le ſinus verſe de l'arc : par exemple, l'arc G A dont le
ſinus droit eſt G H, a pour ſinus verſe la partie H A du diametre. De même le ſinus verſe de l'arc E G A & de l'angle
E C A eſt la partie F A du diametre.

13. Delà il ſuit que le ſinus droit d'un arc de 90 degrez ou
de l'angle droit, eſt égal à ſon ſinus verſe, parce que l'un &
l'autre eſt rayon du cercle : par exemple, le ſinus droit de l'arc
D A eſt le rayon D C, & ſon ſinus verſe eſt l'autre rayon C A.

14. Nous avons obſervé que le ſinus droit d'un angle aigu
étoit auſſi le ſinus droit de l'angle obtus qui eſt ſon ſupplement : il n'en eſt pas de même du ſinus verſe : par exemple, le
ſinus verſe de l'angle aigu G C A ou de ſon arc G A eſt H A :
mais le ſinus verſe du ſupplement G C B ou de ſon arc G D B
eſt la partie H B compriſe entre le ſinus droit & l'arc G D B.

Lorſqu'on parle du ſinus d'un angle ou d'un arc, ſans ſpe-
cifier le ſinus droit ou le ſinus verſe, il faut toujours entendre
le ſinus droit.

Nous allons donner les notions des tangentes & des ſecantes.

15. Une ligne, comme A F, tirée perpendiculairement de l'extrêmité du rayon C A & terminée de l'autre côté par le rayon prolongé C H F, eſt appellée *tangente* de l'arc A H compris entre ces deux rayons, ou de l'angle A C H ; le rayon prolongé C H F, terminé par la tangente, eſt appellé *ſecante* du même arc & du même angle. Pareillement A E eſt tangente de l'angle A C E, & de l'arc A G ; & C E en eſt la ſecante.

16. Pour avoir la tangente de l'angle droit A C D, il faudroit prolonger le rayon C D & la tangente A F, juſqu'à ce que ces deux lignes ſe rencontraſſent : mais comme elles ſont toutes les deux perpendiculaires au rayon C A, elles ne ſe rencontreroient jamais ; c'eſt pourquoi la tangente d'un angle droit, ou de ſon arc eſt infinie. Par la même raiſon la ſecante de l'angle droit eſt auſſi infinie.

17. Comme le ſinus d'un angle eſt auſſi ſinus de ſon ſupplement, de même la tangente d'un angle ou d'un arc eſt auſſi tangente de ſon ſupplement ; enſorte qu'un angle obtus, tel que H C B, n'a pas d'autre tangente que celle de l'angle aigu qui eſt ſon ſupplement. Il faut dire la même choſe des ſecantes.

18. Dans un triangle rectangle, comme C A B, ſi on prend un des côtez de l'angle droit pour rayon du cercle, l'autre côté de l'angle droit eſt la tangente de l'angle oppoſé, & l'hypotenuſe eſt la ſecante du même angle : par exemple, ſi on prend le côté B A pour rayon, enſorte qu'on conçoive un arc décrit du point B comme centre, & de l'intervalle du côté B A ; il eſt évident que l'autre côté A C de l'angle droit eſt la tangente de l'angle B ; & que l'hypotenuſe B C eſt la ſecante du même angle. Pareillement ſi on prend le côté C A pour rayon du cercle, & que l'on conçoive un arc décrit du point C, & de l'intervalle C A, l'autre côté A B ſera la tangente de l'angle C, & l'hypotenuſe C B ſera la ſecante du même angle.

19. Remarquez qu'il ne s'enſuit pas de ce que nous venons de dire que deux angles differens, tels que B & C, ayent la même ſecante. Il eſt bien vrai que nous avons dit que l'hypotenuſe B C ou C B étoit ſecante de l'un & de l'autre de ces deux angles ; mais c'eſt en ſuppoſant differens rayons ; ſçavoir, B A & enſuite C A. Or il eſt évident que ſi l'on ſuppoſe les deux lignes B A & C A diviſées en un égal nombre de par-

ries aliquotes, celles de B A seront plus petites que celles de C A, & par conséquent l'hypotenuse B C contiendra plus de parties du rayon B A, qu'elle n'en contiendra du rayon C A.

C'est pourquoi la ligne B C aura un plus grand nombre de parties étant secante de l'angle B, que si elle étoit secante de l'angle C; ensorte que si l'angle B est, par exemple, de 5 5 degrez, & l'angle C de 3 5; on trouvera en supposant le rayon divisé en 1 0000000 parties égales que l'hypotenuse CB contiendra 1 7434468 considerée comme secante de l'angle B; & qu'elle n'en contiendra que 1 2 2 07746 étant regardée comme secante de l'angle C : cela paroît par les tables des sinus.

Quoique notre dessein ne soit pas d'entrer dans les calculs des sinus, des tangentes, & des secantes; cependant nous ferons les réflexions & les remarques suivantes, tant pour en faire connoître l'usage, que pour faire concevoir d'une maniere generale comment on peut découvrir ces mesures des angles par le moyen du calcul.

20. On suppose le sinus total ou le rayon de quelque cercle que ce soit, grand ou petit, divisé en 1 00000, ou même en 1 0000000 parties égales, ensorte que l'on conçoit le rayon d'un petit cercle divisé en autant de parties que le rayon d'un grand cercle; de même que l'on suppose la circonference de tout cercle divisé en 3 60 degrez; & on cherche ensuite combien les autres sinus qui sont tous moindres que le sinus total, contiennent de parties égales à celles du rayon.

21. Puisque le rayon de tout cercle est divisé en autant de parties égales, il faut que les parties d'un petit rayon soient moindres que les parties d'un grand : c'est pourquoi les tables des sinus dans lesquelles on trouve combien chaque sinus contient de parties à proportion du rayon, ne font pas connoître la grandeur absoluë de ces sinus; mais seulement leur grandeur relative; c'est-à-dire, le rapport qu'ils ont entr'eux : par exemple, quoique l'on trouve que le sinus d'un angle de 3 0 degrez, soit de 5 0000 parties, comme nous l'allons voir, en supposant le rayon divisé en 1 00000 parties, on ne sçait pas pour cela quelle est la grandeur réelle de ce sinus; ensorte qu'on puisse dire qu'il a trois pieds, quatre pieds, &c. Mais on sçait quel est son rapport avec les autres sinus; on connoît, par exemple, que le sinus de 3 0 degrez est la moitié du sinus de

l'angle droit ; puisque le premier est de 50000 parties, & l'autre de 100000. Il en est des sinus comme des arcs : on ne connoît pas la grandeur absoluë des arcs, quoique l'on connoisse le nombre des degrez qu'ils contiennent ; ainsi, quoique l'on sçache qu'un arc est de 20 degrez, on ne sçait pas pour cela combien il a de pouces ou de pieds, à moins que l'on ne connoisse d'ailleurs la grandeur absoluë de la circonference.

22. Mais quoiqu'on ne connoisse pas la grandeur absoluë des sinus, cela n'empêche pas qu'on ne puisse trouver la grandeur absoluë des côtez d'un triangle dont on connoît un côté & les angles : car si dans un triangle on connoît deux angles & un côté, on trouvera les sinus des angles par les tables. Or les sinus sont proportionnels aux côtez opposez aux angles, comme nous le ferons voir ; par consequent si le sinus de l'angle opposé au côté connu est le double de l'autre sinus, le côté connu sera aussi le double du côté cherché : ainsi si le côté connu est de 50 toises, le côté qu'on cherche sera de 25 toises. Il faut dire la même chose des tangentes & des secantes. Ces réflexions suffisent afin de faire connoître l'usage des sinus : nous allons à present en faire quelques autres, & donner quelques remarques, pour faire concevoir comment on peut découvrir ces sinus.

23. Il est évident que les cordes font connoître les sinus, puisque la moitié d'une corde est toujours le sinus de la moitié de l'arc soutenu par la corde * ; c'est pourquoi afin de trouver les sinus, on cherche les cordes des differens arcs.

24. On voit d'abord que le sinus d'un angle ou d'un arc de 30 degrez contient 50000 parties : car la corde de l'arc de 60 degrez, qui est un côté de l'exagone regulier inscrit, est égal au rayon, comme on l'a démontré * ; par consequent cette corde contient 100000 parties. (nous supposons ici le rayon divisé seulement en 100000, parties égales) Or le sinus de 30 degrez est la moitié de cette corde ; ainsi il contient 50000 parties.

25. Remarquez que le theoreme fondamental touchant le quarré de l'hypotenuse est d'un grand usage dans la construction des tables des sinus & dans la Trigonometrie, puisque par ce theoreme on peut toujours connoître le troisiéme côté d'un triangle rectangle, lorsqu'on connoît les deux autres côtez ; car si on connoît les deux côtez qui comprennent l'angle

droit,

droit, pour lors, afin de connoître l'hypotenuse, il faut prendre les deux quarrez de ces côtez, & les ajoûter ensemble, pour en faire une somme, de laquelle tirant la racine quarrée, on aura l'hypotenuse cherchée : mais si on connoissoit l'hypotenuse & un des côtez qui forment l'angle droit, il faudroit ôter le quarré de ce côté, du quarré de l'hypotenuse, & tirer ensuite la racine quarrée du reste ; cette racine seroit l'autre côté de l'angle droit. Supposons donc que dans le triangle C A B, le côté C A soit de 3 pieds, & l'autre côté A B de 4 ; les quarrez de ces nombres sont 9 & 16, qui ajoûtez ensemble font 25 : la racine quarrée de cette somme qui est 5, fait connoître que l'hypothenuse C B est de 5 pieds. Si l'hypotenuse C B étoit connuë avec un des côtez de l'angle droit tel que C A, ensorte que C B eut 5 pieds & C A en eut 3, il faudroit ôter 9 quarré de 3, 25 quarré de 5 ; & le reste 16 seroit le quarré de l'autre côté A B ; ainsi le côté A B seroit de 4 pieds, parce que 4 est la racine quarrée de 16.

26. Il arrive presque toujours qu'on ne peut faire exactement l'extraction de la racine quarrée ; parce qu'il reste ordinairement quelque chose après l'opération ; de-là vient que la plûpart des sinus, tels qu'on les trouve dans les tables, ne font pas absolument exacts : mais pour rendre l'erreur insensible, on a supposé le rayon divisé en un grand nombre de parties : ce nombre est ordinairement 10000000. Or il est facile de faire voir par un exemple, que quand on ne peut tirer exactement la racine, l'erreur est moindre à proportion, lorsqu'on opere sur un grand nombre, que lorsqu'on opere sur un petit. Supposons qu'on veüille tirer la racine quarrée de 10150 & celle de 22, on trouvera que celle de 10150 est 100, & que celle de 22 est 4 : mais ni l'une ni l'autre de ces racines n'est exacte, il s'en faut à peu près une unité. Or il est évident que 1 est moindre par rapport à 100 que par rapport à 4.

27. La remarque de l'article 25 sert à trouver par le calcul le sinus d'un arc, lorsque l'on connoît le sinus du complement de cet arc : par exemple, connoissant G H sinus de l'arc G A, qu'on suppose être de 30 degrez, voici comme je fais pour trouver G L qui est le sinus de l'arc G D complement du premier arc G A : dans le triangle rectangle C L G, je connois deux côtez ; sçavoir, l'hypothenuse C G qui est un rayon que je suppose de 100000 parties & le côté C L égal au

Fig. 4.

Fig. 1.

ſinus G H qui eſt de 50000 parties ; par conſéquent ſi du quarré de l'hypotenuſe 100000, j'ôte le quarré de 50000, le reſte ſera le quarré du ſinus G L ; donc en tirant la racine quarrée de ce reſte, on aura le ſinus G L.

28. La même remarque peut encore ſervir à faire voir comment on trouve par le calcul les tangentes & les ſecantes des arcs dont on connoît les ſinus. Soit l'arc A D dont il faut trouver la tangente A B & la ſecante C B, en ſuppoſant que l'on connoît le ſinus D E. Je conſidere que dans le triangle rectangle C E D, on connoît deux côtez ; ſçavoir, le rayon C D qui eſt l'hypotenuſe, & le ſinus E D ; par conſéquent on trouvera facilement le troiſiéme côté C E. Après quoi conſidérant que ce triangle rectangle C E D eſt ſemblable au triangle rectangle C A B à cauſe de l'angle C qui eſt commun, je ferai la proportion ſuivante, C E . C A :: D E . A B, dont les trois premiers termes étant connus, je connoîtrai le quatriéme par la regle de trois. On connoîtra la ſecante C B en faiſant cette autre proportion C E . C A :: C D . C B, dont les trois premiers termes ſont auſſi connus, puiſque C D eſt égal à C A.

On a des tables des ſinus, des tangentes & des ſecantes qui ont été faites & imprimées avec beaucoup d'exactitude ; telles ſont celles de M. Ozanam de l'année 1685. Il ne nous reſte plus que de montrer aux Commençans par quelques exemples, la maniere dont on ſe ſert de ces tables.

29. Pour cela il faut obſerver, que la quantité des degrez eſt marquée au haut de chaque page, & que les minutes ſont dans la premiere colomne à la gauche ; cela poſé, ſi on cherche le ſinus d'un angle de 36 deg. 18 minutes, il faut aller à la page au haut de laquelle on trouve 36 ᵈ, & chercher dans la ſeconde colomne qui eſt celle des ſinus, quel eſt le nombre qui répond à la dix-huitiéme minute, on trouve que c'eſt 59201. 32: ce nombre eſt le ſinus d'un angle, ou d'un arc de 36 ᵈ 18 ᵐ, la tangente du même angle eſt le nombre 73457. 30 qui répond auſſi à la dix-huitiéme minute dans la troiſiéme colomne. Enfin la ſecante de cet angle, eſt le nombre 124080. 52 qui répond encore à la dix-huitiéme minute dans la quatriéme colomne.

30. L'exemple qu'on vient de donner, fait voir comment par le moyen des tables, on peut trouver le ſinus d'un angle connu : mais il eſt encore néceſſaire de ſçavoir comment on

trouve un angle dont on connoît le finus ; fuppofez, par exemple, qu'on ait le finus 64712. 36, & qu'on veüille fçavoir de quel angle il eft finus ; il faut chercher ce nombre dans les colomnes des finus, comme on cherche les mots dans un Dictionnaire ; on trouvera qu'il répond à la fixiéme minute dans la page, au haut de laquelle eft marqué le quarantiéme degré ; par conféquent ce nombre eft le finus d'un angle de 40 * 6 minutes ; c'eft la même chofe pour les tangentes & les fecantes.

31. Remarquez que les finus vont toujours en augmentant dans la page qui eft à gauche, au lieu qu'ils vont en diminuant dans la page qui eft à droite. Cela vient de ce que l'on a mis dans cette derniere page les angles qui font les complemens de ceux de la premiere ; par exemple, l'angle de 75 * 20 minutes fe trouve dans une page à la droite vis-à-vis de l'angle de 14 * 40 minutes qui eft à la page à gauche. Or les angles augmentant toujours dans la page à gauche, il eft néceffaire que les angles qui font marquez à la page à droite, & qui font les complemens des premiers, aillent toujours en diminuant ; & par conféquent leurs finus vont auffi en diminuant. Il faut dire la même chofe des tangentes & des fecantes.

32. Remarquez encore que le point qui eft avant les deux derniers chifres des finus, des tangentes & des fecantes, marque que l'on peut retrancher ces deux derniers caracteres fans erreur fenfible ; enforte que les chifres qui reftent après le retranchement des deux derniers, expriment les finus, les tangentes & les fecantes, en fuppofant le rayon de 100000 parties, au lieu que dans les tables on l'a fuppofé de 10000000, lequel nombre contient deux chifres de plus que 100000. Mais il faut prendre garde que fi on retranche les deux chifres d'un finus, on doit auffi retrancher les deux chifres des autres finus, tangentes & fecantes que l'on employe dans la même proportion ou dans la même opération.

Après tout ce que nous avons dit fur les finus, les tangentes & les fecantes, il ne fera pas difficile d'entendre ce que nous avons à dire fur la Trigonometrie rectiligne qui eft entierement fondée fur trois Theoremes que nous allons démontrer, & enfuite nous expoferons les Problêmes généraux, dont les problêmes particuliers pour mefurer des longueurs telles que font la diftance & la hauteur des objets, ne font que des applications.

Pour abréger le discours, nous marquerons dans la suite les finus des angles dont nous parlerons, en mettant un S devant les lettres qui défigneront les angles : par exemple, au lieu d'écrire le finus de l'angle B A C, nous écrirons S BA C; si l'angle n'eſt défigné que par une feule lettre comme A, on écrira S A pour fignifier le finus de l'angle A.

THEOREME I.

33. *Dans tout triangle, les finus des angles font entr'eux comme les côteʒ oppofeʒ à ces angles.*

Fig. 5.   Soit le triangle B A C que je fuppofe infcrit dans un cercle (ce qui eſt toujours poſſible,) je dis que le côté AB eſt au côté A C, comme le finus de l'angle C oppofé au côté A B eſt au finus de l'angle B oppofé au côté A C, ou *alternando* A B . SC :: A C . S B.

DEMONSTRATION.

L'angle C étant infcrit, a pour mefure la moitié de l'arc AB fur lequel il eſt appuyé. Or le finus de la moitié de l'arc A B eſt la moitié de la corde A B * : donc cette moitié de corde eſt auſſi le finus de l'angle C oppofé au côté A B. Pareillement l'angle B a pour mefure la moitié de l'arc A C. Or le finus de la moitié de l'arc A C eſt la moitié de la corde AC : donc la moitié de cette corde eſt auſſi le finus de l'angle B; par conféquent les finus des angles font les moitiez des côtez oppofez. Or les moitiez font comme les tous : donc A B . A C :: SC.SB, ou, ce qui eſt la même chofe, SC.SB :: A B. AC. On démontreroit de la même maniere, que AB . BC :: SC .SA, & que A C.BC :: SB . SA, ou *alternando*, A B . SC :: BC.SA, & A C. SB :: BC.SA.

LEMME I.

34. *Lorfque deux quantitez font inégales, la plus grande eſt égale à la moitié de la fomme, plus à la moitié de la différence ; & la plus petite eſt égale à la moitié de la fomme moins la moitié de la différence.*

Si on a, par exemple, deux nombres ; dont la fomme foit 40 , & la différence foit 8, le plus grand de ces deux nombres est égal à la moitié de 40, plus à la moitié de 8, ces deux moitiez sont 20 + 4 = 24, & le plus petit des deux nombres est égal à la moitié de la somme moins la moitié de la différence, c'est-à-dire, à 20 — 4 = 16.

Pour démontrer cette proposition, nous supposerons deux lignes inégales jointes ensemble, comme A B & B D, qui peuvent représenter toutes sortes de grandeurs inégales. Ayant partagé A D en deux parties égales au point C, & pris A E = B D. 1°. Il est évident que A D est la somme des lignes A B & B D. 2°. A C ou C D est la moitié de cette somme. 3°. E B est la différence ou l'excès de A B sur A E. Or par l'hypothese A E = B D : donc E B est aussi la différence de A B & de B D. 4°. C E ou C B est la moitié de la différence E B ; car les deux lignes A C & C D étant égales, si on retranche les parties égales A E & B D, les restes C E & C B doivent être égaux, & par conséquent ils sont chacun la moitié de la différence E B. Cela posé, il est facile de faire voir 1°. que la plus grande des deux lignes proposées, sçavoir A B, est égale à la moitié de la somme, plus la moitié de la différence, 2° que la plus petite qui est B D est égale à la moitié de la somme moins la moitié de la différence.

D E M O N S T R A T I O N.

I. PARTIE. A B = A C + C B. Or A C est la moitié de la somme des lignes A B & B D, & C B est la moitié de leur différence E B : donc A B est égale à la moitié de la somme plus la moitié de la différence.

II. PARTIE. B D = C D — C B. Or C D est la moitié de la somme, & C B est la moitié de la différence. Par conséquent B D est égale à la moitié de la somme moins la moitié de la différence. Ce qu'il fal. dem.

C O R O L L A I R E.

35. C B est l'excès de C D sur B D ; c'est-à-dire, que C B est l'excès de la moitié de la somme des deux lignes A B & B D sur la plus petite. Or on vient de voir que cet excès C B est la moitié de la différence de ces deux lignes ; on peut donc dire en général que l'excès de la moitié de la somme de deux grandeurs sur la plus petite, est la moitié de leur différence.

LEMME II.

Fig. 7.   36. *Dans tout triangle , comme* B A C, *ſi on prolonge vers* D
le côté A B , (je le ſuppoſe plus grand que l'autre côté de l'angle A ;) *enſorte que* A D *ſoit égal à l'autre côté* A C, *& qu'on
joigne les deux points* D *&* C *par la ligne* DC, *afin d'avoir le
triangle iſocele* D A C ; *ſi enſuite on tire du ſommet* A *de ce triangle, la perpendiculaire* AF *ſur la baſe* DC ; *je dis* 1°. *que* FD *eſt la tangente de la moitié de la ſomme des angles* B *&* C *oppoſez aux côtez* AC
& AB. Par exemple, ſi les deux angles B & C pris enſemble valent
116 degrez, la ligne F D ſera la tangente d'un angle de 58 degrez . (58 eſt la moitié de la ſomme 116)

    Car l'angle CAD eſt extérieur par rapport aux angles B & C du
triangle BAC ; par conſéquent, il eſt égal à ces deux angles pris

* Liv. 2. enſemble * ; mais cet angle CAD eſt partagé en deux parties égales

Art. 17. par la perpendiculaire AF * : donc l'angle DAF eſt la moitié de la

* L. 2. ſomme des angles B & C. Or la ligne FD perpendiculaire ſur AF

Art. 24. eſt la tangente de cet angle, comme il paroîtra en décrivant l'arc
FG du centre A, & de l'intervalle AF ; donc la ligne F D eſt
la tangente de la moitié de la ſomme des angles B & C.

    Si on tire encore la ligne AE *parallele à* BC *baſe du triangle* BAC ;
je dis 2°. *que* F E *eſt la tangente de la moitié de la différence des
mêmes angles* B *&* C. Par exemple, ſi la différence des angles B &
C eſt 34 degrez, la ligne F E ſera la tangente d'un angle de
17 degrez.

    Car l'angle DAF eſt égal à la moitié de la ſomme de ces deux
angles, comme on vient de le prouver ; d'ailleurs l'angle DAE
eſt égal au plus petit des mêmes angles, ſçavoir , à l'angle B,
à cauſe des lignes AE & BC qui ſont ſuppoſées paralleles ; donc
l'angle EAF qui eſt l'excès de l'angle D A F ſur DAE,

* 35. eſt la moitié de la différence des angles B & C * ; or
la tangente de cet angle EAF, eſt la ligne droite FE perpendiculaire ſur le rayon A F de l'arc F G ; donc F E eſt
la tangente de la moitié de la différence des angles oppoſez ,
B & C.

THEOREME II.

Fig. 7.   37. *Dans tout triangle, comme* B A C, *la ſomme de deux côtez ;
tels que* A B *&* A C *eſt à leur différence, comme la tangente de la*

moitié de la somme des angles C & B opposez aux deux côtez, est à la tangente de la moitié de la différence de ces angles.

Supposant les lignes tirées comme dans le second Lemme, il faut encore mener du point F la ligne F H parallele à BC base du triangle proposé B A C. Cela posé :

1°. Il est évident que D B est égale à la somme des côtez AB & A C, puisque par la construction A D = A C. 2°. Le double de AH est égal à la différence des côtez AB & AC ou AD : car la ligne A F étant perpendiculaire sur DC base du triangle isocele D A C, elle coupe cette base en deux parties égales au point F * ; par conséquent la ligne F H coupe aussi DC en deux parties égales, puisqu'elle est tirée du point F ; donc cette ligne F H étant parallele à la base B C de l'angle B D C, il faut aussi qu'elle divise également l'autre côté D B de cet angle* ; par conséquent D H est la moitié de DB, c'est-à-dire, de la somme des côtez A B & A C ou A D. Or A H est l'excès de D H sur le petit côté A C ou A D ; donc par le Corollaire *du premier Lemme, A H est la moitié de la différence des côtez A B & A C ; donc le double de A H est la différence entiere de ces côtez.

Ainsi DB est la somme des côtez AB & AC ; le double de A H est la différence de ces côtez : d'ailleurs on a fait voir dans le second Lemme, que FD est la tangente de la moitié de la somme des angles C & B opposez aux deux côtez, & que FE est la tangente de la moitié de la différence de ces angles. Il faut donc prouver que D B est au double de AH, comme F D est à FE.

* Liv. 2:
Art. 24.

*Liv. 1:
Art. 154.
& 166.

* 35.

D E M O N S T R A T I O N.

L'angle H D F ayant deux bases paralleles, sçavoir AE & FH par la supposition, on a la proportion *D H . A H :: F D . FE ; par conséquent si on double les deux premiers termes de la premiere raison, la proportion subsistera toujours ; on aura donc la proportion, le double de DH qui est DB, est au double de AH :: FD . FE. C'est-à-dire que la somme des côtez A B & A C est à leur différence, comme la tangente de la moitié de la somme des angles B & C est à la tangente de la moitié de leur différence. Ce qu'il fal. dem.

*Liv. 1:
Art. 154.

THEOREME III.

Fig. 8.

38. Dans un triangle, comme BAC, le grand côté BC est à la somme des deux autres AB & AC, comme la différence de ces deux est à la différence des parties du grand côté divisé par la perpendiculaire AD tirée de l'angle opposé A.

Du point A comme centre & de l'intervalle du moindre côté A C décrivez une circonférence, & prolongez le côté A B au de-là du point A, jusqu'à la rencontre de la circonférence. 1° Le petit côté A C étant égal à la ligne A F, parce que ce font des rayons du même cercle, il s'enfuit que la ligne B F est égale à la fomme des côtez AB & AC. En fecond lieu BG est la différence des côtez AB & AC, parce que le petit côté AC est égal à AG. Enfin la perdiculaire A D coupant la corde EC en deux parties égales au point D*, il est évident que B E est la différence des parties B D & DC du grand côté BC. Il faut donc prouver que le grand côté BC est à BF fomme des deux autres, comme leur différence BG est à BE différence des deux parties du grand côté : ce qui fe réduit à cette proportion BC . BF : : BG , BE.

*Liv. 1.
Art. 111.*

DEMONSTRATION.

Confidérez que les deux lignes B C & B F font deux fecantes extérieures, qui font tirées du même point B; par conféquent la fecante B C & fa partie B E hors du cercle, font réciproques à l'autre fecante B F & à la partie B G hors du cercle *. On a donc la proportion BC . BF : : BG . BE. Ce qu'il fal. dem.

*Liv. 1.
Art. 170.*

39. De ces trois theoremes, nous allons déduire quatre problêmes genéraux, defquels dépend la pratique de la Trigonometrie & de l'arpentage. Ces quatre problêmes répondent à quatre theoremes fur la comparaifon de deux triangles que nous avons démontré * égaux, lorfque de ces cinq chofes, fçavoir, trois côtez & deux angles, il y en a trois dans un triangle égales aux trois correfpondantes d'un autre triangle. Or puifque trois de ces cinq chofes ne peuvent être égales dans deux triangles, à moins qu'ils ne foient égaux, il s'enfuit que ces trois chofes; c'eft-à-dire, ou deux angles & un côté, ou deux côtez & un angle, ou enfin les trois côtez déterminent un triangle ; c'eft pourquoi connoiffant deux angles & un côté, ou deux côtez

*Liv. 2.
Art. 27,
29, 30 &
33.*

&

& un angle, ou les trois côtez d'un triangle, on peut connoître tout le reste. Nous en allons donner la methode dans les
quatre problêmes suivans.

40. Il faut neanmoins observer que si on ne connoît que
deux côtez & un angle aigu opposé à un de ces côtez, on ne
peut trouver le reste du triangle, parce que deux triangles peuvent être inégaux, quoique ces trois choses soient
égales dans les deux triangles; c'est pourquoi pour rendre
les triangles égaux dans ce cas, il faut y ajouter une quatriéme condition marquée dans le sixiéme theoreme sur les
triangles*.

* Liv. 1.
Art. 30.

P R O B L É M E I.

*41. Connoissant deux angles & un côté d'un triangle, trouver les
deux autres côtez.*

Soit le triangle B A C dont on connoisse les deux angles B   Fig. 9.
& C, & le côté B C. Pour trouver les deux autres côtez A B
& A C, considerez d'abord, que puisqu'on connoît deux angles de ce triangle, on connoîtra facilement le troisiéme, qui
avec les deux autres vaut 180 degrez: ensuite cherchez le
sinus de chacun de ces angles dans la table des sinus, & faites la proportion suivante fondée sur le premier theoreme : le
sinus de l'angle A est au côté B C, comme le sinus de l'angle
C est au côté A B; laquelle proportion se marque en cette
maniere S A . B C :: S C . A B. Or les trois premiers termes
de cette proportion sont connus; par consequent on pourra
trouver le quatriéme qui est le côté A B.

Pour avoir le côté A C, il faut faire la proportion suivante,
S A . B C :: S B . A C, dont les trois premiers termes sont aussi
connus.

A la place de ces deux proportions, on peut prendre leurs
alternes qui sont S A . S C :: B C . A B, & S A . S B :: B C . A C.

Si on suppose l'angle B de 45 degrez 24 minutes, & l'angle C de 71 degrez 42 minutes, l'angle A sera necessairement de 62 degrez 54 minutes. Si on suppose aussi le côté
B C de 30 toises, la proportion S A . B C :: S C . A B marquée
dans le problême, se réduira à celle-ci 89021 . 30 :: 94941 . X,
dont le premier terme 89021 est le sinus de l'angle A ; le second 30 est le côté B C supposé de 30 toises; le troisiéme

terme 94942 est le sinus de l'angle C ; enfin le quatriéme terme x represente le côté AB qu'il faut chercher par la regle de trois. Or en faisant cette regle, on trouve pour quotient 31 plus $\frac{35622}{39021}$: cette fraction vaut presque un entier, c'est-à-dire, une toise, à cause que le numerateur est presque égal au dénominateur : ainsi le côté AB contient environ 32 toises.

Dans cette proportion, 89021.30::94942.x, nous avons pris les deux nombres 89021 & 94942 pour les sinus des angles A & C, quoique dans les tables on trouve ces sinus marquez par 89021.28 & 94942.55 ; ensorte que nous avons retranché les deux derniers caracteres de chacun de ces sinus : c'est ce que l'on peut toujours faire sans une erreur sensible, comme nous l'avons dit*.

*32.

42. On peut observer pour plus grande exactitude, que quand les deux chiffres retranchez valent plus le 50, il faut ajouter une unité au reste: par exemple, dans la proportion précedente, en supposant l'angle C exactement de 71 deg. 42 min. il auroit été mieux de mettre 94943 à la place de 94942, parce que les deux chiffres retranchez qui sont 55, sont plus grands que 50: mais en supposant que l'angle A a précisément 62 deg. 54 min. on ne pourroit prendre 89022 au lieu de 89021, parce que les deux chiffres retranchez, sçavoir 28, sont moindres que 50.

43. Remarquez que si un angle étoit obtus, par exemple, de 120 degrez, on ne trouveroit pas cet angle dans la table; c'est pourquoi pour avoir le sinus de cet angle, il faudroit chercher son supplement qui est l'angle de 60 degrez, lequel a le même sinus que l'angle dont il est supplement, comme on l'a fait voir*.

*7.

44. Remarquez encore que si on veut que le terme cherché soit le second extrême, ou le quatriéme terme de la proportion, il faut, lorsqu'on cherche un côté, commencer la proportion par le sinus de l'angle opposé à un côté connu ; & si on cherche un sinus, il faut commencer la proportion par le côté opposé à un angle connu ; c'est pourquoi, comme il s'agissoit dans le problême précedent de connoître un côté, nous avons commencé la proportion par le sinus de l'angle A, dont la base ou le côté opposé B C étoit supposé connu.

PROBLÊME II.

45. Connoiſſant deux côtez d'un triangle & l'angle compris entre ces côtez, trouver les deux autres angles & le troiſiéme côté.

Soit le triangle B A C dont on connoiſſe le côté A B, le côté A C & l'angle A compris entre ces côtez. Afin de trouver les deux angles B & C, il faut faire la proportion ſuivante qui a été démontrée dans le ſecond theoreme: la ſomme des cotez connus A B + A C eſt à leur difference, comme la tangente de la moitié de la ſomme des angles C & B, eſt à la tangente de la moitié de la difference de ces angles. Dans cette proportion les trois premiers termes ſont connus, par conſéquent on trouvera le quatriéme qui eſt la tangente de la moitié de la diffe-rence des angles B & C ; cette tangente fera connoître, par le moyen des tables, l'angle qui eſt la moitié de la difference des angles inconnus. Or en ajoutant cet angle à la moitié de la ſomme des angles inconnus, on aura par le premier lemme*, l'angle C qui eſt le plus grand ; & en ôtant ce même angle de la moitié de la ſomme, on aura l'angle B qui eſt le plus petit des angles inconnus : après cela il faudra chercher le côté B C par la methode du premier problême.

Si on ſuppoſe le côté A B de 32 toiſes, le côté A C de 24, & l'angle A de 62 degrez 54 minutes, il eſt clair que la ſom-me des deux angles inconnus eſt de 117 degrez 6 minutes, dont la moitié eſt 58 degrez 33 minutes. En cherchant dans les tables la tangente de ce dernier angle , on trouve qu'elle eſt de 163505.28. Je fais donc la proportion énoncée dans le problême: 32 + 24.32 ⸺ 24::163505.x, ou bien 56.8:: 163505.x : le 4ᵉ terme de cette proportion eſt 23357 $\frac{8}{14}$.

La tangente que l'on trouve dans les tables la plus appro-chante de ce 4ᵉ terme eſt 23362, dont l'angle eſt 13 deg. 9 min. Si donc on ajoute cet angle qui eſt la moitié de la difference des angles inconnus à la moitié de la ſomme , qui eſt 58 deg. 33 min. on aura l'angle C qui ſera de 71 degrez 42 min. & ſi on ôte 13 deg. 9 min. de 58 deg. 33 min. on aura le petit angle B de 45 deg. 24 min. Enſuite pour trou-ver le côté B C, on pourra faire cette proportion S B . A C:: S A . B C, ou bien cette autre S C . A B:: S A . B C.

46. Remarquez que ſi les deux côtez qui comprennent l'an-

gle connu étoient égaux, les angles opposez à ces côtez seroient aussi égaux; ainsi, puisqu'on connoît la somme de ces
deux angles, on connoîtroit aussi chaque angle en particulier
indépendamment de la proportion marquée dans le problême:
par exemple, si les côtez étant égaux, l'angle qu'ils comprennent
nent étoit de 50 degrez, la somme des autres qui seroient
égaux entr'eux, seroit de 130 degrez; & par conséquent chacun de ces deux angles vaudroit 65 degrez.

PROBLÊME III.

47. *Connoissant deux côtez d'un triangle & l'angle opposé à un*
de ces côtez, & de plus sçachant de quelle espece est l'angle opposé à
l'autre côté, trouver les deux angles inconnus & le troisiéme côté.

Fig. 9.

Soit le triangle A B C dont on connoisse les deux côtez A B & A C, & l'angle B opposé au côté connu A C,
& que l'on sçache aussi de quelle espece est l'angle C opposé à l'autre côté connu A B; c'est-à-dire, que l'on
connoisse s'il est aigu ou obtus, sans qu'il soit necessaire de
sçavoir combien de degrez il contient, (s'il étoit droit pour
lors les trois angles seroient connus). Pour trouver combien
cet angle C contient précisément de degrez, il faut faire la
proportion suivante fondée sur le premier theoreme: A C . S B ::
A B . S C, les trois premiers termes de cette proportion sont
connus par l'hypothese; ainsi on pourra trouver le quatriéme
qui est le sinus de l'angle C. Ce sinus peut convenir également à un angle aigu, & à un angle obtus qui est son supplement*; mais comme l'espece de l'angle C est déterminée par
l'hypothese, on sçaura si l'angle C est l'angle aigu qui répond
au sinus trouvé; ou si c'est l'angle obtus qui est son supplement.
On connoîtra donc deux angles dans le triangle, sçavoir,
l'angle B & l'angle C; par conséquent on sçaura la valeur du
troisiéme; enfin on trouvera le troisiéme coté B C par le premier problême.

* 7.

Si on suppose le côté A B de 32 toises, le côté A C de 24,
& l'angle B de 45 degrez 24 minutes & que l'angle C soit
aigu, la proportion A C . S B :: A B . S C; se réduira à celle-ci:
24.71203::32.X. Le quatriéme terme de cette proportion est
94937 + ⅔ ou ⅝: ce nombre 94937 est moindre que 94942
sinus de 71 deg. 42 min. mais comme il n'en differe pas beau-

coup, il s'enfuit que l'angle C qui a pour finus 94937 $\frac{1}{24}$ eft environ de 71 deg. 42 min. comme on l'a fuppofé dans le premier problême. D'ailleurs par la fuppofition l'angle B eft de 45 deg. 24 min. par conféquent l'angle A vaut à peu près 62 deg. 54 min.

A préfent, afin de trouver le côté B C, il faut faire la proportion, SB.AC::SA.BC, qui fe réduit à celle-ci, 71203.24:: 89021.x, dont on trouvera que le quatriéme terme eft 30 + $\frac{114}{71203}$: ainfi le côté BC fera de 30 toifes, plus la fraction $\frac{114}{71203}$ qui peut être negligée, parce que le numérateur ne contient qu'une très-petite partie du dénominateur.

Mais fi les deux côtez A B & A C & l'angle B étant toujours les mêmes, on avoit fuppofé l'angle C obtus, comme l'angle A E B, pour lors, afin de trouver la valeur de cet angle, il auroit fallu faire la même proportion qu'on a faite, 24.71203::32.x, & au lieu de prendre l'angle aigu du finus 94942 que l'on peut regarder comme le quatriéme terme, il auroit fallu prendre l'angle obtus 108 deg. 18 min. qui eft le fupplement de l'angle aigu 71 deg. 42 min. ainfi l'angle C auroit eu 108 deg. 18 min. par conféquent l'angle A auroit été feulement de 26 deg. 18 min.

Si on cherchoit le côté B C qui répondroit à l'angle A dans cette hypothefe, on trouveroit qu'il auroit à peu près 15 toifes ; au lieu que dans la fuppofition que l'angle C eft aigu, le côté B C a été trouvé d'environ 30 toifes.

48. Nous avons fuppofé que deux triangles peuvent être différens, quoique deux côtez de l'un foient égaux à deux côtez de l'autre, chacun à chacun, & que l'angle oppofé à un des côtez du premier foit égal à l'angle correfpondant du fecond triangle. On peut voir cela fenfiblement fi du point A comme centre, & de l'intervalle A C qui eft le plus petit des côtez connus, on décrit un arc de cercle qui coupe le côté B C au point E, & qu'enfuite on tire une ligne du point A au point E : car on aura le triangle B A E dont les côtez A B & A E font égaux aux côtez A B & A C du triangle B A C, & de plus l'angle B eft commun aux deux triangles.

49. Il eft évident que dans le triangle B A E, l'angle A E B eft obtus & fupplement de l'angle C : car dans le triangle ifocele E A C, les deux angles E & C fur la bafe E C font égaux. Or l'angle A E B eft fupplement de l'angle E ou A E C ; par conféquent il eft auffi fupplement de l'angle C.

50. Remarquez que si l'angle connu B est droit ou obtus, pour lors les deux triangles sont égaux en tout, parce que l'autre angle sur la base B C est necessairement aigu *, & par conséquent de même espece dans les deux triangles ; ainsi dans ce cas il est inutile de mettre la quatriéme condition marquée dans le troisiéme problême, parce qu'elle s'ensuit necessairement.

* Liv. 2.
Art. 20.

PROBLÊME IV.

51. *Connoissant les trois côtez d'un triangle, trouver chacun des trois angles & la perpendiculaire sur le grand côté, tirée de l'angle qui lui est opposé.*

Fig. 8.

Soit le triangle B A C dont on connoisse les trois côtez. Afin de trouver la valeur de l'angle C formé par le grand & le petit côté, il faut faire la proportion suivante fondée sur le troisiéme theoreme * : le plus grand côté B C est à la somme des deux autres A B & A C, comme leur différence B G est à B E différence des parties de la base, ou du grand côté divisé par la perpendiculaire A D. Dans cette proportion les trois premiers termes sont connus ; par conséquent on trouvera le quatriéme : il faudra le retrancher du grand côté B C, & on connoîtra le reste E C, duquel prenant la moitié, on aura D C côté du triangle rectangle A D C, dans lequel il y aura trois choses connuës ; sçavoir, le côté A C, le côté D C, & l'angle droit en D ; ainsi on pourra trouver l'angle C. Cet angle qui est commun aux deux triangles A D C & B A C étant connu, on trouvera facilement la perpendiculaire A D & les deux autres angles du grand triangle.

* 38.

Si on suppose le grand côté B C de 30 toises, le côté A B de 23, & le petit côté A C de 17, on aura la proportion suivante marquée dans la solution du problême 30.23 + 17:: 23 — 17.X, ou bien 30.40::6.x = 8. Ensuite il faut ôter 8 du grand côté 30, le reste est 22, dont on prendra la moitié qui est 11 ; & dans le triangle rectangle A D C, on connoîtra l'hypotenuse A C qui contient 17 toises par la supposition, le côté D C qui en contient 11 & l'angle droit en D.

Pour connoître l'angle C, on fera cette proportion : le côté A C est au sinus de l'angle D ou au sinus total, comme le côté D C est au sinus de l'angle C A D : voici cette proportion ex-

primée en nombres, 17.100000 :: 11 . x = 64705 $\frac{11}{17}$: ce quatriéme terme eſt le ſinus de l'angle CAD : en cherchant dans
les tables, on trouve que le ſinus qui approche le plus de ce
nombre, eſt 64701 auquel répond l'angle de 40 deg. 19 min.
qui eſt la valeur de l'angle CAD : mais d'ailleurs l'angle D
eſt droit ; par conſequent l'angle C que l'on cherche vaut 49
deg. 41 min.

Pour connoître la perpendiculaire AD, on fera cette proportion* : le ſinus de l'angle droit en D eſt au côté AC, comme le ſinus de l'angle C eſt à la perpendiculaire AD. De même pour trouver l'angle B du grand triangle, on dira * : le
côté AB eſt au ſinus de l'angle C, comme le côté AC eſt au
ſinus de l'angle B : ce dernier ſinus étant connu, fera trouver
l'angle B par le moyen des tables : enfin on connoîtra le troiſiéme angle BAC du triangle, parce que les deux autres angles B & C feront connus.

52. Après avoir trouvé la partie DC de la baſe, on pourroit connoître la perpendiculaire AD d'une autre maniere ;
car le triangle ADC étant rectangle, & les deux côtez AC
& DC étant connus, ſi on ôte le quarré de DC du quarré
de AC, le reſte fera le quarré de la perpendiculaire *.

53. Remarquez qu'il n'eſt pas neceſſaire dans la pratique
qu'il y ait actuellement une perpendiculaire tirée ſur le grand
côté, ni une circonference décrite comme dans la Figure 8,
afin de trouver la valeur de chacun des angles & de la perpendiculaire, lorſqu'on connoît les côtez du triangle : il ſuffit
de faire cette proportion marquée dans le problême : le grand
côté eſt à la ſomme des deux autres, comme leur difference
eſt à un quatriéme terme, & d'operer enſuite comme il eſt
preſcrit dans le problême. La perpendiculaire & la circonference n'ont été décrites que pour la démonſtration. Il eſt bon
de ſe donner à ſoi-même quelque exemple, en ſuppoſant les
trois côtez d'un triangle d'un certain nombre de parties.

54. Remarquez encore que s'il y avoit deux côtez égaux
dans un triangle dont on ſuppoſe les trois côtez connus, alors
la perpendiculaire tirée du ſommet de l'angle compris entre
les côtez égaux, diviſeroit la baſe en deux parties égales; c'eſt
pourquoi on n'auroit pas beſoin de la premiere proportion
qu'on a faire pour connoître les parties de la baſe, puiſque
chacune en ſeroit la moitié : par exemple, ſi dans le triangle

* 41.

* 47.

* 25.

B A C, les deux côtez A B & A C étoient égaux, les deux parties B D & D C de la base divisée par la perpendiculaire seroient connuës sans proportion, parce que chacune seroit la moitié de la base B C que l'on suppose connuë *.

*Liv. 2. Art. 24.

55. Il est évident que dans les differens cas des quatre problêmes précedens, on peut trouver la surface du triangle proposé : car la surface d'un triangle est égale au produit d'un côté pris pour base, multiplié par la moitié de la hauteur. Or dans les trois premiers problêmes, on a donné la methode de connoître tous les côtez d'un triangle, & dans le quatriéme on a montré la maniere de trouver la perpendiculaire tirée de l'angle opposé au grand côté du triangle dont on connoît les trois côtez ; ainsi cette perpendiculaire étant la hauteur du triangle par rapport au grand côté consideré comme base, il s'ensuit qu'on peut trouver la surface du triangle dans les differens cas des quatre problêmes.

56. On a supposé dans les problêmes précedens que l'on connoît quelqu'un des côtez du triangle : mais si on ne connoissoit que les angles, on ne pourroit trouver les côtez, parce que la grandeur des angles ne détermine pas la longueur des côtez, puisque deux triangles peuvent être semblables, & avoir par conséquent les angles égaux, quoique les côtez de l'un ne soient pas égaux aux côtez de l'autre. Cependant lorsqu'on connoît les angles d'un triangle, on peut toujours connoître les rapports des côtez ; car nous avons démontré que

* 33. les sinus des angles sont comme les côtez opposez *.

AUTRE METHODE DE RESOUDRE
les quatre Problémes précedens.

57. Avant de faire l'application de ces quatre problêmes generaux à des exemples particuliers, nous allons exposer en peu de mots une autre methode de resoudre ces problêmes, laquelle ne suppose pas les tables des sinus, & qui est indé-pendante des trois theoremes qui ont été démontrez dans ce Traité de Trigonometrie. Cette methode est fondée sur les quatre theoremes que nous avons donnez dans le second Li-vre * touchant les conditions qui rendent les triangles sem-

*Liv. 2. Art. 53, 55, 56, & 59.

blables. Elle ne suppose qu'une échelle ; c'est-à-dire, une ligne droite, comme M N, Figure 17, divisée en un certain nombre de parties égales : par exemple, 100, 200, &c.

On

on peut se servir de la ligne des parties égales du compas de proportion. Nous allons résoudre le premier & le second problême par cette methode.

58. *Connoissant deux angles & un côté d'un triangle, trouver les deux autres côtez.*

. Soit le triangle B A C, dont on connoisse les deux angles B & C avec le côté B C, que je suppose de 30 toises. Pour trouver les deux autres côtez AB & AC; considerez d'abord, que puisqu'on connoît deux angles de ce triangle, on connoîtra facilement le troisiéme, qui avec les deux autres vaut 180 degrez. Cela posé, prenez sur l'échelle avec le compas la longueur de 30 parties égales, & tirez une ligne droite, comme *b c*, égale à cette longueur : ensuite tirez à l'extrêmité *b* une ligne qui fasse avec *b c* un angle égal à l'angle B, & à l'extrêmité *c* une autre ligne qui fasse avec *b c* un angle égal à l'angle C: ces deux lignes étant prolongées, se réuniront à un point comme *a*, & formeront le triangle *b a c* semblable au triangle B A C*; par conséquent les côtez de l'un sont proportionnels aux côtez homologues de l'autre;ainsi BC.AB:: *b c*. *ab*. d'où il suit que le côté A B contient autant de parties égales à celles de BC que le côté *ab* contient de parties égales à celles de *bc*;si donc en prenant la longueur de *ab* avec le compas,&portant cette longueur sur l'échelle, pour voir combien elle contient de parties égales de l'échelle, on trouve qu'elle en contient 32;on sera assûré que AB contient 32 toises. Il faut faire la même chose pour trouver combien le côté AC contient de toises.

Fig 9.

*Liv. 1.
Art. 53.

59. On voit par la solution de ce problême, qu'il ne s'agit que de faire un triangle semblable au triangle proposé dont on veut connoître quelque côté ou quelque angle. Or nous avons donné * dans le second Livre quatre problêmes qui enseignent à faire un triangle semblable au triangle proposé. Voici encore la solution du second problême par la même methode.

* Liv. 2.
Art. 35,
36, 37 &
38.

60. *Connoissant deux côtez d'un triangle & l'angle compris entre ces côtez, trouver les deux autres angles, & le troisiéme côté.*

Soit le triangle B A C, dont on connoisse le côté A B que je suppose de 32 toises, & le côté A C de 24 toises, avec l'an-

Fig. 8.

B b

gle compris entre ces côtez. Afin de trouver le côté B C, il faut prendre sur l'échelle la longueur de 3 2 parties égales, & tirer la ligne *a b* egale à cette longueur, ensuite prendre aussi sur l'échelle 24 parties égales, & tirer du point *a* la ligne *a c* égale à cette autre longueur, & qui fasse avec *a b*, un angle égal à l'angle A ; après cela, menez une ligne droite du point *b* au point *c*, & vous aurez le triangle *b a c* semblable * au triangle B A C, puisque les deux côtez *a b* & *a c* sont proportionnels aux côtez A B & A C du triangle B A C, & que l'angle *a* est égal à l'angle A ; par conséquent, si en portant sur l'échelle la longueur du côté *b c*, on voit combien ce côté contient de parties égales de l'échelle, on sçaura combien le côté correspondant B C contient de toises qui sont des parties égales à celles des côtez A B & A C.

* Liv. 2 art. 55.

Pour trouver les angles B & C du triangle proposé, il faut mesurer avec le rapporteur les angles correspondans *b* & *c* du triangle semblable *b a c*.

Il est clair qu'on peut par la même methode résoudre les deux autres problêmes, en construisant des triangles semblables aux triangles proposez.

61. Si les côtez du triangle proposé ne contenoient qu'un petit nombre de toises ; par exemple, 3, 4, 5, 6, 7. &c. il faudroit réduire chacun des côtez connus de ce triangle en pieds ou en pouces, afin d'avoir un plus grand nombre de parties ; parce que le nombre de ces parties étant plus grand, il est plus facile de faire le triangle *b a c* semblable au premier.

62. Remarquez que cette derniere methode est plus sujette à erreur dans la pratique que la premiere, tant à cause qu'il est difficile d'avoir une échelle qui soit divisée exactement en parties égales, que parce qu'il est presque impossible de faire un triangle tout à-fait semblable à un autre.

Il ne sera pas inutile de proposer quelques problêmes particuliers sur la hauteur & la distance des objets, qui ne sont que des applications des quatre problêmes généraux dont nous venons de parler.

63. Lorsque l'on cherche quelque longueur inconnuë, par exemple, la hauteur d'une tour par le moyen d'un triangle, on se sert d'un instrument pour mesurer les angles du triangle ; cet instrument est appellé *Graphometre* : c'est une circonférence, ou une demi-circonférence divisée en degrez & en minutes. Il y a une regle attachée au centre du graphometre que l'on appelle *Alidade*,

qui peut tourner autour du centre. Elle sert à diriger les rayons visuels par le moyen des deux pinnules, c'est-à-dire, deux plaques percées qui sont attachées sur l'alidade : cet instrument est ordinairement de cuivre. Dans la Figure 10 la circonférence EGFH, réprésente un graphometre avec son alidade GH, dont les pinnules sont les petites plaques G & H qui sont percées vers le milieu, afin d'appercevoir l'extrémité de la tour dont on veut mesurer la hauteur.

PROBLÊME V.

64. Mesurer une hauteur accessible.

Soit la tour accessible A C, dont il faut trouver la hauteur. Pour cela mesurez d'abord la distance du point B au point C, soit avec une chaîne ou une corde, soit avec une perche; ensuite dirigez l'alidade du graphometre, ensorte que l'on puisse voir l'extrêmité A de la tour au travers des pinnules par le rayon visuel B A, & remarquez quel est le degré & la minute marquée au point H où passe le rayon visuel : enfin disposez l'alidade horisontalement suivant la direction EF, afin d'appercevoir le bas de la tour au travers des pinnules, & voyez combien l'arc H F contient de degrez & de minutes; cet arc est la mesure de l'angle au centre HBF ou A B C; ainsi dans le triangle rectangle B A C, connoissant l'angle B par l'observation, & l'angle C qui est droit, à cause de la tour qui est perpendiculaire sur l'horison, il sera facile de connoître l'angle A : mais d'ailleurs le côté B C a été mesuré; c'est pourquoi, afin de trouver la hauteur cherchée A C qui est un des côtez du triangle, il n'y a qu'à faire (premier problème general) la proportion suivante, dont les trois premiers termes sont connus : le sinus de l'angle A est au côté BC, comme le sinus de l'angle B est au côté AC qui est la hauteur de la tour.

65. Si on veut mesurer la hauteur de la tour sans graphometre, & sans le secours des tables des sinus, on peut le faire, en employant deux triangles semblables, en cette maniere.

Plantez un picquet, comme E F G, qui soit perpendiculaire à l'horison, & par conséquent paralléle à la tour, & éloignez-vous de ce picquet à quelque distance; par exemple, en B H afin que vous puissiez voir l'extrémité A de la tour par un rayon visuel BEA qui rase l'extrémité du picquet, lequel doit être plus grand que la hauteur d'un homme ; enfin regardez auffi un point de la tour tel que K, par un rayon horifontal BK, & remarquez le point F du picquet, par lequel paffe le rayon horifontal. Tout cela pofé, on aura deux triangles femblables, fçavoir, B E F & B A L ; par conféquent leurs côtez homologues feront proportionnels ; ce qui donnera la proportion, BF . BL : : EF . AL, dont les trois premiers termes font des lignes que l'on peut facilement mefurer ; par conféquent on pourra connoître le quatriéme, auquel ajoutant L C $=$ B H, on aura la hauteur A C.

66. On peut encore trouver la même chofe par le moyen de l'ombre de la tour fans graphometre, & fans les tables des finus. Plantez un picquet E F, comme dans l'exemple précedent qui foit perpendiculaire à l'horifon, & par conféquent parallele à la tour : enfuite mefurez 1o. l'ombre du piquet, 2o. la hauteur du piquet fans y comprendre la partie enfoncée en terre, 3o. l'ombre de la tour : enfin faites la proportion : l'ombre du piquet eft à la hauteur du piquet, comme l'ombre de la tour eft à fa hauteur. Les trois premiers termes de cette proportion étant connus, on trouvera facilement le quatriéme.

67. Remarquez que pour avoir l'ombre de la tour que l'on fuppofe terminée en pointe dans les Figures 10, 11 & 12, il ne fuffit pas de prendre la diftance qui eft depuis la fin de l'ombre jufqu'à la tour ; il faut y ajouter la moitié du diametre de la tour : par exemple, fi l'ombre de la tour finit au point B, il ne fuffit pas de prendre BD pour avoir la longueur de l'ombre ; il faut encore ajouter D C qui eft la moitié du diametre de la tour. Il faut obferver la même chofe dans les deux premieres manieres de mefurer la hauteur de la tour, c'eft-à-dire, qu'il faut prendre la diftance du point B, fig. 10, ou du point H, fig. 11, jufqu'au centre C de la tour, auquel répond l'extrémité A.

P R O B L É M E VI.

68. *Mefurer la largeur d'une Riviere.*

Soit la largeur d'une Riviere marquée par B C. On fuppofe que celui qui veut mefurer cette largeur foit du côté du point B, & que le point C qui eft d'un autre côté foit un objet remarquable ; par exemple, une pierre ou le tronc d'un arbre, ou autre chofe femblable. Pour trouver la longueur de la ligne B C, choififfez un certain point, comme A, duquel vous puif-

fiez appercevoir le point B & le point C, & mesurez avec le graphometre l'angle A & l'angle B du triangle BAC : mesurez aussi
la ligne A B qui est la distance des deux points B & A : après
cela, vous trouverez par le premier problême, le côté B C qui
est la largeur qu'on cherche.

PROBLÊME VII.

*69. Mesurer une hauteur inaccessible, comme celle de la tour AC,
qu'on suppose inaccessible.*

Choisissez à quelque distance de la tour deux lieux différens,
comme B & G, qu'on appelle *Stations*, desquels on puisse voir
l'extrémité A de la tour. Les rayons visuels B A & G A & la
ligne B G qui est l'intervalle des stations, formeront le triangle BAG dont il faudra mesurer l'angle B, l'angle G & le côté
B G : ces trois choses étant connuës, on trouvera facilement le
côté A B par le premier problême. Connoissant le côté A B,
il faudra mesurer l'angle A B C : après quoi on pourra
connoître la hauteur AC : car dans le triangle rectangle BAC,
on connoît l'angle C qui est droit ; on connoît aussi l'angle ABC
qu'on a mesuré, & d'ailleurs on a trouvé le côté A B qui est
un rayon visuel ; d'où il suit, qu'on pourra trouver aussi le reste
du triangle par le premier problême ; ainsi on pourra connoître non-seulement la hauteur AC, mais aussi la ligne B C qui
est la distance du point B au centre de la tour.

On peut de la même maniere mesurer la hauteur d'une
montagne, en choisissant deux stations au bas de la montagne,
desquelles on puisse voir le sommet.

Fig. 12.

PROBLÊME VIII.

70. Trouver la distance de deux objets inaccessibles tels que C & D.
Prenez deux stations, comme A & B, desquelles on puisse appercevoir les deux objets, & mesurez l'intervalle de ces stations ;
ensuite du point A mesurez l'angle DAB & l'angle CAB,
formez tous les deux par des rayons visuels : du point B,
mesurez aussi les angles CBA & DBA, formez pareillement par des rayons visuels ; ainsi dans le triangle BDA
on connoîtra les deux angles DAB & DBA, & le côté
A B qui est l'intervalle des stations ; par conséquent on trouvera le côté B D par le premier problême. De même dans le
triangle ACB, on connoîtra les deux angles CBA & CAB & le

Fig. 15.

côté A B; par conséquent on trouvera aussi B C. Enfin on considerera un troisiéme triangle qui est C B D, dont on connoît déja les deux côtez B D & B C; ainsi si l'on mesure l'angle compris D B C, on pourra trouver par le second problème le côté C D qui est la distance cherchée.

On voit bien que par le moyen des deux premiers triangles BDA & ACB, on peut trouver les distances de chaque station aux deux objets inaccessibles.

Ce que nous avons dit jusqu'à présent, peut suffire pour faire voir l'utilité de la Trigonometrie; néanmoins afin de faire encore mieux sentir la subtilité de cet Art, nous allons encore donner un problème, par lequel on verra que l'on peut par le moyen de la Trigonometrie, trouver la distance des Planetes à la terre.

P R O B L E M E IX.

71. *Trouver la distance de la Lune à la Terre.*

Fig. 14. Dans la Figure 14, le petit cercle dont C est le centre & CT le rayon, représente la Terre, la ligne H O qui passe par le centre de la Terre représente l'horison; le petit globe L qui est dans le plan de l'horison représente la Lune; l'autre globe I qui répond aussi au plan de l'horison représente Jupiter: enfin FOB est une partie du firmament auquel on rapporte les planetes,

Si on voyoit la Lune du centre C de la terre, on la rapporteroit au point O du firmament: mais si on regardoit la Lune du point T, on la rapporteroit à un point inférieur du firmament, sçavoir, au point B. Le point O auquel on rapporteroit la Lune vûë du centre de la terre, est appellé *le lieu vrai* de la Lune; & le point B auquel on la rapporte, étant vûe de dessus la surface de la terre, est nommé *le lieu apparent* de la Lune, & l'arc O A B compris entre ces deux points, est appellé *parallaxe*. Or le firmament étant à une distance immense de la terre, de la Lune & des autres planetes, on peut regarder chacune des planetes, comme le centre du firmament; ainsi l'arc O B est la mesure de l'angle OLB & de l'angle CLT opposé au sommet; c'est pourquoi l'un & l'autre de ces deux angles est encore appellé *parallaxe*. Tout cela posé, voici comme on trouve la distance de la Lune à la terre.

Le triangle TCL formé par le rayon de la terre CT & par les

rayons visuels CL & TL est rectangle, parce que le rayon de
la terre est perpendiculaire à la ligne H O qui représente l'horison ; ainsi l'angle C est droit; par conséquent, si du point T
on observe le point B auquel répond la Lune, lorsqu'elle est
précisément à l'horison, & qu'on mesure avec un instrument
l'angle CTL formé par le rayon de la terre & par le rayon visuel T B, on trouvera le troisiéme angle CLT qui est la parallaxe horisontale de la Lune : mais d'ailleurs on connoît encore le côté CT qui est un rayon de la terre que l'on sçait être de
1432 lieuës communes de France, dont chacune contient 2282
toises; ainsi on pourra trouver par le premier problême le côté
C L qui est la distance de la Lune au centre de la terre.

La Lune n'est pas toujours également éloignée de la terre:
mais si on la prend dans sa moyenne distance, on trouve que
l'angle T est d'environ 89 degrez ; & par conséquent l'angle L
contient pour lors un degré ; on aura donc la proportion suivante : le sinus de l'angle d'un degré est au côté C T qui est un
demi-diametre de la terre, comme le sinus d'un angle de 89
dégrez est à C L. Voici cette proportion : 1745 . 1 :: 99985 .
$CL = 57 \frac{540}{1745}$.

Ainsi le côté C L qui est la distance de la Lune au centre
de la terre est d'environ 57 demi-diametres de la terre; par conséquent la moyenne distance de la Lune à la terre, marquée
par D L, n'est que de 56 demi-diametres qui font environ
80000 lieuës.

72. Remarquez que la parallaxe d'une planete est d'autant plus
petite que la planete est plus éloignée de la terre: par exemple,
la parallaxe de Jupiter supposé en I est moindre que celle de la
Lune, comme on le voit sensiblement dans la Figure 14 où la
parallaxe de Jupiter est l'arc O A, ou l'angle C I T. Cet angle
est même si petit, qu'il devient insensible, & que l'angle C T I
paroît droit aussi-bien que l'angle C ; ensorte que les deux rayons
visuels C I & T I paroissent paralleles, à cause de la grande distance de Jupiter ; c'est pourquoi on ne pourroit pas se servir
de cette methode pour connoître la distance de Jupiter à la
terre.

73. On peut remarquer de même par rapport aux hauteurs
que l'on veut mesurer sur la terre, qu'il faut être à une distance
médiocre de ces hauteurs, afin que l'erreur insensible qu'il n'est
presque pas possible d'éviter, lorsqu'on prend l'angle de hauteur,

en le faifant un peu trop grand ou un peu trop petit, ne caufe pas une erreur trop confidérable dans le calcul de la hauteur qu'on cherche. Suppofons, par exemple, qu'il s'agiffe de me-
Fig. 16. furer la hauteur A C : fi on obferve du point D, & qu'au lieu de prendre l'angle A D C tel qu'il eft, on le faffe un peu plus grand comme l'angle F D C ; il eft vifible que cette erreur fera la hauteur A C plus grande qu'elle n'eft de la quantité F A qui eft plus du quart de A C : mais fi on mefure l'angle de hauteur au point B, & qu'au lieu de prendre l'angle A B C tel qu'il eft, on faffe la même erreur qu'auparavant, en prenant E B C, enforte que l'angle E B A foit égal à l'angle F D A ; il eft évident que cette derniere erreur, quoiqu'égale à la premiere, ne fera la hauteur A C plus grande qu'elle n'eft effectivement, que de la quantité E A qui eft beaucoup moindre que F A. Il en feroit de même, fi on étoit beaucoup plus près qu'il ne faut de la hauteur à mefurer. Ainfi il faut, afin de mefurer exactement une hauteur, qu'il y ait de la proportion entre la diftance de l'obfervateur à l'objet & la hauteur de cet objet, & fi cette diftance eft égale à la hauteur, (ce qui arrrive lorfque l'angle de hauteur eft de 45 degrez) pour lors on eft dans l'éloignement le plus favorable pour mefurer la hauteur.

74. Ce que l'on vient de dire touchant la mefure des hauteurs, doit auffi s'entendre de la mefure de toute autre ligne, foit qu'elle marque la largeur ou la diftance des objets; enforte qu'il faut toujours que l'éloignement qui eft entre l'obfervateur & la ligne à mefurer, ait quelque rapport fenfible avec cette ligne.

F I N.

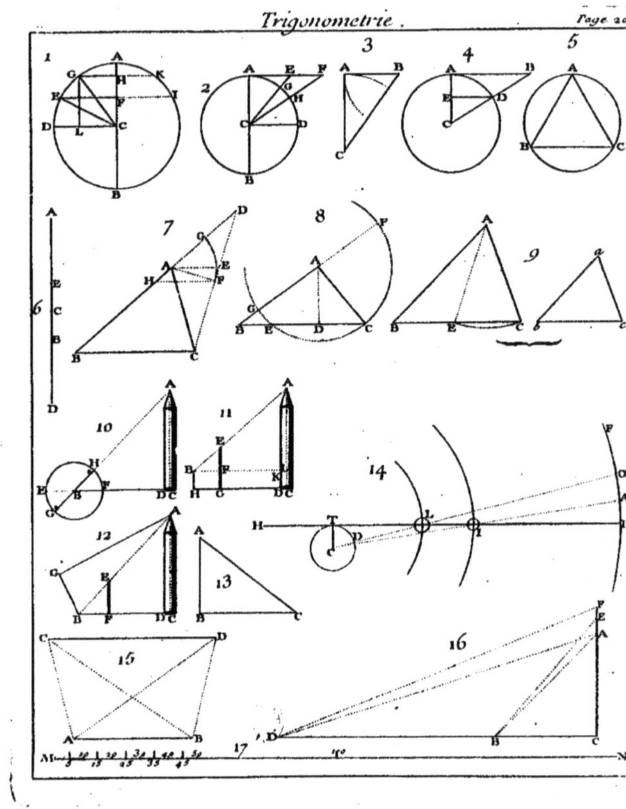

Trigonometrie.
Page 206

TABLE
DES ÉLEMENS DE GÉOMÉTRIE.

LIVRE PREMIER.
Des Lignes.

Des differentes positions des Lignes & des Angles qu'elles forment.

Des lignes perpendiculaires & des obliques.

Des Lignes proportionnelles.

LIVRE SECOND.

DES SURFACES ET DES FIGURES PLANES.

Des figures planes considerées selon leurs côtez & leurs angles.

DES TRIANGLES: 64.

LIVRE TROISIEME.
Des Solides.

maçonnerie qui ait 16. toises 4. pieds 8. pouces de longueur, 2. toises 3. pieds d'épaisseur, & 7. toises deux pieds de hauteur. 169.

DE LA TRIGONOMETRIE.

FIN.